古树保护理论与技术

赵 忠 主编

科学出版社
北 京

内 容 简 介

本书总结了国内外树木衰老理论研究进展、古树健康及衰老阶段诊断技术，结合作者实施的古树救治案例和古树保护技术试验示范基地建设，系统介绍了枝干加固、根系恢复、病虫害防治等古树复壮新技术。

本书图文并茂，既可供古树保护研究工作者和技术人员参阅，也可作为林学、园林、风景园林和旅游管理等专业本科生与研究生的教科书。

图书在版编目（CIP）数据

古树保护理论与技术 / 赵忠主编. —北京：科学出版社，2021.6
ISBN 978-7-03-068512-4

Ⅰ. ①古… Ⅱ. ①赵… Ⅲ. ①树木-植物保护 Ⅳ. ①S76

中国版本图书馆CIP数据核字（2021）第057622号

责任编辑：陈 新 王 好 闫小敏 / 责任校对：郑金红
责任印制：吴兆东 / 封面设计：无极书装

科学出版社 出版
北京东黄城根北街16号
邮政编码：100717
http://www.sciencep.com
北京中科印刷有限公司印刷
科学出版社发行 各地新华书店经销
*
2021年6月第 一 版 开本：720 × 1000 1/16
2025年1月第二次印刷 印张：22
字数：440 000

定价：328.00元

（如有印装质量问题，我社负责调换）

《古树保护理论与技术》
编 委 会

主　编　赵　忠

副主编　刘建军　康永祥　贺　虹　余仲东　赵　菲

编　委　（以姓氏笔画为序）

马亚琼　王　京　王玉东　王丽茹　王瑞丽
邓　平　甘明旭　布芳芳　刘金良　刘建军
刘星旦　刘晓宏　严　斌　巫翠华　李　华
李小军　李怡鸣　余仲东　张　胜　张　婷
张会明　张利利　张舒瑶　明　洁　季晓莲
周　祎　周　威　周倩仪　赵　忠　赵　菲
贺　虹　唐光辉　康　乐　康　晋　康永祥
程　程

前　言

古树名木不仅具有重要的历史、文化、经济和美学价值，还具有重要的遗传科研价值，是大自然和祖先留给世人的宝贵财富，蕴含着浓郁的乡愁情感和丰富的人文情怀，是中华民族悠久历史文化和人与自然关系和谐的见证。古树名木历经沧桑，见证了社会历史发展，成为反映区域文明程度的重要标志。它们在自然界的残酷竞争中胜出，代表着区域最具典型意义的植物种类，经历了气候、水文和植被等自然环境因子的变迁，为研究当地自然变化提供了重要依据。古树的叶片、果实或种子广泛应用于育种、工业和开发旅游衍生品，为社会带来巨大的经济效益。千姿百态的古树名木以其神奇的自然之美为众多名胜古迹增辉添彩。古树名木保留着独特的遗传类型和较为丰富的遗传多样性，是全人类重要的历史文化遗产。

我国幅员辽阔，古树名木资源十分丰富，且多为珍稀树种，遗传优势突出，在全球物种保护和文化传承中具有重要价值。根据全国绿化委员会和国家林业局（现称国家林业和草原局）公布的古树名木普查结果，截至2007年，全国共有古树名木285万余株，其中古树284万余株，占全国古树名木总量的约99.6%。这些古树名木资源主要集中在北京、吉林、浙江、福建、江西、山东、湖北、湖南、四川、陕西、青海11个省（直辖市），其中以湖北和山东两省数量最多，分别占全国古树名木总量的27.5%和23.4%，主要树种有柏、白皮松、七叶树、银杏、国槐、油松、楸树、珙桐、樟、楠、杉等。树龄在1000年以上的古树有5万余株，主要分布在山东、四川、浙江、江西、河北、广西、福建等省（自治区），以山东省最多；树龄在500～1000年的古树有100万余株，主要分布在陕西、山东、浙江、内蒙古、江西等省（自治区），以陕西省最多；树龄在500年以下的古树有175万余株，主要分布在湖北、山东、浙江、湖南、吉林、江西、青海等省（自治区），以湖北省最多。保护好这些古树名木资源是林业部门及林业科技工作者的职责。我国高度重视古树名木保护工作，有关部门相继出台了一系列政策措施。1996年，全国绿化委员会做出关于加强保护古树名木工作的决定，之后为摸清全国古树名木资源数量、分布状况以及管护水平等，先后出台了《关于开展古树名木普查建档工作的通知》（全绿字〔2001〕15号）等文件。2015年，全国绿化委员会启动了全国古树名木资源普查工作，并在陕西等6个省（自治区）开展了试点。2018年，全国绿化委员会与国家林业和草原局发布《关于积极推进大规模国土绿化行动的意见》（全绿字〔2018〕5号），提出加大古树名木保护力度、建立古树名木资源电子档案。以上政策、意见的提出为我国古树名木资源保护提供了重要的政策保障，为加强和推进古树名木保护工作打下了坚实基础。

近年来，古树名木保护工作取得了前所未有的成效，但是当前在管护工作中仍然存在一些问题。首先，古树名木资源的科学养护技术还需要普及推广，保护法规有待完善。其次，古树名木的保护技术水平急需提高。相较于普通的林木资源，古树名木保护对技术手段的要求更高。与世界发达国家相比，我国古树名木保护的理论和技术研究严重滞后，在实践操作中尚未建立起健康诊断、树势复壮、病虫害防治及损伤修复技术体系；缺乏古树名木保护技术及古树损伤修复新材料研究；缺乏古树名木树势复壮技术研究；缺乏古树名木病虫害防治技术研究。这些问题的存在严重制约我国古树名木保护工作的开展。

西北农林科技大学在古树名木保护理论和技术研究及推广方面积累了大量成果并形成优势，2016年国家林业局在该校组建了“古树名木保护与繁育工程技术研究中心”（林科发〔2016〕98号）。该工程技术研究中心发挥该校教学科研资源优势，紧密结合古树名木保护与繁育领域的重大理论和技术需求，在集成现有理论和技术的基础上，开展系列古树衰老机制，以及抢救、保护和继代繁育技术研究，攻克了一系列古树保护理论和技术难题，建立了陕西岐山周公庙古树、黄帝陵古柏群和留坝张良庙紫柏古树保护技术试验示范基地，并推广和示范了技术创新成果，对全面提升古树名木保护与繁育的研究和技术水平发挥了积极作用。

本书得到了国家林业公益性行业科研专项重大项目“黄河中游地区Ⅰ级古树名木保护关键技术研究”（201404302），西北农林科技大学“双一流”水土保持与生态环境学科群建设项目（1Z10202180）的资助，是对以上项目成果和国内外相关研究进展的系统梳理。全书分四篇共13章，第一篇包括4章，第1章为树木寿命与衰老，详细综述了树木寿命与衰老进程之间的密切关系，由赵忠、张胜、赵菲（北京市农业技术推广站）、李怡鸣撰写；第2章为叶片与树木衰老，论述了树体衰老对叶片特征与结构的影响，由赵忠、周倩仪、赵菲撰写；第3章为根系与树木衰老，介绍了根系寿命的影响因素及其与地上部分衰老的关系，由赵忠、康永祥、王瑞丽、刘金良、赵菲撰写；第4章为古树健康管理，介绍了古树健康管理的理论与措施，由刘建军、贺虹、余仲东、张会明（黄帝陵管理局）撰写。第二篇由3章构成，第5章为古树立地调查和健康诊断，对古树的立地调查和健康诊断进行了详细的介绍，由刘建军、康永祥、周祎撰写；第6章为古树稳固性评估及加固技术，介绍了古树稳固性评估、加固技术，由刘建军、周威撰写；第7章为古树有害生物诊断，介绍了古树有害生物诊断的理论依据与技术，由贺虹、余仲东撰写。第三篇包括3章，第8章为古树腐朽与修复，介绍了古树腐朽诊断与修复技术，由刘建军、余仲东撰写；第9章为根系复壮与土壤改良，介绍了根系探测、复壮与土壤改良的技术，由康永祥、刘建军、刘晓宏（黄帝陵管理局）撰写；第10章为古树病虫害及其防治，介绍了北方古树常见病虫害及其防治技术，由贺虹、余仲东、唐光辉、李小军（黄帝陵管理局）撰写。第四篇分3章，分别列举了西北农林科技大学古树保护团队近几年在岐山县周公庙等地依据古树健康诊断体系制订的三个救治方案，由康永祥、李小军、季晓莲（杨凌职业技术学院）、康晋（杨凌职业技术学院）、张利利、李华、甘明旭（商洛市林业局）、刘星旦等撰写。参与本书撰写的除了长期从事古树保护研究的有关高校教师和单位技术人员，西北农林科技大学林学院的硕士研究生、博士研究生也参与了研究和方案制订，博士研究生邓平在书稿编辑、校对过程中做了大量细致工作。

由于项目主要针对黄河中游地区古树名木，研究区域范围局限，加之部分研究成果还处在试验验证阶段，书中存在不足在所难免，诚望有关专家、学者和其他读者批评指正。

作 者

2020年3月

目 录

第一篇 树木衰老的理论

第二篇 古树健康诊断

第三篇 古树修复和康复技术

第四篇　古树复壮保护方案

第一篇

树木衰老的理论

第1章 树木寿命与衰老

树木的寿命（life span）有多长，一直是人们普遍关心和感兴趣的话题，也是生命科学研究的一个重要课题。近年来，随着生命科学的迅猛发展，特别是以测序、生物信息学技术为基础的分子生物学研究突飞猛进，有关生命过程的机制不断被揭示，许多长寿基因相继被发现，如SIR1-7、LSC54等蛋白的编码基因，促使有关生命过程和寿命的研究有了很大进展（Donmez et al.，2014）。研究已经证实，树木的寿命与衰老（aging）进程有着密切的关系。衰老是生物体与生俱来的一种特性，不因物种的进化而改变，对于维持生态系统稳定和推动物种进化具有积极的意义（Mitteldorf and Sagan，2016）。

1.1 树木寿命

树木寿命是指其最终生存年龄（terminal age）。一个树种的寿命一般用其分布区内众多个体的平均寿命表示，也可用单株最长寿命表示（表1-1）。

表1-1 单株和无性系木本植物最长寿命（Howard，2013）

	树种	寿命（年）		树种	寿命（年）
	狐尾松 *Pinus longaeva*	4 600		黑栎 *Quercus velutina*	257
	巨杉 *Sequoiadendron giganteum*	3 200		黑核桃木 *Juglans nigra*	250
	塔斯马尼亚陆均松 *Dacrydium franklinii*	2 200+		欧洲白蜡 *Fraxinus excelsior*	250
	欧洲刺柏 *Juniperus communis*	2 000		苹果 *Malus pumila*	200
	瑞士石松 *Pinus cembra*	1 200		北极柳 *Salix arctica*	130
	昆士兰贝壳杉 *Agathis microstachya*	1 060		大花四照花 *Cornus florida*	125
	欧洲水青冈 *Fagus sylvatica*	930		疣皮桦 *Betula verrucosa*	120
单株	油橄榄 *Olea europaea*	700	单株	大齿杨 *Populus grandidentata*	113
	多花蓝果树 *Nyssa sylvatica*	679		葡萄 *Vitis vinifera*	100
	加拿大铁杉 *Tsuga canadensis*	555		帚石楠 *Calluna vulgaris*	42
	欧洲赤松 *Pinus silvestris*	500		黑果越橘 *Vaccinium myrtillus*	28
	美国白栎 *Quercus alba*	464		春欧石楠 *Erica carnea*	21
	山地栎 *Quercus montana*	427		欧洲接骨木 *Sambucus racemosus*	20
	刚松 *Pinus rigida*	375		光滑百里香 *Thymus chamaedrys*	14
	北美红栎 *Quercus rubra*	326		轮生叶欧石楠 *Erica tetralix*	10
	梨 *Pyrus communis*	300			

续表

树种		寿命（年）	树种		寿命（年）
无性系	国王扭瓣花 *Lomatia tasmanica*	43 000+	无性系	美洲山杨 *Populus tremuloides*	10 000+
	黑果木 *Gaylussacia brachycera*	13 000+		地刷子石松 *Lycopodium complanatum*	850
	拉瑞尔 *Larrea tridentata*	11 000+		黑云杉 *Picea mariana*	330+

1.1.1 树木寿命的多样性

不同树种的寿命有很大差异，一些树种仅能存活几十年，而有些树种似乎“长生不老”，寿命甚至可达4000年以上（Flanary and Kletetschka，2005）。依据树种寿命的长短，一般可将树种分为短寿命树种，如杨树（*Populus* sp.）、柳树（*Salix* sp.）、桉树（*Eucalyptus* sp.）等；中寿命树种，如油松（*Pinus tabulaeformis*）、赤松（*P. densiflora*）、湿地松（*P. elliottii*）等；长寿命树种，如侧柏（*Platycladus orientalis*）、国槐（*Sophora japonica*）、银杏（*Ginkgo biloba*）等。《古树名木鉴定规范》（LY/T 2737—2016）将树龄在100年及以上的树木称为古树（old tree），并将古树分为三级：树龄500年及以上的树木为Ⅰ级古树，树龄在300～499年的树木为Ⅱ级古树，树龄在100～299年的树木为Ⅲ级古树。

与其他物种相比较，树木总是表现出超乎寻常的长寿，在自然界经常可见到树龄超过千年的树木（Flanary and Kletetschka，2005）。迄今，世界上得到年轮学研究证实的最古老的树是生存于美国内华达州（Nevada）惠勒峰（Wheeler Peak）上的一株狐尾松（*Pinus longaeva*）——普罗米修斯（Prometheus），树龄高达4862年（McDonald，2014）。此外，在一些环境极其严酷的立地（如酷热、寒冷、降水稀少等）上生长的树种，依靠根系萌生繁殖策略抵御地上逆境，寿命可达数千年以上，如生长在美国犹他州南部（Southern Utah）的一片面积约40.5hm^{2}的美洲山杨，据估计，其根系年龄近10 000年。对生长在同一地区、面积更小的拉瑞尔灌木林根系年龄的评估结果与美洲山杨林的相似，为10 000～13 000年（McDonald，2014）。

1.1.2 树木长寿机制

半个多世纪以来，科学家一直试图从树木细胞更新的确切机制及树木机体方面揭示其特殊性，弄清楚树木如何能上百年甚至数千年生长在野外？在自然与人类的各种威胁之下，或者长期存活于相当恶劣、其他草本物种和动物都“无法立足”的环境中，树木为何还能如此长寿？树木的长寿是否与树木基因组在漫长的生命长河中积累有益突变有重要关系？

此前科学家曾发现，不同树木的基因决定其寿命，不同树种的DNA在其漫长生命中会进行无数次的复制。法国波尔多大学研究人员Plomion等（2018）通过对夏栎（*Quercus robur*）的基因组测序、组装和注释，并将其结构与其他植物（包括木本和草本物种）的基因组序列进行比较，研究了林木长寿潜在基因组区域的平行演化。研究发现，夏栎曾经暴发过一次串联基因复制（占了栎树基因家族扩张的73%），扩张的基因家族在很大程度上与“抗病基因”相关，并表现出正向选择特征。进一步的研究还发现，这种情况并不仅限于夏栎，相对于草本物种，其他树木的基因组也有类似的“抗病基因”扩张现象。这种平行基因扩张意味着，树木的免疫系统对其长寿具有至关重要的作用。研究结果为解释长期暴露于各种胁迫下的树木能在地球上存活成百上千年提供了证据。

1.1.3　树木种群发展轨迹

树木的基因型（genotype）决定了其在环境中表型（phenotype）的年龄模式，反过来，这些年龄模式又决定了基因型对环境的适应能力。同其他物种一样，树木种群轨迹可以用生育力、死亡率和存活等年龄模式（age pattern）变化来描述（图1-1）。由图1-1不难看出不同物种间生命轨迹（寿命）的差异。不同物种间的年龄模式存在很大的差异，树木即使在生命的最后阶段仍然保持了较高的生育力（Jones et al.，2014；McDonald，2014）。不同于人类、动物和草本植物，树木具有特别的生长曲线。随着年龄的增长，人类和动物的死亡率急剧增大而树木在达到最初的高峰之后，随着树龄的增大，死亡率呈现稳定趋势。

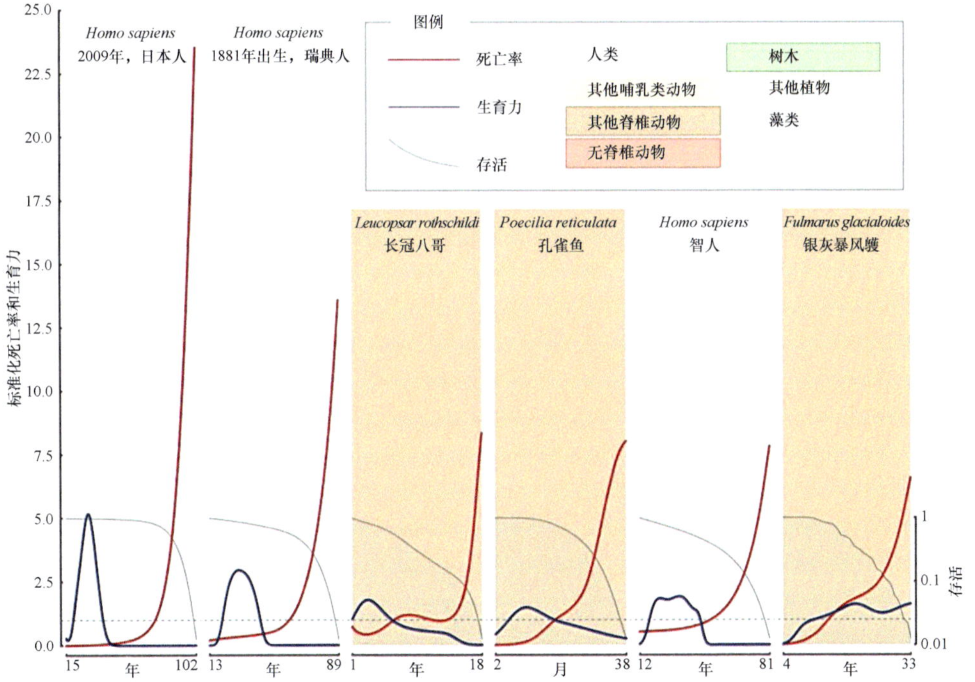

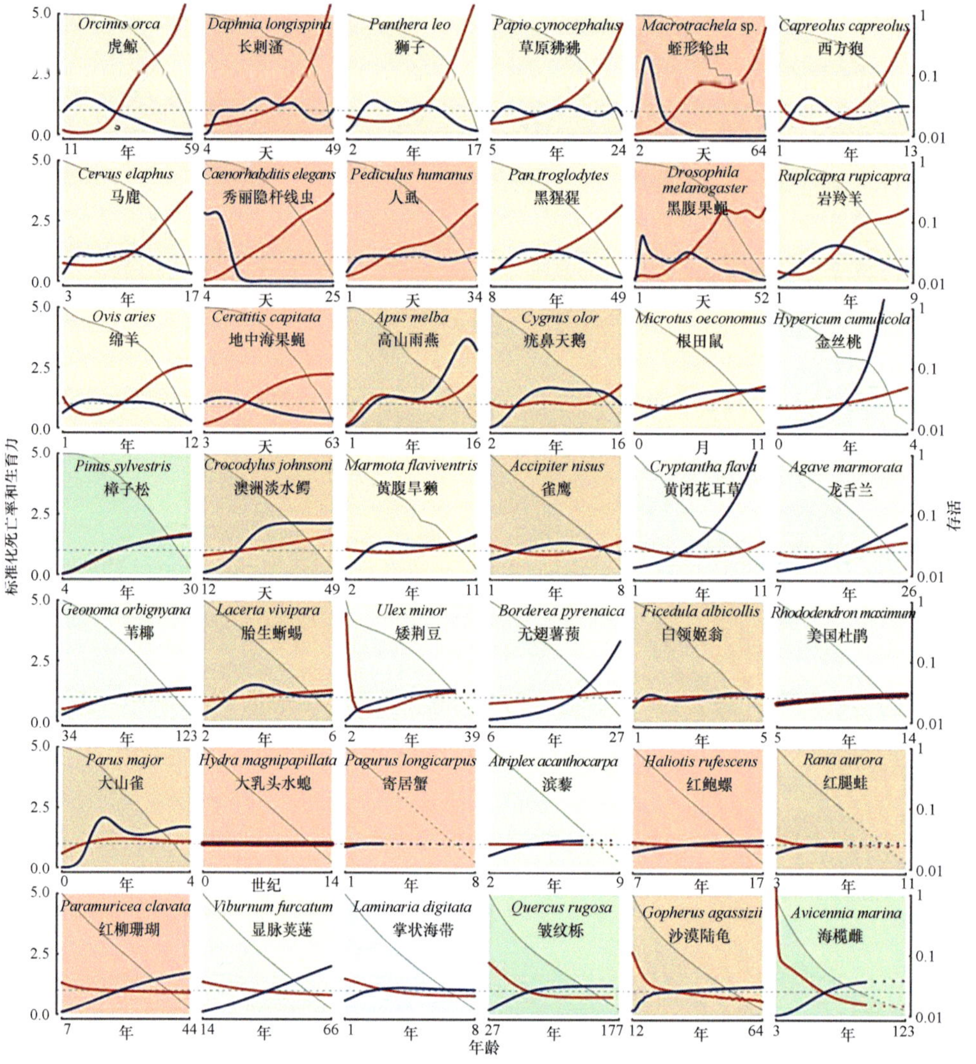

图1-1　种群发展轨迹（Jones et al.，2014）

作为年龄的函数，死亡率（红线）和生育力（蓝线）从成熟阶段统计到5%的成年个体仍然存活，死亡率和生育力相对均值而言；小图按最大年龄时的相对死亡率降序排列

与其他物种不同，树木的生育力随着树龄增大而增加，在其进入成熟期之后保持稳定直到生命终结。人类的生育力曲线呈“钟状”（bell-shaped），意味着生育力的最大值出现在我们一生的中青年时期。对于动物，它们的生育力曲线也大概呈“钟状”，只不过其他动物的曲线呈现上界分布，昆虫的曲线则更集中于生命早期（图1-1）（Jones et al.，2014）。理想的生长和生存模式表明（图1-2），生物细胞群增长、组织、器官或整株植物大小（S）的增长遵循典型的“S”形模式，即随年龄增长起初呈现不断增加/增大，而到达一定年龄增长趋于平缓或停止；然而瞬间生长速率（G）的最大值出现

在“S”形曲线的拐点上，即生长高峰出现在整体寿命的前中段；相对生长速率（R=G/S）随时间呈现递减；生存力（V）随着生长停止在某时间点开始衰减，生存力的衰减与衰亡是不同的。生存力衰减最终阶段进入衰老，衰老指的是随时间的变化（没有恶化）呈现生存力下降，包括了衰亡阶段以及V衰减的最终阶段。

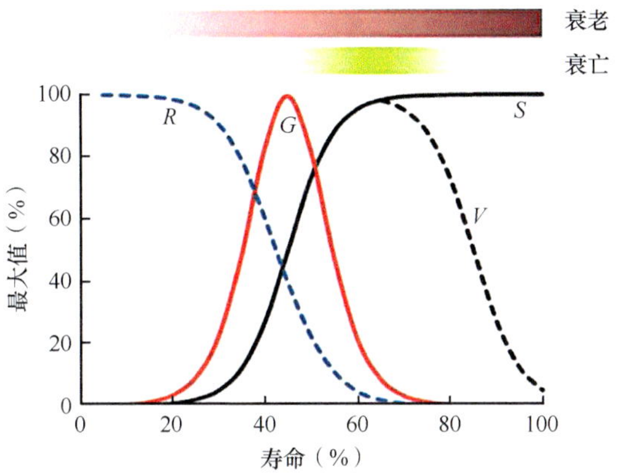

图1-2 理想化的生长和生存模式（Howard，2013）

1.1.4 树木生命周期

树木是多年生有花植物，在其生命周期中要经历几个不同的生长发育阶段，包括幼年阶段、成熟阶段和衰亡阶段。不像动物和草本植物，在树木的单株生长过程中，其生长曲线呈现出非均等的三个阶段。在幼年阶段，生长速率在种子萌发之后一直在增加直至成熟阶段。这一阶段树高生长迅速，变得强壮直至性成熟，依据树种的不同持续时间在2～10年。在成熟阶段，树木保持着极强的活力，持续生产大量的果实，新陈代谢旺盛，不断进行根系和叶片的更新，生长速率保持在相对高的水平。这一阶段能够延续数百年甚至数千年。到了衰亡阶段，树木生长速率衰减，树干、骨干枝逐渐空腐，叶片由绿变黄，果实和种子丧失生命力。在树木生命周期中，这一阶段非常短，通常仅几年或更短就整株完全死亡（Norbury and Hickson，2001；Howard，2013；Chang et al.，2017）。

1.2 树木衰老

有关树木衰老已有很多研究，但多集中在表观形态变化和生理特征方面。人和动物的衰老被认为主要与端粒损耗、DNA损伤、DNA突变积累、表观遗传改变等因素有关，寿命一般只有几十年。自然界中，一些树的年龄可达几百甚至上千年且依然生长旺盛，但其长寿机制一直不清楚。人们至今还不完全了解树木衰老的驱动因子和机制，很多问题还停留在假设阶段。

1.2.1 衰老的生物学定义

如何定义生物“衰老”（aging）？多年来，科学家基于生物体死亡或功能变化给出了上百种解释，但由于不清楚衰老的原因，这些定义都存在较大争议。近年来，随着生命科学技术的迅猛发展，人们发现和掌握了一些导致植物衰老的重要因素，如生物体细胞中不断积累受损的蛋白质是生物体功能衰退、生长速率衰减、最终死亡的重要原因。基于生物体功能变化的生物衰老定义，也因此受到了推崇和广泛认可：衰老是由时间和生物体与环境相互作用引起的分子、细胞乃至生物体结构和功能减弱或弱化的随机变化过程，衰老极大地增加了生物体死亡的概率（Gan and Amasino，1997；McDonald，2014）。

生物衰老的过程被划分为三个阶段，即发育（development）、成熟（maturity）和衰亡（senescence）三个阶段。发育阶段，生物体发生的功能变化大多是正向的，如植物种子萌发、由mRNA转录到蛋白质四级结构的形成、性特征的出现等；成熟阶段，生物体的功能保持在最佳水平或缓慢衰减；衰亡阶段，也可称为繁育期之后的衰老过程，会发生一系列与死亡高度相关联的生理和生化衰竭过程，如绿色植物的光合作用丧失、叶绿体解体、酶与其他蛋白质降解等（Engvild，1989；McDonald，2014）。

1.2.2 植物衰亡

在植物学英文文献中，“aging”（衰老）与“senescence”（衰亡）总是被相提并论，这两个概念有时交替使用，常被混淆。从语言学的角度，“衰老”也经常与“衰亡”混用，因为在拉丁语中两者具有相同的含义。但是从生物学的角度，“衰老”与“衰亡”有本质的区别，衰老反映的是个体生长过程中与年龄相关的、受物种寿命控制的衰退；而衰亡则意味着生物体功能或者整个生物体的衰竭（这种衰竭是随机的，可在个体生长的任意时期发生，并不与年龄的增长直接相关），最终导致一系列驱动植物自然死亡的变化（Noodén，1988；种康等，1993；Thomas et al.，2003；McDonald，2014）。

植物体中绝大多数细胞为有丝分裂后细胞（post mitotic cell），其衰亡是植物细胞和器官生命最后阶段的程序化与随机性死亡过程，伴随着许多基因表达和生理方面的变化，涉及细胞解体和营养物质再循环或再分配两个阶段，即由生物或非生物因子诱导的受调控的程序衰亡（programmed senescence）和以正常细胞功能丧失为开始标志的随机衰亡（stochastic senescence）。衰亡导致叶绿体和其他细胞器有序解体，细胞核膜和液泡膜破裂、细胞结构丧失，打破细胞膜所维系的化学梯度、细胞内的化学反应终止，细胞随之死亡（McDonald，2014）。

1.2.3 植物衰老机制

迄今，许多学者从不同方面对不同水平上植物衰老机制进行了研究，提出了许多假说，试图解释植物衰老的原因，其中包括营养亏缺理论、激素调控理论、气孔调控理论、光碳失衡学说、自由基学说、衰老基因调控学说及端粒控制理论等。其中，涉及植物衰老的生理变化主要有以下两个方面。

1. 光合速率下降

在叶片衰老的初期，叶绿体变小、淀粉粒数量减少、叶绿素含量下降、1,5-二磷酸核酮糖（RuBP）减少，导致羟化酶的电子转运活性降低，光合磷酸化过程受阻。特别是在叶片衰老的最终阶段，叶肉细胞中的叶绿体会失去完整性，随后出现细胞核破碎（Jordi et al.，1994）。

2. 呼吸速率减小

一般来讲，植物衰老与线粒体体积减小、内膜褶皱减少和呼吸速率减小密切相关，但是这种衰减速率是很慢的。在衰老过程中，光合作用、氧化磷酸化脱节，不能产生能量；与此相反，有机物质的消耗增大。但在果实成熟时，呼吸速率先达到峰值，之后会急速下降。另外，在叶柄基部脱落层形成之前叶片呼吸速率增大。由干旱和水涝诱发的衰老，在起始阶段呼吸速率增大，短时间后会逐渐下降（董延龙，2009）。

Wang 等（2020）发现，随着树龄增大，银杏古树形成层细胞层数变少，新产生的年轮变窄，生长素含量下降，脱落酸含量上升，细胞分裂分化相关基因表达水平下降，表明古树中维管组织生长变缓。然而古树树干的横截面积增加量仍处于高水平，显示银杏古树形成层干细胞仍具有较强的持续不断分裂的能力。该研究进一步测定了古树叶片光合指标、种子繁殖能力、衰老相关标记基因等，均未发现有明显变化。

在树木衰老过程中，一些衰老相关基因的mRNA表达会出现不同程度的上调，通常这些基因称作衰老关联基因或衰老上调控制基因。那些只在衰老某一阶段表达的基因称为衰老特定基因（SAG），这些特定基因一般只能在叶片的衰老过程中检测到，如*SAG12*、*SAG13*（Borrell et al.，1997）。但也有一些衰老特定基因，如*LSC54*不仅存在于叶片中，在树干、花瓣、花萼、心皮和其他器官中也有表达（Bush，1995；Buchanan-Wollaston，1997）。

1.3 影响树木衰老的因素

植物衰老研究多集中于草本植物，如拟南芥（*Arabidopsis thaliana*）（Guo and Cai，2004；Ono et al.，2013）、小麦（*Triticum aestivum*）（Gregersen and

Holm，2007）、水稻（*Oryza sativa*）（Cheng et al.，2014）。有关树木衰老的研究始于20世纪50年代（Schulman，1958）。目前，有关树木衰老的研究主要集中在两个方面：一是生物因子（biotic factor），如树龄、健康状况及病虫害或损伤、DNA甲基化导致的树木衰老（Kurepa et al.，2009；Ally et al.，2010；Mitteldorf，2010）；二是非生物因子（abiotic factor），如极端高温或低温、遮阴、臭氧浓度增加、营养匮乏等环境变化或环境胁迫诱发的树木衰老（Ellmore et al.，2006；Zhang et al.，2015）。研究证实，树木衰老期间，其叶片的细胞结构、新陈代谢、基因表达均会发生较大变化，它们受生物和非生物因子的双重影响（图1-3）（Barth et al.，2006；Zhou et al.，2019a）。

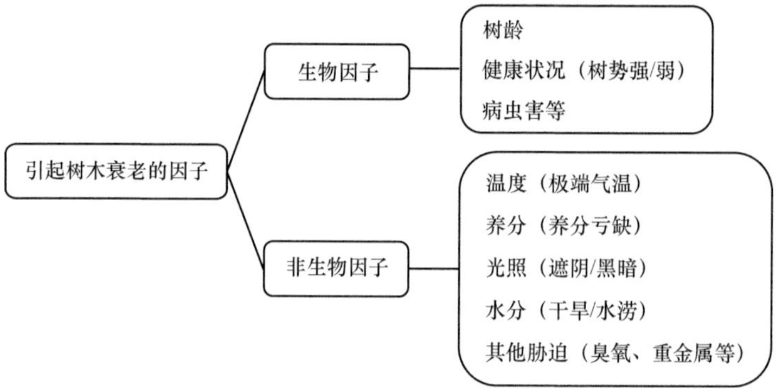

图1-3　引起树木衰老的因子

1.3.1　生物因子

与一年生草本植物不同，树木衰老不具有年龄相关性，一般要经历逐渐衰老再到衰亡等过程（Jones et al.，2014）。在这一过程中，有许多生物因子参与了衰老的调控，影响树木衰老进程。

1. 植物激素

细胞分裂素（cytokinin，CK）是一类植物激素，能够调节植物对非生物胁迫的响应（Rivero et al.，2009；Ha et al.，2012；Spíchal，2012）。有研究发现，使用外源CK能够起到杀虫剂的作用（Rulcová and Pospíšilová，2001），处于衰老阶段的植物组织中内源CK含量不断减少（Noodén，1988；Yang et al.，2006）。CK不仅能够促进植物细胞分裂和延伸，而且在阻滞细胞衰老方面有显著作用，如CK可以减少苔藓植物（liverwort）衰老过程中叶片蛋白质和叶绿素的损失，调节叶绿素代谢、矿物质营养转运及重新分配的生理和生化过程。在调节衰老关联基因表达方面，CK起着激活、增强和抑制表达的作用（董延龙，2009）。

2. 生理生化特征

研究发现，多胺类物质参与了树木如挪威云杉（*Picea abies*）（Königshofer，1990）和榛（*Corylus* sp.）衰老的调节（Rey et al.，1994），认为总多胺含量可以作为指示树木衰老的指标（Fraga et al.，2004），其中，游离态腐胺和游离态腐胺/亚精胺+精胺的比值可以作为指示辐射松与桃树衰老的指标。

古树在衰老进程中，叶片结构、光合速率和气孔导度等都会发生一系列变化。郭希梅等（2011）发现，叶绿素含量、针叶单位质量长度以及丙二醛（MDA）含量、超氧化物歧化酶（SOD）活性可作为油松古树衰老的指示指标。何英姿和刘忠敏（1997）对白皮松（*Pinus bungeana*）古树当年生针叶光合特性进行研究证实，生长健壮的古树针叶叶绿素含量明显高于生长弱的古树。李东林等（1998）发现，黄山松（*Pinus taiwanensis*）叶绿素含量随着树龄的增加而减少，蛋白质含量也有相同的变化趋势；古树衰老过程与活性氧的代谢呈现显著的相关性。在自然低温下，侧柏鳞叶的过氧化物酶（POD）含量随树龄的增大呈现显著下降；（1200±200）年侧柏古树鳞叶SOD含量显著低于幼树的SOD含量，而MDA含量则显著高于（20±5）年、（500±100）年的侧柏（Zhang et al.，2015）。

3. 树木衰老相关基因

迄今，已发现大量与树木衰老相关的基因。例如，Diego等（2004）从辐射松（*Pinus radiata*）枝干芽中分离得到一个与树木衰老相关的基因（*AAA-ATPase*），并发现该基因表达具有依赖年龄变化的趋势，验证了该基因与蛋白质降解、植物衰老、衰亡的相关性。常二梅等（2012）通过转录组测序建立差异表达谱，分析了3000年与20年侧柏鳞叶基因转录水平的差异，找到1202个差异基因，对了解古侧柏生长对环境的响应有重要价值。Zhang 等（2015）对黄帝陵侧柏古树的研究发现，古树对低温胁迫有不同的响应机制，鉴定出多种功能蛋白，如亚精胺合成酶、14-3-3蛋白、GDP-甘露糖-3′,5′-异构酶等，它们参与多胺合成代谢、防御和活性氧清除反应。这些蛋白质的发现，为古侧柏衰老/抗衰老研究提供了重要的参考。

4. DNA甲基化

DNA甲基化是一种常见的表观遗传现象（Zhang et al.，2007；Iqbal et al.，2011），在调节植物基因表达响应环境胁迫中起着重要作用（Cullis，2005；Boyko et al.，2007）。研究表明，衰老与特定组织中DNA甲基化状态的改变密切关联（Wilson and Jones，1983；Ono et al.，1989；Richardson，2002；Toshio et al.，2004）。对欧洲栗（*Castanea sativa*）枝条甲基化研究表明，幼树具有较低的甲基化水平（13.7%），成熟大树枝条甲基化水平达到15.0%，而休眠枝甲基化水平最高，达到23.0%（Hasbún et al.，2005）。Fraga和Canal（2002）检测了辐射松幼龄、中龄、成熟林针叶基部甲基化水平，发现随着树龄增加，针叶的甲基化水平逐渐增加，辐射松幼树的甲基化水平比成熟个体低42%。同时，表观修饰对基因表达起着重要的调控作用，衰老过程中大量相关基因的表达或沉默可能和表观修饰有着重要的联系。有研究发现，树龄2000年以上侧柏古树的甲基化水平显著高于树龄2000年以下的侧柏；200～300年生侧柏与其他树龄侧柏的内侧、外侧胞嘧啶甲基化水平均有显著差异；2000年以上不同健康状况侧柏古树的甲基化水平差异主要表现在内侧胞嘧啶方面。

5. 染色体端粒长度

染色体端粒缩短被认为是触发细胞衰老的“生物钟”，因此，细胞中染色体端粒长度被作为检测植物衰老的生物标记（Bekaert et al.，2005）。植物细胞有丝分裂过程中，端粒酶（telomerase）可以确保每次分裂时编码DNA能够准确地完成复制，在分裂次数方面发挥着决定作用。植物顶端分生组织因为含有端粒酶，确保了染色体复制时端粒不会变短。有关狐尾松的研究表明，端粒长度和端粒酶活性直接或间接地调控树木的寿命，狐尾松的长寿命与其分生组织中持续稳定的端粒酶活性具有重要的关系（Flanary and Kletetschka，2005）。油松的端粒长度呈现出5～6月增加、5～8月缓慢增长、8月至翌年1月显著减小的变化，证明油松在生长停滞期端粒长度较短（Mu et al.，2015）。

1.3.2 非生物因子

植物的光合作用是生命的基础，与环境条件关系十分密切，因此，环境条件对植物衰老进程的影响远比对动物的影响大得多。在野外条件下，植物衰老大都是由各种各样的环境胁迫引起的，如光照强度、遮阴、气温变化、土壤营养和水分状况、土壤有毒物质以及大气因子和有害生物等。

1. 营养状况

植物的寿命除受遗传因子控制外，还受非生物逆境影响（McDonald，2014；Mitteldorf and Sagan，2016）。科学家早就发现，植物寿命受自身营养状况的影响，摘除花器和果实能够延缓衰老，延长一年生或两年生植株的寿命（图1-4）。

2. 光照强度

植物对不同波长的光有着不同的吸收率，不同波长的光对植物的生长发育有着不同的作用。到达植株背光侧的丰富蓝光，通过诱导背光侧细胞产生植物激素，刺激背光侧细胞的生长，使得植物产生了趋光生长的现象。试验证明，植物

图1-4　摘除花器和豆荚可以延缓大豆的衰老过程（Leopold et al.，1959）

叶片对红光（620～700nm）的吸收率要远远大于红外光（700～775nm），前者能更有效地促进植物的光合作用，这也是植物存在趋光性的原因。植物叶片没有调节方向的功能，所以只有生长在植株顶部的叶片才能最大限度地接收阳光，更有效地进行光合作用。生长在植株下部的叶片接受不到充足的光照，光合速率大大降低。最新的研究发现，到达植株下部叶片的阳光中红光与红外光的比例减小，也许是启动下部叶片自发衰老的信号，尽管目前人们还不清楚其中的机制（McDonald，2014）。

3. 土壤水分

干旱是自然界中最常见的植物环境胁迫，也是引起植物衰老的主要非生物因子。侧柏盆栽抗旱试验表明，侧柏苗叶绿素含量在正常水分供应和轻度干旱条件下差异不显著，但在中等和严重水分胁迫下显著下降。同样，叶和根系的含水量在中等与严重水分胁迫下显著下降。中等和严重水分胁迫处理使苗木根系含水量从正常水分处理的79.75%分别下降到63.13%和60.61%。另外，水分胁迫对侧柏苗高生长也产生了极显著的抑制作用。蛋白质组学研究发现，侧柏在长期的干旱环境下能够产生多种生存策略，如维持细胞内蛋白质稳定、活性和正常折叠，激活活性氧（ROS）解毒过程，调节细胞渗透势，维持细胞壁完整性、能量代谢和细胞骨架稳定等（Zhang et al.，2016）。

干旱胁迫初期，侧柏根系通过细胞质感受水分胁迫，接着细胞激活Ca^{2+}、ROS和激素等信号（信号感知阶段），引起下游胁迫响应基因的表达，包括转录因子、渗透物质合成关键酶和蛋白酶类、大分子的防护因子、解毒作用因子、离子/能量转运蛋白等。总体来说，在干旱胁迫下，侧柏基因产物可以分成两组：第一组包含的蛋白质主要参与基因表达的调控（调控蛋白/转录因子）；第二组包含的蛋白质主要在适应胁迫过程中起直接作用（功能蛋白），通过这些被激活的胁迫响应基因表达，最终使受胁迫细胞重新恢复稳定和平衡，保护和修复被破坏的细胞膜与蛋白质。这些基因及相关功能通路构成了侧柏抗衰老的分子基础（Zhang et al.，2016）。

4. 低温

低温危害也是诱发树木衰老过程的一个重要因素。Zhang等（2015）研究发现，低温导致千年古树的MDA和脂类代谢水平提高，多数光合作用、蛋白质折叠/修饰、转运和防御/胁迫响应相关蛋白丰度呈现下降特征，表明相比于成年树，古树受低温的影响更大。大量功能性蛋白的降解可能会对古树叶组织防御逆境产生影响。然而，和成年树对低温响应不同的是，古树中有些蛋白质呈现高丰度表达，其中涉及一些胁迫防御和光合保护及多胺代谢相关蛋白，这些蛋白质在古树中的表达，可能与古树忍耐胁迫或抵御胁迫引起叶组织衰老有关（图1-5）。

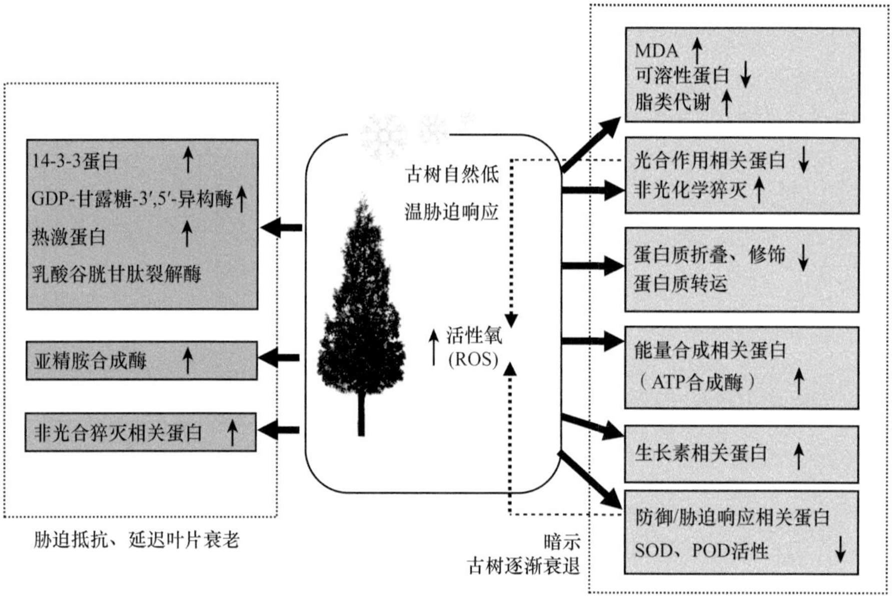

图1-5　侧柏古树对冬季低温环境的响应机制示意图（Zhang et al.，2016）

第2章　叶片与树木衰老

叶片是树木的光合器官，其生长发育状况及细胞结构与树木衰老有着密切的关系。叶片有着自身的生长发育规律，其衰老过程深刻地反映着树体衰老的进程，是树木衰老的“标志”（McDonald，2014）。叶片衰老是由多方面原因造成的，既有生物因子（如基因调控、树木衰老、病虫害等），也有非生物因子（如环境胁迫、营养缺乏、自然灾害等）。

2.1　叶片衰老

叶片衰老是与叶片生长发育相随相伴的过程，它与树木衰老是两个既有联系又相互独立的过程，有其自身的规律和特征。正常的叶片衰老并不代表树木衰老，但后者对叶片生长发育会产生深刻影响，是叶片生长异常和衰老的主要诱因。树木衰老期间，叶片的外观和叶肉细胞结构都会发生一系列响应变化，可以作为诊断树木衰老的有效指标（McDonald，2014；Zhou et al.，2019a）。

根据对模式植物拟南芥（*Arabidopsis thaliana*）叶片衰老的研究，McDonald（2014）将叶片衰老过程划分为三个连续的阶段，即启动（initiation）阶段、降解（degradation）阶段和最终（termination）阶段。诱发叶片进入衰老启动阶段的信号可能是非生物因子，如环境中没有生物活性的化学或物理因子；也可能是生物因子，如有害生物。

在衰老的降解阶段，叶肉细胞质中会出现葡萄糖和果糖的积累，同时，细胞合成功能减弱，细胞质中葡萄糖的积累会促进己糖激酶（hexokinase）的表达，进而促进蛋白酶（protease）的表达，最终导致叶绿体开始解体，进入衰老的最终阶段。

随着叶片衰老最终阶段进展，叶片逐渐衰亡，这一阶段又可分为两个连续的过程，即程序衰亡和随机衰亡。程序衰亡过程中，叶肉细胞中的叶绿体不断解体，叶绿体中物质进入细胞质后促进多种酶的表达，进而加速细胞器的分解，导致细胞膜丧失完整性。当所有的叶绿体完成解体时，标志着程序衰亡结束，开始进入随机衰亡过程，叶肉细胞中会聚集大量叶绿体等细胞器分解产生的营养物质，由碳水化合物的“供应者”转变为碳水化合物的“库”（McDonald，2014）。

衰亡过程中，叶片会表现出一些典型的变化特征，包括内部变化和外部变化两方面。内部变化不但表现在叶肉细胞结构方面，还表现在代谢组特征方面，如叶绿素分解明显快于合成、蛋白质迅速丧失、RNA大量水解等。在外部形态上表现为黄化、变形等。与吸收根不同，叶片的形态特征变化很少与树种系统发育和进化相关（Matile et al.，1989；Hörtensteiner and Feller，2002）。

2.2 衰老对叶片解剖特征的影响

叶片是叶的主体，由表皮、叶肉和叶脉组成。叶片及其细胞构造对环境变化与树木衰老非常敏感，在不同衰老阶段会表现出相应的解剖特征，为诊断树木健康状况或衰老状况提供依据。

2.2.1 对叶片组织解剖特征的影响

叶片组织构造与树木许多功能存在密切的联系，如光合作用、营养转运和新陈代谢等（Bosabalidis and Kofidis，2002）。研究已经证明，环境胁迫（如干旱、土壤营养缺乏）都会对树木的叶解剖特征产生显著影响。Lu等（2019）对84K杨的盆栽试验结果证明，在不考虑氮营养的情况下，84K杨的叶片厚度、栅栏组织厚度以及栅栏组织与海绵组织的厚度比值都会随干旱程度的增加而增加（图2-1A～E和表2-1）。叶片在适宜氮条件下对干旱的适应程度大于在贫氮条件下的（表2-1）。在干旱胁迫下，栅栏组织的厚度及其与海绵组织的厚度比值均随氮的供给量增加而增大，但在充足水分条件下这种趋势不存在（表2-1）。在适宜氮条件下，叶片的栅栏组织更加紧密（图2-1）。在2种氮处理条件下，气孔开度随干旱程度的增加而急剧减小。但是，适宜氮处理气孔开度对干旱的响应程度要大于贫氮处理的（图2-1F～J），表明在土壤氮素适宜的情况下气孔调节对干旱更加敏感。

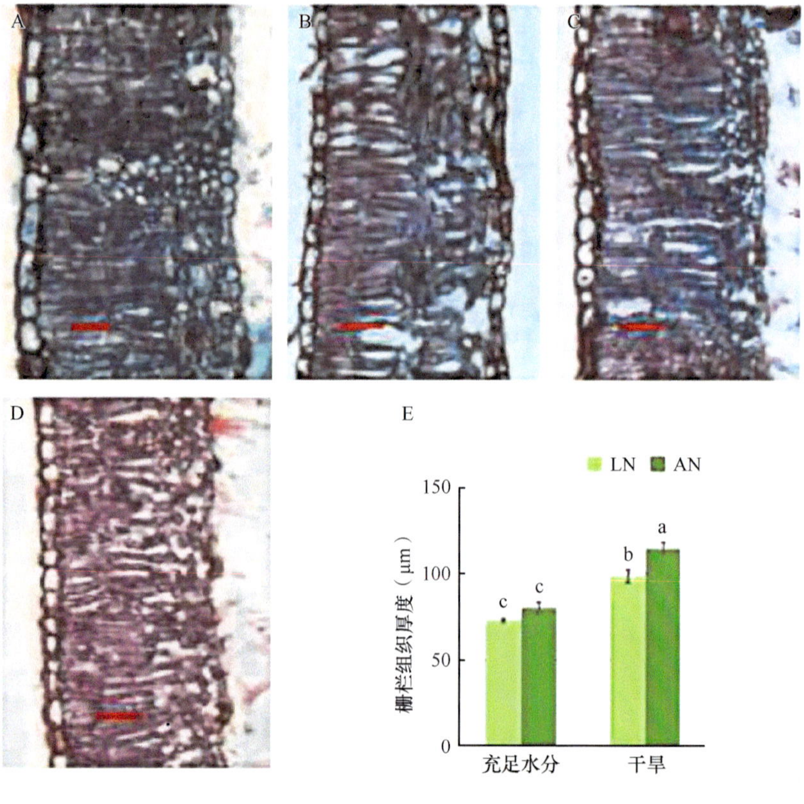

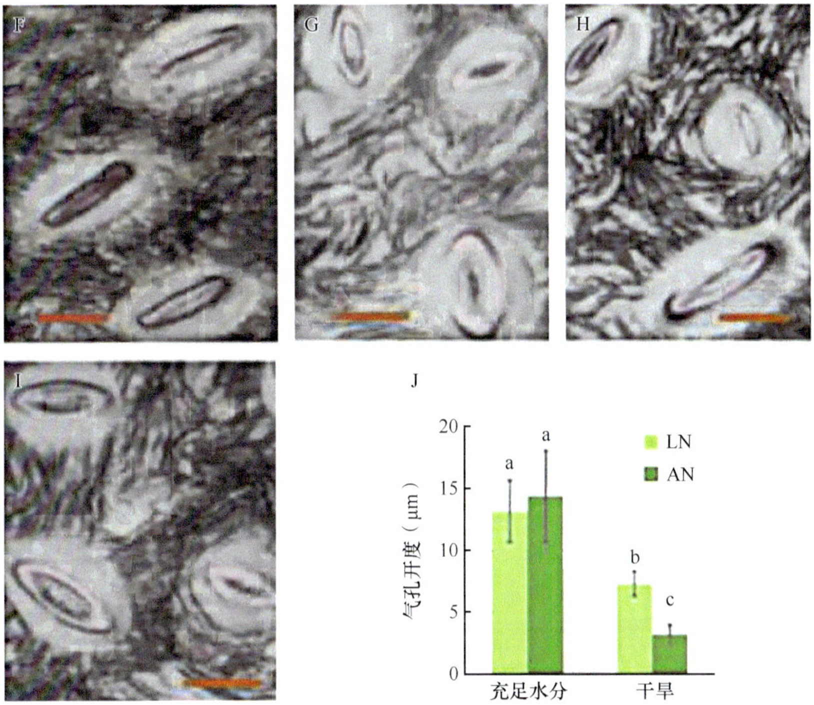

图2-1　不同水分和氮处理条件下84K杨叶片解剖结构变化

叶肉组织解剖结构特征（A～E）和叶片气孔特征（F～J）；A和F—适宜氮+干旱；B和G—适宜氮+充足水分；C和H—贫氮+干旱；D和I—贫氮+充足水分；比例尺=20μm；AN—适宜氮处理，LN—贫氮处理；不同小写字母表示不同处理间差异在$P<0.05$水平显著

表2-1　不同水分和氮处理条件下84K杨叶片解剖特征

氮处理	水分处理	LT（μm）	TPT（μm）	TST（μm）	TPT/TST	TUE（μm）	TLE（μm）
适宜氮	干旱	173.3±5.1a	114.3±3.79a	26.9±1.4c	4.3±0.30a	19.8±1.60a	12.2±0.9ab
	充足	153.9±5.6b	79.9±3.3c	45.9±1.4a	1.7±0.04c	17.3±1.36a	10.8±0.3b
贫氮	干旱	155.6±2.5b	98.5±3.7b	26.5±0.8c	3.7±0.17b	16.9±1.02a	13.6±0.9a
	充足	134.1±2.5c	72.6±1.1c	36.0±1.3b	2.0±0.08c	18.1±1.07a	7.5±0.2c
双因子方差分析	氮（N）	21.2^{**}	13.9^{**}	17.6^{**}	0.7	0.7	1.9
*F*值	水分（W）	25.2^{**}	94.4^{**}	31.9^{**}	148.8^{**}	0.3	32.5^{**}
	N×W	0.06	1.8	14.67^{**}	6.18^{*}	2.2	12.5^{**}

注：表中数据为平均值±标准差；各处理平均值统计差异水平5%，*F*值中*表示$0.01<P<0.05$，***表示$P<0.01$；LT—叶片厚度，TPT—栅栏组织厚度，TST—海绵组织厚度，TUE—上皮层厚度，TLE—下皮层厚度

树木在衰老过程中，叶片细胞内会发生一系列生理和代谢变化，在不同衰老阶段表现出不同的叶片解剖特征（表2-2），是树木衰老诊断的重要指标（Rossatto and Kolb，2009；Quy et al.，2017；Zhou et al.，2019a）。在古树健康诊断中，通常根据树体表现出的衰老程度将古树健康状况划分成健康、亚健康和不健康三个级别（具体参见本书第4章）。

表2-2 不同健康状况侧柏古树鳞叶解剖特征

健康状况	鳞叶厚度（μm）	角质层厚度（μm）	表皮层厚度（μm）	栅栏组织与海绵组织厚度比值	树脂腔宽度（μm）
健康	387.11±46.18c	5.68±1.29a	21.68±1.78a	1.70±0.21a	93.60±11.25c
亚健康	645.68±41.79b	3.91±0.84b	18.37±2.04b	1.77±0.25a	128.44±10.09b
不健康	1009.85±19.83a	3.15±0.75c	18.74±2.82b	1.77±0.24a	252.93±29.21a

注：表中数据为平均值±标准差（n=50）；同一参数栏中不同小写字母表示不同健康状况同龄古树数据的差异显著（$P<0.05$）

Zhou等（2019a）对陕西黄帝陵侧柏古树鳞叶解剖特征研究表明（表2-2），随古树生长势的衰退，鳞叶厚度增加，而角质层厚度减小。比较不同健康状况侧柏古树鳞叶的解剖特征值，不难发现健康古树鳞叶的角质层最厚，从健康古树到不健康（衰亡）古树，角质层厚度减少了2.53μm，表皮层厚度也呈减小趋势，而树脂腔宽度呈增大趋势。栅栏组织厚度大于海绵组织厚度，但在不同健康状况古树间差异不显著。侧柏一年生鳞叶很容易识别（图2-2A），不同健康状况古树的一年生鳞叶无论在形态上还是颜色上都没有表现出明显的差异（图2-2B～D）。然而，侧柏的衰老程度明显地呈现在叶组织解剖特征的变化上，表皮细胞和叶肉细胞明显减少（图2-2E，F）。健康古侧柏的一年生鳞叶具有典型对称结构的鳞叶解剖结构特征。表皮层由单层表皮细胞构成。表皮层细胞小，角质层厚度明显比亚健康、不健康古树大（表2-2）。叶片中央叶脉由排列紧密的维管束细胞组成。树脂通道位于中央叶脉的两侧。叶肉组织由排列紧密的海绵组织和栅栏组织组成。随着侧柏古树健康状况的恶化，鳞叶的解剖特征发生明显变化。在亚健康状况下（图2-2F），树脂腔已变形和不再平滑。尽管表皮层栅栏组织和海绵组织的细胞形状正常，但在薄壁组织的细胞间出现了空洞，可看到原生质体的损伤和死亡以及细胞膜的分解。进入衰亡阶段（图2-2G），解剖结构的完整性丧失，树脂腔破碎呈不规则状。叶肉组织间出现大量的空洞，仅有少量的栅栏组织细胞可被辨认，大多数海绵组织细胞丧失了正常结构。随着树木衰亡的发展，维管束系统分解成碎片。

2.2.2 对细胞结构的影响

在健康状况下，树木的叶片细胞始终具有正常的细胞结构，细胞核和液泡位于整个细胞的中心，叶绿体具有完整的内外膜系统和较厚的类囊体垛叠，线粒体有丰富的嵴且在叶绿体周围紧密分布。流式细胞术（FCM）数据分析进一步表明，从健康侧柏古树叶片中分离出的叶肉细胞原生质具有较高活力（Zhou et al.，2019b）。进入衰老阶段的树木生长势逐渐减弱，叶片细胞结构会出现明显的退行性变化，如液泡破裂、细胞壁扭曲增厚等。这些细胞结构的退行性变化加速了整株树木的衰老进程（图2-3）。树木衰老过程中，叶片细胞结构的变化与细胞功能的衰变密切相关。因此，当树木叶片细胞结构出现退行性变化时，表明树木已经进入衰亡期，在整株完全死亡前仅仅能够生存很短的时间。而健康的树木不仅具有强大的生命力，而且能够在很长一段时间内保持活力（Jones et al.，2014；McDonald，2014）。

图2-2　不同健康状况的侧柏古树一年生鳞叶形态和解剖特征（Zhou et al.，2019a）

A—侧柏小枝，红色箭头所示的是一年生鳞叶；B～D—健康古树、亚健康古树、不健康古树的一年生披针形鳞叶；E～G—健康古树、亚健康、不健康古树一年生鳞叶的解剖特征；缩写：e—表皮层，p—栅栏组织，s—海绵组织，v—叶脉，rc—树脂腔；图A～D比例尺=1cm，图E～G比例尺=200μm

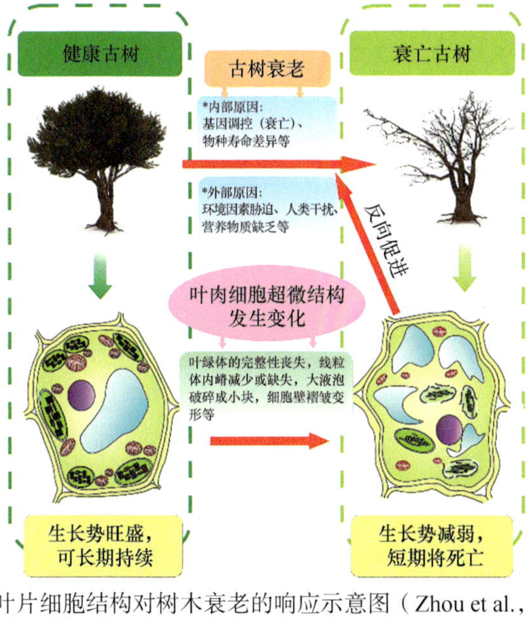

图2-3　叶片细胞结构对树木衰老的响应示意图（Zhou et al.，2019a）

左侧是健康古树的叶肉细胞结构，右侧是衰亡古树的叶肉细胞结构

Zhou等（2019a）发现，树木衰老对侧柏鳞叶细胞结构的影响即使在侧柏幼树的鳞叶中也表现得非常明显（图2-4G～I），表明叶片细胞结构与树木自身健康状况和衰老程度密切相关，与树木的树龄并无明显的对应关系（图2-4）。但要特别强调的是，叶片衰亡并不等同于树木整株衰亡（Lim et al.，2007），这一现象在落叶树种中非常普遍（Quy et al.，2017）。与落叶树种不同，常绿树种（如侧柏）的冠层虽然不是每年都更新消失，但其叶片会进行自我更新。因此，排除由季节变化、自身新陈代谢和衰亡等造成的干扰，是采用叶片作为材料来研究树木衰老的关键。不同叶龄叶片的研究结果表明，叶片细胞结构随叶龄的增加而逐渐溃散，叶龄增加导致的细胞结构变化主要表现在叶片中的表皮细胞和叶肉细胞（Zhou et al.，2019a）。侧柏二年以上叶龄的鳞叶会因自身衰老产生诸多细胞结构变化，但这些变化不能反映整株树木的衰老。因此，发育完全的当年生叶是研究叶片解剖特征对树木衰老和衰亡响应的最佳材料（Gepstein，2004）。

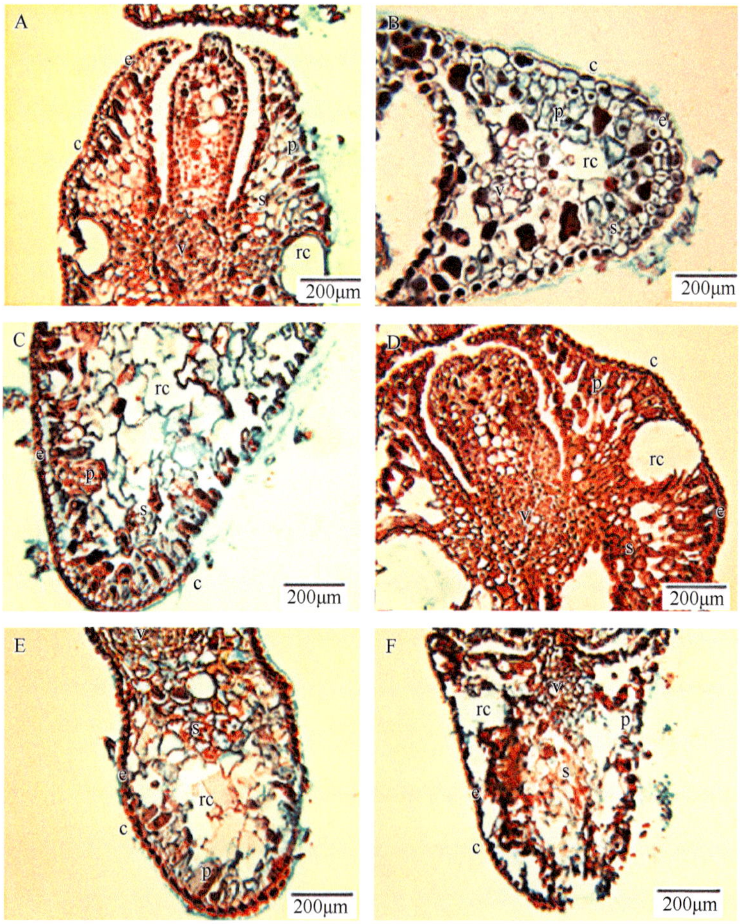

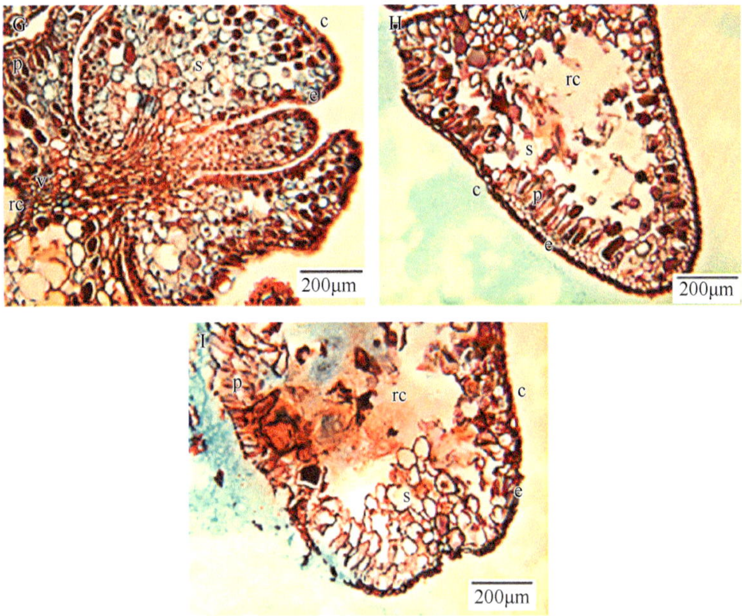

图2-4　不同树龄、不同健康状况下侧柏鳞叶的细胞结构（Zhou et al.，2019a）

A—健康古侧柏；B—亚健康古侧柏；C—不健康古侧柏；D—健康中龄侧柏；E—亚健康中龄侧柏；F—不健康中龄侧柏；G—健康幼龄侧柏；H—亚健康幼龄侧柏；I—不健康幼龄侧柏；缩写：c—角质层，e—表皮层，p—栅栏组织细胞，s—海绵组织细胞，rc—树脂通道

2.3　衰老对叶片超微结构的影响

叶片超微结构（leaf ultrastructure）或称亚显微结构，指在电子显微镜下观察到的细胞结构，如细胞核、叶绿体、线粒体等细胞器的结构。在树木的衰老过程中，叶片会发生一系列生理和代谢变化，引发细胞超微结构的变化，表现出不同的超微结构。

2.3.1　对线粒体超微结构的影响

Zhou等（2019b）采用透射电镜（transmission electron microscope，TEM）观察了不同衰老阶段侧柏古树鳞叶叶肉细胞叶绿体、线粒体以及叶绿体中淀粉粒的大小和形状，发现它们存在明显的差异（表2-3和表2-4）。在侧柏古树鳞叶透射电镜切片中，每个细胞大致可观察到5～12个线粒体，最大值出现在健康古树切片上，最小值出现在不健康古树切片上。细胞中线粒体数量随古树的衰老呈现减少趋势，线粒体的长度和宽度也呈减小趋势（表2-3）。

表2-3　不同健康状况侧柏古树线粒体超微结构

健康状况	细胞壁厚度（μm）	线粒体		
		长度（μm）	宽度（μm）	密度（个/细胞）
健康	0.26±0.03a	0.97±0.60a	0.68±0.32a	10.1±2.08a
亚健康	0.21±0.02b	0.71±0.15a	0.55±0.12a	8.0±1.15b
不健康	0.19±0.02b	0.67±0.28a	0.52±0.24a	6.0±1.15c

注：表中数据为平均值±标准差（n=50）；同一参数栏中不同小写字母表示不同健康状况同龄古树数据的差异显著（P<0.05）

表2-4　不同健康状况侧柏古树叶绿体超微结构

健康状况	叶绿体			淀粉粒		
	长度（μm）	宽度（μm）	密度（个/细胞）	长度（μm）	宽度（μm）	密度（个/叶绿体）
健康	3.67±0.61a	2.13±0.71a	5.3±1.25b	2.00±0.62a	1.10±0.53a	1.8±0.42a
亚健康	3.55±0.54a	1.70±0.32a	4.7±0.48b	1.49±0.29b	0.78±0.23a	1.6±0.70a
不健康	4.19±1.14a	2.14±0.64a	9.7±0.95a	1.54±0.43b	0.79±0.30a	1.0±0.00b

注：表中数据为平均值±标准差（n=50）；同一参数栏中不同小写字母表示不同健康状况同龄古树数据的差异显著（P<0.05）

不同健康状况侧柏古树的叶肉细胞和细胞器超微结构显示（图2-5A～C），细胞壁厚度随着古树健康状况的恶化而减小（表2-3和图2-5A～C）。在各健康状况古树中，健康古树的叶肉细胞壁最厚（0.26μm），不健康古树的最薄，但细胞壁的弯曲度随健康状况的恶化而增加。

不同健康状况古树叶肉细胞中线粒体和叶绿体的相对分布存在明显差异。在健康古树的叶肉细胞中（图2-5D），线粒体具有丰富的嵴，紧贴分布在叶绿体的周围。亚健康古树（图2-5E）的线粒体已失去嵴，与叶绿体之间的距离远大于在健康古树中的。不健康古树的线粒体大多没有嵴，远离叶绿体（图2-5F）。另外，不健康古树的线粒体没有完整的膜（图2-5D～F方框放大图）。虽然所有的线粒体仍保持圆形或椭圆形，但是嵴已发生明显变化。上述变化表明，树木衰老程度对线粒体与叶绿体之间的相对位置有很大影响。

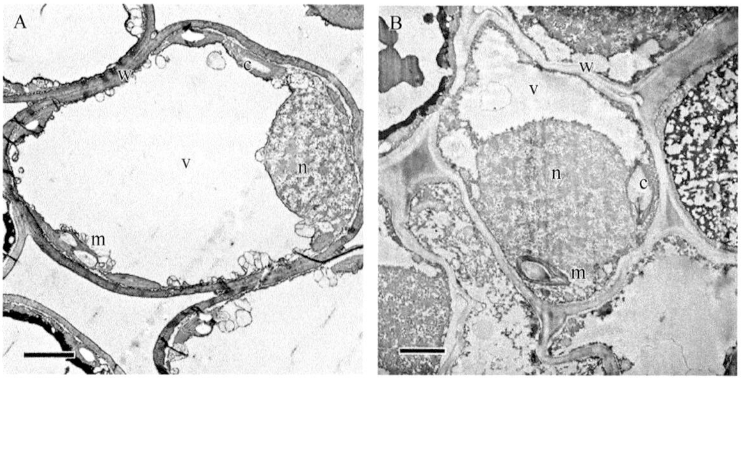

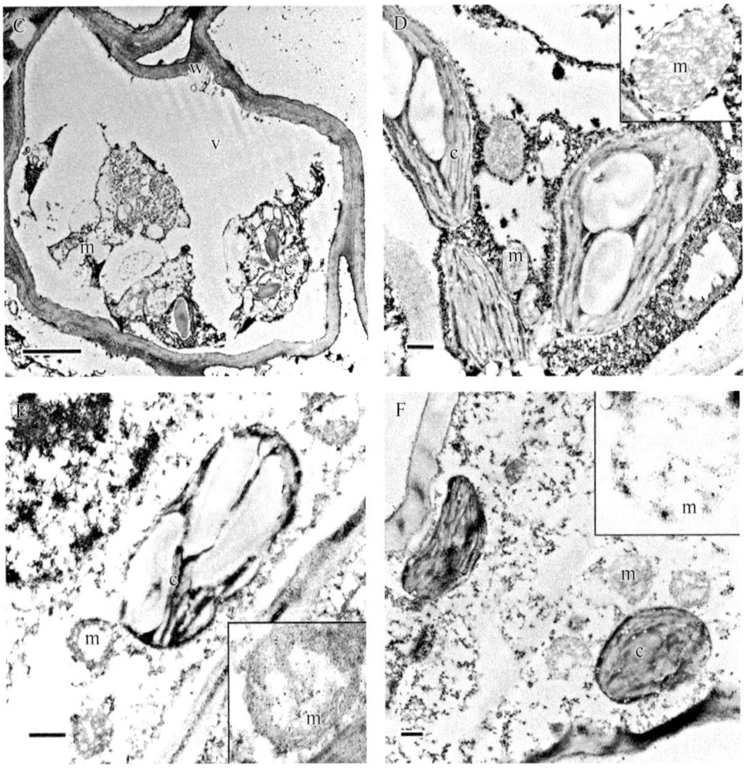

图2-5 不同健康状况侧柏古树叶肉细胞和细胞器超微结构以及线粒体与叶绿体之间的相对位置

A和D—健康古树；B和E—亚健康古树；C和F—不健康古树；缩写：c—叶绿体，m—线粒体，w—细胞壁，v—液泡，n—细胞核；D～F中黑框为放大的线粒体；A～C比例尺=2μm，D～F比例尺=500nm

传统的理论认为，植物在衰老阶段叶绿体比其他细胞器降解得早，从而导致了植物光合速率的整体下降（Hörtensteiner and Feller，2002；Saco et al.，2013）。但Zhou等（2019b）在古侧柏鳞叶超微结构研究中发现，叶肉细胞另一个重要的细胞器——线粒体在树体衰老过程中出现了明显的结构退行性变化。这种现象不同于Hörtensteiner和Feller（2002）的研究结果，根据他们的研究，线粒体在植物衰老过程中仍然具有功能；但与Balaban等（2005）的研究结果一致。根据自由基理论，线粒体与衰老有着密切的关系（Shigenaga et al.，1994）。到目前为止，活性氧（reactive oxygen species，ROS）已经被认为是动物和植物发生生物衰老的原因之一，它在细胞中具有多种产生途径。在多种来源的细胞氧化负荷中，线粒体承担了绝大部分氧化负荷（约90%）（Turrens，2003）。

在植物衰老过程中，线粒体会聚集大量的ROS，破坏线粒体嵴，减少线粒体能量产出，影响叶肉细胞、叶组织的代谢，甚至影响整株植物的代谢（Nemoto et al.，2000）。目前，大多数关于线粒体超微结构和功能变化的研究主要集中于藻类、农作物以及模式植物如拟南芥（Romo-Parada et al.，2010；Xu et al.，2013；Romanova et al.，2015；Fanello et al.，2017）。有关木本植物如侧柏的研究则处于空白阶段。

树龄差异不会对侧柏叶细胞结构产生显著影响（Zhou et al.，2019a）。处于相同健康状况的古树、中龄和幼龄侧柏，会呈现类似的叶细胞结构。例如，不同树龄健康侧柏的叶片细胞具有完整的解剖结构和超微结构，虽然它们在树龄方面相差2000年以上。尽管缺少叶片细胞结构对树龄变化响应的研究（包括形态结构、解剖结构和超微结构），但近几年已有了古树叶片细胞结构研究的报道（Chang et al.，2011，2012；Wen et al.，2011；Zhang et al.，2015）。另外，研究证实3000年和20年树龄侧柏生产的种子在发芽率、丙二醛（malondialdehyde，MDA）含量和抗氧化酶（SOD、CAT、POD、APX和GR）含量等方面不存在差异；ROS的含量不随树龄的增大而增加（Chang et al.，2012）。

古树除了种子具有较高活性，其叶结构也处于良好状态（Chang et al.，2011）。尽管生长季末期不同树龄侧柏鳞叶细胞中的ROS积累与生长季中期鳞叶细胞中的没有差异，但是抗氧化酶的活性存在明显的差异。大多数抗氧化酶在生长季末期表现出较高的活性。另外，与幼树相比较，古树具有较高的抗氧化酶活性（SOD、POD、CAT和APX）和抗氧化物含量（GSH和AsA）（Chang et al.，2011）。这些研究证明，即使树龄超过3000年的古侧柏，其叶细胞仍可避免遭受ROS的危害，这也许是树龄超过千年的古树仍能够保持健康状态的原因。

2.3.2 对叶绿体的影响

不同健康状况侧柏古树的叶绿体长度在3.55～4.19μm，宽度在1.70～2.14μm。在不健康古树鳞叶中观察到的叶绿体长度和宽度分别是4.19μm和2.14μm。不同健康状况古树的叶绿体长度和宽度没有表现出明显差异，但不健康古树鳞叶切片中每个细胞的叶绿体数量明显高于健康和亚健康古树的数量（表2-4）。

健康侧柏古树叶片中的叶绿体呈椭圆形（oval），具有完整、平滑的双层膜结构，均匀地紧贴细胞壁分布；类囊体膜结构清晰，垛叠层厚，占据叶绿体的大部分空间（图2-5A，D）。不健康侧柏古树的叶绿体呈近圆形（suborbicular），分布距细胞壁较远，类囊体膜清晰，叶绿体近乎完全解体，呈现出明显的衰亡特征（图2-5C，F）。

健康古树叶肉细胞的叶绿体居于细胞边缘，紧贴细胞膜和细胞壁（图2-5A）。大多数的叶绿体呈椭圆形，两端尖齿形。在亚健康状况下，叶绿体形态发生变化（图2-5B），一些远离细胞膜，但还是与不健康状况古树叶肉中的分布（图2-5C）有明显区别。在不健康状况下，所有叶肉细胞中的叶绿体都分布在细胞核周围，没有像在健康状况下紧贴细胞膜。健康古树叶肉细胞的液泡很大，单独聚集于细胞中央。但在亚健康状况下，许多不规则的液泡分布在细胞膜的附近。

作为叶肉细胞重要的器官，叶绿体随树木衰老的进程表现出结构退行性变化。健康侧柏的叶绿体通常具有完整、平滑的双层膜结构（图2-6A）。类囊体具有清晰、很厚的垛叠，占据了叶绿体大部分空间。位于底层的基粒片层仅占据叶绿体很小一部分空间，经常以类囊体厚垛叠间的连接物形式出现。亚健康古树叶绿体中类囊体虽然仍具备相对完整的膜系统和边缘清晰的片层结构（图2-6B），但是叶绿体已丧失了双层膜结构，内部物质泄漏。垛叠层厚的基粒减少，而垛叠层薄的基粒增加，并占据叶绿体的大部分空间。所以，如果树木生长势从健康衰变到不健康，类囊体片层会发生从有序到无序的重新排列。如果树木生长明显衰退，处于死亡或衰亡的边缘，叶绿体会完全崩溃和解体（图2-6C）。叶绿体和类囊体膜系统的超微结构完整性丧失，基粒呈现出明显的弯曲和退化，片层和垛叠变得模糊不清。叶绿体的内部物质完全扩散到细胞质中，淀粉粒依然是大颗粒。嗜锇颗粒与脂肪滴、酮类、四氧化锇等结合在一起，这些分布于叶绿体基质中的小颗粒在树木的衰亡过程中会出现明显的变化。在健康古树叶肉细胞的叶绿体中（图2-6D），脂肪滴很小，均匀地分布在叶绿体基质中。随着树木生长势的减弱，亚健康古树叶绿体中脂肪滴开始聚集在细胞质的一些区域，并且数量锐减（图2-6E）。树木进入衰亡期后，所有叶绿体完全丧失结构（图2-6C，F），脂肪滴随完全变形的类囊体片层碎片和叶绿体内部物质一起泄漏到细胞质中。

大部分叶绿体中会出现淀粉粒，其数量差异很大（表2-4）。健康古树叶绿体中淀粉粒数量最多（1.8个/叶绿体），亚健康和不健康古树叶绿体中的淀粉粒数量在1～2个/叶绿体，体积一般都很大，分布在基粒垛叠的间隙中。在叶绿体超微结构方面，不同健康状况古树之间存在明显的差异。健康古树的叶绿体及其类囊体垛叠完整，淀粉粒的存在没有影响叶绿体的正常超微结构和完整性。亚健康古树（图2-6E）和不健康古树（图2-6F）的叶绿体中，淀粉粒挤压甚至破坏了叶绿体的正常超微结构。总而言之，随着树木衰老进程的发展，叶绿体中的淀粉粒和脂肪滴会发生明显变化，侧柏古树的衰老程度与鳞叶超微结构质量密切相关。

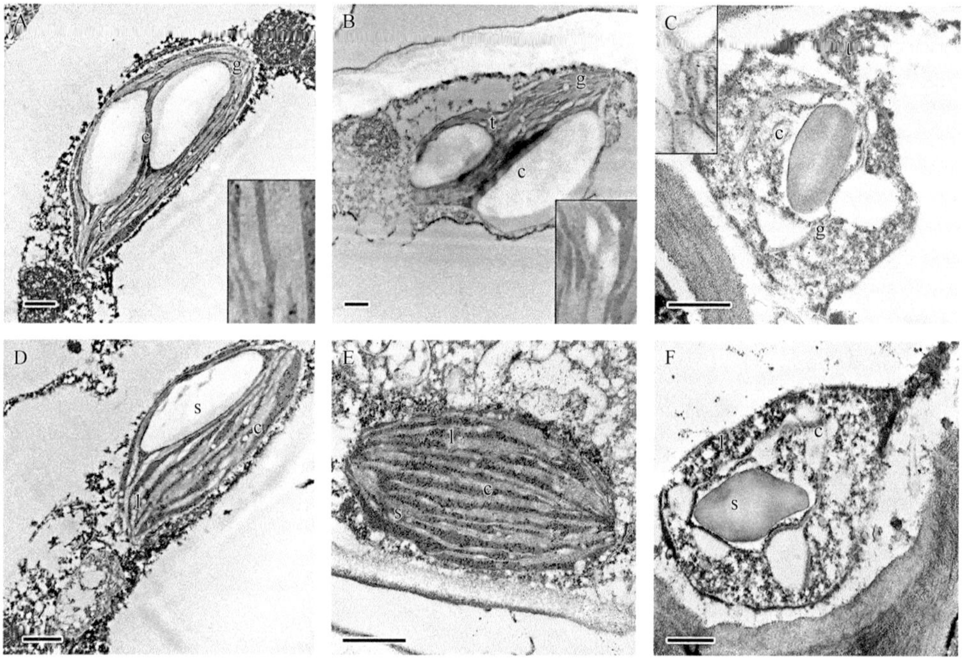

图2-6　不同健康状况侧柏古树1年生鳞叶叶绿体、脂肪滴和淀粉粒的超微结构

A和D—健康古树；B和E—亚健康古树；C和F—不健康古树；缩写：c—叶绿体，g—基粒片层，l—脂肪滴，s—淀粉粒，t—类囊体；A～C中黑色方框分别显示了放大的叶绿体基粒片层和不同健康状况古树的类囊体；比例尺=500nm

第3章　根系与树木衰老

根系是树木的主要营养器官之一，其生物量约占树木总生物量的30%。根系除了保障树木生长必需的水分和养分供给，还是固定和支撑树体的基础。处于根系末端部分的细根，对树木地上部分健康状况和土壤环境条件变化十分敏感，影响树木衰老的生物和非生物因子都会影响细根寿命与衰老。

3.1　根系分类及功能

根系分类是根系研究的重要内容。随着技术的进步和研究的深入，人们对根系分类的认识和理解需求越来越迫切，新的成果不断产生。

3.1.1　根系分类

由于研究目的不同，根系分类采用的依据和方法也不同，如按发生部位可以将根系划分为主根、侧根和不定根，按分布形态分为主根和须根，按功能可分为支撑根、运输根和吸收根，按直径分为细根和粗根等。其中，因在树木生长发育中的重要性，细根的研究格外受关注。

1. 直根系和须根系

根系是树木在长期进化过程中为适应环境而发展的器官，通常将树木根系分为直根系和须根系。直根系在树木生长过程中主要表现为深根性，而须根系则表现为浅根性。深根树种的根系比较光滑，细根较少；浅根树种的根系由于细根较多，根部表皮稍显粗糙。根系生长与地平线的夹角越大、与树木铅垂线夹角越小，越偏向于深根系树木；反之，与地平线的夹角越小、与树木铅垂线夹角越大者，越偏向于浅根系树木。

深根树种根系生长特点是，根系发达，主根明显并起主导作用，扎根深，侧根则处从属地位，从其地上部分可以看出，主干明显，有明显领导主枝，如油松（*Pinus tabulaeformis*）、白皮松（*P. bungeana*）、圆柏（*Sabina chinensis*）、银杏（*Ginkgo biloba*）、毛白杨（*Populus tomentosa*）、胡桃（*Juglans regia*）、臭椿（*Ailanthus altissima*）、白蜡树（*Fraxinus chinensis*）、无患子（*Sapindus mukorossi*）、枫香树（*Liquidambar formosana*）、樟（*Cinnamomum camphora*）、金钱松（*Pseudolarix amabilis*）、水曲柳（*Fraxinus mandschurica*）、朴树（*Celtis sinensis*）等。相反，浅根树种根系生长特点是，没有明显的主导根，其主根多向水平方向扩展，扎根相对较浅，如雪松

（*Cedrus deodara*）、刺槐（*Robinia pseudoacacia*）、火炬树（*Rhus typhina*）、香椿（*Toona sinensis*）、枣（*Ziziphus jujuba*）、云杉（*Picea asperata*）、侧柏、白花泡桐（*Paulownia fortunei*）、荷花玉兰（*Magnolia grandiflora*）、柳杉（*Cryptomeria fortunei*）、榕树（*Ficus microcarpa*）、菩提树（*F. religiosa*）、高山榕（*F. altissima*）、印度榕（*F. elastica*）等，其侧根横向发展，尤其是落叶树种，由于根系距地表较浅，当遇到适宜土壤条件很容易形成根蘖苗，因此经常可以看到，浅根树种周围可滋生较多的根蘖苗。

2. 细根

在根系研究中，人们习惯依据直径划分和识别根系，一般将直径≤2mm的根系统称为细根（图3-1A）。这种传统根系分类方法的优点是简单易行，缺点是将所有细根归为一类，无法区别细根的功能。另外，由于细根形态特征的多样性，不同树种采用单一的根系直径标准是不科学的。随后，根序（root order）被用于划分细根等级，即位于根系最末端、没有分枝的为1级根，两个1级根相交形成2级根，两个2级根相交形成3级根，以此类推（图3-1C）。不同根序之间的结构和功能存在明显差异（Pregitzer et al.，2002；Guo et al.，2008）。基于这种差异，McCormack等（2015）提出"功能划分法"，即将直径≤2mm的根分为吸收根（1～3级根，根枝末端具有初生结构，执行水分和养分吸收功能的根级）和运输根（4～5级根，主要行使运输功能的根级）（图3-1B）。"功能划分法"为区分不同功能的细根提供了有效的方法（表3-1）。

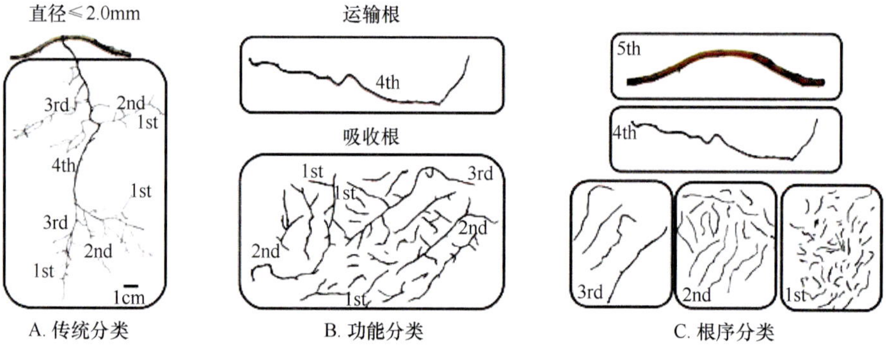

图3-1　细根分类方法（McCormack et al.，2015）

分别被标记为1级（1st）到5级（5th）根序的细根

3.1.2　细根功能

传统上根据直径将根系划分成不同的径级，其中细根是最小的径级（吴楚等，2004；Luke et al.，2015）。细根的生物量虽仅占树木地下总生物量的3%～30%，但其生产和周转消耗了10%～40%的陆地净初级生产力（Jackson et al.，1997；Gaudinski et al.，2010），在土壤营养、水分和碳循环中发挥着重要的作用（McCormack and Guo，2014）。

表3-1 细根（直径≤2mm）传统分类、根序分类以及功能分类等方法的优点和不足

（McCormack et al.，2015）

分类	分类依据	处理时间	优点	缺点
传统分类	所有根被聚合在一起	快	不需要提前了解立地或树种	区分和比较不同树种与立地的根系特征及生物量困难，费时费力
根序分类	根被区分为不同的根序	慢	能稳定和精确比较不同立地与树种的根系特征	
功能分类	根被分为吸收根和运输根	相当快	能够比较功能相似的根，比根序分类所需时间短	需要提前了解根系特征，确定分枝结构的功能区分

1. 细根特征

大量的研究证实，不同根序细根特征的变化往往与陆地生态系统的碳、水分和营养循环相关。例如，细根的寿命、直径以及二次发育水平随根序增大而增加（Valenzuelaestrada et al.，2008；Guo et al.，2008；Rewald et al.，2015）。同时，细根周转率、呼吸速率、氮含量以及菌根感染率趋于减小（图3-2和图3-3）（Gill et al.，2000；Guo et al.，2008；Rewald et al.，2015）。根系的分解速度也

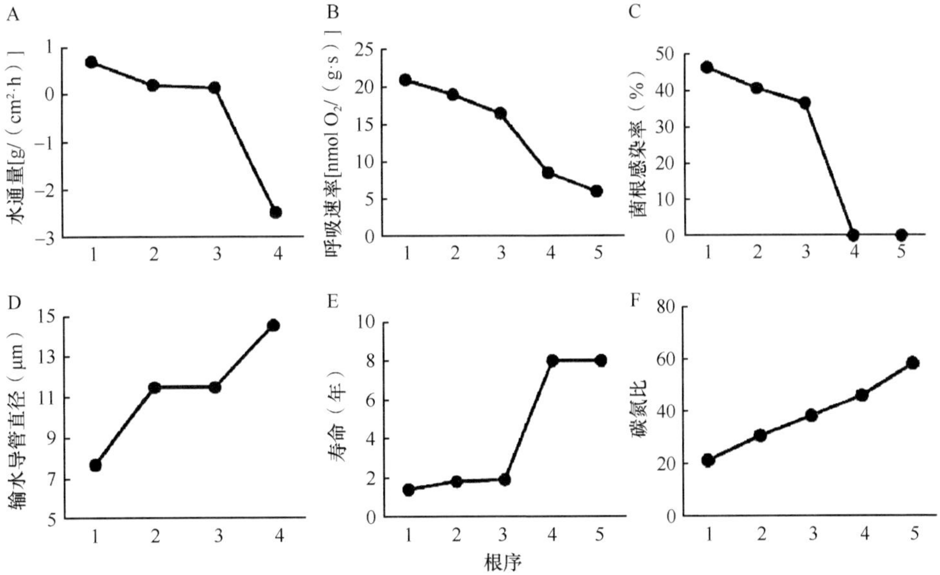

图3-2 不同根序细根特征变化常用模式（McCcormack et al.，2015）

实际数据突出了吸收能力（水通量）（A）、呼吸速率（B）、菌根感染率（C）、运输能力（输水导管直径）（D）、寿命（E）以及碳氮比（C∶N）（F）的变化趋势

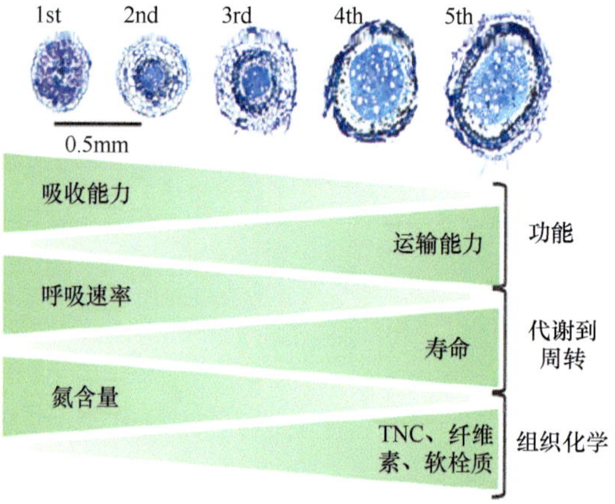

图3-3 挪威槭（*Acer plantanoides*）不同根序细根横切面及功能和特征变化模式（McCormack et al.，2015）

三角形表示随根序增大细根功能变化（吸收和运输能力）和根系特征[呼吸速率、寿命、非结构性碳水化合物总量（TNC）以及根组织其他化学特性]变化的简化模式；依据根系特征或树种的不同，这些特征随根序的变化也许是非线性的

会因根序的不同出现较大差异，其原因可能是不同根序细根组织化学成分不同（Fan and Guo，2010；Goebel et al.，2011）。特别值得一提的是，许多情况下，这些特征与根序的关系是非线性的，很多反映的是细根形态和功能的阈值（图3-2）。

McCormack等（2015）证实，挪威槭细根存在随着根序增加直径和二次发育水平增大的普通变化模式。其中，1级和2级根几乎没有或没有二次发育，1级和3级根仍然有完整的皮层细胞，而4级和5级根已丧失所有的皮层，取而代之的是在髓心部发育的次生木质部（图3-3）。值得一提的是，尽管这些对了解细根功能很重要，但很多根组织化学特性，包括纤维素、软栓质以及酚类含量仍没有被很好研究，它们随根序的变化模式也许因树种的不同而变化。

2. 吸收功能

对树木而言，维持生长主要取决于细根的吸收功能。根系以其庞大的表面积，主要是低级根序细根上着生的根毛与土壤水分和营养相接触。当叶片蒸腾失水时，叶片端水势明显低于土壤根系端水势，在植株体内形成水势梯度，水分自土壤经根毛表面向根内流动。这种水分吸收的动力为水势差称为被动吸水。当地上部分不蒸腾时，虽没有蒸腾所造成的低水势来牵引蒸腾流，但根系依然能吸收土壤中的水分，并推动水分经木质部流向地上部分，这种吸水过程称为主动吸水，所产生的压力称为根压。在夜间和清晨空气湿润时，某些植物（特别是它们的幼苗和叶尖）分泌出水滴，称为吐水；在切断植物的茎时，连接根部的茎切端木质部处形成水珠，称为伤流。这两种现象都是由根压造成的。根压一般不超过0.2MPa，远小于蒸腾拉力，因此由其引起的主动吸水对植物吸水总量贡献很小，也不足以将水运到离地几十米的树冠上去。主动吸水所需能量是由呼吸作用提供的，呼吸推动离子的主动吸收，使根细胞中离子浓度高于土壤溶液之后，根细胞的水势梯度因而下降，吸收土壤溶液中的水进入根细胞。总之，这两种水分吸收都需要水势差。

水分和营养进入根系后，主要沿着运输阻力较小的质外体运动，但根内皮层的不透水凯氏带将质外体通道阻断，水和营养只能通过内皮层的通道细胞朝木质部方向移动（图3-4）。Andersen等（2018）对模式植物拟南芥的研究加深了人们对这些通道细胞形成的了解。他们发现，这些细胞形成于木质部形成区域（图3-4蓝色部分）的附近，是植物运输组织的一部分。AHP6蛋白从发育的木质部向内皮层细胞移动，阻断调节细胞分裂素的分子信号通路，响应脱落酸而防止软木脂在细胞壁上积累。软木脂缺乏是通道细胞形成的原因。

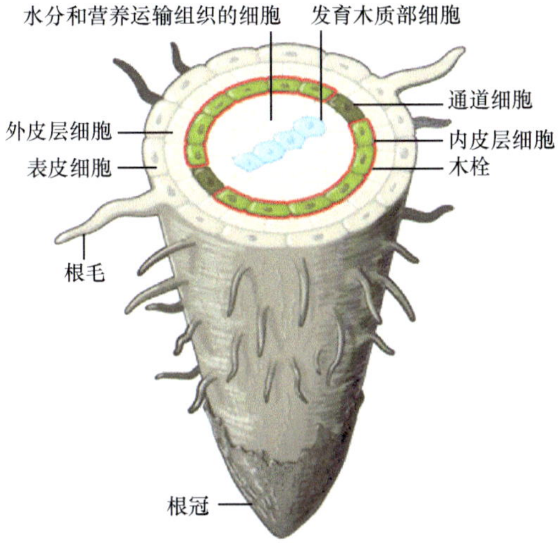

图3-4 植物根系结构示意图

因复合软木脂积累失去透性的内皮层（红色）环绕着植物根系中央输送水分和营养的组织，但有些内皮层细胞不含软木脂而具有透性，这些细胞被视为细胞的“门卫”，控制着水分和营养抵达根系内部组织

3. 其他功能

除了吸收功能，细根能进行一系列有机化合物的合成转化，包括组成蛋白质的氨基酸，如谷氨酸、天冬氨酸和脯氨酸等；各类植物激素，如萘乙酸、细胞分裂素类以及少量乙烯等。根系的薄壁组织发达，是贮藏营养物质的场所。

输导功能是由根尖以上的部位来完成的。由根毛及表皮细胞吸收的水和无机盐通过根的维管组织输送给茎与叶，而叶所制造的有机物也通过茎输送到根，由根的维管组织输送到根的各部分，维持根的生长和生活。

许多植物的吸收根与土壤中的微生物存在共生关系，某些种子植物的吸收根与土壤真菌共生所形成的共生体称为菌根，根据真菌对寄主皮层细胞侵染的情况，又分为两种类型：外生菌根和内生菌根。菌根真菌的菌丝如同根毛一样，起吸收水分与矿质营养的作用，将土壤中的矿质盐和有机物质转变为易于寄主吸收的营养物质，以及制造维生素等供给根系。而寄主植物分泌的糖类、氨基酸及其他有机物质又可供真菌生活，因此两者为共生关系。另外，大多数豆科植物与根瘤细菌形成共生体，即根瘤。根瘤的维管束与根的维管柱连接，两者可互通营养，一方面，豆科植物供给根瘤细菌生长所需的水分及营养物质；另一方面，根瘤细菌将固定合成的铵态氮通过输导组织运送给寄主植物。

3.2 细根寿命

细根寿命是指其从发生至死亡的这段时间，其间伴随着个体根的发生、生长、衰老和死亡过程（Baddeley and Watson，2005），从几天、上百天直到一年甚至更长（吴楚等，2004）。在相同的立地，细根的寿命因为树种、直径、发生季节和所处土层（环境）等的不同存在着很大的差异（Withington et al.，2006；McCormack et al.，2012；Coleman et al.，2000），即使相同树种和径级的细根，在相同的立地寿命也会出现大的差异（谷加存，2011；凌华，2010；McCormack et al.，2012；Gill et al.，2000；Peek，2007）。常绿针叶树种的叶子虽然具有较长寿命，但是在根系中可能并没有相应特征出现，原因可能是在气候和土壤条件的影响下，细根寿命与叶片寿命的变异机制并不同（谷加存，2011；Withington et al.，2006；Kern et al.，2004）。

3.2.1 细根周转

细根的生长、衰老、死亡、脱落和再生长过程称为细根周转（Vogt et al.，1986）。大量研究已经证实，在北半球，随纬度升高树木细根寿命在延长，按细根寿命排序，寒温带＞温带＞亚热带＞热带；按树种排序，针叶树＞阔叶树，落叶阔叶树＞常绿阔叶树，耐阴树种＞阳性树种，乔木树种＞灌木树种。

细根死亡是植物碳及养分输入土壤的重要途径，特别是通过根组织的周转，细根的寿命控制了碳由植物向土壤流动的速率。同时，细根通过调整根系数量、年龄结构和养分吸收效率，对养分和水分吸收进行间接控制。快速循环的吸收根决定了根系周转速率快，最终影响植物和整个生态系统的碳、营养以及水分循环。细根是土壤生态系统中碳的主要来源之一，在土壤中，根系及根际土壤碳在调节微生物群落、构建土壤碳库中发挥着不可取代的巨大作用（Drake et al.，2015；Tefs and Gleixner，2012；Clemmensen et al.，2013）。因此，细根寿命对植物生长、植物与其生境的相互作用和地下碳及养分循环都至关重要。

然而，细根位于地表以下的不可见性及直接观测困难，限制了细根寿命的数量化研究，也给生态学研究提出了特殊的挑战。但在同一时期有关植物群落和植物不同类型叶片特征与功能的研究已经取得很大的进展。不同树种细根寿命研究的滞后不仅限制了陆地生态系统的研究，也阻碍了基于植物功能特征的生态系统水分、营养和碳循环模型研究（McCormack and Guo，2014）。

3.2.2 影响细根寿命的因素

影响树木根系生长和细根寿命的因素包括内因与外因。内因主要是树木的遗传特性及树木自身营养状况，包括树龄、树冠大小、叶片数量或叶面积比等。外因则主要是土壤因素，包括土壤温度、水分含量、孔隙度、紧实度、养分含量、质地、pH、有机质含量、微生物类群和土壤动物、其他植物根系等。

多年生植物根系的生长发育依赖植物基因型、环境条件、土壤类型和特性等众多因素，特别是土壤水分、温度、营养（氮、磷有效性）以及土壤微生物等（图3-5）。快速循环的吸收根决定根系周转速率快，最终影响植物和整个生态系统的碳、营养以及水分循环（McCormack and Guo，2014）。近年来，许多学者意识到根系在树木特别是在古树适应环境变化、维持生存中所起的重要作用，并从地下部分的时空分布、细根寿命（周转）、生物量、形态特征，以及细根在生态系统物质循环和能量流动过程中所起的作用等方面入手，进行了大量研究（Wang et al.，2015；Liu et al.，2019b）。其中，植物吸收根的适应特性及其与水分的关系是关乎树木，特别是古树生死存亡的关键，在古树保护研究中受到格外关注。

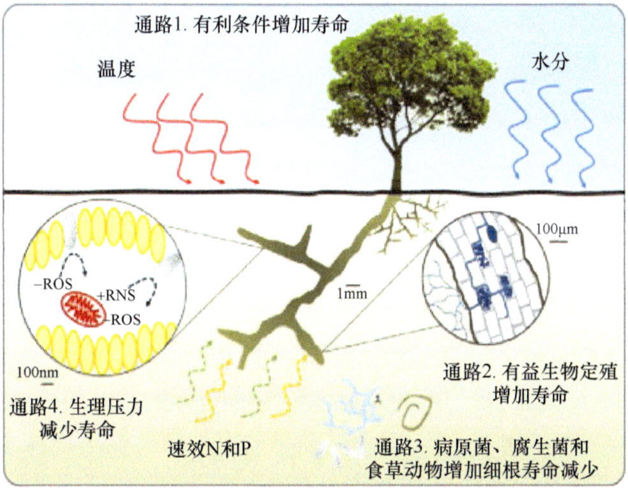

图3-5 温度、水分以及氮、磷有效性变化与细根寿命的关系（McCormack and Guo，2014）

通路1表示随着植物生产力、碳水化合物合成的增加，细根寿命延长，以及随后在适宜的生长条件下资源向细根分配；通路2表示细根被菌根真菌和内生菌感染免于病原菌感染，或是植物生长得益于水分和养分供给，细根寿命延长；通路3中病原菌、腐生菌和食草动物压力的增加，使细根寿命减少；通路4中细根呼吸增强，活性氧（ROS）、活性氮（RNS）过量产生，最终在胁迫的生长环境条件下细胞组织受损，细根寿命减少。通路1和4可以视为是植物或根系的内生反应，而通路2和3则更多地受到外部有益或有害因子变化的驱动

1. 土壤温度

温度对植物地上部分生长有着重要的影响，同样也影响地下根系的生长。每树种的根系生长都有其最适温度、最高温度和最低温度，即温度的三基点现象。温度过高或过低对根系的生长都是不利的，甚至会造成伤害。土壤深度不同，其温度也有差异，并且随着季节的变化而有规律变化，从而影响分布在不同土层中的根系活动。以陕西关中地区为例，早春土壤化冻后，地表30cm以内的土温上升较快，温度适宜，表层根系活动较强烈；夏季表层土温过高，30～60cm土层温度较适合，中层根系较活跃；60cm以下土层，周年温度变化小，根系往往常年都能生长，只是由于冬季地上部分活动停止，根系活动也相应减弱。

McCormack和Guo（2014）证实，尽管在有些情况下，相对其他立地条件土壤温度处于次要位置，但其在根系生长、衰老和周转中发挥着重要作用。细根寿命随土壤温度的增加和气温的增加而缩短；在低温条件下，细根的呼吸速率低，寿命较长。Steele等（1997）认为，较高的土壤温度可增加细根生产，促进细根的衰老和周转，缩短细根寿命。回归分析表明，细根的生产过程很大程度上受到环境因素的影响，与土壤温度和降水量相比，大气温度对细根生产的影响最强，但是影响程度存在一定的种间差异；大气温度对细根生产的强烈影响，显示了冠层活动也是细根生产发生季节性变化的重要因素；相比较，细根总根长的死亡量则与环境变量表现出了很弱的联系（谷加存，2011）。

Hendrick和Pregitzer（1993）对密歇根州糖槭（*Acer sacchrum*）林的研究表明，北部林分比南部林分细根寿命平均长75d。不同年均温的立地条件下，细根的寿命存在差异与土壤温度有关，而同一立地条件下细根寿命的季节性变化也可能与土壤温度有关。在温带气候条件下，晚春产生的细根寿命最短，如糖槭从6月到9月产生的细根寿命从125d增加到200d（Hendrick and Pregitzer，1993）。Kosola等（1995）对亚热带树种的研究结果则与温带树种相反，亚热带树种秋天生产的细根寿命最短。在同一土壤剖面，随着土层加深，温度下降，土壤有效氮含量降低，细根的寿命延长（Burton et al.，2000）。Gill等（2000）总结了190个已发表资料的结果表明，草地、灌木和森林细根寿命与年均温具有明显的负相关关系，从北方到热带地区细根周转加快、寿命显著降低。

土壤温度与细根寿命、氮矿化速率、水分有效性间存在复杂的相互作用关系。高温条件下细根死亡率增大、寿命短的原因可能是代谢活性增加、形成自由基、细根衰老加速（图3-5中的通路4）。此外，气温变化的加剧可能会限制细根适应气温升高的能力，加剧气温变化的影响（McCormack and Guo，2014）。Gill等（2000）对这种关系给出3种可能的解释：①高温能够提高土壤养分含量（尤其是氮的矿化速率）；②根系呼吸速率随温度升高呈指数增长；③高温地区或非冻土区，细根受病原菌侵染的可能性较大。Pregitzer等（2000）也认为，温度是限制土壤氮有效性、根系呼吸、碳消耗和土壤微生物活动的主要因子，并据此解释了为何热带森林细根周转较快，而温带和北方森林细根周转较慢。

2. 土壤水分

水分对根系生长和寿命的影响取决于其是否严重地限制了植物整体的生长。一般而言，土壤含水量为最大持水量的60%～80%时，根系生长良好。土壤过干或过湿，均不利于根系的生长。过干细根易发生木栓化和死亡性自疏，过湿则抑制根的呼吸作用，导致根系生长停止，甚至腐烂死亡。可见适时灌水和排水是古树地下管理的重要措施之一。一方面，增加水分缓解干旱能够提高整株植物的产量，延长细根寿命（Mainiero and Kazda，2006；Misson et al.，2006；Peek et al.，2006）。在热带的一些生态系统中，雨季根系生长和寿命趋向于增加，旱季趋向于减少，降水量增加往往与细根寿命增加联系在一起（Green et al.，2005）。另一方面，水分充足的环境中增加水分供应，反倒会减少细根寿命（Leppälammi-Kujansuu et al.，2014），因为经常性缺氧会增加根系胁迫以及来自外部的压力，包括土壤病原菌和腐生菌的增加（图3-5和图3-6）。

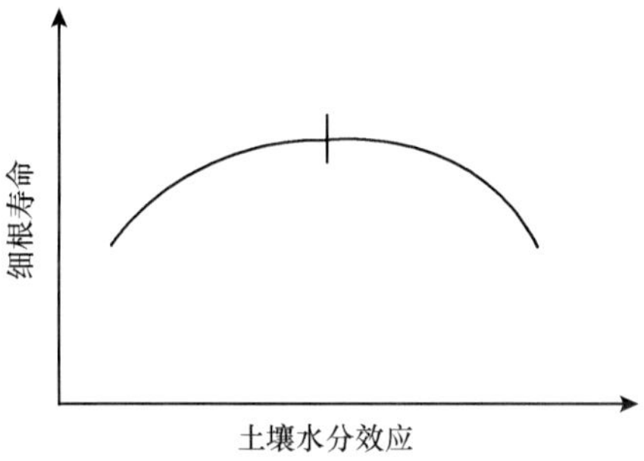

图3-6 采用概念模型预测的细根对土壤水分效应变化的响应（Mccormack and Guo，2014）

不同立地的水分效应会随土壤特性和地形部位的改变而变化，根系对土壤水分效应变化的反应也会发生变化。水分在土壤中的再分配在植物调节细根对干旱的响应过程中发挥着重要作用。就反映立地水分有效性的变化而言，也许根系对试验区局部土壤水分增加的响应不同于对整个试验区的响应。Pregitzer等（1993）发现，在试验区局部灌水能使细根寿命延长50%～70%，即使原始的水分条件没有强烈限制根系生长。所以，局部灌水不但能防止根系受到局部干旱土壤的胁迫，而且能够避免细根遭受由大水漫灌造成的土壤缺氧胁迫或病原菌危害。

干旱胁迫对水曲柳苗木根系衰老影响的研究表明（卫星，2008），干旱胁迫破坏了细根皮层细胞中线粒体呼吸链，诱发产生了大量的活性氧分子（如

H_2O_2），不能及时得到清除的活性氧分子氧化伤害线粒体膜结构，导致线粒体数量减少，内嵴消失，外膜结构破坏，呼吸功能明显下降。线粒体结构和功能破坏后，诱发细胞核结构以及DNA结构变化，细胞发生程序性死亡，细胞壁栓化、颜色加深，细根褐化。同时，细根活力和可溶性蛋白含量均下降，细胞膜透性增加，细根衰亡。低根序细根较高根序细根更容易受干旱胁迫影响，最先发生衰亡。

水分在土壤中的再分配在植物调节细根对干旱的响应方面发挥着重要作用。Bauerle等（2010）研究发现，在没有水分再分配过程的干旱土壤中，细根寿命会缩短。如果能使水分由湿润土壤向干旱土壤再分配，生长在干旱土壤中的根系寿命会维持在没有干旱胁迫土壤的相同水平。

3. 土壤通气性

土壤通气性对树木根系生长影响很大。通常生长在结构疏松、通气良好土壤中的根系，密度大、分枝多、须根量大，反之生长在通气不良土壤中的根系，发根少、生长缓慢或停止，严重时会导致树木生长不良和早衰。在一些旅游景点，由于铺装路面、地下夯土以及游人的频繁踩踏，古树基部附近土壤紧实，直接影响根系的生长（参阅第12章和第13章）。其主要原因是土壤内外气体交换不畅，导致有害气体（二氧化碳等）的累积。这些有害气体不仅影响根系的吸收能力，而且影响根系附近的菌根繁衍。当然，土壤水分过多也是影响土壤通气性的间接因素，在分析实际问题时应综合考虑。

4. 根系限制

根系限制（root restriction）是指植物根系生长受限对植株生长发育造成的影响。根系限制除与土壤容积有关外，还受光合作用、水分以及干物质在根系和树冠之间分配的影响，或受营养不足影响（Mark and Francesco，1994；Liguori et al.，2009）。为提高产品的品质和产量，园艺生产中常通过对养分和水分进行有效的控制，从而使植物达到理想的生长状态。研究证实，根系限制最终会影响植物根系生长。例如，土壤容积减少会导致树冠面积的明显减少，抑制主根生物量以及侧根（细根）生长，导致细根密度和根长密度等的减少（Hassan et al.，2019）。许多有关果树根系的研究发现，土壤容积的减少会导致树体生长量的下降，特别是影响树冠的生长。大量森林树种的调查也证实了根系对土壤容积的响应（Dominguez-Lerena et al.，2006；Aphalo and Rikala，2003）。根系限制会影响根系和枝条的生长、生物量积累和分配、叶片叶绿素含量和光合作用、植物水分关系、开花和产量（Yu et al.，2012；Wang et al.，2001；Peterson et al.，1991；Mark and Francesco，1994）。根系限制通常会减少植物地上部分营养生长，影响营养器官的代谢（Zhu et al.，2006；Wang et al.，2001），同时增加根系的生物量和须根数量（王丽琴和魏钦平，1997；Wang et al.，2001；Bar-Tal et al.，1995），如在葡萄上就观察到根系限制促进果实生长和提高果实质量的现象（Yu et al.，2012；Wang et al.，2001）。根系限制还能改变植物的水分平衡，最终影响叶片生长（Mirás-Avalos et al.，2018；Mark and Francesco，1994）。研究还观察到，在根系生长受到限制条件下，植物生长速率的下降可能是由根系合成和转运的生长物质减少所引起的（Ismail and Davies，1998）。根系限制还会影响植物许多生理变化，如碳水化合物代谢（Ronchi et al.，2006）、营养吸收（Yang et al.，2007）、蒸腾（Ray and Sinclair，1998）和激素生产（Liu and Latimer，1995）。

McCormack等（2012）的研究证实，树木细根寿命与根形态、生理以及化学特征相关联。根系氮碳比、呼吸速率以及比根长（specific root length，SRL）与细根寿命负相关，而与根直径和碳水化合物含量正相关。研究还验证了丛枝菌根（arbuscular mycorrhiza，ACM）真菌侵染的细根寿命有别于外生菌根（ectomycorrhizae，ECM）真菌侵染的细根寿命，因为菌根真菌的不同会强烈地影响细根形态特征和化学特性（Smith and Read，2008）；证明细根寿命与整株植物的一些特性相关，如生长速率和木材密度。

3.3 土壤养分对细根寿命的影响

对于古树，一般土壤条件下，其养分状况不会使根系处于完全不能生长的程度，所以土壤营养一般不是限制因素，但其可通过影响根系的质量影响古树的树势，如肥沃的土壤，根系发达，细根密度大、生长量大等，地上部分表现为树势旺盛。

3.3.1 土壤酸碱度对细根的影响

树木根系对土壤酸碱度（pH）的要求因树种而异，有些树种适宜在酸性土壤生长，如茶树（*Camellia sinensis*）、杜鹃（*Rhododendron protistum*）、冷杉等，有些树种则适宜在碱性土壤生长，如国槐、侧柏等，同样，有些树种则适宜在中性土壤生长。一般树木在中性、弱酸性、弱碱性土壤中均能生长良好，也就是pH在6.5～7.5。因为在这个范围内植物所需的养分在土壤中有效性最高，有利于植物吸收利用。pH过高或者过低，都不利于树木根系生长和根系吸收营养，主要表现为植株容易出现缺素症状，表现为生长受阻、幼叶变黄、叶缘干枯或焦枯，甚至细根腐烂等。

3.3.2 电导率对细根的影响

土壤盐溶液的电导率用EC表示。不合理灌溉水、土壤矿化度高、地下水位低、地面蒸发量大等是土壤电导率高的重要原因。土壤盐溶液主要包括钠离子、镁离子、钙离子、氯离子、硫酸根离子、碳酸根离子。EC值只表明可溶性盐的总浓度，并不能反映是哪一种具体离子。土壤EC值越高，表明土壤中可溶性盐离子的浓度就越大。土壤可溶性盐浓度直接影响根系的生长和吸收能力。若土壤EC值过高，可能形成反渗透压，将植物根系中的水分置换出来，使根尖受到损伤，进而丧失吸收水分和营养的能力，这也是过度施肥会烧苗的原因。根部表现出的症状：轻度时根尖变褐、侧根干枯、没有根毛，严重时整个根系腐烂坏死。土壤EC值过高也会增加根腐病的发生率。若土壤EC值过低，不仅表明土壤中可溶性盐浓度较低，也说明植物可吸收的养分含量较少，如氮、磷、钾离子含量。通常大部分植物适宜的EC值为0.2～0.6dS/m，在此范围内，树木根系生长良好。

3.3.3 有效氮对细根的影响

相对于其他环境因子，增加氮对细根动态的影响更加受到重视，但一直没有达成广泛的一致性看法。考虑到潜在的复杂性，要在试验区水平上针对根系寿命对氮有效性变化的响应做出一致性预测是困难的。如果试验方法和土壤特性保持稳定，根系寿命应该随有效氮含量的增加而增加，直到有效氮含量超过根系的需求。氮有效性衰减以及土壤酸化后，根系寿命开始减少（图3-7）。然而，在一些环境中根系寿命随氮有效性的衰减而增大也是可能的，特别是在氮以活性态（如硝态氮）存在的情况下。

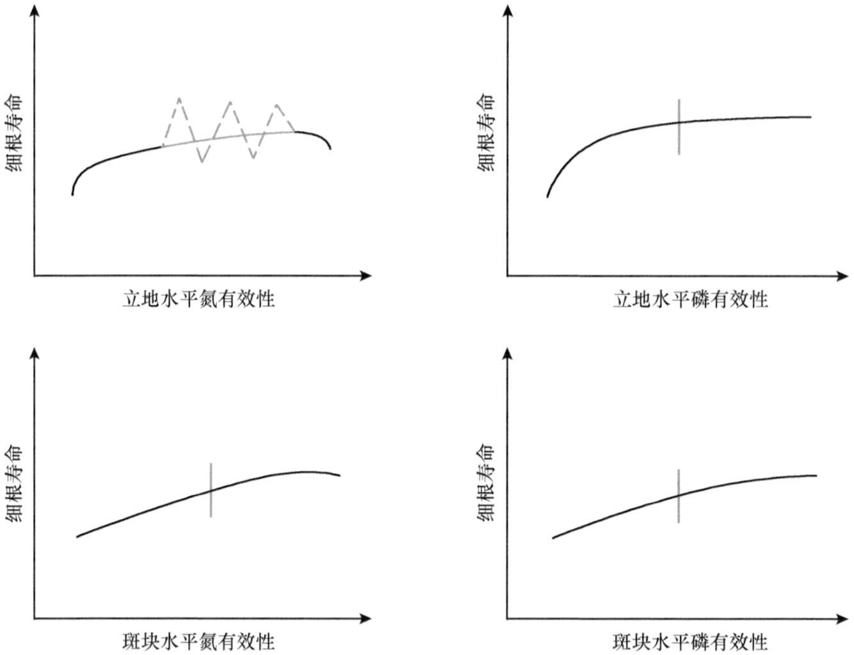

图3-7 概念模型预测的细根寿命对氮和磷变化的响应

灰色虚线表示根系对立地水平氮有效性变化的响应，说明立地影响的不确定性。灰色实线表示某种植物在自然氮素分布范围的“平均”响应；灰色实线是预测的植物种类、方法变化可能表现出的差异。黑色实线表示在土壤中营养元素有效性保持稳定条件下，根系寿命对氮、磷在较大范围变化的响应，或许增加，或许减少有研究发现，在根系周转中，有时老根会被保留以减少资源损失（Chapin，1980）。所以为更精确地预测氮对根系寿命的影响，在保留根组织中营养元素资源和随着根系衰老吸收率下降之间必须找到一个平衡点（Bouma et al.，2010；Astrid et al.，2010），可能需要更好地掌握增加土壤中氮与土壤理化、生物因子之间的互作关系。因此，对立地条件和土壤缓冲能力更精确地评价将有助于进一步深化细根寿命的研究。Kou等（2018）通过4年的模拟大气氮沉降试验证实，氮添加抑制了湿地松（*Pinus elliottii*）地上部分生长，促进了吸收根的生产、死亡和周转，但对运输根这些动态过程无显著影响。氮添加抑制了吸收根的分解，但对运输根分解的影响取决于分解阶段，其中分解前期（0.5年）无影响，分解后期（4年）为抑制作用。此外，他们发现氮沉降增加导致的磷限制是细根动态响应的重要驱动因子。氮沉降背景下，根系的动态响应过程可能是南方人工林碳汇增加的主要机制之一。

3.3.4 有效磷对细根的影响

与极度干旱相似，在磷的有效性严重受限时，根系会产生非常特殊的适应形态（Lambers et al.，2008）。根系通过增加总表面积适应低磷条件的响应涉及根系生理和形态的变化，最终导致细根寿命的变化。例如，在低磷的条件下植物会生出毛根，增加单位生物量吸收面积。有研究曾大量报道，不同的植物都会产生毛根，但寿命比粗根的寿命要短（Wells and Eissenstat，2001；Baddeley and Watson，2005；McCormack et al.，2012）。因此，在低磷环境下资源向较细的根系转移可能是根系寿命缩短的原因。对农作物的研究也表明，在低磷条件下根系的皮层同期组织会增加，有助于根系保持较大直径，但会普遍降低根系的呼吸强度和根系总的消耗，缩短根系寿命（Postma and Lynch，2011）。

大田试验证明，与叶片不同，一年生植物细根的衰亡是非程序性响应（Maria et al.，2002）。低磷条件下细根的短寿命也有潜在的益处，考虑到土壤中磷的移动性受限，在寿命较长的根系耗尽附近磷资源的情况下，也许短寿命的根系可通过再生开拓新的土壤空间。一般情况下，在局部土壤中增施磷肥能增加根系寿命，直至磷有效性超过根系的需求（图3-7）。自然界中土壤的磷很少出现过量，在磷相对丰富的情况下根系寿命不会像在氮富裕情况下那样出现缩短现象（图3-7）。以上这些情况有时会受到菌根真菌的影响，因为它们对土壤肥力的变化有强烈的响应（Treseder，2010）。菌根对磷变化响应而对根系寿命产生的影响可能会超过磷对根系寿命的任何直接影响。

3.4 宿主细根与微生物组互作关系

根系微生物组（root microbiome）指包括以宿主植物根系为聚集、栖息和繁殖地的微生物（细菌、古菌、原生动物、真菌、病毒等）、它们的互作关系及周围环境在内的微生物生态群体（Liu et al., 2019b；Lynch and Hsiao, 2019）。植物根际微生物群落主要由细菌和真菌组成，其中细菌大约占94%。而宏基因组分析的结果则显示，豌豆和燕麦根际微生物中真菌的读数占到总样品的15%（Getzke et al., 2019）。植物与根系微生物组的相互作用对维持宿主植物体内营养平衡和健康生长有着重要作用，影响植物与环境的相互作用（Liu et al., 2019a）。

3.4.1 细根与微生物组

目前，有关树木对根际微生物群落组成影响的研究集中在不同生长阶段根系分布层土壤营养元素的积累、根系分泌物中特殊植物化学物质等方面。根际微生物群落结构和组成受树木种类、土壤类型、细根分泌物、枯枝落叶组成以及土壤营养强烈的影响（Urbanová et al., 2015）。林地土壤微生物群落结构和组成在很大程度上是由优势树种通过特殊的枯枝落叶化学成分决定的。枯枝落叶组成对林地土壤中真菌群落的影响要远大于对细菌群落的影响，其原因是土壤真菌产生的大量纤维素水解酶、几丁质酶和纤维素酶促进了枯枝落叶分解（Eichlerová et al., 2015）。Delgado-Baquerizo等（2018）观察到，细菌群落对土壤营养状况变化的响应比真菌群落更敏感，认为土壤营养化学计量可以作为区域尺度土壤细菌群落组成和多样性的重要预测指标。研究证实，土壤特性驱动了森林土壤细菌群落结构、组成和多样性变化（Jeanbille et al., 2016；Colin et al., 2017）。

根际微生物群落的分类和功能特征明显受树种与树木基因型影响，并因根际特征的差异而变化。Hogberg等（2010）发现，植物在光合能力和氮素获得率方面的差异，能够通过产生根际初级代谢物影响土壤微生物活力。根系分泌物被认为是最重要的根际微生物群落调节因子，因为它们在根际释放了大量低分子物质和糖聚合物（Philippot et al., 2013；Okubo et al., 2016）。土壤特性也是微生物群落调节的重要因子，它可以通过影响根系分泌的模式从而影响根际微生物群落组成（Philippot et al., 2013；Ren et al., 2017）。

赵忠团队的研究发现，不同生长阶段刺槐林分的根系微生物组成存在明显差异，林分（林木）的健康状况也对微生物的群落构成及多样性有显著影响（Dang et al., 2018；Liu et al., 2018a）。Rodriguez等（2019）证实，细菌群落结构组成是由不断变化的环境因素，如土壤、季节、日照情况以及宿主因素（如物种、生长阶段等）共同决定的；植物可以招募特定的微生物来帮助其应对特定的生物或非生物胁迫。同时，根际细菌群落通过竞争直接影响真菌群落的多样性和多度，通过调整宿主植物免疫系统间接影响真菌。根系微生物组中细菌-真菌保持平衡是宿主植物健康的保障，破坏这种平衡会导致病害发生

（Getzke et al.，2019）。

尽管已有不少有关树种对土壤微生物群落组成影响的研究报道，但是有关某一树种对土壤微生物持续上千年影响的研究非常有限。Liu等（2018b）在对陕西黄帝陵侧柏古树林土壤微生物的研究中发现，随着树龄的增长，林地土壤和根际土壤养分状况会发生一系列变化，驱动了微生物群落组成的变化。聚类分析表明土壤微生物群落组成在幼树林和古树林间差异显著。土壤微生物群落主要由酸杆菌门（Acidobacteria）、变形菌门（Proteobacteria）、放线菌门（Actinobacteria）的细菌和子囊菌门（Ascomycota）的真菌组成，群落组成差异主要由芽单胞菌门（Gemmatimonadetes）和硝化螺旋菌门（Nitrospirae）的细菌，以及浮霉菌门（Planctomycetes）、接合菌门（Zygomycota）和担子菌门（Basidiomycota）的真菌所驱动。与幼树林相比较，古树林地土壤24.63%的细菌属和72.80%的真菌属，根际土壤24.78%的细菌属和59.92%的真菌属发生了变化。土壤微生物群落组成对土壤养分的变化非常敏感，土壤养分分别解释了58.41%细菌优势菌群（相对丰度≥0.1%）和39.21%真菌优势菌群（相对丰度≥0.05%）在分类单元（OTU）水平上的总变异。侧柏古树林在长期的生长过程中显著地改变了林地和根际土壤的微生物群组成，其中对细菌群落的影响大于对真菌群落的影响。

3.4.2　宿主与根系微生物组

近年来，越来越多的学者开始关注植物与根系微生物组互作关系的功能和机制研究（Getzke et al.，2019；Liu et al.，2019b；Wang et al.，2019），发现根系微生物组影响森林生态系统中林木生长及养分循环。微生物大量聚集在细根周围，将有机物转变为无机物，为植物提供有效的养分。同时，微生物能分泌维生素、生长激素等，促进植物生长，对植物生长发育至关重要，其组成随着植物宿主或其年龄的不同而变化，可帮助植物抵御外界胁迫。研究已经证实，根系微生物组在促进林木对营养元素（如氮和磷）吸收和循环（Dai et al.，2019）、提高宿主对逆境胁迫（如干旱和低磷）适应能力（Paul，2014）等方面发挥着重要作用。

Lu等（2019）研究发现，在拟南芥根际分泌物重塑根际微生物组成的同时，根际微生物可以通过调节土壤氮循环和分泌植物激素[如吲哚乙酸（indole-3-acetic acid，IAA）]来反馈调控植物的生长和开花。该研究表明，人类有可能通过改变根际微生物的组分来有效调控植物生长和生殖，同时帮助植物抵御高温、干旱、高盐等不利的环境变化。这一研究结果为进一步探索根际微生物在调节根系衰老和植物衰老方面的作用及其机制奠定了基础。

另外，根系细菌-真菌的平衡关系对宿主的生长也有显著影响。研究证明，细菌-真菌混合接种在促进宿主植物成活、生长和产量提高等方面的作用优于单独接种，说明细菌与真菌功能协同发挥是影响生态系统功能的重要因素（Getzke et al.，2019）。土壤细菌一般从土壤真菌分解的有机质中获取能量，所以微生物群落的组成和多样性对土壤碳、氮和磷的有效性水平很敏感。尽管增加土壤碳的输入能提高土壤真菌和细菌的相对丰度，但增加氮减少细菌生物量，增加磷则增加细菌和真菌生物量（Getzke et al.，2019）。

3.5　细根与叶片的关系

植物的地上叶片与地下细根分别作为植物体地上和地下部分重要的营养器官，在许多方面存在着一定的关联性（Reich，2014）。例如，根系与叶片间最直接的关系是其生长相关性，这种相关性的机制在于植物本身物质分配和能量平衡，即叶片作为主要的“汇”，由根系“源”提供无机盐，达到较为理想的碳氮：碳磷：等，使叶片各种资源利用优化，同时，叶片作为重要的“源”，为根系这一重要的碳水化合物“汇”提供碳骨架和代谢所需要的能量，使根系达到一个平衡的碳-氮关系，以更有效地获取地下资源，尤其是对生长发育产生限制作用的资源（师伟，2008）。因此，理解叶片和细根功能性状之间的关系，能够为植物资源利用策略的制定和生态系统过程模型参数的确定提供重要依据。

目前，对于植物地上/地下器官功能和性状之间的关联关系，存在两种不同的理论假说。一种假说认为，植物各器官功能和性状之间的关系是一维的，外界环境的选择性压力和生物物理限制，共同导致了植物功能性状聚集在从“快”到“慢”的策略轴上（McCormack et al.，2012；Reich，2014）（图3-8）。另一种假说则认为，植物不同的器官由于所受到的环境限制和行使的功能均存在差异，因而会独立地进化来适应不同的环境条件。因此，植物不同器官功能性状之间的关系是多维度的（Kramer-Walter et al.，2016；Weemstra et al.，2016），这有利于群落内物种共存和提高生态系统稳定性。

Gu等（2011）研究了8种温带树种的细根寿命，发现细根直径和根序与细根寿命间存在正相关关系。但Withington等（2006）发现，温带树种细根中的氮碳比与细根寿命负相关，细根直径与细根寿命没有相关性。细根直径与细根寿命间缺乏相关性，也许是由研究涉及树种的细根直径范围有限所致。

Wang等（2017）在中国东部南北样带（NSTEC）9个地带性森林生态系统中采集了154个物种（木本和草本植物）的叶片和细根样品，从5组性状关系对的角度探讨了根-叶性状关系。5组关系对分别为叶片厚度（LT）-细根直径（RD）、比叶面积（SLA）-比根长（SRL）、叶片组织密度（LTD）-细根组织密度（RTD）、叶片碳含量（LC）-细根碳含量（RC）、叶片氮含量（LN）-细根氮含量（RN）。研究结果表明：形态特征之间的关系取决于是否考虑系统发育因素，而叶片氮和细根氮含量之间存在紧密的正相关关系（Wang et al.，

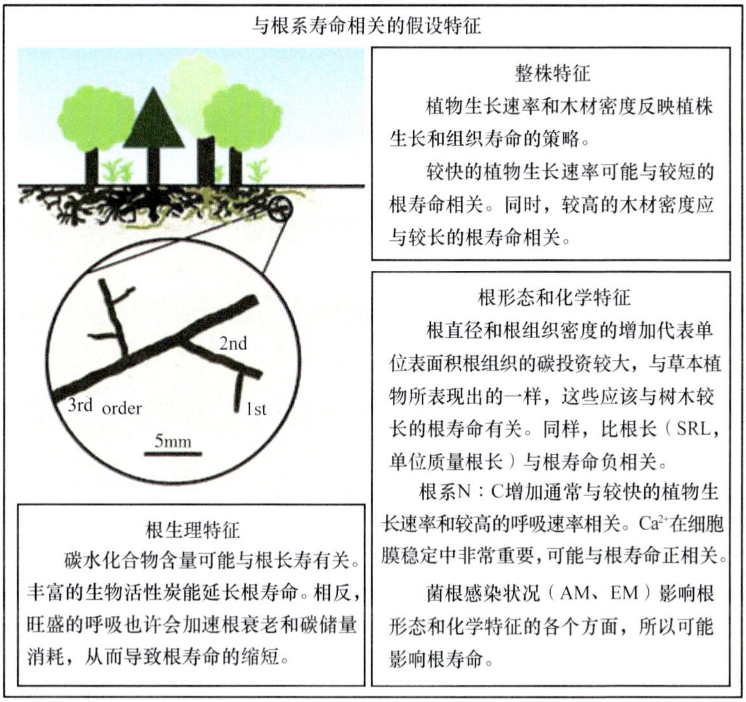

图3-8 植物功能与细根寿命的关系假设

图中的根序（Pregitzer et al.，2002；Fitter，2010）突出了1级、2级和3级根（McCormack et al.，2012）

2017）。这表明，细根养分特征可以作为连接不同植物器官和植物与环境之间关系的桥梁。叶片和细根之间形态特征的解耦可能与地上和地下部分不同的选择压力有关。叶片特征受到最大化光和二氧化碳吸收及最小化资源损失的驱动，因此叶片特征存在一维的权衡关系。相反，细根特征受到了更为复杂的环境因子（土壤养分和物理条件）和生物因素（菌根侵染和其他根系微生物）的影响（Weemstra et al.，2016），而这些因素并不直接作用于叶片，因此导致了叶片和细根形态特征的解耦。另外，植物地上和地下器官可能会独立适应环境条件。

此外，通过分析中国东部南北样带中181个森林植物叶片和吸收根的功能多样性，Wang等（2018）发现，叶片经济性状（如叶氮含量和比叶面积）和根组织密度随着土壤肥力的变化趋势符合胁迫优势度假说，而其他叶片和细根性状的变化趋势不遵从该理论。这些结果分别从物种和群落水平表明多维度关系假说在吸收根功能性状之间以及地上和地下群落构建机制之间均存在。

总的来讲，根系和叶片特性代表了一些容易被测量、与细根寿命有逻辑关系的相互关联的特性（McCormack et al.，2012）（图3-8）。但是，因为细根寿命评估的变化可能与任何一个特征或一组关联的特征无关，所以，确定基于整株植物和细根特性组合模型的细根寿命定量或定性评价方法，将有助于我们准确地预测细根寿命（Ostle et al.，2009；Iversen，2010）。

第4章　古树健康管理

古树不仅是重要的景观资源，而且是重要的历史文化遗产，被誉为“活化石”。古树历经百年乃至千年的生长，已经达到了树木生长的生理成熟年龄，且树木的个体高度基本成型，其高生长趋缓甚至停滞，每年树木的新梢、新枝延伸能力明显减弱，不仅表现在延伸长度减少，新梢、新枝数量也明显下降，整个树木的生长速度放缓，树体逐渐衰老，这时更容易发生病害、虫害或受到其他机械损害，导致树木出现生长衰退甚至死亡。古树健康管理是指以促进古树健康为目的所采取的管理措施，包括古树有害生物综合管理、树体维护及生命力管理等方面。为了维持古树健康生长和树体稳定结构，延长其寿命，必须加强古树的日常健康管理。树木经过长期适应生长环境，产生了多种防御机制来抵御不良环境和有害生物的侵袭，只有了解其防御机制和有害生物的防控策略，才能制订出科学可行的古树健康管理方案，顺利推进古树名木保护与健康管理工作。

4.1　树木防御机制

树木的防御能力是指树木防御和抵抗各种外界不利生存环境胁迫与干扰的能力，是树木在进化过程中产生的一种可遗传性状。由于生存环境以及受到的干扰胁迫和伤害等不同，树木在抵御周围生物侵害（如植食性动物、昆虫及病原菌等）及非生物环境（如非节律性变温、干旱、紫外光等气候因子）胁迫的过程中，形成了不同的防御机制（王小菲等，2015）。根据防御表现的先后，将其分为组成型防御（constitutive defense）和诱导型防御（indusive defense）；根据防御表现的形式又可分为机械防御和化学防御（图4-1）。组成型防御是树木固有的特性，不依赖环境胁迫而存在，是树木对抗和抵御外界伤害的第一道屏障，当昆虫取食或病原菌侵染突破第一道防线时，树木的诱导型防御启动。诱导型防御是发生机械损伤、植食性昆虫取食、病原菌侵染或逆境胁迫（如高温、冻害等气候变化，或营养、水分变化等）时，树木体内诱发产生一些可防御害虫取食和病原菌侵染的次生代谢物，这些物质将对害虫、病原微生物等从生长、食物消化、营养吸收等各个角度来进行防御（李会平等，2001）；或启动和激活植物的某些基因，调控体内一系列生理生化变化而产生抗性反应（Paine et al.，1997）。因此，组成型防御和诱导型防御是树木在不同时间启动的两种防御反应，在反应机制上各不相同，但作为防御体系的重要组成部分，它们相互联系、互为补充，共同构成树木抵抗外来入侵的有机整体。

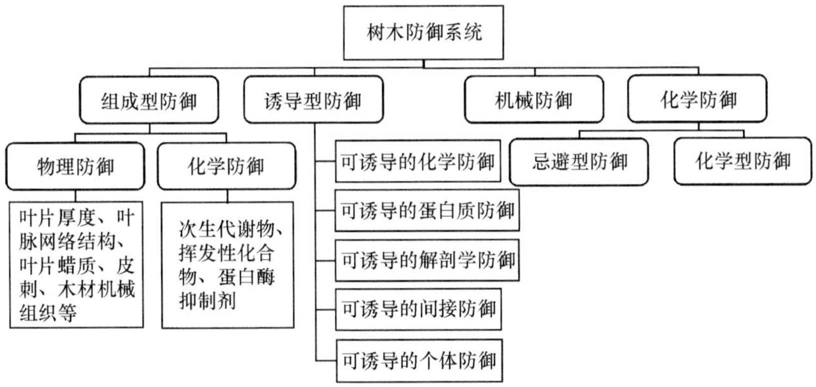

图4-1 树木防御系统

4.1.1 组成型防御

组成型防御指树木树体器官结构呈现的组成结构异化，以及能阻碍昆虫取食或病原菌侵染的物理和化学因子，是树木可遗传的固有特性。组成型防御又包括物理防御和化学防御两种机制，二者共同影响生物侵扰过程及昆虫的行为、生长发育和繁殖，抵御病原菌的侵染。

1. 物理防御（或机械防御）

在长期的进化过程中，树木在外部形态特征和内部组织结构等方面发生了多样的分化，形成了抵御植食性昆虫或动物、病原菌等侵害的天然屏障。树种的组织器官形态，如叶脉网络结构（李乐等，2013），叶片厚度及表面的绒毛、蜡质，种子或果实的外皮或坚硬的果壳，树皮和木质部硬度，石细胞、纤维素及木质素含量等（张寰等，2006；王小菲，2015）形成树木防御外来侵染和破坏的第一道屏障，在应对害虫、病原菌侵害方面发挥了非常关键的作用。

树木不同器官的组织结构，如果实中的石细胞含量，树皮木栓层的厚度，树干木质部的硬度，木材的纤维素及木质素含量，输送养分的导管结构、形态以及内含物组成的轻微变化，都能改变植食性昆虫的适口性，进而影响害虫的取食和产卵为害（张风娟等，2006）。在树种与天牛的为害关系研究中发现，木材机械组织和薄壁组织比例越大，为害越轻；天牛产卵刻槽数量与寄主树皮的粗糙程度有关；树木皮层和韧皮部石细胞、结晶体的分布和数量，以及纤维素的多少和排列状况等均影响树木的抗虫性（杨雪彦等，1996）。不同树种的木质部导管数量、射线宽度、木化细胞半径及皮层石细胞壁厚度是影响天牛幼虫取食的重要因子（刘晶岚等，1999）。对美国东部和西部的美国白皮松（*Pinus albicaulis*）皮层树脂道数量及筛管丝团中草酸钙晶体含量进行比较，发现西部美国白皮松表现出的对象鼻虫（*Elaeidobius kamerunicus*）有较强抗性与其树脂道数量有关

（Plank and Gerhold，1965）。木栓层是针叶树最基本的防御结构，直接影响小蠹虫的侵入行为及侵入部位的选择（Paine et al.，1997；李青青等，2007）。同时，一些松属和云杉属树木韧皮部中分布有丰富的质地坚硬的石细胞，直接影响小蠹虫的筑坑行为和产卵过程，并具有抑制共生真菌的作用，且云杉石细胞群数量与入侵病原菌病斑大小成反比（Wainhouse et al.，1997；Lieutier，2002）。桉树最抗虫品系叶面明显覆有白粉，能阻碍害虫取食（Floyd and Godly，1997）。杨树抗虫品种石细胞含量增加，呈大团块状分布，纤维排列紧密，细胞壁厚（萧刚柔，1992）。柳树嫩叶的绒毛可以防御柳蓝叶甲（*Plagiodera versicolora*）幼虫的取食，桉树叶甲（*Chrysophtharta argicola*）初孵化的幼虫只能取食桉树幼嫩的叶片（Larsson and Csiro，1988）。

2. 化学防御

树木自身为抵抗昆虫、植食性动物等为害，在与其长期协同进化过程中形成了复杂的化学防御体系。化学防御物质是由树木代谢产生并能对另一种生物的行为、健康或者生态处境产生影响的非营养性物质，可统称为树木的他感物质（allelochemical），也称为异株克生物质（Rhoades and Cares，1976）。

根据对昆虫、植食性动物等侵害生物产生的影响，可将防御性化合物分为3类：①由特殊气味引起昆虫、植食性动物等侵害生物忌避或抑制其取食的化学物质；②影响昆虫、植食性动物等侵害生物食物消化和利用的化学物质；③影响昆虫、植食性动物等侵害生物生长发育甚至造成其中毒、死亡的化学物质（李会平等，2001）。植物防御性化合物通常包括以下7类：①生物碱、胺、非蛋白氨基酸、生氰苷、芥子油等含氮化合物；②单萜、倍半萜、二萜和皂苷等萜类化合物；③酚类化合物，如简单酚类、黄酮类和醌类；④单宁、木质素和纤维素；⑤植物激素和植物凝血素；⑥蛋白酶抑制剂；⑦挥发性化合物（康乐，1995；李明等，2007）。这些防御性物质属于次生代谢物，不依赖昆虫或植食性动物的取食而存在于植物自身组织中，它们常与营养代谢协同作用，对害虫或植食性动物起防御作用。

4.1.2 诱导型防御

诱导型防御是树木受到机械损伤、昆虫取食、外界不利因素等刺激后，激发自身基因调控表达以减轻伤害的一种诱导防御途径。植物的诱导抗性是一种普遍存在的现象，许多植物都能对病虫害进行防御，合成防御化合物来减少和抵御进一步的病虫侵害（直接防御反应），或者释放挥发物来吸引其天敌从而达到防御的效果（间接防御反应）（李艳等，2013；王小菲等，2015）。防御反应不仅发生在病虫害的原位，而且会诱导植物的系统抗性。

树木的诱导型防御依据诱导的物质或防御反应可归纳为以下五大类型。

1. 可诱导的化学防御

树木在受到病虫害的情况下，其体内化学成分的种类和数量会发生变化，通常会产生一些有毒的、抗菌的、抑制营养吸收或消化的低分子量酚类、萜类、单宁及生物碱等物质，影响害虫的取食及其生长发育（李会平等，2001）。例如，在白云杉（*Picea glauca*）的抗虫植株受到云杉蚜虫（*Aphidoidea*）为害后，两种酚类化合物3,4-二羟基苯乙酮（pungenol）和对羟基苯乙酮（piceol）的合成量显著增加，明显影响云杉幼蚜的取食量（Delvas et al.，2011）。酚苷类化合物是杨柳科植物中广泛存在的特异化合物，在种类和含量上具备显著的多样性，对一些鳞翅目和鞘翅目昆虫的生长发育具有不良作用（房建军和韩一凡，2000）。刺吸式昆虫在取食过程中能快速分泌胶状和水状唾液，其中水状唾液含有的各种酶类以及其他成分能诱导植物防御信号物质产生，而植物筛管汁液化学成分变化或者植物生理变化又会对刺吸式昆虫的取食产生影响（张海静等，2012）。研究发现，油松对赤松毛虫（*Dendrolimus spectabilis*）存在着滞后诱导抗性，对当年受赤松毛虫为害和未受为害的油松新长出的一年生针叶化学成分进行分析，发现受害油松针叶中氨基酸总量及多数游离氨基酸含量下降；水溶性总糖、粗脂肪、生物碱含量及总糖/氨基酸值上升；脂肪酸、单宁、酚类化合物含量均有较大幅度的减少；用该针叶饲养的赤松毛虫幼虫体重减轻、死亡率增加（李震宇等，2000）。

2. 可诱导的蛋白质防御

诱导抗病性使植物代谢物发生改变，引起植物体内各种生理生化过程变化，主要包括植保素（phytoalexin）产生和积累、活性氧迸发、植物防御酶系变化以及病程相关蛋白积累等，通常涉及一些有毒的、抗菌的、抑制生长或营养吸收的氧化水解酶和蛋白质（李薇和李淑娴，2018）。蛋白酶抑制剂广泛存在于植物中，具有抗虫活性，能显著抑制幼虫的生长发育（王琛柱和钦俊德，1997）。机械损伤及昆虫取食后会导致蛋白酶抑制剂、半胱氨酸蛋白酶、凝集素、脂肪氧化酶及多酚氧化酶的富集和积累。这些蛋白质具有毒性，有的能导致昆虫拒食（Howe and Jander，2008）。人工剪叶和松毛虫取食后，都可引起油松体内防御酶系（过氧化物酶POD、过氧化氢酶CAT、苯丙氨酸解氨酶PAL、SOD）活性显著增高（张斌等，2017）。

3. 可诱导的解剖学防御

植物在受到创伤时会应激在创伤处产生机械或者结构障碍，包括从植物细胞壁到细胞内部的一系列结构抗性反应。首先是细胞壁强化，包括木质素的沉积，乳突及胼胝体的形成，胶滞体、侵填体的产生等，可不同程度地阻止病原物的侵入和扩展。通过木质化形成的物理障碍可阻止或延迟病原物的生长，增加植物对病原物的抗性。对杨树溃疡病抗性的研究发现，杨树经诱导后富含羟脯氨酸糖蛋白（hydroxyproline-rich glycoprotein，HRGP）、木质素含量显著提高，是由诱导引起的抗性反应（彭建东等，2009）。松属和侧柏属树木树皮的筛管与韧皮部受到创伤后，会形成创伤性树脂道，并且在受伤后的2～3周持续有树脂和萜类物质合成，抵抗天牛侵入筛管和韧皮组织（Luchi et al.，2005；Miller et al.，2005）。当刺吸式昆虫口针穿刺时，植物筛管分子会立即响应，形成一种胼胝体来封住筛管孔，从而阻止营养物质流向植食者（Knoblauch and van Bel Aart，1998）。

4. 可诱导的间接防御

有的树种在受到害虫取食后会发生形态修饰及化学修饰，或分泌一些吸引害虫天敌的物质，这种间接防御是利用寄主—昆虫—天敌的取食关系实现的。作为一种信息素物质，挥发性有机化合物（VOC）不仅能引发未损伤的部位和未受害的植株产生防御性反应，还有助于招募昆虫天敌和寄生虫发挥间接防御的作用。例如，北美香柏（*Thuja occidentalis*）的根部受到黑象甲幼虫侵害时会释放乙酸叶醇酯来吸引其天敌秀丽隐杆线虫（*Ceanorhabditis elegans*）（Bentz et al.，2017）。在云杉八齿小蠹（*Ips typographus*）为害挪威云杉的不同时期，树体释放的一些挥发物对其天敌的搜寻和定向行为具有重要作用。研究发现，树体释放的单萜量（健康树的主要挥发物）随着小蠹虫的入侵而逐渐下降；相反，一些能够引诱寄生蜂搜寻的信号物质如氧化单萜和苯类化合物则随着小蠹虫幼虫的侵入，其释放浓度逐渐增加。说明随着小蠹虫为害，树木本身的防御系统逐渐开始发挥作用，以释放引诱天敌的互利素（Pettersson and Boland，2003）。

5. 可诱导的个体防御

植株可通过增强其新陈代谢或光合作用的能力来减轻病虫害，从而提高抗虫性。研究发现，植株受到虫害时会通过上调未受害叶片的光合速率、增加叶面积、改变植株地上和地下部分光合产物分配模式等方式，主动提高植株对突发病虫害的耐受力（Quentin et al.，2010）。

4.2　有害生物综合治理

有害生物综合治理（integrated pest management，IPM）指以生态学原理和经济学原则为依据，采用最优化的技术组配方案，把有害生物的种群数量长期稳定在经济损失水平以下，以获得最佳的经济效益、生态效益和社会效益。IPM的概念及理论是人类在与植物病虫害做斗争的过程中逐步形成和发展起来的。20世纪60年代，一些国家的学者提出了“有害生物综合治理”的理论。1992年，联合国环境与发展大会宣布“综合治理是防治有害生物优先考虑的策略”（丁岩钦，

1993；张真，1997；刘树生，2000；赵杰等，2003）。

4.2.1　IPM的工作内容

IPM是把有害生物防治看作是整个生态系统的一个方面，是一个生态学问题，即在不破坏生态平衡的原则下把有害生物控制在较低的水平，低到经济损失可以容许的程度，而且把可能引起的不良影响降到最低限度（张宗炳和曹骥，1990；王洪亮等，2006）。要设计一个古树健康综合管理方案，需要开展以下工作。

1）调查清楚当地所有对古树有害、有益或无害的生物种类。通常IPM是分树种制订方案，一个树种在一个地点有一个方案，而不是按一种病、虫制订方案。在古树健康管理中，需要调查目标古树所处环境中对其有影响的各个重要因素，其中，病虫草鼠害和有益生物种类是首要的因素。利用生物分类学的基础知识，调查清楚一株古树或一片古树林中主要的虫害（食叶类、蛀干类、刺吸类、地下害虫等）、主要的病害（干部、叶部、根部等病害），以及其他生物（如天敌昆虫、腐食性昆虫、传粉昆虫等）。也就是首先进行有害生物的普查，明确为害目标古树的主要有害生物类群，确定下一步实施管理的对象。

2）调查区域内不同种类古树的病虫草害发生程度及变化规律。例如，一个区域内既有古柏、古槐，又有古银杏，不同树种的病虫害种类和发生程度存在差异，如双条杉天牛（*Semanotus bifasciatus*）是为害古柏的主要蛀干性害虫，但不会为害古槐和银杏。同样，为害它们的蚜虫种类也不同，如柏大蚜（*Cinara tujafilina*）为害古柏，槐蚜（*Aphis craccivora*）为害槐树。对此，需采取不同的防治措施。

3）调查古树不同季节里所发生的病虫害种类和为害程度，编制病虫害发生年历。

4）研究主要病虫害种群动态和生命表，找出消长规律、自然死亡率和主要天敌种类。

5）明确古树对有害生物的忍受力。古树的健康管理没必要做到林木完全不受病虫为害，也不可能达到完全不受害。事实上，几乎每种林木对病虫害都有一定的忍受力，要利用古树自身的防御机制，病虫为害的程度只要不超过古树忍受力的阈值，就不要轻易采取防治措施，特别是化学药剂。

6）容许残留一部分病虫害。合理的病虫害管理措施，在防治程度上都容许残留一部分害虫作为天敌的食料，保持食物链和生态平衡。残留的数量一般低于经济阈值。主要的标准是防治病虫害只宜抑制或控制，而不是消灭。例如，蚜虫是一些茧蜂（*Apanteles* sp.）、小蜂（Chalcidoid）、草蛉（*Chrysopa* sp.）、瓢虫（Coccinellidae）和食蚜蝇（Syrphidae）的主要寄生源；杂草是重要寄生蜂、蝇的蜜源植物，不宜除尽。

7）确定采取防治措施的适宜时期，考虑的因素包括虫龄大小、寄主生育期和虫口密度。过早或过迟，往往不利。所以治早、治小、治了，不一定好；有虫治虫，无虫防虫，更是不必要。确定防治适期是测报工作的重要内容。例如，双条杉天牛的防治适期要考虑不同虫态的发生期，如防治成虫若采取饵木诱杀法需在4月初至中旬成虫羽化期进行，太早或太晚都起不到防治效果。4月底以后初孵幼虫开始为害，至8月中下旬，是通过熏蒸、树干注药等方式进行化学防治的最佳时期。

4.2.2 古树有害生物防治措施

林木有害生物防治的基本方法有植物检疫（plant quarantine）、林业技术措施（forestry technical measure）、物理防治（physical control）、生物防治（biological control）和化学防治（chemical control）。这些方法都可以应用于古树有害生物的监测、防治（郭文成等，2015；武三安，2015）。

1. 植物检疫

植物检疫也称法规防治，是指一个国家或地方政府颁布法令，设立专门机构，禁止或限制危险性病、虫、杂草等传入或传出，或者传入后为限制其继续扩散所采取的一系列措施。确定检疫对象的原则包括危害严重、不易防治、局部分布、主要通过人为传播4个方面。可根据政府部门颁布的检疫对象名单开展检疫防治，阻止危险性的有害生物随着人类的活动在地区间和国际传播蔓延（李孟楼和张立钦，2016）。在目标古树或古树林周围，要严格执行检疫措施，防止外来危险性有害生物的侵入和传播。

2. 林业技术措施

通过一系列管理技术改善林木的生长条件，提高其对病虫害的抗性，同时降低有害生物的种群数量或降低其为害的可能性。该措施通常结合园林管理工作进行，如加强抚育管理，结合整形修剪，剪除带虫枝、叶；通过冬耕深翻，及时清除枯枝落叶和杂草等，破坏害虫的越冬场所，从而降低害虫来年发生的可能性。通过一系列的复壮、修复、支撑等技术方法提高古树自身的抗性，是抵御病虫害的主要途径。

3. 物理防治

物理防治是指采用人工物理的方法消灭有害生物或改变其物理环境，创造对害虫不利环境或阻隔其入侵的防治方法。可以利用简单的工具以及光、湿度、温度、热、电、放射能来实现害虫的防治。例如，人工捕杀具有群集性的害虫，摘除虫袋、虫卵、虫茧等；利用害虫的趋性，设置灯光、毒饵、饵木、捕虫板、糖醋液等诱杀害虫；利用害虫上下树的习性，在树干上绑草、粘胶带、涂胶环等进行杀虫。例如，在古柏林设置诱虫灯进行食叶害虫的监测和防治，设置饵木诱集双条杉天牛成虫产卵；利用捕虫板诱杀具有趋黄性的蚜虫、木虱（Psyllidae）等。这些人工物理防治方法已在古树病虫害的管护中普遍应用（武三安，2015）。

4. 生物防治

生物防治是利用生物及其产物控制害虫的方法，如以虫治虫、以菌治虫、以鸟治虫，以其他有益动物治虫等，还有不育技术、遗传防治和激素治虫等新兴领域。该措施的优点是对环境安全，不会引起害虫的再猖獗和产生抗性，缺点是见效比较缓慢、人工防治技术较复杂、防治成本高。在园林植物中，定期释放一些天敌昆虫，可以长期压低目标害虫的虫口密度，如释放蛀干性害虫天牛的天敌花绒寄甲（*Dastarcus helophoroides*）和肿腿蜂（*Scleroderma guani*），释放美国白蛾（*Hyphantria cunea*）的天敌白蛾周氏啮小蜂（*Chouioia cunea*）等（杨忠岐等，2018）。

5. 化学防治

化学防治是指利用化学药剂防治有害生物的方法，是有害生物防治中不可缺少的手段，是制约有害生物可持续治理的重要因子。该方法是一把双刃剑，既具有防效快、使用简单、受季节影响小、适宜于大面积防治的优势，又具有易引起人畜中毒、可杀伤天敌、长期使用造成环境污染、引起害虫产生抗性等缺点。因此，在使用农药进行古树的有害生物防治时，应尽量选择无毒或低毒的农药种类，准确地使用浓度，科学安全地使用农药（高希武，2010）。

4.3 古树健康维护

古树作为活的生命体具有其自身的生长规律和生命周期，古树随着年龄的增长可能会因为机械伤害、有害生物侵害、环境胁迫而生病、衰老乃至衰亡。为了有效保护古树资源，促进古树健康生长，必须强化古树日常的维护，减少各种人为干扰，消除各种环境胁迫，确保古树健康生长。

4.3.1 树木健康

树木健康是树木在生长发育过程中处于正常状态，即树木生长没有出现异常，没有明显的有害生物侵害，且具有足够的抵抗逆境的能力。也就是说树木生长发育过程中的一切节律性变化，如萌芽展叶、根系伸长、开花授粉、结果成熟、种子萌发等没有出现异常的状态。可见树木是否健康不仅表现在其外在的生长发育状态方面，还反映在其生命力特征方面。

1. 树木活力与生命力

树木是否健康主要取决于树木的活力和生命力。树木的活力是指树木固有的遗传防御能力，即对各种逆境如土壤营养、水分条件、极端温度环境及其他非生物因子的忍受力。而生命力则表现为树木有效适应逆境并在该环境生长发育的能力。可见活力和树木本身的基因有关，而生命力则与其生长发育中周围的环境条件及管护有关。对于古树，已经具备了相对优良的基因，即古树的活力（基因本质）很强，只要健康管理措施及时、科学，就能保证古树具备强大的生命力、健康长寿。否则仅依靠古树良好的活力，却没有采取科学的健康管理措施，古树将无法保持良好的生长势和生命力。

树木生命周期就是一个生长、发育、成熟和衰亡的过程，古树在生理上已经进入成熟阶段，有些古树已经进入衰亡阶段，古树的健康更需要长期、系统、有计划地维护和管理。综合国内外已有的有关古树健康管理的研究，可将古树的健康管理归纳为三个方面，即适宜的生境、及时的干扰控制和适当的维护（图4-2）。

图4-2　古树健康管理（插图作者：刘建军）

（1）适宜的生境

古树的健康与其生存地点的土壤质量、肥力状况有很大关系，土壤是古树生长繁育所需水分和矿质元素的唯一供给源与载体，是确保古树健康的物质基础和关键。古树健康管理首先是维护其生境质量，及时对干扰进行控制。

（2）及时的干扰控制

所谓干扰，是指在一定的地理区域范围内偶然发生的、不可预测的、短时间对生物体造成一定损害的非连续性物理作用和事件。古树最容易受到干扰影响，如土壤践踏、挖填等人为干扰，极端非节律性气象现象，包括冰雹、霜冻、狂风、暴雨等，严重威胁古树的健康，需要及时进行干扰控制，尽量减小干扰对古树健康的影响，维护古树的健康。另外，研究表明适当的干扰控制会改变树木光合产物的分配，增强其对逆境的抵御能力。

（3）适当的维护

树木的生理活动如光合作用需要光、水、二氧化碳及一些必要矿质元素。但在自然界受气候、土壤和人为活动等诸多因素的节律性与非节律性干扰，树木所需物质的供给随时可能受限，影响树木的正常生长发育。为保证古树的健康，必须对这些逆境因子进行有效控制，保证古树健康生长。适当的维护，包括古树病虫害的有效控制、树体结构稳定性维护等。对于古树，适当的健康管理显得尤为重要。加强对古树的健康管理必须系统掌握树木自身的活力和结构完整性，同时了解影响树木健康的因素，把握树木生长面临的干扰和逆境特征尤为重要。

2. 影响古树健康的因素

古树健康就是其树体处于没有受到明显的有害生物侵害，具备足够的抵抗逆境能力，且生长势旺盛、生长正常的一种状态。已有的研究结论表明，古树的树势衰弱、健康受损受多种因素影响，除遗传因素外，影响古树健康的主要因素有人为干扰、环境胁迫和生物危害三大类（图4-3）。

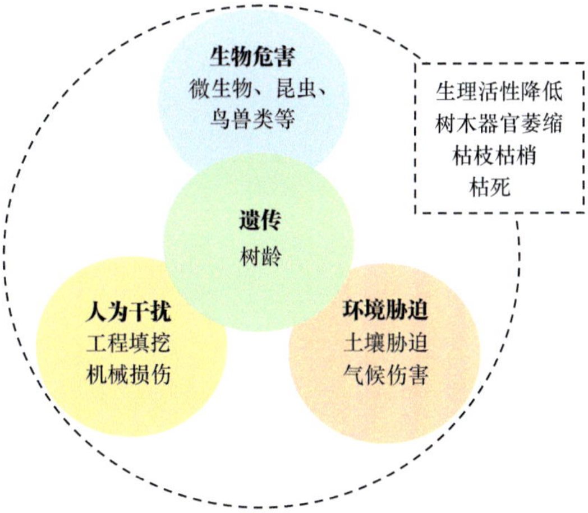

图4-3 影响树木健康的主要因素（插图作者：刘建军）

（1）人为干扰

人为干扰主要指人类的生产、生活活动，如开挖、填埋、铺装、移植以及周边构筑物对古树健康的影响。在古树周边进行无保护开挖和填埋施工过程中，挖掘机、卡车等机械对土壤碾压，会对古树根系造成损伤；或因挖掘填埋改变了古树周围的地形，以及废弃了原有的排水设施，造成周边地下水位过高，导致古树衰弱；或者古树周边的硬质化铺装和工程建设，造成土壤板结、排水不畅，影响根系代谢；或人工构筑物改变了古树周边的环境湿度、风向、风速等，对其健康产生不利影响。

（2）环境胁迫

环境胁迫包括土壤环境胁迫和气候环境胁迫。土壤环境胁迫是古树树势衰弱、健康受损的主要原因之一。土壤理化性质的好坏直接影响树木的生长即树体的健康状态。

1）土壤紧实度：是根系限制的主要因素，与古树的根系生长直接相关。土壤越紧实，树木根系穿插生长越困难，根系生长量就越小，同时紧实度从另一个方面反映了土壤孔隙度影响根系的呼吸作用。已有研究结果证明，树木根系穿插生长的土壤容重临界点是1.60～1.70g/cm^3（邱仁辉等，2004）。土壤紧实度限制根系生长的主要原因是，土壤的机械阻力诱导根部产生生长激素，调节根部伸长的速度（Passioura，2002），并且抑制根系分生组织的细胞分裂速度，导致细胞长度缩短（Bengough，1994）。此外，紧实的土壤环境中微生物数量和种群减少（卢瑛等，2002），从而抑制养分分解和循环的速率（王焕新，2006），造成土壤有效养分供应能力减弱（邱仁辉等，2004），导致树势衰弱，甚至枯死（Robinson，1994）。

2）土壤通气性：与根系的呼吸有关。当土壤和大气间的气体交换受阻时，由于树木根系有氧呼吸不断消耗土层中的氧气，且产生的二氧化碳无法及时释放，因此土壤中氧气浓度过低、二氧化碳浓度过高，呼吸作用转为厌氧呼吸，生成的乳酸、醇类等对植物有毒的化合物会使根系生理失调及代谢紊乱（邹丽敏等，2004），进而导致树木的死亡（梁景生，1989）。同时，土壤中大量积累的二氧化碳会影响根系的呼吸作用和吸收机能，使根系扩展受阻、根毛生长缓慢。除此之外，土壤中积累的大量二氧化碳会造成土壤酸化，使一些土壤矿质元素转变成有害离子，如在土壤pH＜5时，部分固定态的矿物铝被活化成为可溶态的铝，如Al^{3+}、$Al(OH)_2^+$和聚合羟基铝等，以可交换铝和弱有机结合铝等形态存在（统称为活性铝），毒害根系（王焕新，2006）。

3）土壤营养物质：主要指土壤有机质、树木生长必需的矿质营养元素含量及有效性。土壤有机质是土壤肥力的精华所在，是植物矿质养分的主要来源，能促进土壤动物和微生物的活动。土壤中矿质元素是促进植物光合作用高效进行的物质基础，矿质元素的短缺会诱发树木出现各种病征，进而影响古树树势，如缺乏磷元素会影响树木的根系发育和枝条分枝。不当施肥及使用药物，在树干基部周围填埋垃圾都会使土壤酸碱度发生明显变化，以致对树体产生伤害。

4）土壤含水量：古树生长环境中的土壤含水量过高或过低都会影响其根系的正常功能。地下水位过低或是长时间干旱少雨，根部的土壤缺水严重，会导致根木栓化、根系自疏、细根衰老死亡；反之，古树根部土壤排水不畅，土壤含水量过高，严重时甚至导致局部烂根。一般，最适宜于根系生长的土壤含水量为17.32%～23.21%（梁景生，1989）。

另外，自然灾害也是影响古树健康的重要因素，如雷击、台风、大暴雨导致古树名木受损、倒伏、被淹，引起古树的生长势衰弱以致死亡。气候因子的非节律性变化和空气污染（工业废气、尘埃、煤烟等有害气体）等也影响古树的健康。工业生产和汽车尾气排放产生的空气污染物（如二氧化硫、氟氧化物）及粉尘等超过古树承受限度时，会使古树的细胞和组织器官受到伤害，导致古树生长受阻。酸雨腐蚀古树的嫩枝和嫩叶，造成古树生长势衰弱，生命力下降。粉尘附着于古树，影响叶片的光合作用能力，会进一步加剧古树的衰老（杨茂生等，1994）。

（3）生物危害

病虫害的侵害和大发生如果没有得到科学处理与防治，往往直接造成古树的叶、干、皮损伤，不同程度地破坏输导组织，影响营养物质的正常传输和运送，造成古树光合作用能力下降、树势衰弱。通常情况下，树势极度衰弱的古树均存在不同程度的腐生菌、次期性害虫及霉变等现象，如天牛、小蠹虫、白蚁、腐朽菌、枝枯病等。此外，变暖的气候条件有利于病原微生物的生长，进而影响古树的健康。

4.3.2　古树健康监护

古树健康监护是指为了促进古树健康生长所采取的一切监测、管理、维护措施。科学的古树健康监护要求在进行管理决策时，首先需要采用综合的方法整体评价树木健康状况，同时兼顾古树所处群落、生境与景观中各生物与非生物元素间的交互作用，系统监护、综合诊断，形成一个整体、全面和详细的健康管理计划，并按计划付诸实施。

1. 古树健康监护原理

了解古树健康监护的原理首先需明确古树健康受损过程和阶段。如4.1节所述，树木正常的生长过程中，随时会遇到干扰和逆境，由于树木本身具有防御机制，较弱和初期的逆境反而会增强树木的抗逆能力，但是长期和较强的逆境可能会产生叠加效应，危害树木的健康，导致古树受损、衰老、衰亡（图4-4）。

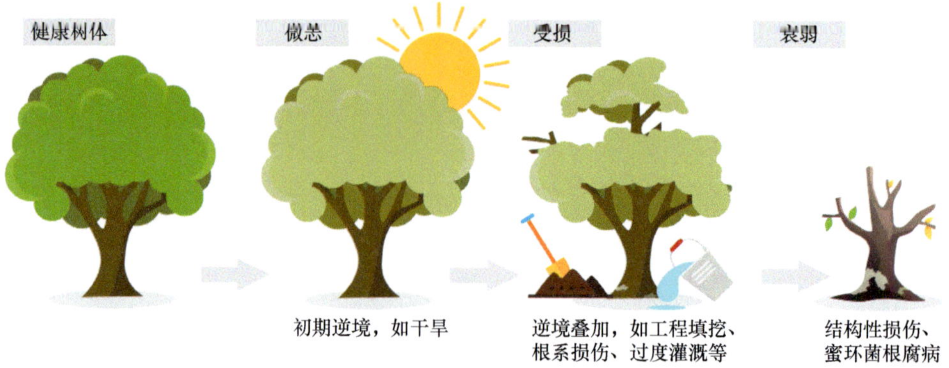

图4-4　古树受损、衰老、衰亡过程示意图（插图作者：刘建军）

（1）逆境控制原理

树木生长发育所需要的有机物质和能量均来自其光合产物，树木通过对光合产物的分配来维持其生长发育及生命过程。已有的研究结果表明，树木光合作用产生的糖类等物质用于生命维持、生长、贮存及防御4个功能过程。每个功能过程的能量分配多寡，视树龄、健康程度、季节、环境因子、逆境因子、栽培措施或生态策略差异而不同。例如，生长速度较快的速生树种，由于投入到生长和生命维持中的能量资源较多，相对来说只能保留较少的能量资源进行防御，因此一般速生树种抵抗逆境的能力较差，而生长速度较慢的树种则相反，抵抗逆境的能力较强，这正是树木的生态策略。

树木在整个生命过程中时刻都会处于不利的环境，或受到光、热、水、气、土壤等因子的限制或制约，进而影响其正常生长发育。树木能够通过不同的策略应对不利的环境因子及生境，并缓和逆境的程度。例如，当土壤水分受限时，树木会关闭气孔，或通过改变细胞内可溶性物质的含量来维持膨压，也可通过调整吸收器官和消耗器官的比例（根冠比）等策略来减少水分的消耗，增加水分的吸收和固持。若植物长时间缺水，则会引发剧烈反应，如树木落叶等。光照减少，处于弱光环境时，树木会促进芽往光源方向生长，或调整叶片大小、厚度，从而使光合作用能力最大化。氮源不足时，树木会通过减少芽的生长，增加根的生长，以使矿物质的吸收及利用最大化，当氮源严重不足时，则会导致树木叶片变小、变厚。也就是说，轻微的逆境有时不仅不会引发树木健康衰退，还会增加树木对某些有害生物的抗性，即适当的逆境会改变树木能量资源的分配，从而增加树木对干旱及有害生物的抗性，长期不可逆的逆境往往导致树木进入防御模式。所以，逆境控制是古树健康监护的重中之重。

（2）健康衰退阶段

Franklin等（1987）通过实证调研分析，对树木死亡的模式和原因进行了阐述，认为树木衰老、死亡过程非常复杂，死亡通常是多种因素之间进行复杂相互作用的结果。通常情况下，树势衰退是由树木内在的活力和生命力下降所致，可能只降低了树木对各种破坏因子的抵抗能力，但未必会引起死亡。但从某种外来生物的入侵开始，当多种逆境叠加、耦合，并与许多看似无关紧要的伤害一起形成累积效应时，就会产生“衰老的疾病螺旋”，这种现象称为“死亡螺旋”（death spiral）（图4-5）。

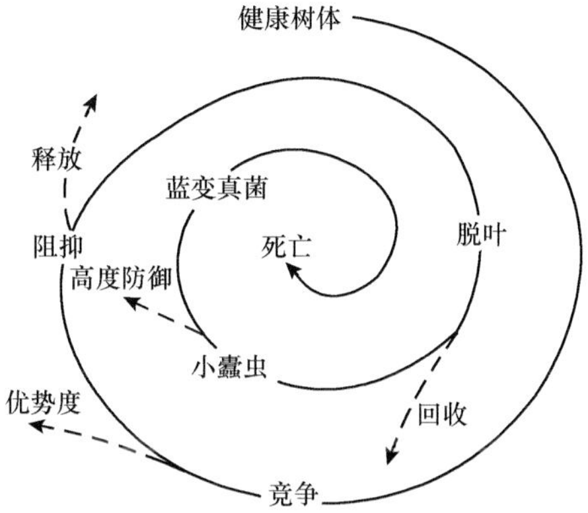

图4-5　树木死亡螺旋示意图（Franklin et al.，1987）

死亡螺旋说明了逆境因子是会耦合、叠加的，且产生的效应会不断累积，促使树木遭遇额外的问题，并导致树木的衰亡，即从树木遇到逆境生长出现衰退开始，持续的逆境叠加会导致其健康受损直至树体发生结构性受损、树势衰弱，最后出现根腐、地上部分枯萎死亡。

树木健康受损的过程中，由于受到的危害和胁迫因子不同会出现不同的症状，受危害过程尤其是阶段性的发展也会有差异。古树的健康监护必须根据古树的健康状况、衰退阶段以及病症等因素进行综合施策管护。虽然树木的健康衰退和演变过程是一个连续的无法分割的过程，但为了便于描述和说明，实践中一般将树木的健康衰退发展过程划分为以下5个阶段。

1）易感受阶段：危害因素、逆境因子已经存在，但由于处在初期，作用强度相对较弱，影响较小，尚未产生危害。

2）症状前阶段：逆境因子或危害因子已经诱发树干、根系、枝叶等的代谢和生理活动发生变化，如光合效率降低等，但树体外观，如叶色、叶子大小等方面尚未出现明显的症状。

3）症状阶段：树木的地上或地下器官已经出现明显的病征。可以根据危害的症状、形态、作用、部位、变化及其对树体功能的影响，将危害归纳为如下：①原位性，仅在一处危害而无扩散态势；②扩散性，在一处逐渐扩大危害的规模和范围；③转移性，由一处转移运动到另一处危害；④侵袭性，危害扩散到树体器官、组织，造成损害而无法复原；⑤传染性，由一处借由媒介持续传播危害另一处。

4）功能失效阶段：根系、树干、枝叶等器官病征严重并造成器官功能上的障碍，基本失去生理活性。

5）死亡阶段：根系、树干、枝叶等明显腐朽、枯萎，最终导致树木死亡。

在古树保护和健康监护管理过程中，可以依据上述树木健康衰退进程和所处阶段，采取相应的预防措施和对策。

（3）古树健康危害类型

基于古树健康监护和管理需要，将危害古树健康的因素划分为6类（表4-1），即病害类、虫害类、草害类、药害类、营养类、逆境类。掌握了古树健康危害类型后就可以在古树健康监护过程中分类施策。

表4-1　古树健康危害类型

危害类型	常见病因	重要病例
病害类	真菌、细菌、病毒、线虫、原虫、寄生植物	白粉病、锈病、褐根病、炭疽病、疫病、腐霉病
虫害类	各种昆虫、螨类	果实蝇、蚱蜢、蚜虫、介壳虫、白蚁、黄毒蛾、椿象
草害类	杂草	微甘菊、紫茎泽兰等杂草
药害类	杀虫剂、杀菌剂、杀草剂	百草枯药害、草甘膦药害
营养类	营养缺乏症、元素过量症	缺铁症、缺镁症、缺锰症、缺硼症
逆境类	立地环境不良、人为扰动、光照异常、温度异常、水分异常、土壤紧实缺氧、土壤pH异常、环境污染、营养异常、盐渍化、风害、旱灾、雷击等	低温危害、日灼、缘枯病、裂果、白化、不结实

通常情况下，古树健康危害的主要类型有营养类和逆境类。古树大多数处于孤植状态，无法像森林生态系统一样通过凋落物的分解实现矿质元素的循环利用，在经历漫长的生长后会造成土壤中可利用态的营养元素贫瘠，如果得不到及时合理的人工施肥补充，会形成“古树孤岛沙漠”，最终诱发古树的营养缺乏症。另外，人为扰动，特别是风景名胜区各种工程建设或游客的践踏、损坏对古树的伤害比较严重，成为古树健康的最大威胁，必须加强监管和约束，保护古树资源。

2. 古树健康监护程序

古树健康监护是一个整体、全面及详细的策略管理计划，不仅是一个简单的技术问题，还涵盖管理学问题，不仅是为确保古树的存活和健康，更关乎文化教育与文明传承。所以，古树健康监护可以说是一门哲学，一个民众广泛参与的学习教育过程，也是一个制定决策的过程。古树健康监护过程不仅与技术人员有关，也与管理者有关，还与普通民众有关，特别是每一株古树都有其特殊性和唯一性，其受到的干扰、胁迫和遇到的逆境差异很大，病症复杂多样，所以很难采用一个普适性的方案来解决所有的健康问题。树木健康监护管理必须遵循“适当响应程序”来确保决策过程的科学性、针对性及适应性。

3. 适当响应程序

适当响应程序（appropriate response process）是John等（1999）针对植物健康监护管理策略提出的一种干预过程的概念模型。该概念模型已经在城市树木管理和古树健康维护等领域广泛应用，并取得了良好的效果，不仅能快速及时地实施健康监测，而且能根据压力源分别施策，降低风险，同时能确保树木健康监护的长效机制。

适当响应程序是古树健康维护技术人员在充分考虑树木、逆境因子、管理者期望等条件的基础上，根据古树面临的逆境及逆境综合效应，确定是否需要干预的概念模型（图4-6）。该模型的主要目的是揭示树木、逆境因子、管理者（古树管理者或所有者）3个关键因素之间的关系及树木健康危害问题。

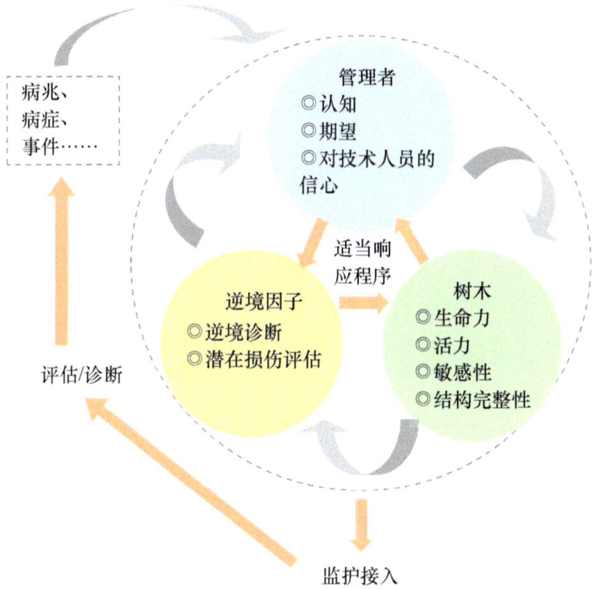

图4-6　适当响应程序概念模型（John et al.，1999）

适当响应程序包括搜集信息（监测）、评估问题、确认客户期望、规划选项、做出决策等环节，其中对古树本身及其生长环境的监测与评估是古树健康监护计划能否成功的关键。监测、评估过程包含观察、鉴定、记录和分析等内容，即通过早期监测并及时修正、矫正可能产生的逆境条件，可以有效防止未来更严重的健康问题发生。一旦观察或预期到古树的正常状态（外观、生理功能或结构）发生变化，就需要启动适当响应程序。

适当响应程序首先要求检测和识别关键逆境源，并确定导致应激的因素。一般来说，古树生长状态变化是由多个复杂的逆境因素引起的，这要求搜集信息和评估时必须能够对多种生物或非生物胁迫进行诊断，必须能够全面收集古树表征症状，确定逆境源，并预测逆境对古树健康的潜在影响以及损伤强度。同时，对各种逆境源及其效应强度的相对重要性进行评估，确定“权重”。

古树健康危害的监测和评估不仅要考虑古树过去的历史，而且需要兼顾目前的立地状况与生长情况，古树对伤害的响应，可能会随着受伤部位、受影响组织类型、受伤时间不同以及生理状况和环境对植物活力的影响而变化。这种响应信息对于预测逆境或逆境叠加效应造成的潜在损伤是至关重要的，是适当响应程序的基本组成部分。

4. 古树等级序列

为了能够及时、快速、有效地进行检测和评估，古树保护工作者需根据树体外观、结构及其活力状况做出古树健康序列诊断（表4-2），以便快速地针对不同类别的损害制定相应的保护措施。表4-2所列的古树健康序列只是一个概要，选用的指标比较简明，在古树保护及健康监护实践中还应该将昆虫、螨和树体结构阈值纳入健康序列诊断，提升诊断的可靠性和措施对策的精细度。

表4-2　古树等级序列及应对措施

古树健康序列	建议措施
Ⅰ级：古树外观正常，无明显损伤，树体结构无明显缺陷	许多逆境源及其对树木造成的伤害或生理障碍于早、中期导致的外部症状表现不明显，通常不需要采取任何行动
Ⅱ级：古树损伤小于5%，损伤表现为叶片变色、枯萎、落叶、枯枝等	应该将发现的古树受损情况及其逆境源（干扰因素）等问题及时告诉古树管理者（客户），表明古树的健康状况已经受到威胁，并影响古树美观
Ⅲ级：发现（或预估）古树损伤达到5%～10%，树木的损伤表现及症状与Ⅱ级相同	应进行古树健康外观诊断，确定古树健康危害类型、程度及逆境源，并迅速与古树管理者（客户）沟通，告知客户诊断结果，要求按照监护方案及时进行治疗，确保古树健康
Ⅳ级：古树的活力及其树体结构明显受到逆境的胁迫，出现枯梢、枯枝等损伤	进行必要的高强度多重治疗
Ⅴ级：古树严重衰退或发生重大树体结构破坏	需要做整形修剪或支撑加固；监护过程中不期望古树的健康状况发展到该阶段，虽然古树已经是枯死的个体，但由于具有文化价值也应该合理保护

Ⅰ级：古树生长正常，外观没有出现明显的损伤，枝繁叶茂。这个阶段不需要采取任何监护措施，也不需要治疗。但这仅仅是监护技术人员根据对外部形态的直观监测做出的诊断，并没有考虑可能的逆境威胁以及已经发生的生境变化或生理反应。

Ⅱ级：逆境或干扰已经导致古树出现了可以明显观测到的树体损伤，如叶色枯黄、早期落叶等。监护技术人员应该全面诊断，确定逆境因子、树体损伤情况，制定出必要的保护措施，并及时告知古树管理者，引起古树管理者对古树健康的重视，并采取适当的保护措施，实施治疗，避免古树损伤扩大、危害加重。

Ⅲ级：古树的树体损伤程度达到了5%～10%，树体的自然结构已受到损害，影响美观，如果无视这一状态，不采取相应的治疗、修复和保护措施，古树的健康状况将继续恶化，可能影响古树的生命力或整个树体结构。大多数人认为这是不可接受的古树健康损害水平，应进行古树健康外观诊断，确定古树健康危害类型、程度及逆境源，并迅速与古树管理者（客户）沟通，告知客户诊断结果，要求其按照监护方案及时进行治疗，确保古树健康。

Ⅳ级：古树的生命力或结构受到严重影响，其树体损伤程度达到20%左右，树势衰弱，枯枝枯梢明显，树叶变小，结实空籽空粒较多。由于这个阶段逆境源复杂多样，危害程度不同，治疗处理和复壮保护更加复杂，但对延长古树寿命或结构完整性至关重要。需要进行精密诊断，多管齐下，进行必要的高强度多重治疗和康复。

Ⅴ级：古树的健康状况超出了合理的成功治疗范围，树体损伤严重，枯梢断枝较为普遍，树干腐朽严重并出现较大的树体空洞，需要大的外科手术治疗，部分或全部切除古树枝冠。在实践中，当1株古树的健康序列达到Ⅴ级时，除对该株古树积极施策外，应合理评估相邻古树，以确定是否存在威胁这些古树的潜在逆境因子。如果存在这种情况，监护技术人员有责任预估逆境因子的潜在威胁并采取适当的措施。

制定以上古树健康序列等级的目的是让古树管理者能快速了解所管理古树遇到的问题、受损范围及其严重性。由于古树的保护等级和文化价值存在差异，必须加强技术人员与管理者的沟通，及时了解古树管理者的技术需求以及古树的文化景观价值，制定切实可行的古树健康监护技术方案，确保古树健康得到有效维护。

4.3.3　古树健康管理策略

古树健康管理不是简单的病虫害防治或损害治疗，而是维护古树结构完整、生长势旺盛、生命力完整，这就要求古树健康管理策略突破传统的“被动防治”，转变为“积极预防”，从“伤害治疗”转变为“健康维护”。因此，古树健康管理应该以树木健康理论为基础，采取“预防为主、实时监测、适当干预、综合治疗”的管理策略，对古树健康实施有效管理。

1. 预防性策略

当古树出现明显的衰老特征，如枝叶枯黄、树势衰弱、枯枝枯梢，这时才开始保护、恢复和治疗往往会错失最佳治疗时机，而无法确保古树生长势得到有效恢复，最终可能导致其枯萎死亡。同时由于古树树体一般比较庞大，救治成本极高，且十分费时、费力。因此，古树健康管理的重点应该放在古树健康危害预防上。

（1）改善古树立地质量

在日常的管理和维护过程中，尽量消除一切干扰因素，如践踏、填埋、开挖等；适时加强土壤管理，确保土壤的通气性和肥力状况。减少或消除逆境胁迫。

（2）加强有害生物防控

消除有害生物潜伏地以及寄主、宿主等的有害生物栖息的环境，特别是要清除越冬的病原菌、昆虫及螨类等，减少病虫害。及时清理古树周围生病、死亡及掉落的枝条、叶片和果实。

（3）加强日常管护

通过修剪、灌溉、施肥及施药及时防除病虫害。

2. 管理常态化策略

古树健康管理不是一蹴而就的，需要适时、定期对古树的生长状况及生存环境进行健康诊断，只有进行适时、定期的健康诊断才能及早发现问题，掌握病虫害特征及逆境胁迫源，使古树得到及时治疗，收到事半功倍的效果。要进行常态化树木病虫生活史测报、极端气象预防（如霜害、旱灾、风灾、雷电的预防）、立地环境常态化监测和营养诊断、轻微伤害及时处理。

3. 适当干预策略

树木由病害造成的伤口大多无法自行恢复，加之树木病害多具传染性，这就要求古树的健康管理必须做到病害的“早发现、早诊断、早治疗”。因为发病初期逆境胁迫或病虫害入侵没有显著影响古树的生理特性及生长量，此时进行干预治疗，利用日常管护技术进行适当补救和防治，可以及时缓解逆境胁迫压力，有效控制病虫害的为害程度和扩散蔓延速度，可有效缓解或阻止其症状的恶化，避免产生并发症或后遗症。

4. 综合管理策略

有害生物综合管理策略注重对有害生物的预防和抑制，而不是消灭（灭绝）。也就是说，期望通过栽培管理、生物防治、低毒或易降解农药和机械管理来控制有害生物种群的数量，将古树受到的伤害控制在容忍水平以下，确保古树健康。避免对有益及非目标生物（人、动物、有益昆虫及植物等）造成伤害，将对建筑物及自然环境造成的干扰降到最低，促进古树健康、结构完整及外观美化，在成本效益上与管理者（客户）的目标达成一致。

第二篇

古树健康诊断

第5章　古树立地调查和健康诊断

古树生长千年而依然生机勃勃，已经与其生存地的生态环境构成生命共同体。大量的研究表明，古树生长衰退的重要原因是生长环境恶化、营养面积减小、土壤贫瘠劣化等。因此，保护古树资源的前提是对古树赖以生存的生长环境进行修复和保护。调查掌握自然、人为因素对古树生长环境的影响，研究分析古树立地特征，是科学保护古树的基础。

健康诊断是在古树立地调查的基础上，通过对古树的生长状况、生理活性及枯损腐烂程度分析，从而对古树健康状况做出全面科学诊断，旨在为制定古树的保护技术和复壮措施提供科学依据。

5.1　古树立地调查

气候、地形、土壤、植被等立地因子是古树健康生长和赖以生存的基础，是古树进行健康管理和保护的前提条件。只有对各项立地因子进行系统全面的调查分析，掌握其变化规律，了解其对古树生长和健康状况的影响强度，确定各因子的变化阈值，才能进一步为古树健康管理、保护方案制定提供科学依据。

5.1.1　气候环境和气象伤害调查

气候环境是影响树种分布的重要因素，其中，热量和水分以及两者的耦合状况又是决定树种分布的主导因子，地带性植被的分布规律就是由温度和水分驱动的。另外，气候环境的非节律性变化，即极端高温、低温以及极端天气事件等，则往往是影响树木健康生长的重要逆境。因此，进行气候环境和气象伤害调查时，不仅需要收集古树生长地常规的气候要素，还要特别关注极端气候事件、非节律性气候因素的变化规律及特征。气候环境的调查建议从古树分布地（县级）气象部门收集气象数据，重点收集与古树生长发育有关的主要气象因子日变化和年变化规律，以及极端气象因子的强度和影响程度，如极端高温、极端低温及其持续时间，极端降水或极端干旱持续时间，大风、强对流天气发生的时间和频率等。由于古树大多呈现分散分布，局部地形或小气候环境往往可对古树生长产生影响或伤害，应该针对古树的立地特征，对古树周围的微气候进行监测调查。建议采用小型气象站对空气温度、湿度、土壤温度及水分、降水、风速、风向等常规气象因子进行监测，对于受到周边建筑等构筑物明显影响的古树，增加对光照和太阳辐射的测定；若古树位于成片的茂密森林中，应该对林内小气候环境因子进行系统观测，确保获得大量详尽的微气候数据。

气象伤害是古树常见的伤害之一，在现地调查中必须认真观察，仔细测量并详细记录伤害类型、伤害症状和伤害程度等。古树气象伤害常见类型列述如下。

1. 风倒和风折

由大风、强风造成的古树倾斜或倒伏，需要记录倾斜角度和倾斜方向，已经倒伏的应该记录是否采取过保护或回复措施；风折是强风造成主干或枝条折断损伤，需要调查记录枝条折断的数量和位置等信息。

2. 雪压和雪折

在山地或冬季降雪量较大的地区，由大雪覆盖树冠造成古树主干或枝条断裂、折断或树干倒伏的一种伤害。

3. 雷击伤害

包括劈裂或雷击伤损等。

4. 日灼（皮烧）

夏秋高温干旱季节，日光直射裸露的古树枝干和果实，使器官表面温度达40℃以上时，即可引起灼伤。常见的有皮烧、叶烧或果实灼烧等，其中，皮烧引起树皮损伤，诱发病虫害入侵，引起古树损伤甚至木质部腐朽。

5. 霜（冻）害

极端低温或霜冻使树木的细胞原生质膜遭受破坏，蛋白质失活与变性而造成古树枝叶器官损伤。其中，霜害可分为早霜害与晚霜害，古树在进入深度休眠前遇到早霜天气时枝叶受到的伤害为早霜害；一般在早春以及复苏发芽开花期遇到晚霜天气时树木枝叶花果受到的伤害为晚霜害。

6. 冻裂

多发生在北方，冬季白天太阳光直接照射树干，树干热胀，入夜气温迅速下降，外部的树皮快速收缩，由于木材导热慢而木质部收缩慢，树皮产生弦向拉力，使树皮纵向开裂而造成伤害。树皮撕开的裂口成为病虫害侵入的入口，加速了伤害。该气象伤害多发生在树皮薄且光滑树种的树干西南侧。

7. 水淹或水害冲蚀

由于暴雨或水灾，处于低洼地或河岸边的古树长期受到水淹（冲毁）而出现枯死倒伏的一种伤害。

8. 冰雹伤损

常常发生在夏初，强对流天气形成的冰雹很容易对古树造成伤害。由于针叶树的枝条相对脆弱，没有阔叶树枝条的柔韧和弹性，冰雹对针叶树的影响往往比对阔叶树的严重。

9. 大气污染伤害

当大气中的硫氧化物和氮氧化物超过一定的浓度就会对树木产生伤害。试验发现，当空气中二氧化硫浓度超过$1.43mg/m^3$，在其与臭氧的交互作用下银杏树的叶片约有25%出现红茶色色变，严重时出现黄褐色色变，色变由叶缘向内部不断扩展。

5.1.2　地形环境调查

生长地点的地形状况是最直观的反映古树立地质量的因子之一。较大尺度的地形地貌与降水量、气温以及土壤特征显著相关，地形地貌在生态学上称为间接生态因子，也就是说，地形地貌不同不仅会引起雨量、云量、雾量产生差异，也可导致坡面径流过程、地下水位、土壤母质和土壤特性等不同，最终影响古树的生长和发育。在进行古树健康诊断调查过程中，必须详细调查、逐项记录古树生长地的具体地形环境。地形地貌类型包括高原、平原、盆地、山地和谷地；坡位分为山脊、山坡上部、山坡中部、山坡下部和山麓；山坡地形分为直坡、凹形、凸形或积水地形、散水地形；坡度分为陡、缓、急等。

5.1.3　周围空间环境调查

古树周围空间环境是指古树1～3倍树高范围之内土地种植覆盖、铺装及构筑物等状况，反映了种植覆盖、铺装或构筑物对古树的影响状况。古树根基周围若为硬质铺装，会明显改变自然土壤的透水通气特征，增加不透水层，影响雨水自然入渗，使根基周围土壤水分得不到自然补给，进而影响古树的正常生长。同时，硬质铺装使土壤的通气性变差，土壤的紧实度增加，根系生长受到影响。若古树根基周围栽植了地被或灌木，彼此之间会发生对土壤水分、土壤养分的竞争。针对这些地被的灌溉、施肥等管理措施也影响古树的生长。因此，必须根据实际栽植或铺装情况正确记录根基周围的土地覆盖状况。构筑物如建筑、桥梁等由于遮阴、挡风等改变了古树周围的微气候环境，进而影响其正常的生长发育。调查的信息如下。

1. 构筑物

包括建筑、道路、桥梁等。要详细记录构筑物到古树的距离、方位以及对古树名木的影响程度。

2. 地面种植覆盖

包括种植植物种类、密度、高度及管理状况。

3. 硬化铺装

详细调查铺装类型、地基处理方式和影响范围等。

4. 保护管理措施

包括保护围栏种类、大小，以及树池种类、大小等。

5. 其他人为干扰

详细记录古树周围是否存在工程开挖、填土或垃圾堆放等，并初步确定其对古树的干扰程度。

5.1.4 土壤环境调查

土壤是古树赖以生长的基础，不仅提供其生长发育所需要的水分和营养物质，也对古树起到固持与支撑的作用。土壤性质和古树的健康状况密不可分。林业上常常把土壤的物理、化学及生物特性作为立地质量的重要评价指标。古树多分布在风景名胜区、寺庙、村舍周围，其所处环境的土壤常常会受到人为干扰，进而影响其生长发育，如填埋、开挖等工程措施扰乱了原有自然土壤的结构，而且极易直接损伤古树的树体与根系。

1. 土壤剖面的观察与记录

为了详细调查古树生长地点土壤发育特征、理化性质、根系垂直分布规律，需从地面向下挖掘一垂直剖面，深度一般在2m以内。土壤剖面一般都表现出一定的土层构造，是土壤形成及物质迁移、转化和累积的表现，不同土层构造在野外以其颜色、质地、结构及紧实度、新生体等区分。

（1）土壤剖面位置

一般根据古树冠幅大小和实际地形特征确定。若没有特殊障碍物，建议剖面开挖在树干南侧树干距树冠投影边缘的2/3处，挖掘过程中若遇到5mm以上的根系，尽量不要铲断根系，剖面的宽度为1m，深度根据实际情况确定，土层浅薄的山地挖到母质层即可，土层深厚的地段剖面深度为1～1.5m（图5-1）。

（2）土壤剖面观察记录

1）人为干扰情况：根据人对剖面土层特征的扰动情况，可将古树周围土壤分为自然土、客土填土、挖掘生土3种类型。自然土是指没有受到人为干扰，维持土壤自然发育的层次特征；客土填土是指在自然土壤上面人为填埋加入较厚客土的土壤；挖掘生土是指人工开挖土壤使古树周围的自然表土层被破坏，部分根系裸露等的土壤。

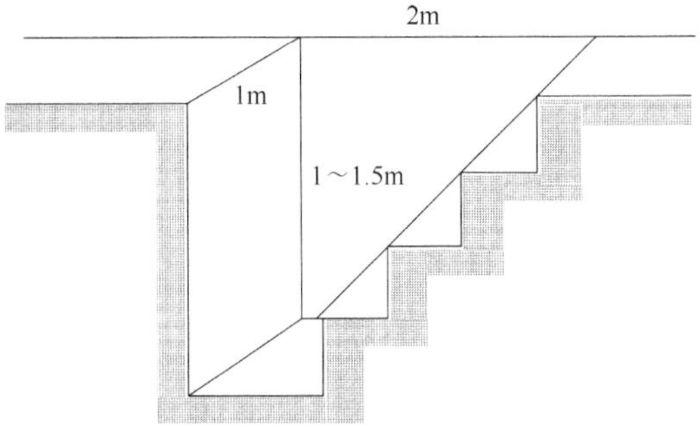

图5-1　土壤剖面示意图

2）土壤表面侵蚀状况：详细观察土壤表面是否出现侵蚀现象，记录侵蚀类型（水蚀、风蚀和重力侵蚀）及其侵蚀强度。例如，水蚀强度可分为细沟侵蚀、浅沟侵蚀、切沟侵蚀和冲沟侵蚀。这些指标直接反映了外营力的作用强度。

3）土壤的自然发生层次：依据剖面的颜色、根系状况、土壤的结构和紧实度等特征从地表往下进行土壤剖面层次划分，分别连续记录土壤发育层及其形态特征，并测量每个土层的厚度。

4）土壤结构：是指在自然状态下经外力掰开，沿自然裂隙散碎成不同形状和大小的单位个体。通常沿用苏联土壤学家查哈罗夫基于长、宽、高三轴发展的分类法，分为团粒状、核状、块状、棱柱状、柱状、碎块状、屑粒状、片状、鳞片状等。

5）土壤质地：野外观察记录一般将土壤质地分为以下类型。

砂土：松散的单粒状颗粒，能够见到或感觉出单个砂粒。干时抓入手中后稍一松手即散落；润时可成一团，但一碰即散。

沙壤土：干时手握成团，但极易散落；润时握成团后，用手小心拿起不会散开。

壤土：松软并有砂粒感、平滑、稍黏着。干时手握成团后，用手小心拿起不会散开；润时握成团后，一般性触动不致散开。

粉壤土：干时成块，但易弄碎，粉碎后松软，有粉质感；湿润时成团，为塑性胶泥。干、润时所成团块均可随便拿起而不散开。湿时以拇指与食指搓捻不成条，呈断裂状。

黏壤土：破碎后呈块状，土块干时坚硬。湿土可用拇指和食指搓捻成条，但往往经受不住它本身的重量。润时可塑，手握成团，手拿时不易散裂，反而变成坚实的土团。

黏土：干时常为坚硬的土块；润时极可塑，通常有黏着性，手指间搓捻形成长的可塑土条。

6）土壤紧实度：是反映土壤物理性状的指标，目前该名词术语概念尚不统一，有的用“坚实度”，有的用“硬度”。坚实度是指单位容积土壤被压缩时所需要的力，单位是kg/cm^2；硬度是指土壤抵抗外力的能力（抗压强度），单位为Pa。因此，紧实度应用特定仪器来测试。

在没有仪器的情况下，可用采土工具（剖面刀、取土铲、土钻等）来测定土壤的紧实度，其标准大体如下。

极松：土钻、铁锨等放在土面上，不加压力即能自行进入土中，如砂土。

松：稍加压力，土钻、铁锨即能进入土体，如壤土。

紧：土壤结构较紧，必须用力土钻、铁锹才能进入土中，如黏土、轻黏土。

极紧：需用大力铁锹才能进入土中，但速度慢，取出不易，而取出后有光滑的表面，如重黏土及具有柱状结构的心土层等。

7）新生体和侵入体：由于土壤利用的多样化，在土层中往往出现特点不同的新生体，如石灰结核、铁锰结核、锈纹锈斑、盐斑、假菌丝等。野外观察时，详细记录各种新生体的种类、性状、紧实度和厚度、在剖面中分布的特点、开始出现和终止出现的深度以及大量集中的深度。新生体的种类、数量和分布层位，有助于我们判断土壤形成作用的方向与性质，并且能借以判定土壤发育的条件，同时，砂姜层出现的深浅还直接影响农业生产。

侵入体包括土壤中的砖块、瓦片、岩石碎块、死亡动物的骨骼、贝壳等，它们的存在与土壤形成作用一般没有直接的关系，但可以用来判断母质来源和古土层的存在情况。

8）植物根系：按照土壤的发生层次，或按照一定厚度，如每10cm一个层次，详细记录根系密度，根系密度描述标准可分为4级（表5-1）。

表5-1　根系密度分级表

项目	没有根系	少量根系	中量根系	大量根系
标准（根条数/cm^2）	0	1～4	5～10	＞10

2. 土壤物理性质的测定

（1）土壤密度

土壤密度又称真比重，是指单位体积固体土粒重与同体积水重之比。其数值大小可间接反映土壤的矿物质组成和有机质含量。通常使用比重瓶法测定。

（2）土壤容重

土壤容重是指田间自然状态下单位体积土壤的干重，单位为g/cm^3，常常用于估计土壤的松紧和结构状况，也能间接反映土壤通气状况，与古树根系生长关系非常密切。一般用环刀法测定。

（3）土壤孔隙度

土壤孔隙度包括总孔隙度、毛管孔隙度和非毛管空隙度，反映了土壤的通气状况。总孔隙度是指自然状态下土壤中孔隙体积占土壤总体积的百分比。土壤孔隙度不仅影响土壤的通气状况，而且反映土壤的松紧和结构状况。土壤总孔隙度一般不直接测定，而是用密度和容重计算求得。

3. 土壤化学性质

土壤化学性质主要反映土壤的肥力状况，在古树健康诊断时重点测定、分析土壤有机质含量，土壤氮、磷、钾等养分元素的全量和速效（有效）态含量，以及部分微量元素含量和土壤酶活性。具体的测定方法请参考有关土壤理化分析手册。

4. 根部通气透水性

根系的生长受土壤紧实度的制约，人口密集地区的土壤由于封闭的路面铺装、人为的践踏而变得紧实，导致根系生长不良，影响树木健康。用铺装程度及受踩踏而变紧实土壤占根区面积的比例来反映根部同期透水性。

5.1.5 古树生存地植被环境调查

主要调查与古树产生明显竞争关系的植被状况。首先记录古树是单株、树群还是成片林。若是树群或成片林，需要测量并记录离目标古树最近的4株乔木的树种、距离、树高、胸径以及冠幅大小。若有灌木或草本层，也应调查记录优势种、盖度、多度及平均高等指标。

5.2 树体形态指标调查

树体的形态指标不仅能直观反映出古树生存环境和立地质量的优劣，其树冠、枝条、树干和根系生长指标和形态特征也能表征各种干扰如风、雪等灾害对古树的影响。在古树健康诊断时，树体形态指标是最直观、最有效的一类判断指标。古树的树体形态调查要从整体树形、生长势入手，分别就树冠、枝条、树干和根系等逐项观察、测量、记录。

5.2.1 树冠生长与形态调查

1. 冠形

古树冠形指标除常规的树高、枝下高和冠幅等外，还包括冠长、冠径比、树冠密度、树冠健康率、生长势等。

（1）树高

树高是指主干枝梢距离地面的垂直高度。树高及树木生长量可以反映古树的立地质量，林业上常用林分的优势木高评价立地质量（立地指数或地位级指数）。可通过对古树树高及其顶梢枯损状况调查，评价其健康水平和衰弱度。

（2）枝下高

枝下高是指树冠下第一活枝层距离地面的垂直高度。枝下高不仅与树种的生物、生态学特性有关，还能反映古树受到的竞争、遮阴或干扰程度。若古树生长在森林环境中，由于邻近树木个体的竞争，居于林冠下层的叶子得到的光照强度低于光补偿点，出现枯死现象，即自然整枝，密度越大，邻近个体大小越强壮，竞争越激烈，自然整枝越强烈，枝下高就越高。

（3）冠幅

冠幅是指树冠延伸的最宽部位幅度。冠幅反映了树木个体占领生长空间的大小和能力，也表明其在群落环境中的地位和受到竞争排斥的强度。冠幅庞大圆满，表明树木生长势旺盛，在竞争中居于优势地位，否则表明个体生长受到明显竞争，生长空间狭小，有效冠层空间不足。通常按照东西、南北两个方向分别测量记录，并计算其平均冠幅。

（4）冠长

冠长指第一活枝层到树冠顶梢的长度，也称冠厚。从一个侧面反映了树木的竞争激烈程度，冠长越小，表明个体间竞争越激烈。实践中多用冠高（长）比，即冠长与树高之比作为其评级指标。

（5）冠径比

冠径比也称树冠系数，指树冠直径与树干胸径之比。冠径比大，说明枝叶生长繁茂，长势好。

（6）树冠密度

树冠密度表征树体的紧密程度，同一树种树冠密度越高，说明其生长越旺盛。该指标可用叶面积指数仪（如LAI-2200）进行测定。

（7）树冠健康率

树冠枯死指整个树冠由于病害、自然或人为等原因发生的枯死情况，树冠枯死率是枯死部分占整个树冠的比例，一般采用百分数来表示。用100%减去树冠枯死率便可得树冠健康率。

（8）生长势

常用冠幅、冠长以及冠径比、冠高比等树冠形状和圆满度指标，新梢的长度、粗度，叶片的大小、颜色，以及枝叶有无枯死、树干是否出现空洞腐烂的状况等来判断生长势。新梢生长得越长、越粗、越快，叶片越大，则生长势越强，反之则越弱。该指标是树木树冠、枝叶、树干等各个部分的综合反映，反映古树生长发育的旺盛程度。按照旺盛、一般、较差、濒死和死亡5个级别来判断生长势。旺盛是指树冠饱满并保持其自然状态，没有出现枯梢和枯枝现象，树叶健康没有出现枯黄现象；一般是指树冠保持自然形状，出现枯梢、枯枝现象，但比例不超过总枝梢的5%，且无明显病虫为害；较差是指树冠出现偏冠、残缺，枯梢、枯枝数量超过总量的15%，树干出现空腐现象，疏叶枯黄不健康；濒死是指树木仅存的树冠占自然树冠的20%以下，枯梢、枯枝严重，树木濒临死亡；死亡是指古树已经完全枯死。

2. 枝和叶

枝叶即树木的树冠部分。树冠是树木生命活动所需能量的主要来源，其健康状态与整个树体健康状态密切相关。枝叶形态指标是用于评价树木健康程度的外观指标中使用最广泛的指标。古树枝叶的形态指标包括1级枝和2级枝健康率、顶梢健康率、新枝生长量、枝叶密度、枯叶率、叶色、叶部病虫害、枝条病虫害等。

（1）1级枝健康率

记录古树上所有1级活枝以及枯损枝的数量，1级枝健康率用1级健康枝数量占1级枝总数量的百分比来表示。

（2）2级枝健康率

2级枝是指生长在1级枝上的侧枝。在树木的东南西北4个方向上各选择1个代表性1级枝，记录每个1级枝上的所有活枝以及枯损枝数量，用所有的2级活枝数量减去枯损枝数量，则为该1级枝上2级健康枝数量，则2级枝健康率是用2级健康枝数量占2级枝总数量的百分比来表示。该指标和1级枝健康率共同反映了枝条健康状况。

（3）顶梢健康率

顶梢健康率表征新梢生长的势头。顶梢枯死是指树冠上部暴露在太阳下的嫩枝从末端往下逐渐死亡，顶枝枯死率是反映树木衰老和受胁迫程度的良好指标。在测定时，主要是测定树冠枯死顶梢的实际长度，用此长度除以古树的树高来表示顶梢枯死率，顶梢健康率为1减去顶梢枯死率的值。

（4）新枝生长量

新枝生长量指每年新枝的平均数量和长度，反映了枝条生长状况，是表征古树生长活力的重要指标。

（5）枝叶密度

枝叶密度是一个综合反映枝条和树冠绿叶层健康状况的指标，可用位于树冠外层、长有绿叶的那部分树冠占总树冠的比例衡量。

（6）枯叶率

枯叶率是指干枯症状达到50%或以上的叶片数占总叶片数的百分比。该指标直观地反映了古树叶片生长的不良程度。

（7）叶色

叶片变色是指叶绿素遭到破坏而使叶片的颜色发生改变，变色的细胞本身并不死亡。叶片变色是树木生长不正常时最直观的症状。用出现这些症状的叶片数量所占百分比来对树木的叶色进行分级。

（8）叶部病虫害

不同树种的病虫害种类不同，为害特征各异。例如，黄河中游地区古侧柏的主要虫害有侧柏毛虫（*Dendrolimus suffuscus*）、柏大蚜（*Cinara tujafilina*）、侧柏红蜘蛛（*Tetranychus cinnbarinus*），主要病害有侧柏叶枯病、侧柏叶凋病等，表现为叶片大量被食，叶焦、叶黄，树冠似火烧状的凋枯，病叶大批脱落，枝条枯死。通过观察枝叶形态上表现出的症状确定受害情况，按照受害叶量占总叶量的百分比分级。

（9）枝条病虫害

不同树种的病虫害种类和为害特征各异，具体调查内容和方法详见第7章古树有害生物诊断的相关内容。例如，古侧柏的主要虫害为双条杉天牛和柏肤小蠹，其取食于皮、木之间，切断水分、养分输送，引起针叶黄化，导致树木长势衰退，当破坏严重时会引起风折、雪折或整株树木死亡。

5.2.2 树干和树皮调查

树干担负着枝叶和根系之间营养物质供给与交流以及同化物质运输和贮存的作用。古树树干和树皮的形态指标包括倾斜程度、干腐程度、树皮健康率等。

1. 倾斜程度

因为风吹、光照不均匀、土壤塌陷、栽植不规范及修剪不当等，树木会出现树干倾斜或偏冠的现象，影响树体稳定性，容易倒伏，严重影响其生理健康状况，倾斜程度越大，隐患越大。该指标是表征古树健康情况的重要指标，依据树干的倾斜方向、倾斜角度确定。倾斜角度为树木主干与竖直方向的夹角[《古树名木生长与环境监测技术规程》（LY/T 2070—2018）]。

2. 腐朽程度

干腐是很多古树都存在的问题，尤其是干基腐朽，严重削弱了树木抗风抗压的能力，影响树木健康生长，将其纳入健康状况评价指标非常有必要。传统的树干健康状况评估方法，主要借助在树干上打洞来确定树干中空的程度。使用这种方法不仅会造成古树树体本身的伤害，还容易使古树受到细菌和真菌侵染而生长不良，而且评估结果不准确。

树干无损伤检测技术近年来发展很快，在古树树干健康评估中得到广泛应用。例如，采用美国产TRU树木雷达检测系统，借助地面探测技术和核磁共振技术对树木进行非侵入式扫描，无损检测树木内部结构受损程度，通过清晰成像分析判断树木是否发生树干腐朽，若发生腐朽，根据干腐横断面积占树干横断面积的比例确定腐朽程度。

3. 树皮健康率

树皮损伤指由人为或自然条件引起的树干木质部裸露，如果处理不当可能造成很大的伤害，害虫容易经由伤口进入，最后导致树干腐烂，甚至整株死亡。树皮损伤率根据树皮损伤面积占树皮总面积的百分比来计算，则树皮健康率等于1减去树皮损伤率的值。

5.2.3　根系调查

根部因埋藏在土壤中，受监测技术的限制，过去在古树健康状况评估中很少被采用。近年来，随着无损伤雷达探测技术的发展，根系被越来越多地用于古树健康评估。常用的古树树根形态指标包括根腐程度、根部损伤和根系分布范围等。

1. 根腐程度

类似于干腐程度，根腐的发生影响古树对水分和养分的吸收与生理代谢，严重时影响树体的稳定性，制约树木的健康生长。一般用无损伤探测技术进行测定，如用TRU树木雷达检测系统的根系检测功能对树木根系进行非侵入式扫描，无须扰动土壤，可以穿透地基和公路等坚硬表面，无损检测地下根系内部腐化程度，通过绘制3D图像分析根腐程度。

2. 根部损伤

由地下害虫或人为施工等造成的古树根部伤害，影响古树根系的正常生理代谢作用。该指标的检测方法与根腐程度相同。

3. 根系分布范围

根系在土壤中分布得越均匀、越深，则其吸收水分、养分的能力越强，树体越稳固，长势越旺盛。该指标同样使用树木雷达检测系统的根系检测功能检测根系分布和密度，通过3D图像进行描述。

5.3 古树健康指标测定

古树对各种逆境胁迫或人为干扰反应最为敏感的是生理生化特性，其次是叶解剖特征和生活力。在古树健康诊断中，常常需要综合古树的各项生理生化特性、叶解剖特征和生活力测定结果才能做出科学的结论。

5.3.1 叶解剖特征

近年来，有关树木叶组织结构和亚细胞结构的研究表明，受逆境胁迫或不同健康状况的树木，如杨树、侧柏、槐、银杏等，叶组织结构会发生很大变异，亚细胞结构也随树木健康状况的恶化而锐变，是诊断树木（古树）健康状况的重要指标（Quy et al.，2017；Lu et al.，2019；Zhou et al.，2019b）。

1. 组织结构

树木的叶组织结构与树木的健康状况密切相关，如叶片厚度、表皮细胞大小、叶肉细胞大小、维管束细胞大小、角质层厚度、栅栏与海绵组织比例等共同决定了叶片的水分和气体代谢能力。叶组织结构观察一般采用切片法。在树木生长季同一时期，从诊断目标树树冠的东西南北各个方向采集枝叶，尽量保证采集的位置相似、枝叶的生长势相近。将采集的枝叶装入自封袋中，放入保鲜箱中尽快带回实验室用石蜡切片法或超薄切片法进行测定（Lu et al.，2019；Zhou et al.，2019a，2019b）。

2. 亚细胞结构

细胞既是生命活动的基本单位，也是由许多亚细胞结构组成的有机整体。细胞的主要生命活动由亚细胞结构来完成。因此，研究亚细胞结构及其功能对于理解树木活力和衰老有重要的意义（Quy et al.，2017；Zhou et al.，2019b）。采用透射电子显微镜，可清晰地观察到古树叶亚细胞结构随古树健康状况变化呈现出的差异，包括细胞器（叶绿体、线粒体）、细胞壁、液泡等。

5.3.2 树木活力

以往对古树健康状况评价主要集中在地上部分生长势（生命力）方面，对树木的活力评价重视不够。近年来，随着古树生理生化特性研究的深入，一些现代研究和测试方法的应用，使得快速评价古树生命力成为可能，为古树保护和复壮提供了科学依据。

1. 气孔导度

气孔是植物叶片与外界交换气体的主要通道。气孔导度即气孔的开闭程度，直接影响叶片的水分代谢和气体交换。

测定方法：使用便携式光合作用测定系统，如美国LI-COR公司生产的Li-6400光合仪直接测定。由于气孔导度受环境因素影响很大，因此测定时需要控制叶室温度、光照、二氧化碳等条件，确保测定精度。

2. 光合能力

光合作用是叶片最重要的功能，光合能力的强弱是反映叶片健康状况的重要指标。通常采用叶片的光合特性和叶绿素含量衡量叶片的光合能力。

（1）光合特性

光合特性包括叶片的光补偿点（LCP）、光饱和点（LSP）、最大净光合速率（P_{max}）、CO_2补偿点（CCP）、CO_2饱和点（CSP）等，一般使用便携式光合作用测定系统测定。例如，在Li-6400光合仪叶室安装红蓝光源，选择Auto Program下的Light curve自动测量程序，设定叶室中光量子通量密度为2000μmol/（m^2·s）、1600μmol/（m^2·s）、1200μmol/（m^2·s）、900μmol/（m^2·s）、600μmol/（m^2·s）、400μmol/（m^2·s）、300μmol/（m^2·s）、200μmol/（m^2·s）、150μmol/（m^2·s）、100μmol/（m^2·s）、50μmol/（m^2·s）、25μmol/（m^2·s）、0μmol/（m^2·s），测定叶片在每一光强下的净光合速率，利用光响应曲线拟合软件Photosynthesis Work Bench拟合光响应曲线，计算LCP、LSP、P_{max}。同样，在Li-6400光合仪叶室安装二氧化碳注入系统，选择Auto Program下的Ci curve自动测量程序，设定二氧化碳浓度为1600μmol/mol、1200μmol/mol、800μmol/mol、600μmol/mol、400μmol/mol、200μmol/mol、100μmol/mol、50μmol/mol、0μmol/mol，测定叶片在每一个二氧化碳浓度下的净光合速率，拟合二氧化碳响应曲线，计算CCP、CSP。

（2）叶绿素含量

叶绿素含量不仅是评价树木光合能力的重要参数，也是评价环境因子胁迫程度及树木健康状况的关键指标。当树木受到某种环境因子胁迫或环境发生变化时，叶绿素含量即会出现变化，影响光合作用和光合产物的积累，进而影响林木健康状况（Lu et al.，2019）。

测定方法：在树冠上部向阳外侧采集完整的功能叶片，剪取0.1g左右剪成细丝，放入25mL容量瓶中，向容量瓶中加入由丙酮和乙醇按1∶1配成的混合液，定容至25mL并振荡均匀。将容量瓶置于暗箱中，每隔8h晃动容量瓶1次，利于叶绿素的提取。24h之后叶片发白，说明叶绿素提取完成。分别在663nm、645nm波长下测定叶绿素提取液的吸光值，用下面公式计算叶绿素含量。

$$\mathrm{Chl_a}=12.21\times A_{663}-2.81\times A_{645} \quad (5\text{-}1)$$

$$\mathrm{Chl_b}=20.13\times A_{645}-5.03\times A_{663} \quad (5\text{-}2)$$

$$\mathrm{Chl含量(mg/(g鲜重))}=\frac{(\mathrm{Chl_a}+\mathrm{Chl_b})\times V_\mathrm{T}}{FW\times 1000} \quad (5\text{-}3)$$

式中，A_{663}、A_{645}分别代表叶绿素提取液在波长663nm、645nm下的吸光值；FW代表剪取的叶片鲜重（g）；V_T代表提取液总体积（mL）。

3. 营养元素的含量

树木叶片的营养元素含量反映了树体的营养状况，直接影响光合作用效率，是树木健康诊断的重要指标。常用的有大量元素氮、磷、钾、钙、镁和微量元素锌、铁的含量。

测定方法：取样方法同叶组织结构，全氮（TN）采用硫酸-过氧化氢扩散法测定，全磷（TP）用硫酸-过氧化氢消煮比色法测定，钾、钙、镁、锌、铁采用原子吸收法测定。

5.3.3 生理生化指标

1. 抗衰老特性

（1）丙二醛含量

树木衰老与体内活性氧积累诱发的膜脂过氧化作用密切相关，丙二醛（MDA）是膜脂过氧化最重要的产物之一，可通过测定MDA的含量了解膜脂过氧化的程度，以间接判定植物膜系统的健康状况。

测定方法：取0.5g新鲜幼苗叶片，加5%三氯乙酸（TCA）5mL，研磨后所得匀浆在3000r/min下离心10min；取上清液2mL，加0.67%硫代巴比妥酸（TBA）2mL，混合后在100℃水浴上煮沸30min，冷却后再离心1次，分别测定上清液在450nm、532nm、600nm处的吸光值，并按式（5-4）计算出MDA浓度，再计算出单位鲜重组织中的MDA含量。

$$C\,(\mu\mathrm{mol/L})=6.45\times(A_{532}-A_{600})-0.56\times A_{450} \quad (5\text{-}4)$$

式中，A_{450}、A_{532}、A_{600}分别代表上清液在450nm、532nm、600nm波长下的吸光值。

（2）超氧化物歧化酶活性

超氧化物歧化酶（SOD）是生物体内普遍存在的一种参与氧代谢的含金属

酶。SOD活性的测定在研究树木衰老及健康状况中有着重要意义。

酶液提取：称取植物材料0.5g于预冷的研钵中，加2mL预冷的提取介质在冰浴上研磨成匀浆，转移至10mL量瓶中，用提取介质冲洗研钵2～3次（每次1～2mL），合并冲洗液于量瓶中，定量至10mL。取5mL提取液于4℃、10 000r/min下离心15min，上清液即为SOD粗提液。

SOD活性测定：取透明度好、质地相同的15mm×150mm试管7支，测定管、光下对照管各3支，暗中对照管（调零）1支，按表5-2加入反应显色试剂。7号试管加入核黄素溶液之后，立即用双层黑色硬纸套遮光，全部试剂加完后摇匀，将试管置于4000lx荧光灯下显色15～20min。反应结束后，用黑布罩遮盖试管终止反应。以暗中对照管作空白，在波长560nm下测定1～6号试管反应液的吸光值。

表5-2　SOD活性测定试剂剂量表（mL）

反应试剂	测定管			光下对照			暗中对照
	1	2	3	4	5	6	7
50mmol/L磷酸缓冲液	1.5	1.5	1.5	1.5	1.5	1.5	1.5
130mmol/L甲硫氨酸溶液	0.3	0.3	0.3	0.3	0.3	0.3	0.3
750μmol/L氮蓝四唑溶液	0.3	0.3	0.3	0.3	0.3	0.3	0.3
100μmol/L乙二胺四乙酸二钠	0.3	0.3	0.3	0.3	0.3	0.3	0.3
20μmol/L核黄素溶液	0.3	0.3	0.3	0.3	0.3	0.3	0.3
粗酶液	0.1	0.1	0.1	0	0	0	0
蒸馏水	0.5	0.5	0.5	0.6	0.6	0.6	0.6

结果计算：

$$\text{SOD活性}[\mathrm{U/(g\ 鲜重\cdot h)}]=\frac{(A_0-A_s)\times V_t\times 60}{A_0\times 0.5\times FW\times V_s\times t} \tag{5-5}$$

式中，A_0代表光下对照管吸光值；A_s代表样品测定管吸光值；V_t代表样品提取液总体积（mL）；V_s代表测定时粗酶液量（mL）；t代表显色反应时间（min）；FW代表样品鲜重（g）。

（3）过氧化氢酶活性

过氧化氢酶（CAT）是树木组织中重要的保护酶之一，它能够清除代谢过程产生的过氧化氢，避免过氧化氢积累对细胞产生氧化破坏作用，因此可以通过CAT的活性衡量树木的健康状况。

酶液提取：称剪碎混匀的植物鲜样1.00g置于预冷的研钵中，加适量磷酸缓冲液及少量石英砂，在冰浴上研磨成匀浆，转移至10mL量瓶中，用磷酸缓冲液冲洗研钵2～3次，合并冲洗液于量瓶中，定容至10mL，摇匀。取提取液5mL于4℃、15 000r/min下离心15min，上清液即为酶提取液，4℃下保存备用。

CAT活性测定：取10mL试管4支，3支为测定管，1支为对照管，按表5-3加入试剂。将4支试管于25℃水浴中预热3min，逐管加入0.2mL的200mmol/L过氧化氢溶液，每加1管立即在紫外分光光度计上测定A_{240}，每隔30s读数1次，共测3min。

表5-3　CAT活性测定试剂剂量表（mL）

试剂	试管号			4（对照）
	1	2	3	
三羟甲基氨基甲烷盐酸盐缓冲液（pH=7.0）	1.0	1.0	1.0	1.0
酶提取液	0.1	0.1	0.1	0.1（热变性）
蒸馏水	1.7	1.7	1.7	1.7

结果计算：以1min内A_{240}降低0.1为1个酶活性单位，先求出3支测定管各自1min内A_{240}降低值，按式（5-6）计算CAT活性：

$$\text{CAT活性}[\mathrm{U/(g\ 鲜重\cdot min)}]=\frac{\Delta A_{240}\times V_t}{0.1\times V_s\times t\times FW} \quad (5\text{-}6)$$

$$\Delta A_{240}=A_{S_0}-\frac{A_{S_1}+A_{S_2}+A_{S_3}}{3} \quad (5\text{-}7)$$

式中，A_{S_0}代表热变性酶液管吸光值；A_{S_1}、A_{S_2}、A_{S_3}代表样品测定管吸光度；V_t代表酶提取液总体积（mL）；V_s代表测定时酶液量（mL）；FW代表样品鲜重（g）。

2. 根活力测定

根系是植物吸收水分和矿质元素的主要器官，同时是植物体内重要物质，如氨基酸、激素等物质合成、同化、转化的器官，因此，根活力直接影响植物个体的生长情况和健康状况。

（1）氯化三苯基四氮唑（TTC）标准曲线的制作

取0.4% TTC溶液0.2mL置入10mL容量瓶中，加少许连二亚硫酸钠粉摇匀后立即产生红色的甲臜，再用乙酸乙酯定容至刻度，摇匀，然后分别取此液0.25mL、0.50mL、1.00mL、1.50mL、2.00mL置于10mL容量瓶中，用乙酸乙酯定容至刻度，即得到含甲臜25μg、50μg、100μg、150μg、200μg的标准比色系列，以空白作参比，在485nm波长下测定吸光值，绘制标准曲线。

（2）TTC还原强度测定

称取根尖样品0.5g置入10mL烧杯中，加入0.4% TTC溶液和磷酸缓冲液的等量混合液10mL，把样品充分浸没在溶液内，在37℃下暗保温1～3h，此后加入1mol/L硫酸2mL，以停止反应（与此同时，做一空白试验，先加硫酸，再加根样品，其他操作同上）。

把样品取出，吸干水分后与3～4mL乙酸乙酯和少量石英砂一起在研钵内磨碎。将红色研磨提取液移入试管，并用少量乙酸乙酯把残渣洗涤2～3次，皆移入试管，最后加乙酸乙酯使总量为10mL，用分光光度计在波长485nm下比色，以空白试验作参比测出吸光值，查标准曲线，即可求出TTC还原量。计算方程式如下：

TTC还原强度[mg/（g鲜重 · h）]=TTC还原量（mg）/根重（g）×时间（h）（5-8）

5.4　繁殖能力测定

5.4.1　无性繁殖能力

1. 器官、组织再生能力

植物营养器官的再生能力反映了植物生理生化活力和繁殖力的高低，可表明植物体衰老的进程和所处阶段（McDonald，2014）。树木的无性繁殖能力可用组培过程中愈伤组织产生以及芽、根诱导的难易程度综合评判。

测定方法：选择合适的外植体（茎尖或芽尖），用MS+6-BA 0.2mg/L+NAA 0.2mg/L+IBA 0.1mg/L培养，观察愈伤组织的产生情况。然后继代培养，观察芽和根的诱导情况。根据观察结果统计评判愈伤组织产生以及芽、根诱导的难易程度。

2. 花粉活力

花粉是植物组培单倍体苗重要的外植体，花粉活力大小除影响组培的成败外，还反映了植物的衰老程度。

测定方法：取少许花药置于载玻片上挤出花粉，加1～2滴0.5% TTC溶液，盖上盖玻片。将制好的切片在35℃恒温箱中放置15min，然后置于显微镜下观察，凡被染成红色的花粉表示活力强，淡红色次之，无色的为无活力或不育花粉。观察几个切片，每片取5个视野，统计100粒花粉，计算有活力花粉的百分比。

5.4.2　有性繁殖能力

1. 结实率

健康状况良好的古树生长正常，体内营养物质充实，除能保证当年抽生新梢、结果外，还能产生花芽，保证次年的结实率。反之，健康状况差的古树体内营养物质有限，结果会诱导大量花芽分化和抑制新梢生长。结实率以结实枝条数占总枝条数的比例来表示。

2. 种子品质

（1）千粒重

千粒重是体现种子大小与饱满程度的一项重要指标，是种子品质检验的内容之一，具体测定方法参见《国家林木种子检验规程》。

（2）生活力

种子生活力反映了种子的潜在发芽率，一般用种胚的氧化还原活性强弱来表示。

测定方法：随机选择50粒种子，用30℃温水浸泡24h，使种子充分吸胀，然后去皮，沿胚中央准确切开；将准备好的种子放在培养皿中，加入TTC溶液，至浸没种子为止；将种子置于30～35℃保温箱中，在黑暗条件下静置30min；用清水洗净，冲洗2～3次，逐个观察种胚着色情况，凡种胚全部或大部分染成红色即为具有生活力的种子，种胚不被染色的为死种子。

（3）发芽率

古树生产种子的发芽率反映了古树结实的质量，即有性繁殖能力。

测定方法参见《林木种子检验规程》（GB 2772—1999）中种子发芽率检测。

5.5　树干空腐程度检测

树干出现腐朽、空洞等是最常见的古树健康问题之一，属立木腐朽范畴，是在先驱微生物侵害的基础上，由木材腐朽真菌直接分解古树木质部细胞壁所引起的木材腐烂和解体的现象。由于多发生在树干内部，仅从外观很难观察到，也无法准确判断腐朽类型、腐朽程度等，需要利用一些先进的仪器设备，并通过计算机技术应用实现定量化、可视化检测和诊断。利用仪器设备进行古树健康诊断，不仅能够定量把握树干腐朽的程度和范围，而且通过计算机成像技术实现了可视化，使诊断结果更加真实客观可靠，且对古树的损伤小，部分技术已经实现了无损检测。

5.5.1　检测方法

传统的树干腐朽检测方法是直接观察测定法，也就是通过内视镜或树木生长锥，直接钻取需要检测或观察的树干部位木芯，带回实验室根据木芯的颜色、纤维结构等分析判断腐朽类型及腐朽程度。对已经出现腐朽空洞的树干，可以进一步利用工业内视镜等通过钻孔来观察树干内空洞大小等。具体观测过程如下。

利用树木生长锥在需要检测的部位直接钻取木芯，把木芯带回实验室在立体解剖镜下直接观察木芯的颜色、密度等判断腐朽类型、程度及大小等，必要时可通过染色技术对木芯进行染色处理，然后观察、测定、记录。钻取木芯时需选用直径5mm的生长锥，由于钻孔可能成为病虫害侵入的入口，造成木材变色腐朽，因此取样后需对钻孔进行封堵和防腐处理。取出的木芯样品可用于机械强度测定或DNA检测，这样不仅能掌握腐朽发生的位置、程度，还可以判断腐朽类型及腐朽菌的种类。

若树干内部明显出现空洞，无法钻出木芯，可以利用工业内视镜，通过生长锥在树干检测部位钻孔，伸入到树干内部空洞部位观察腐朽类型和腐朽程度，测量空洞大小。该方法直观，并能拍照记录，为进一步诊断和治疗提供直接证据。

随着计算机技术的应用，根据木质部机械强度变化、木质部电阻抗变化以及通过测定电磁波或声波变化等间接检测树干腐朽的方法越来越普及。常用的检测仪器及其型号类型、工作原理、性能特点等见表5-4。仪器设备诊断也只是附属手段，还需要技术人员根据其掌握的木材学、树木生理学和树木病虫害防治等方面的专门知识与经验综合做出诊断，如古树内部腐朽的类型是白色腐朽、褐色腐朽还是软腐朽等，往往需要技术人员根据掌握的专业知识和积累的经验来判断。

表5-4　几种常见的树干健康度检测仪器比较

指标	树木雷达	应力波断层成像仪		电阻断面成像仪	微钻阻力测量仪	
	TreeRadar	PiCUS	ARBOTOM	PiCUS	Rinntech	TML
便携性	中	好	好	好	好	好
野外操作性	好	好	好	好	好	好
测量速度	1min/断层	10min/断层	10min/断层	3min/断层	1min/测量	1min/测量
数据采集	野外专用电脑	笔记本电脑	笔记本电脑	笔记本电脑	存储器/打印	存储器/打印
数据类型	二/三维图像	二/三维图像	二/三维图像	二/三维图像	曲线	曲线
结果解释难度	中	中	中	中	好	好
耗材	无	无	无	无	钻针/打印纸	钻针/打印纸
其他功能	根系扫描	无	无	无	年轮分析	年轮分析
技术新颖程度	高	中	中	中	低	低
无损测量	是	需安装铁钉	需安装铁钉	需安装铁钉	3mm圆孔	3mm圆孔

5.5.2　树木雷达检测系统

TRU树木雷达检测系统是由美国TreeRadar公司开发的专门应用于树干空腐和地下根系分布检测的设备（图5-2），包括小推车、探测器和监视器三部分。它利用探地雷达技术对树木进行无损扫描，可生成高分辨率图像。

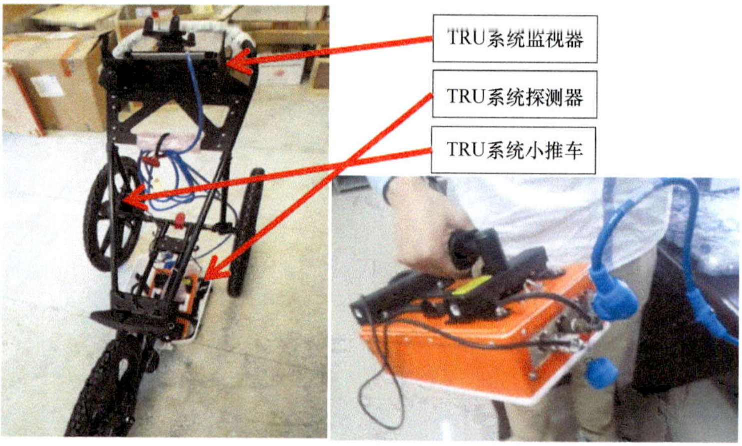

图5-2　TRU树木雷达检测系统

1. 工作原理

TRU树木雷达检测系统配备1个电磁波发射天线与1个电磁波接收天线。发射天线发出电磁波，当电磁波遇到树干中不同状态腐朽、空洞时，检测图像表现为波形的剧烈变化，通过TreeWin软件对检测数据进行分析，确定空腐的位置、形状（图5-3），最终实现对树干空腐状况的检测。TRU树木雷达检测系统可以直接使用，无须事先处理树干，对古树无损且方便、快捷。

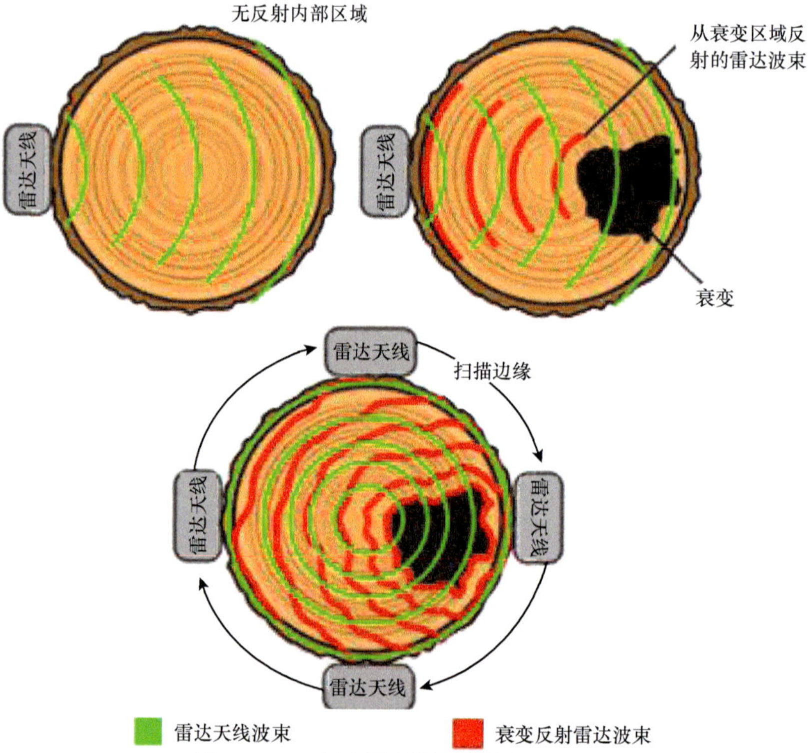

图5-3　TRU树木雷达检测系统探测原理

2. 树干空腐程度检测

采用900MHz天线对树干进行多重高度检测，即每株树检测5个不同高度，从上到下高度依次是1.8m、1.5m、1.2m、0.9m、0.6m（图5-4），从正北方向开始，顺时针检测1圈到正北方向结束。在检测前，提前用细绳标记每层高度的位置，保证扫描面在同一高度，同时测量各层高度对应的树干周长。在检测每株树之前，必须进行Recall重新设定参数，回到正北方向检测结束并保存数据，而后进行下1圈的检测。在检测过程中速度适度，紧贴树皮顺时针旋转，起始位置保证在正北方向，方便以后分析腐朽空洞的方位。在检测时必须保证测距轮在转动，保证天线紧贴树皮。检测时如果遇到树皮脱落和树干开裂、凹陷、凸出等任何可能影响检测结果的情况，应立刻点击MARK做标记，以备分析数据时使用。如遇到表皮凹坑或者空洞，快速通过，允许数据偶尔少量的缺失，但是需要记录，并且在雷达野外专用电脑标记。为保证结果可靠，减小人为误差，同一高度重复2次，最终取各层高度空腐面积的平均值。

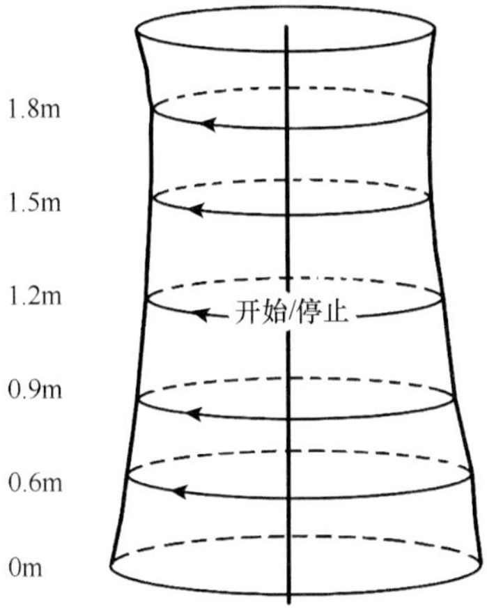

图5-4　树干检测示意图（正视图）

3. 雷达图像判读

主要根据扫描雷达图像中的条带特征及波形图分析、判断空腐程度。若树干内部已产生空洞，即使树干表面看似完好，但由于树干空洞内部空气和木质部有明显的交界面，并且空气和木质部的介电常数差异较大，在树木雷达检测图像上反射信号明显，非常容易分辨出来。其表现形式在灰度图以明显的黑-白-黑异常条带出现，在波形图以谷-峰-谷形式出现（图5-5A）。若树干内部仅仅是出现初期腐烂，开始腐烂的木质部在木腐菌的作用下，相对于正常的木质部，含水率、密度等性质均发生改变，因此早期腐烂部位与正常部位相比，介电常数分布不均，有的地方较高，有的地方较低，于是波形图总是以低幅度、高频率的锯齿形出现，灰度图表现出噪点较多，有明显的颗粒感（图5-5B）。若古树树干的边材部分出现空腐，在波形图上表现为多了1个多余的半周回波，在灰度图上表现为在树干最外侧边材区域出现异常白色点状或带状异常（图5-5C）。没有出现腐朽、空洞的树干扫描雷达图像表现为波形均匀，没有明显的波幅振荡（图5-5D）。

A

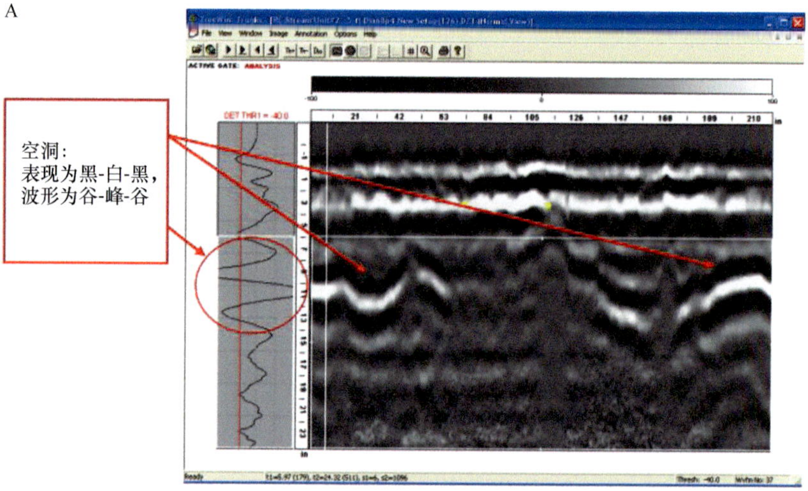
空洞：
表现为黑-白-黑，
波形为谷-峰-谷

B

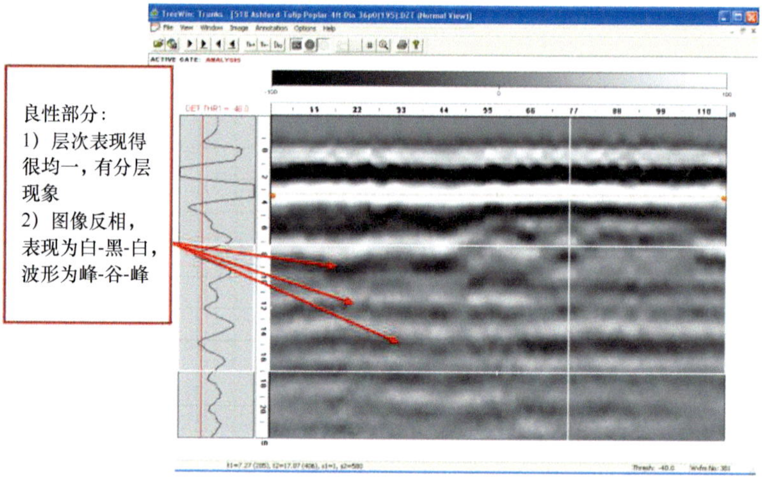
良性部分：
1）层次表现得很均一，有分层现象
2）图像反相，表现为白-黑-白，波形为峰-谷-峰

C

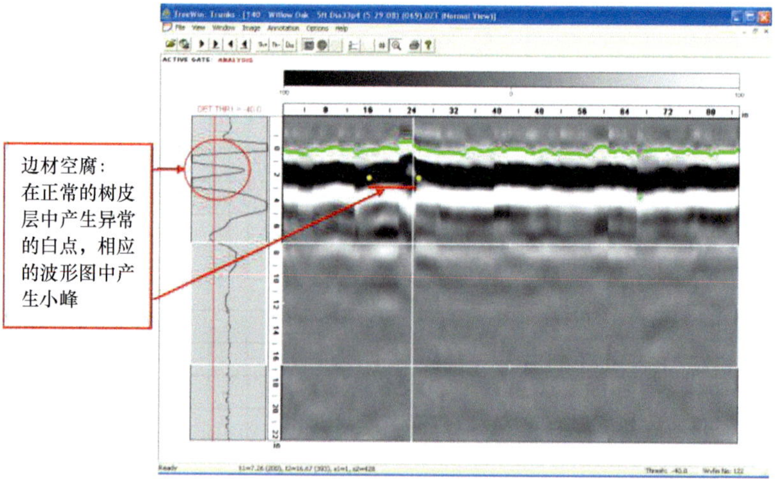
边材空腐：
在正常的树皮层中产生异常的白点，相应的波形图中产生小峰

D

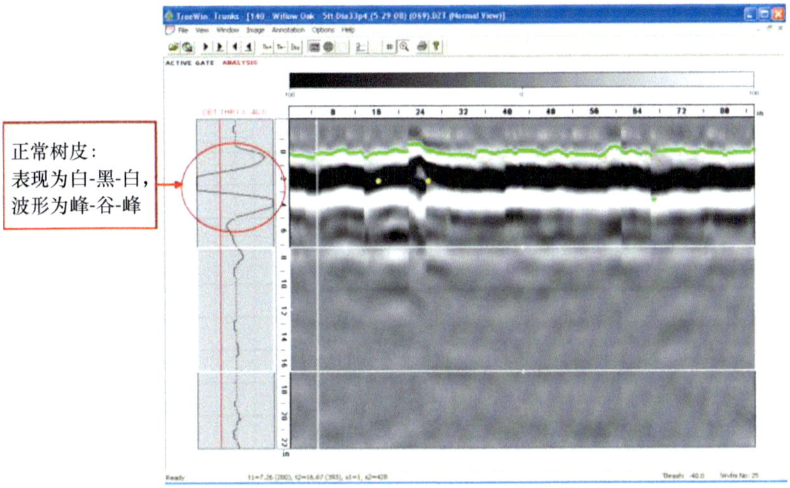

图5-5 雷达图像

A—空洞表现出的雷达图像；B—良性部分表现出的雷达图像；
C—边材空腐表现出的雷达图像；D—正常树皮表现出的雷达图像

5.5.3 应力波断层成像检测技术

树干腐朽、空洞改变了树干木质部的密度，当敲击树干时由于应力波传递路径的改变，应力波传递的速度降低。例如，声音在空气中的传递速度大约是340m/s，而在健康树干中传递的速度可达2000m/s，显然可以根据传递速度的衰减率等判断腐朽程度或空洞大小。

1. 工作原理

应力波断层成像技术是根据应力波在出现腐朽、空洞树干中的传递比在健康树干中缓慢、花费时间要长这一原理，通过测定围绕在树干的多个监测点发射的信号到达相应的信号接收点所需要的时间，计算出相对速度，通过计算机软件生成树干断面的二维或三维图像。根据图像的颜色来判断树干内部是否出现腐朽或空洞，并能测量腐朽存在的部位、面积和大小，从而获取古树或其他测量对象的健康状态。常见的应力波断层成像仪主要有两款：德国Argus公司生产的PiCUS和Rinntech公司生产的ARBOTOM（图5-6和图5-7）。

2. 树干空腐程度检测

利用PiCUS应力波断层成像仪检测树干，撞击使其内部产生应力波，根据树干木材的弹性模量E与应力波传递速度V和木质材料密度ρ之间存在的关系（$E=\rho\times V^2$），测量应力波传递速度和木材密度，从而确定木质材料的弹性模

图5-6 PiCUS应力波断层成像仪（左）和ARBOTOM应力波断层成像仪（右）

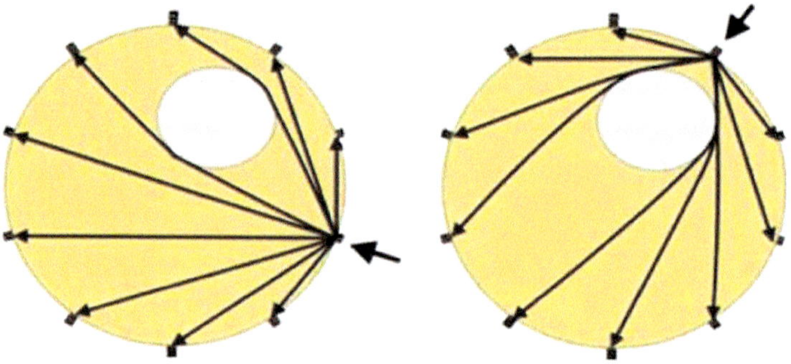

图5-7 PiCUS应力波断层成像仪测定原理示意图

量。在此基础上，就可以通过测量波速来计算木材的硬度和强度，实现对木质部腐朽和空洞的检测。最终借助成像仪配备的计算机软件生成树干横截面的2D或3D图像，并根据图像的颜色来判别树干内部是否存在腐朽和空洞。从图像中很容易识别树干内部健康与腐朽情况以及腐朽程度。该技术在古树健康监测中应用的前景广阔。

5.5.4 微钻阻力检测技术

在美国、欧洲、日本和我国台湾，对古树、古建筑木结构进行健康诊断和维修前，常采用微钻阻力检测技术进行诊断与检测。目前，微钻阻力测定仪有德国IML公司生产的RESISTOGRAPH和英国Sibert Technology公司生产的SIBTEC miero Probe等品牌。

1. 工作原理

微钻阻力检测技术的原理是采用直径小于3mm的钻针，在电机的驱动下匀速加力使小钻针穿入木材内部，阻抗仪能够记录探针钻入木材时一维直线方向上的微钻阻力变化，形成由木材密度分布不同而产生的阻力曲线。阻力大小不仅与钻入深度有关，而且与树干腐朽程度密切相关，一旦木材内部出现腐朽、裂纹、虫蛀等缺陷，其力学性能会有所下降，在微钻阻力曲线上相应地表现为阻力值下降。根据阻力曲线可以判断木材内部具体部位的早晚材密度、应力木、年轮密度等情况，为判断木材内部腐朽、虫蛀、白蚁为害程度提供有效可靠的依据。

2. 树干腐朽检测

利用计算机采集钻入过程中的阻力参数，阻力值在微钻阻力仪自带软件DECOM中显示为一条曲线，即阻抗仪的检测结果为阻力曲线图，通过对阻力曲线图进行分析可实现腐朽程度的定量。图5-8为实测的一条阻力曲线，横坐标表示探针钻入木材的深度，纵坐标表示探针所受阻力的相对大小。

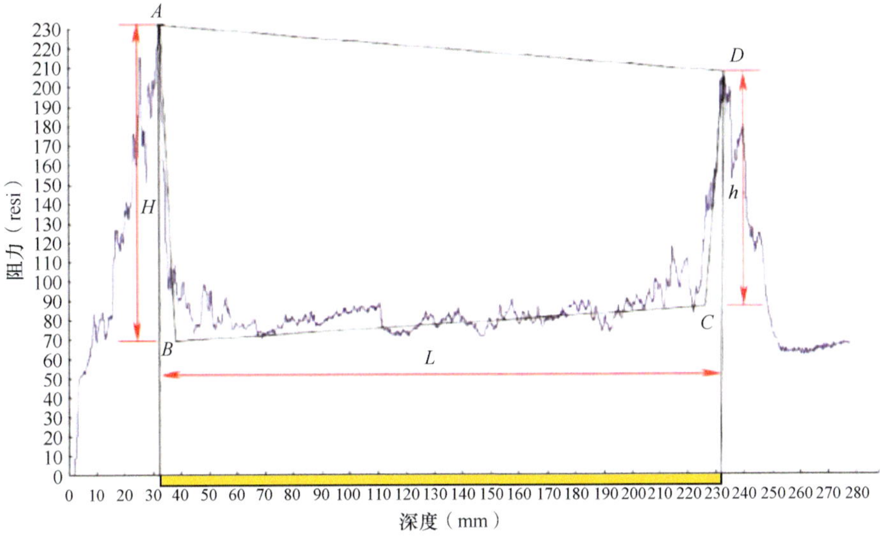

图5-8　微钻阻力仪测得的阻力曲线（岳小泉等，2017）

木材的硬度、密度等物理力学特性影响探针受到的阻力大小，当活立木某处发生腐朽时，该处木材的力学强度和密度就会显著降低，探针钻到该处时所受阻力就会降低，在阻力曲线图上呈现为一个波谷，图5-11中*ABCD*区域所包含的那段曲线表明活立木有腐朽。根据曲线图上横纵坐标轴的实际意义，现定义腐朽程度E（单位：resi）为

$$E=\frac{L}{D}\times\frac{H+h}{2} \tag{5-9}$$

式中，L为下降段曲线在横轴上投影的长度（mm）；H、h分别为下降段曲线左右两边AB和CD在纵轴上投影的长度（resi）；D为所测活立木横截面的直径（mm）。

根据式（5-9）就可以计算得到腐朽程度数据。

5.5.5 敲击共振诊断技术

敲击共振诊断技术由日本岛根县野外测量设计株式会社研发，利用该公司研发的树干敲击共振诊断仪，可对树干内部腐朽程度实现快速诊断（图5-9）。

图5-9 树干敲击共振诊断仪

当敲击像树干一样的圆形断面时，其产生的共振频率（f）与树干直径（D）、树干木材密度（ρ）、杨氏系数（E）以及形状系数（K）存在如下关系：

$$\frac{1}{f}=\frac{1}{\sqrt{\frac{E}{\rho\times k}}}\times D \tag{5-10}$$

也就是说共振频率的倒数与树干直径呈直线关系。对健康的树木来说，其树干木材密度、形状系数以及杨氏系数保持不变，共振频率和树干直径的关系是一个稳定值。如果树干出现腐朽、空洞等，改变了木材密度等参数，振动传播的路径发生迂回，共振频率减小（图5-10），空洞面积越大，共振频率越小。根据预先测定的不同树种共振频率值及其与空腐面积之间的关系（图5-11），就可以进行腐朽率和空洞率诊断。

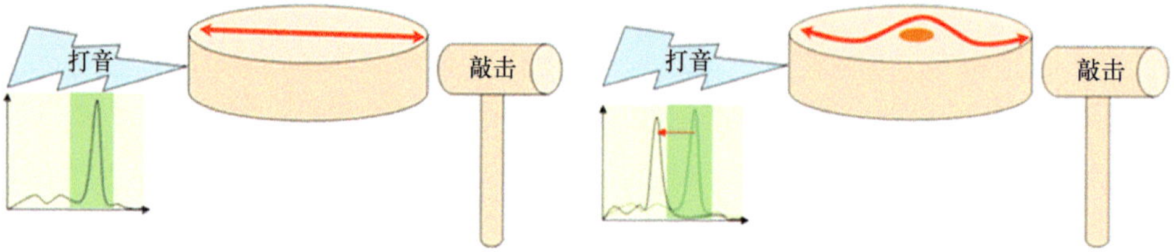

图5-10 树干敲击共振诊断仪诊断原理

该设备小巧且携带方便，由于与GPS和智能手机地图共享，不仅可以详细记录古树所在位置的地理坐标，还能通过手机照相功能记录古树整体或损伤部位照片，为后期制定治疗措施提供图形数据。

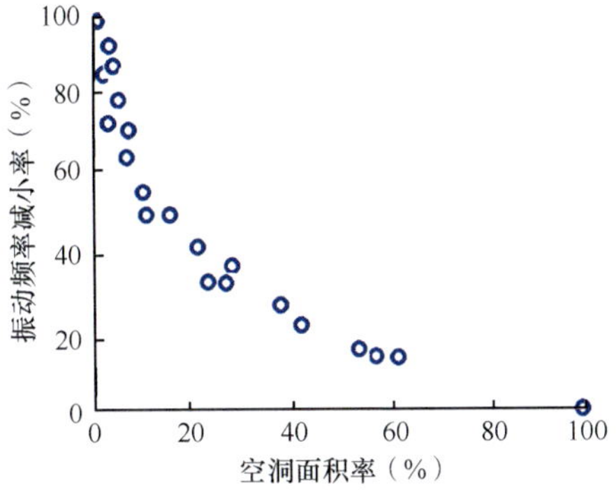

图5-11　树干共振频率减小率与空洞面积率关系示意图

5.6　古树健康诊断

5.6.1　古树健康诊断依据

古树健康指在生长环境中能够正常地展现其生长发育过程中一切物候节律性变化，而古树健康受损或树势衰退则指古树的生长发育偏离正常的状态。古树是否健康，是否出现树势衰退，可以根据主要器官生长状况来判断（表5-5）。

表5-5　古树健康受损特征

特征	健康树	衰退树
嫩枝延伸能力	按树种来说正常	大幅度减小
树冠形态	正常	明显出现枯梢现象
树叶生长	正常	叶片面积和密度明显减少
树叶保留状况（常绿）	正常	欠佳
徒长枝是否存在	一般不存在	存在
愈伤组织生长	按树种来说数据正常	受到抑制/减少
树皮完整性	较强	脆弱
是否易受寄生物侵害	正常	受侵害风险增加
繁殖表现	正常，可以是周期性的	种子质量较差/较小
对干扰和胁迫的反应	正常	减少
秋天叶片变色	正常	偏早

古树健康管理过程中，需要掌握古树的健康状况、古树受到伤害的原因，这样在制定古树健康管理措施及保护方案时才能对症治疗。古树树势衰退或生病的原因很多，一种与树种、树木个体特征有关，如古树的年龄过大，生理机能下

降；另一种就是外因，即人为干扰和环境胁迫，如建筑工程建设导致古树根部受损或土壤踏压板结、土壤通气状况变差、土壤容重增加、土壤养分贫瘠，最终引起古树衰亡枯死。古树树势衰退、健康受损的主要表现形式见表5-6，古树健康管理可以根据树势衰败成因及其表现形式不同有针对性地分类施策。

表5-6　古树树势衰退及枯死模式

伤害、胁迫类型		主要表现形式
环境生态破坏	急性	水灾、火灾、风灾、人为破坏、各种工程影响、旱灾、高温和低温伤害
	慢性	土壤踩踏、土壤污染、空气污染、酸雨、生长空间受限、土壤贫瘠和过度修剪等伤损
树体结构损伤		树枝、树干、树冠折断、倒伏，树干、根基空洞腐烂，根系受损
外来生物侵害		昆虫、真菌、细菌、病毒、类似支原体的有机体、寄生和附生植物的侵害

古树健康诊断指对古树自身健康状况及其所处环境状况进行综合性诊断或判定，即根据古树生长状况，快速诊断古树生理、活力、根系生长发育状况以及各种机械伤害程度，通过系统的健康诊断结果，提出处置、促进古树健康恢复的方案。

5.6.2　古树健康诊断技术流程

1. 诊断类型

古树健康诊断是一个复杂的调查、分析和判断过程，有些外观诊断指标受损明显，易于发现掌握，而有些症状必须通过生理生化分析、生境调查，乃至利用精密仪器进行测试分析才能掌握。一般分为3种诊断类型：表观损伤诊断、树体外观诊断和测试分析诊断。

（1）表观损伤诊断

主要指的是由自然干扰或人为破坏导致的古树明显受到外观伤害的应急诊断。要求专家和管理者必须亲临现场，详细调查、记录干扰源，古树倾斜倒伏、断枝断梢、根系裸露及树干伤损等状况，确定专业诊断的结论，商定修复技术方案。

（2）树体外观诊断

主要根据古树枝、叶、根系等器官的生长发育情况，按照古树外观诊断的各项指标进行详细调查，对照诊断。同时，为掌握古树健康受损的直观表现，现场一定要采集相应的图像和标本资料，以备后续的鉴定和测定分析，提出恢复、修复等技术方案。

（3）测试分析诊断

利用测试分析诊断，掌握古树立地条件以及树干是否出现腐朽和空洞、吸收根系是否出现大量死亡等现象。即利用TRU树木雷达检测系统、Li-6400光合仪、土壤理化测定分析仪等仪器设备，对古树的树冠、树干和根系生长与活力状况、土壤理化性质等进行测定分析，确定古树衰退原因，提出综合恢复和修复技术方案。具体的调查方法详见5.1、5.3、5.4节。

2. 健康诊断技术流程

古树健康诊断一般按照图5-12所列举的技术流程分步实施。

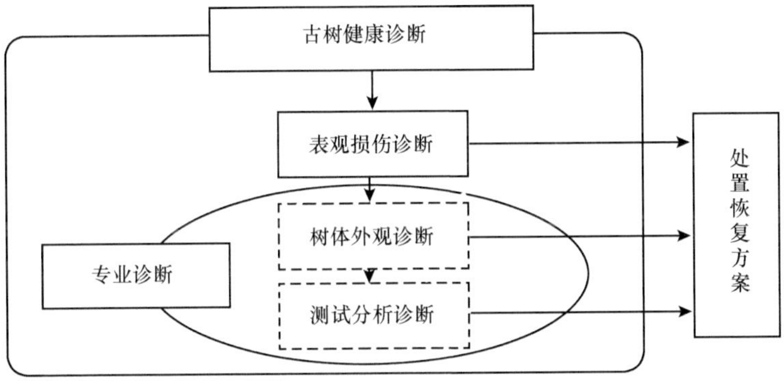

图5-12　古树健康诊断技术流程示意图

1）根据古树外观形态健康指标、生理健康指标和立地状况，进行综合诊断、评判，确定健康等级。

2）调查诊断时，除详细记录各种被害状况外，拍摄树冠投影图、位置图、立地状况平面图和侧面图、土壤剖面图、被害部位描绘及特写，还要查阅以往的诊断记录、复壮保护措施、管护情况、相关故事、特记事项等。

3）根据现场诊断和测试分析结果进行综合评定，组织专家会诊，给出指导性处理方案。

5.6.3　古树健康诊断技术要点

1. 表观损伤诊断技术要点

表观损伤诊断主要针对受自然灾害（风折、风倒、雪压或病虫害大发生）或人为影响（工程施工、采挖）等威胁或伤害的古树个体。

（1）诊断时期

如果是外力伤害，诊断应在伤害刚刚发生后进行。病虫害应在出现症状初期进行诊断。若没有明显症状，每年雨季或冬季下雪前进行常规诊断，确保古树安全度过不良季节。

（2）诊断部位及诊断指标

整体树势：树体整体是否出现倾斜、劈裂、断枝等现象。

生活力：如阔叶树，其叶的大小是否明显变小，叶密度是否明显减少，树冠顶部是否出现枯梢现象，若有枯枝现象，比较活枝上枝、叶量，是否有蚁类明显发生。

枝条和树干：主干和大型枝条是否出现空洞、腐烂和损伤，大型枝条是否出现枯死、是否存在折断脱落危险，主干与枝条分叉处是否有苔藓、是否出现菌类（蘑菇），树干是否出现树液分泌物等。

树干基部：树干基部是否存在明显的损伤、腐朽、空洞，树干基部是否产生蘑菇等腐生菌类，树干周围土壤是否有菌类（蘑菇等）存在。

周围环境及土壤：周围是否有工程施工采挖或垫土，是否有大型建筑影响，是否有硬质铺装或过度踩踏等影响。

（3）诊断判定

根据以上调查和观察的结果，详细记录并采集样品，提出初步诊断结果（表5-7），确定恢复或修复措施方案。

表5-7　古树表观损伤诊断调查表

编号：诊断单位：

树种名：	古树编号：	树龄：
胸径：	树高：	地点：
部位	生长有无异常及症状	被害状况及危害程度
主枝	□ 树皮枯死损伤、腐朽；□ 枯枝； □ 开口空洞；□ 分枝处异常； □ 病害；□ 虫害；□ 菌类（蘑菇）； □ 周边是否有建筑干扰（ ）	
主干	□ 树皮枯死损伤、腐朽；□ 树梢枯死断裂； □ 开口空洞；□ 病害；□ 虫害；□ 菌类（蘑菇）； □ 周边是否有建筑干扰（ ）	
根基部	□ 树皮枯死损伤、腐朽；□ 根系裸露； □ 开口空洞；□ 病害；□ 虫害； □ 菌类（蘑菇）；□ 周边是否有建筑干扰（ ）	
立地	□ 人为踩踏；□ 垃圾遗弃； □ 工程采挖；□ 填土、铺装； □ 树穴积水；□ 菌类（蘑菇）	
特殊事项记录：（可附图片）		
是否需要专业判断 □ 是 □ 否	是否需要采取措施 □ 是 □ 否	措施类型：

诊断人：

2. 树体外观诊断技术要点

古树的健康状况虽然受诸多内因和外因影响，但这些因素的影响强度最终会通过树体的外在形态特征表现出来，外观诊断是评价树木健康状况的最直接手段。

科学合理的诊断指标体系是古树健康诊断的最关键所在，直接关系到评价的准确程度。每个指标应尽可能描述出与古树健康有关的生长因子，应具有代表性和概括性，应易获取、判断、测量、计算，应互相独立、互相补充、环环相扣。指标体系应全面、客观、系统、平衡地反映古树的健康状况。目前，国内外树木健康评价的指标囊括立地条件、土壤状况、气象气候、生长环境、人为影响、病虫害、生长势及其关系等方面的各因子。作者实地详细踏查调研了许多古树，甄别判断了各指标的科学性、准确性、实用性和必要性，以及各指标之间的相互关系。同时，参考了众多古树专业科技人员和相关专家学者的意见建议，排除了大量间接的未针对古树形态的外部环境指标。在尊重古树自身生长规律的前提下，筛选出了可反映古树健康状况的最具代表性的10个形态指标。其中，树势代表了古树的整体状况，冠型和枝叶密度描述了古树树冠的健康程度，树皮损伤程度和树干及大枝枯损程度反映了古树主干的健康状态，树梢及枝端枯损程度和枝条生长状态概括了小枝的生长状况，叶（芽）长势和叶色描述了叶片的外在表现，通过萌芽萌蘖与枝叶量的结合说明了古树的健康状况。

根据各指标的特性，每个指标均包括0～4共5级的细致分级，并针对每一级进行直观精练的文字描述，由此构建了一套基于形态的科学完整、操作简便快捷、通俗易懂、可靠性高的古树健康诊断评价指标体系（表5-8）。

表5-8　古树健康诊断评价指标体系

诊断指标	指标等级标准					评分
	0	1	2	3	4	
树势	生长旺盛，完全没有不良状况	受到些许影响，但树势整体未受影响	树势衰弱比较明显	生长状态极差，树势衰弱非常明显	几乎枯死	
冠型	保持自然冠型	部分异常，但保持近自然冠型	出现偏冠现象，冠型略显畸形	偏冠现象严重，树冠畸形	自然冠型已不存在	
枝叶密度	枝叶繁茂，密度均衡	枝叶较为繁茂，密度略均衡	枝叶较为稀疏	枯枝多，叶量少，枝叶密度小	几乎没有枝叶	
树皮损伤程度	树皮没有损伤，颜色正常	树皮损伤不显著，仅有少量孔洞等小伤	树皮存在未愈的旧伤，整体上缺乏活力	树皮伤口明显腐朽，缺乏生机	树皮出现大面积剥落、空洞和坏死	

续表

诊断指标	指标等级标准					评分
	0	1	2	3	4	
树干及大枝枯损程度	无	很少且无大碍	枯损比较明显	枯损特别明显，有折断发生	大枝及树干上部已缺失	
树梢及枝端枯损程度	无	有一点，不太明显	比较多，有较多折断	特别多，大多已折断	几乎全部折断，无健全的树梢和主枝	
枝条生长状态	正常	略显异常，但不明显	枝条变短、变细	枝条极度缩短，节间膨大	仅有下端萌芽枝条生长	
叶（芽）长势	叶（芽）长势良好，叶（芽）量多	部分叶（芽）变小	几乎所有叶（芽）变小	所有叶（芽）显著变小，且量少	仅有少量叶（芽），且变小	
叶色	整体呈现正常绿色	可见少量异常色叶	有明显的黄色和红褐色叶	叶片大多呈淡绿色、黄色和红褐色	全是淡绿色、黄色和红褐色叶	
萌芽萌蘖	枝叶量多，无萌芽萌蘖	枝叶量多，有个别萌芽萌蘖	枝叶量少，有萌芽萌蘖	枝叶量极少，萌芽萌蘖多	枝叶量极少，无萌芽萌蘖	

根据古树的外在表现对各指标逐一进行评分，即可得到

$$S=\sum n_i \div 10 \tag{5-11}$$

式中，S代表古树健康程度得分；n_i代表各指标得分。

表5-9给出了健康状况等级和各级健康状况判定的阈值，将古树的健康状况分为健康、亚健康、衰退、极度衰退、濒临死亡，确立了以外部生长状况为依据的古树健康程度快速判断标准。该标准通过使各指标的权重尽可能保持一致，而简化了诸如层次分析法、模糊综合评价法及主成分分析法等主观性较强方法的权重评定步骤，以降低评价过程中的不确定性，也使评价过程更快速、更高效。依据本标准，将由表5-8各指标得分（n_i）计算出的古树健康程度得分（S）直接对应表5-9的分级区间，即可迅速得到该古树的健康状况。

表5-9　古树健康状况等级标准

健康等级	Ⅰ级	Ⅱ级	Ⅲ级	Ⅳ级	Ⅴ级
健康状况	健康	亚健康	衰退	极度衰退	濒临死亡
健康综合指数（CI）	CI≤0.5	0.5＜CI≤1.5	1.5＜CI≤2.5	2.5＜CI≤3.5	CI＞3.5

3. 测试分析诊断技术要点

采用与同种健康树生理指标偏差值的百分比来评级，即首先对所诊断树种的同种健康树木进行同期测量，将健康指标同期值作为标准值，然后将测定数值与健康指标进行同期对照，根据差值进行分级，为了便于统计分析，建议所有的指标根据其反映的健康程度分为5级。主要指标及其分级标准如下。

（1）叶绿素含量测量与分级

Ⅰ级：测定指标值与同种健康树指标值相同，或低于标准值5%。

Ⅱ级：测定指标值低于同种健康树指标值5～15%。

Ⅲ级：测定指标值低于同种健康树指标值15%～25%。

Ⅳ级：测定指标值低于同种健康树指标值25%～35%。

Ⅴ级：测定指标值低于同种健康树指标值35%以上。

（2）丙二醛（MDA）含量测量与分级

Ⅰ级：测定指标值与同种健康树指标值相同，或高于标准值10%以内。

Ⅱ级：测定指标值高于同种健康树指标值10%～25%。

Ⅲ级：测定指标值高于同种健康树指标值25%～35%。

Ⅳ级：测定指标值高于同种健康树指标值35%～55%。

Ⅴ级：测定指标值高于同种健康树指标值55%以上。

（3）过氧化物歧化酶（SOD）含量测定与分级

Ⅰ级：测定指标值与同种健康树指标值相同，或低于标准值5%以内。

Ⅱ级：测定指标值低于同种健康树指标值5%～10%。

Ⅲ级：测定指标值低于同种健康树指标值10%～20%。

Ⅳ级：测定指标值低于同种健康树指标值20%～30%。

Ⅴ级：测定指标值低于同种健康树指标值30%以上。

（4）可溶性蛋白含量测定与分级

Ⅰ级：测定指标值与同种健康树指标值相同，或低于标准值5%以内。

Ⅱ级：测定指标值低于同种健康树指标值5%～15%。

Ⅲ级：测定指标值低于同种健康树指标值15%～30%。

Ⅳ级：测定指标值低于同种健康树指标值30%～45%。

Ⅴ级：测定指标值低于同种健康树指标值45%以上。

（5）可溶性糖含量测定与分级

Ⅰ级：测定指标值与同种健康树指标值相同，或低于标准值0.5%以内。

Ⅱ级：测定指标值低于同种健康树指标值0.5%～3.5%。

Ⅲ级：测定指标值低于同种健康树指标值3.5%～5.5%。

Ⅳ级：测定指标值低于同种健康树指标值3.5%～7.5%。

Ⅴ级：测定指标值低于同种健康树指标值7.5%以上。

4. 生境健康指标的诊断与分级

同样，根据古树健康状况与土壤紧实度、土壤水分和肥力状况的关系，将测定数值进行差值分级，为了便于统计分析，建议所有的指标根据其反映的健康程度分为5级。

（1）生长空间状况分级

主要指建筑、邻树和其他阻挡物对古树名木生长的空间压迫。根据古树名木生长空间受压迫程度划分级别。

Ⅰ级：生长空间充足，无压迫。

Ⅱ级：生长空间已受到周围建筑、邻树和其他阻挡物的限制，生长空间不足。

Ⅲ级：生长空间已受到周围建筑、邻树和其他阻挡物的压迫，生长出现衰退。

Ⅳ级：生长空间已受到周围建筑、邻树和其他阻挡物的严重压迫，生长极度衰退。

Ⅴ级：生长空间已受到周围建筑、邻树和其他阻挡物的极严重压迫，生长难以维系。

（2）土壤透气性分级

主要是通过测量土壤容重和孔隙度来进行分级。土壤容重是指自然状况下单位体积土壤的重量，土壤孔隙度是指土壤中除固相部分以外部分所占的容积空间，二者一起组成了表征土壤松紧状况和透气性的指标。

Ⅰ级：土壤容重小于等于0.75g/cm^3。

Ⅱ级：土壤容重为0.75～1.00g/cm^3。

Ⅲ级：土壤容重为1.00～1.20g/cm^3。

Ⅳ级：土壤容重为1.20～1.30g/cm^3。

Ⅴ级：土壤容重大于等于1.30g/cm^3。

（3）土壤保水能力分级

土壤含水量反映的是土壤现时的水分状况，是一个变化值；而田间持水量能反映在降水或灌溉完成入渗后，通过结构储水土壤保留水分的能力，是一个定值。本标准通过测定土壤田间持水量对土壤保水能力进行分级。

Ⅰ级：土壤田间持水量为15%～20%。

Ⅱ级：土壤田间持水量为10%～15%和20%～22.5%。

Ⅲ级：土壤田间持水量为7.5%～10%和22.5%～25%。

Ⅳ级：土壤田间持水量为5%～7.5%和25%～30%。

Ⅴ级：土壤田间持水量小于等于5%和大于等于30%。

（4）土壤养分分级

土壤养分主要包括有机质和矿质元素。本标准按照土壤有机质含量和氮、磷、钾三种元素含量对土壤养分进行分级。

Ⅰ级：土壤有机质含量≥85g/kg，全氮含量≥4.0g/kg，碱解氮含量≥335mg/kg，全磷含量≥0.95g/kg，速效钾含量≥428mg/kg。

Ⅱ级：土壤有机质含量为65～85g/kg，全氮含量为3.1～4.0g/kg，碱解氮含量为245～335mg/kg，全磷含量为0.75～0.95g/kg，速效钾含量为299～428mg/kg。

Ⅲ级：土壤有机质含量为45～65g/kg，全氮含量为2.2～3.1g/kg，碱解氮含量为155～245mg/kg，全磷含量为0.50～0.75g/kg，速效钾含量为160～299mg/kg。

Ⅳ级：土壤有机质含量为25～45g/kg，全氮含量为1.2～2.2g/kg，碱解氮含量为65～155mg/kg，全磷含量为0.25～0.50g/kg，速效钾含量为40～160mg/kg。

Ⅴ级：土壤有机质含量≤25g/kg，全氮含量≤1.2g/kg，碱解氮含量≤65mg/kg，全磷含量≤0.25g/kg，速效钾含量≤40mg/kg。

5.6.4　古树健康综合判定

根据外观形态指标、生理健康指标、生境健康指标的测定结果和评判分级结果，依据指标等级得分和权重值计算出健康综合指数，进一步将古树划分为5个健康等级：健康、亚健康、衰退、极度衰退、濒临死亡。

1. 评价指标

表5-10详细列出了外观形态指标、生理健康指标和生境健康指标及其测定因子。

表5-10　古树健康指标分级表

一级指标	二级指标	说明
外观形态指标	新梢萌发量 枯枝腐枝量 顶梢枯死量	此三项反映枝条生长情况
	叶密度 叶色叶斑 叶片大小及变形	此三项反映叶片生长情况
	枝叶病虫害 寄生危害	此两项反映枝叶危害情况
	树干孔洞 干基腐朽及损伤 树干病虫害	此三项反映树干健康状况
	根部裸露、损伤等	反映根部受损程度

续表

一级指标	二级指标	说明
生理健康指标	叶绿素含量	能反映光合能力
	丙二醛（MDA）含量	能反映树木的衰老程度
	过氧化物歧化酶（SOD）含量 可溶性蛋白含量 可溶性糖含量	此三项反映树木的抗逆性能
生境健康指标	生长空间环境	反映地上部分环境状况
	土壤透气性 土壤保水性 土壤养分	此三项反映土壤环境状况

2. 单项指标计分及权重确定

（1）单项指标计分

古树健康评价指标的每个二级指标分为5级，计分按照内插法求得，具体得分范围如表5-11所示。

表5-11　二级指标得分范围

项目	Ⅰ级	Ⅱ级	Ⅲ级	Ⅳ级	Ⅴ级
得分（A）	$A \leqslant 1$	$1 < A \leqslant 2$	$2 < A \leqslant 3$	$3 < A \leqslant 4$	$A > 4$

（2）指标权重值（K）

在古树健康评价中，对一级指标及二级指标分别赋予权重值，各项指标权重赋值如表5-12所示。

表5-12　古树健康评价指标权重值

一级指标	权重	二级指标	权重	总权重
外观形态指标	0.45	新梢萌发量	0.078	0.0351
		枯枝腐枝量	0.102	0.0459
		顶梢枯死量	0.180	0.0810
		着叶量	0.062	0.0279
		叶色叶斑	0.107	0.0482
		叶片大小及变形	0.035	0.0157
		枝叶病虫害	0.046	0.0207
		寄生危害	0.023	0.0104
		树干孔洞	0.102	0.0459
		干基腐朽及损伤	0.181	0.0815
		树干病虫害	0.047	0.0211
		根部裸露、损伤等	0.037	0.0166

续表

一级指标	权重	二级指标	权重	总权重
生理健康指标	0.25	叶绿素含量	0.285	0.0713
		丙二醛（MDA）含量	0.250	0.0625
		超氧化物歧化酶（SOD）含量	0.155	0.0388
		可溶性蛋白含量	0.155	0.0387
		可溶性糖含量	0.155	0.0387
生境健康指标	0.30	生长空间环境	0.228	0.0684
		土壤透气性	0.312	0.0936
		土壤保水性	0.281	0.0843
		土壤养分	0.179	0.0537

3. 健康综合指数

计算公式：

$$CI=\sum_{i=1}^{N}(A_i \times K_i) \tag{5-12}$$

式中，CI代表古树健康综合指数；A_i代表第i个二级指数所对应的得分；K_i代表第i个二级指数所对应的总权重。

5.6.5　健康等级评价

对各指标对比分析，判定古树的健康程度，研究古树衰弱原因，并得出古树正常生长情况下各指标的范围以及古树处于健康、亚健康、衰退、极度衰退、濒临死亡状态时各指标的临界值。根据实测结果，分析指标的灵敏性和可利用性，对指标进行筛选，剔除不灵敏指标和平行指标，修正古树健康评价指标体系，生成针对各研究地的古树健康诊断判别模型。

根据健康综合指数计算结果，可将古树健康状态分为5个等级（表5-13）。

表5-13　古树健康状态分级及相关信息

健康综合指数	健康状况	健康状态特征综合描述
CI≤0.5	健康	树体生长健壮，生长势强，无明显健康危害表征
0.5＜CI≤1.5	亚健康	树体生长势减弱，有个别可见性危害表征
1.5＜CI≤2.5	衰退	树体危害严重，生长表现出衰退迹象，但有恢复正常的趋势
2.5＜CI≤3.5	极度衰退	树体危害极为严重，生长表现为极度衰退，树体恢复正常困难
CI＞3.5	濒临死亡	树体生存受到严重威胁，濒临死亡

第6章　古树稳固性评估及加固技术

古树是人们生活、游憩或工作环境中重要的组成部分和景观要素，然而随着古树的衰老、病虫害入侵等，加之管理措施缺位以及极端气候、恶劣天气的影响，古树发生损伤、风折、风倒，造成“古树袭击人”等伤害事故时有发生，不仅造成人员和财产的损失，而且危及公共安全。因此，在古树的健康管理中加强古树稳固性评估十分重要。

古树稳固性评估必须考虑三大因素：一是古树树体本身的稳固性，也就是树体本身发生破坏、倾倒、折断的潜势，所谓潜势是指树木或一部分树体在一定的期限内发生断裂或倾倒的可能性；二是生境胁迫或干扰等诱发因素，古树周边的工程建设（道路、建筑等）、树干周围的开挖填埋、污水的排放、极端灾害天气条件（大风、暴雨、雷电、冰雪等）均为破坏树体稳固性的诱发因素；三是损害或受伤的目标物，即古树的稳固性风险，一方面是古树自身的伤害或伤损，另一方面是古树的倾倒或断枝掉落可能伤害周围的民众及财产，造成连带效应。所以在稳固性评估过程中，必须考虑是否存在目标物，为及时清理、移除和警示预警提供依据。

6.1　影响古树稳固性的因素

古树保护的目的是确保古树健康生长，古树健康的首要标志是古树的树体稳固。然而因自身衰老或生物力学特性变化，加之日常健康管理不到位，古树受损倾倒而对周边人、车辆、建筑或其他公共财产造成一定威胁或伤害（图6-1）。科学防范、减缓古树稳固性风险问题，首先需要及时掌握影响古树稳固性的因素（表6-1）。

图6-1　古树倾倒对周围的伤害

表6-1　影响古树稳固性的主要因素

稳固性要素		造成古树破坏的主要因素	促进古树破坏的原因
树体结构	树干	树干倾斜 树形不良（活冠层比例较低） 树干腐朽（空洞） 树干分叉	重心失衡 树冠过重，风雪干扰 树干应力减弱 树冠结构偏移
	枝条	枝梢、树梢体积过大、过重 枝条腐朽、枯损 枝条断裂悬吊	树形不良，重心失衡，风雨摧残 应力减弱，风雨摧残 外力荷载，风雨雪扰动
	根系	根系裸露 部分根系切除 根腐及疾病 根部缠绕盘结	根系分布浅 支撑根失衡，暴露于空气中 树干倾斜，地上部分和地下部分失衡 树冠不对称
生境	地形	坡面 陡坎	
	土壤	土壤过度潮湿 土壤板结 土壤盐渍化	根系浅、易腐烂 影响根系分布、土壤通气性 根系受损
干扰	风	强风	
	雨（雪）	大雨、暴雪	
	雷电	雷击	
管理	疏于管理	没有及时采取措施排除风险	
	过度管理	破坏了树体结构或生境	不恰当的空腐填充

6.1.1　树体结构失衡

导致树体结构失衡的因素很多，主要有树干严重倾斜、树体畸形分枝、树冠过于庞大和树冠畸形等。

1. 树干严重倾斜

树干严重倾斜会造成树体结构失衡，极容易在极端天气条件，如大风、雷雨，或干扰下发生古树倒伏、折断等伤害，不仅危及古树本身，还可能对周围人群或财产造成损害和伤害，属主要风险因素。

2. 树体畸形分枝

图6-2 “V”形分叉和等势茎树体结构

对于分枝高度较低的古树（分枝高度小于1.5m），或形成等势茎和“V”形树杈的树体结构（图6-2），由于树冠上部的挤压和枝叶间的竞争，分叉后的树干呈明显的反向倾斜，随着古树的衰老，分叉部位会形成裂痕或发生腐朽，另外等势茎上的树体重心偏斜，很容易造成树干劈裂或折断，属于风险因素。

3. 树冠过于庞大

树冠过于庞大往往是导致树体稳固性降低的主要因素。可以采用冠径比，也就是树冠直径与胸径的比值来衡量树冠大小。大量的研究表明，当冠径比大于40，树体处于危险状态，小的干扰也可能引起树体发生倾斜倒伏或树干折断等危害。当然，不同树种由于其根系类型不同而有所差异。

4. 树冠畸形

生长在建筑物周围的古树，由于生长空间的限制或受其他因素的影响，往往树冠出现明显的偏斜，形成畸形树冠（如旗形树冠等），使树体整体的力学结构产生偏移。随着古树的不断衰老，偏斜的枝条细弱，树冠顶部枝条枯死、腐朽断裂，承重能力下降，易断折，遇恶劣天气，在风力推动作用下，古树稳固性潜在风险增加，属于潜在的风险因素。

6.1.2 枝干和根系受损

大枝枯死、树干空腐和根系受损也会影响古树稳固性。

1. 大枝枯死

古树的大枝出现蛀干害虫为害、腐朽、空洞、枯死，或者是雪压、风折引起枝条折断、悬吊、劈裂等（图6-3），是导致古树稳固性存在一定潜在风险的因素。

2. 树干空腐

在树干和树干基部等部位出现腐坏、裂缝、裂隙等，并伴随有真菌子实体的出现等情况下，古树树干的机械支撑能力会显著下降，树干结构的稳固性降低，在外界干扰和遇灾害气候时容易发生倒伏等，构成潜在风险（图6-4）。

3. 根系受损

工程建设等开挖土方，严重切割或损害古树主根系或1级侧根、2级侧根，破坏古树根系固持土壤、支撑树体的作用，导致树体倾斜甚至倒伏等，是导致古树稳固性存在潜在风险的因素。

图6-3　枝条枯死和悬吊折断特征

图6-4　树干空洞和树干腐烂特征

古树根系由于生长或土壤通气不良会出现暴露或突出于地表的现象，导致树体周围地面不平坦或树根突起，易导致人被绊倒或摔倒，尤其是视力较弱或灵活性欠佳的人群，也属于古树潜在的危险。另外，某些特定树种的古树，可能会分泌或挥发某类化学物质，对人和动物有毒害作用，或引发过敏反应，以及某些古树树体存在木刺、皮刺，如皂荚树等，也是一种潜在危险。

6.1.3　日常管护不善

除了古树自身原因，日常管护不善也是影响古树稳固性的重要因子。

1. 疏于日常管理

由于对古树归属或古树价值等认识不清，没有将古树纳入古树名木健康管理系统，因此对古树稳固性风险缺乏日常监督，对于已发生的风险问题视而不见、置之不理，未能及时采取有效的补救措施。

2. 缺乏专业管护人员

古树管理者，如风景名胜区工作人员、公园管理人员等，专业技能缺乏或不成熟，日常工作中疏于对责任管辖下古树基础性的检查，恶劣天气前后未严格执行古树安全排查，或是工作态度不严谨，造成技术失误或对古树进行不恰当的修剪和断根处理，导致古树在生长过程中形成新的稳固性风险。

3. 各种干扰因素

自然干扰主要有强风、暴雨和积雪等，是诱发树体结构失衡，发生倒伏、断枝等树干损害的主要因素。人为干扰主要包括各种工程建设及人为景观改造、游人踩踏等，是古树发生直接、间接伤害的主要诱导因素。

6.2 古树稳固性评估

古树稳固性评估是古树风险管理的重要环节，是针对部分或全部树体发生掉落或倾倒造成损害或伤害的可能性进行评估的过程。其目的就是维护古树的健康及活力，确保公共安全，减弱或消除由古树损害、倾倒所造成的相关财产损失和生命伤害危险。古树稳固性检查、监测及评估需遵循一定的准则和标准，对古树的稳固性进行等级评估，防患于未然，要求评估结果可以达到警告或预防效果。

6.2.1 古树稳固性评估程序

古树稳固性评估是对古树树体结构、生境胁迫和干扰因素及其强度、频次等进行确认及评估，确定古树树体稳固性是否存在风险及风险等级的过程。依据英国哥伦比亚野生树木委员会（Wildlife Tree Committee of British Columbia）提出的高风险树木评估程序，结合影响古树稳固性的主因、诱因条件，提出古树稳固性评估程序（图6-5）。

1. 树体结构风险评估

树体结构风险评估是指对树体结构，包括主干、枝条、树冠、根系等器官的空间结构、损伤程度及缺陷进行检测评估的过程。常采用目测树木检测法，通过对古树的树体构造、树体结构、根部特性、枯损状况、腐朽程度及其他缺陷等进行调查观测，确定树体缺陷的破坏可能性等级。在进行调查及破坏可能性等级确定过程中，重点考虑以下因素：树干是否倾斜及倾斜角度、树干分叉状况、树干损伤状况（伤痕部位、程度）、根部状况、树干基部腐朽程度、树皮损伤、是否出现枯梢和大的枯死枝等。

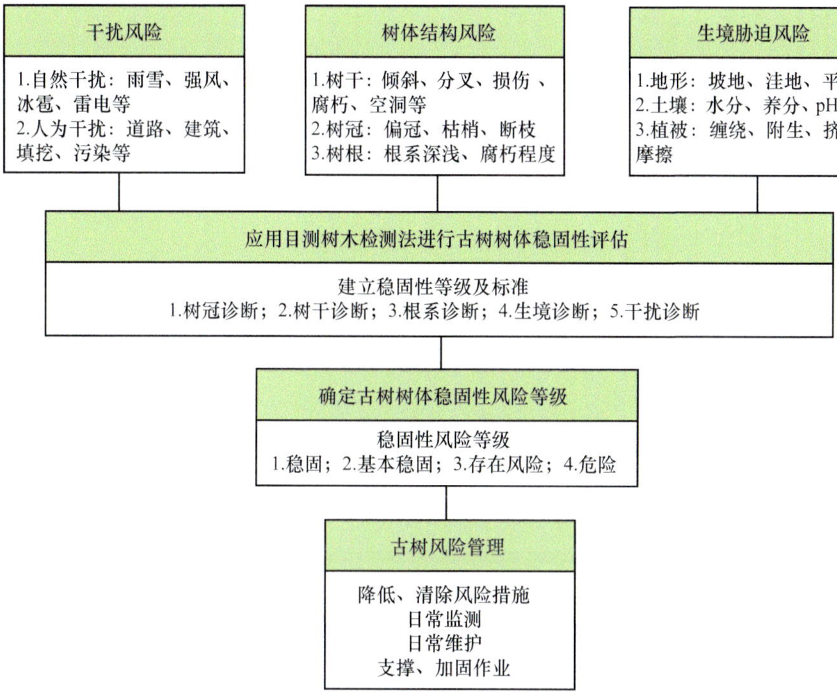

图6-5　古树稳固性评估程序

2. 生境胁迫评估

评估一切与古树生长密切相关的地形因素、土壤因素及植被因素，如地形类型（山地、平地、低洼地）、坡位、坡度、坡向，土壤水分、养分及pH等，以及古树周围的林分状况、植被特征及彼此影响（如缠绕、附生、寄生、化感、挤压等）。确定影响因素及其影响强度，评估稳固性风险等级（表6-2）。

表6-2　稳固性风险等级标准

风险评估指标	风险等级			
	1（稳固）	2（基本稳固）	3（存在风险）	4（危险）
地形（坡度）	缓坡、平地	山地斜坡（5°～15°）	山地陡坡（15°～35°）、低洼地	陡坎和季节性积水洼地
土壤	pH 6.0～7.0	pH 5.5～5.9；pH 7.1～7.5	pH 5.0～5.4；pH 7.5～7.9	pH＜5.0；pH＞8.0
周围构筑物	无人工构筑物	构筑物在冠幅外围	构筑物和冠幅发生摩擦	构筑物到树体距离小于1m
植被特征	不存在竞争、挤压、缠绕等现象	存在冠幅重叠，但重叠率小于10%	树冠明显重叠、挤压，树干、树枝存在附生现象	存在明显藤本植物缠绕或树体挤压
土壤容重	＜0.75g/cm^3	0.76～1.00g/cm^3	1.10～1.30g/cm^3	＞1.30g/cm^3

3. 干扰风险评估

干扰是诱发古树受损和发生倾倒的主要因素。暴风雨雪（强风、大雪）等诱发古树发生稳固性倾倒破坏的作用已经得到确认。暴风伴随着降水（或降雪）往往造成古树整体结构安全性失衡，当古树的其他结构性因素或缺陷越多越严重时，树体发生倾倒破坏的概率就越大。古树的树冠一般很大，如土壤排水不良、根系分布较浅，很容易发生风倒、风折。另外，开挖、填埋也容易破坏根系的稳固性，使古树发生倾倒破坏。

不同于森林树木，古树名木大多孤立存在，生长在建筑物、道路或其他公共场所，很容易受到风、雪作用的影响发生倾倒损坏。所以，对古树生长地的气候、土壤、地形进行了解，对于古树稳固性评估非常重要。包括一般气候因子及季节性的降水模式、土壤排水状况、当地树木可能破坏模式、古树根部伤害及地力劣化状况、公共工程、道路铺装、人为踩踏以及构筑物对古树生长空间的影响等。

古树和建筑物或其他构筑物由于长期互作而形成协调的关系，突然空间的开放和暴露后容易受到风的影响而倒伏。即使初期古树没有发生倾倒破坏，但空间开放后古树会朝着开放的空间生长，造成树木侧向生长旺盛而出现树冠不平衡的状况。因此，古树生长空间出现突然开放需要特别注意。

分析确定古树树干周围地面或树体受到的干扰类型及程度，包括古树管护过程中的维护作业及环境破坏，列入古树的修枝强度是否适当，围栏建造过程是否破坏了古树的根系等，这些均能间接造成古树稳固性风险。另外，需要确定风景名胜区、公园等古树名木集中分布区是否存在游人干扰，以及其干扰强度是否对古树造成伤害等。

各种干扰因素中对古树稳固性影响最为严重，或诱发古树伤损、倒伏甚至死亡的主要干扰因素是，各种工程建设过程对古树树体、生境的破坏或损伤，以及暴雨、强风、雨雪、冰雹、雷电等自然干扰，需要确定其发生频率、强度及其诱发的损伤潜势（可能性）。

4. 古树树体稳固性确定

按照古树树体结构风险、生境胁迫风险、干扰风险等确定古树的稳固性等级。一般将古树稳固性风险划分为稳固、基本稳固、存在风险、危险4个等级（表6-3），并根据风险等级制定出降低或消除风险的措施，增强古树的稳固性，确保古树健康，达到预防胜于治疗的保护效果。

表6-3　树体稳固性风险等级标准

树体稳固性评估指标	树体稳固性风险等级			
	1（稳固）	2（基本稳固）	3（存在风险）	4（危险）
树干倾斜程度	树干直立	树干直立，但树冠稍有偏斜	树干稍微倾斜，并有明显偏冠	树干倾斜、倒伏或树冠畸形
树干是否空腐	无	树干心腐初期	心腐比例低于断面面积的30%	心腐比例大于30%，并出现空洞
树干是否伤损	无	仅仅树皮损伤	树干木质部出现损伤	损伤部位长度大于树干周长的30%
枝条是否枯死折断	无	出现少量枯梢（枯梢比例小于10%）	出现枝条枯死（枯梢比例11%～30%）	枯梢比例稍大于30%，且出现悬挂枯枝或断裂
粗大枝条是否空腐	无	部分树皮腐烂	枝条木质部腐烂	枝条出现腐烂空洞
根部是否开挖填埋	无	仅有少量填埋	出现开挖，但没有伤及主根系	填埋开挖损伤主根系

5. 古树的维护作业

古树的日常管理和维护作业，对于消除古树稳固性风险至关重要。但受到技术和作业手段的影响，古树存在的部分缺陷是由不当的维护管理造成的。要求日常管理和维护作业过程中加以注意，确保根系健全，树形结构稳固；采用适时适当的修剪作业和维护管理；及时清除枯死断枝，在作业操作过程中避免不适当的修剪作业，否则容易发生衰弱枝条的联结、撕裂破坏等。另外，在干旱时期不正确地灌溉也会促使根部及树干发生疾病及腐朽，最终造成古树出现稳固性风险，使树体倾倒损坏。

6.2.2　古树稳固性评估因子

1. 树体稳固性因子

针对古树树体结构构成的空间特征、受损情况或各器官构架缺陷等评价树体结构的稳固性，也就是重点对古树的树体结构、树形，枝干、根的受损或断裂情况以及腐朽状况进行逐项评估诊断。根据国内外的生产实践，在进行树木稳固性评估时应重点考虑以下树体稳固性因子。

（1）树冠

树体上有没有粗大的枯死枝条；有没有枯枝折断掉落；有没有丛生枝条从树干的同一位置长出；树叶有没有突然出现非节律性变色，以及变色叶片的比例；树体上有没有不连接的枝条分叉；树体有没有被截顶、强度修枝、不当修枝。

（2）树干

树干有没有倾斜；树干或粗大枝条有没有空洞或腐朽；树干有没有爆裂或撕裂，或有没有枝条附生或攀爬；树干基部有没有真菌子实体。

（3）树根

铺装地面、修建人行道、挖沟有没有造成树根被切断、受伤、腐朽或损害。

2. 干扰诱发因子

（1）生境

光环境（应在以树高为半径的范围内按北到南、西到东走向做日照评估），土体介质体积相对树冠的评估（根系分布空间和冠幅大小），土体介质状况（土壤水分、养分状况及pH），树体周围环境压迫（生物与非生物），树体地面下是否存在水沟、管线，是否存在环境污染物，土壤基部排水状况，人为干扰，地面是否硬化铺装，根穴大小及透水排水状况，工程建设是否对树木产生伤害或损坏，是否存在游人践踏。

（2）自然干扰

指对古树名木造成干扰的自然因素（主要是极端天气状况），如大风（风向、风力及风频）、暴雨（雨量、雨强及频次）、雪灾（降雪量、时间段）、雷电和冰雹。

3. 目标因子

1）构筑物：建筑、桥梁、围墙、亭舍等。

2）财产/财务：汽车、摩托车、自行车等。

3）人员：行人、游人、工作人员等。

6.2.3 古树稳固性评估标准

影响古树稳固性的因素很多，如树体的损伤或缺陷、古树的位置、腐朽的发生范围和程度、树冠的大小、树木的暴露程度、干扰的程度等。依据因子进行古树稳固性评估很难制定一个统一的标准。实际工作中，应该结合当地古树保护实践和存在的主要问题以及古树健康管理、日常修剪维护和病虫害防治综合施策，降低风险，促进古树健康生长（表6-4）。

表6-4　古树主要危险性缺陷及判断依据

古树危险性缺陷	特征项目
枝干腐朽	□真菌子实体□空洞□中空□穴□内卷裂□开放式爆裂□木材肿胀□其他
枝干破裂	□衰弱枝条的劈裂□修枝处理造成□风力 □垂直的破裂□剪切式破裂□内卷式破裂□肋骨式破裂□水平破裂 □缝线
根部问题	□损害根部□死根部□缺根部□破裂根部□腐朽根部□倾斜根部 □真菌子实体□接近树干的根部破裂□环绕根部□其他 □不适当的根部锚状支撑（面积大小） □树冠衰退或枝叶枯萎现象 □树木新的倾斜或不正常倾斜 □树冠衰退或枝叶枯萎现象 □土壤小隆起□土壤破裂□根部翘起
衰弱枝条的连接	□分叉树干或枝条□有徒长枝条□枝条连接处卷入树皮 □其他
溃疡	□溃疡□真菌□昆虫□微生物□机械损害□其他
不良树体结构	□倾斜树干或枝条□树干上有引张及弯曲褶皱现象 □有徒长枝的树木□树冠重心偏一侧□其他
枯死枝干	□枯死顶梢□枯死枝条□古树濒死

1. 树体倾斜

古树大多生长在名寺古刹等风景名胜区或公园，往往受到建筑或其他古树的影响。对于大多数古树，其树体或多或少存在一定倾斜现象，这是因为树木具有趋光性，所以形成偏冠或发生自然倾斜，也可能是由于长期受到风的影响发生树冠畸形、树干倾斜。古树树体倾斜是其稳固性受到破坏的最初征兆，是否会发生倾倒、断裂，还需要进一步观测调查树体结构缺陷及其他征兆。

（1）树干基部

由于树干倾斜，观察树干基部压缩或拉伸一侧树皮或木材纤维是否出现压缩或拉伸裂痕，特别要注意裂痕的位置和大小。

（2）古树根部

观察是否存在断裂现象。根系是稳固树体的主要器官，即使是较小的根系，由于牵引拉伸的张力作用，形成的锚定支持力足以稳固树干，使树体处于稳定状态。

（3）根基地面

根基处土壤如出现裂缝、地面隆起、空鼓、根盘开裂等现象，表明树干倾斜在不断加剧，存在风险。

2. 树干分叉及枝条连接

在树体稳固性评估过程中，古树树干是否分叉，分叉点的高低，是否为等势茎，以及枝条分叉连接方式和枝条的排列方式均是重要的评估指标。一般来说，“U”形分叉树体相对来说比较稳固，而“V”形分叉树体在雨雪、大风等外力作用下容易劈裂、折断，且分叉角度越大相对来说稳固性越差。“V”形分叉树干（枝条）连接处内含树皮，也就是说不会形成连续的组合连接，可能会导致树木倾倒破坏。

枝条相对树干的大小也影响树体的稳固性，枝条比树干直径小（仅相当于树干直径一半左右时），树体结构较为稳定，而枝条和主干直径大小相似时，结构不稳定。也就是说，树干不能生长出与树干同样大小的枝条。几个比较大的分枝枝条在同一树高附近位置的树干容易发生倾倒破坏。此外，当这些支架式枝条的重量和力量很大时，与所有枝条连接也需要很大的强度支持，当树木越老，展开的枝条会越来越长而粗，此时，所有枝条的连接也需要增加应力去达到平衡。总的来说，单干树比分叉树强度大，稳固性好。“V”形等势茎分叉稳固性相对较差。

3. 树体损伤及缺陷

木质部存在腐朽或缺失是古树存在的主要缺陷，影响树体的稳固性。常常表现出真菌子实体出现、空洞、穴、开放式破裂、木材肿胀等现象（图6-6）。

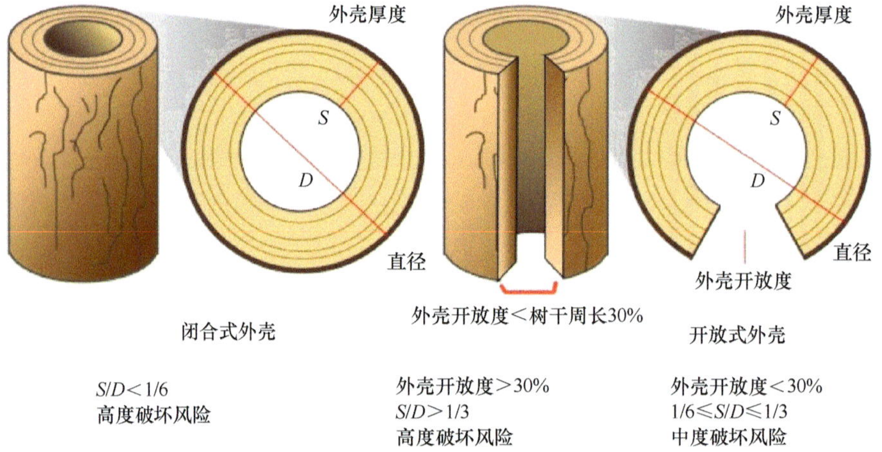

图6-6　开放式和闭合式外壳判断破坏风险标准

存在中度破坏风险的古树表现为：腐朽区域占树干、枝条、树根基部外壳厚度的25%～40%；或者健全木材的外壳厚度占树干直径的1/6～1/3，外壳开放度小于30%。

存在高度破坏风险的古树表现为：腐朽区域占树干、枝条、树根基部外壳厚度的比例大于40%；或者健全木材的外壳厚度占树干直径的比例小于1/6；或者树干有腐朽且外壳开放度大于30%，健全木材的外壳厚度占树干直径的比例大于1/3。粗大的枝条有腐朽时，古树存在较高风险。

（1）破裂

破裂指分离的木材组织开裂并从树皮进入木材部位。中度破裂风险表现为树干存在单一破裂或腐朽。高度破裂风险表现为树干劈裂成两半；树干分段有多个劈裂及腐朽；枝条有破裂（图6-7）。

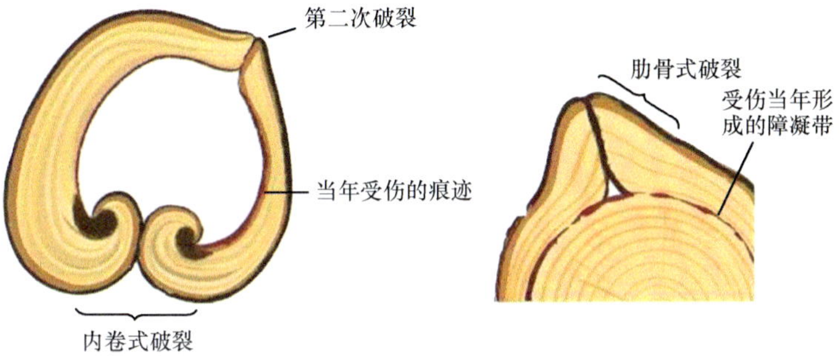

图6-7　内卷式、肋骨式破裂现象

（2）根部问题

根部问题是指不适当的锚状支持根部系统、损坏的根部和缠绕的根部。中度破坏风险表现为树根区域的关键根部半径有不超过40%的根出现损坏、腐朽、切断、死亡。高度破坏风险表现为树干倾斜且靠近树干基部的根部翘起，出现土壤移动、土壤隆起等现象；树根区域的关键根部半径有不小于40%的根出现损坏、腐朽、切断、死亡；缠绕的根部占树根的比例不小于40%。

（3）衰弱的枝干连接

衰弱的枝干连接指有徒长枝条、枝条连接处卷入树皮。中度破坏风险表现为枝条连接处卷入树皮。高度破坏风险表现为衰弱枝干的连接处有破裂、溃疡、腐朽等；粗大的徒长枝条出现腐朽（图6-8）。

图6-8　卷入树皮和缝线现象

（4）溃疡

溃疡指树皮及形成层已死亡的区域。中度破坏风险表现为溃疡或溃疡加腐朽区域占树干、枝条、根基部横断面的25%～40%。高度破坏风险表现为溃疡或溃疡加腐朽区域占树干、枝条、根基部横断面比例不小于40%。

（5）不良树体结构

不良树体结构指不平衡的结构或枝条、树干、树木出现衰弱现象。中度破坏风险表现为枝条有很大的弯曲或扭曲，粗大且水平生长的枝条上有数个垂直的小枝条着生。高度破坏风险表现为树干有很大的倾斜，倾斜角度大于30°～40°；倾斜树干的上部有破裂现象；倾斜树干较低部位有溃疡或腐朽现象；倾斜弯曲的树干上部有水平破裂，弯曲树干下方有隆起的树皮。

（6）濒死树

濒死树指古树树干、主要枝条枯损濒临死亡，表现为枯梢、断梢、断枝等。

6.2.4 古树稳固性风险评估

所谓古树稳固性风险评估，就是综合考虑树体稳固性因素、干扰诱发因素以及目标因素，按照相应的权重来评价的过程。风险评估是古树稳固性评估的重要组成部分，其目标是及时了解和处理各种潜在的风险因素，确保古树健康、安全。

1. 破坏可能性

根据树体结构、腐朽程度、树冠结构已经暴露的特征、地形特征及天气状况等，将古树倾倒破坏的可能性划分为低度、中度、高度和极高4个等级。

2. 缺陷部位大小

树体缺陷部位的大小不仅可反映出树体本身受害的程度及其对生长的影响强度，而且从侧面反映出其对周围目标的损坏程度。可按照缺陷部位的直径大小将风险等级划分为4级：低度（直径＜150mm）、中度（150mm＜直径＜450mm）、高度（451mm＜直径＜750mm）和极高（直径＞750mm）。

3. 风险等级

按照树木伤害到目标（人、设施和财产）的机会大小，风险等级划分为偶尔、定期、时常和经常4个等级。

$$综合风险等级=破坏可能性+缺陷部位大小+目标等级 \quad (6\text{-}1)$$

各个等级分值由低往高分别为1、2、3、4，综合风险等级最大值为12，表示风险极高，损失极大。在日常的古树保护实践中，应该根据本地区树体因素和诱导因素等出现的频次确定合理的权重，这样进行的加权计算更为科学。

6.3 古树风险管理策略

古树的风险管理是将一株树的风险管理计划纳入到整体古树名木保护体系，所以在制定管理方案、作业计划和管护措施时，应该充分整合与共享、协调融合各种手段，通过“稳固树体结构”、“消除干扰风险”、“改善生境质量”、“预防治疗结合”，从而降低古树存在的潜在风险，改善树体稳固性结构，促进古树健康生长。

6.3.1 改善古树生境质量

排除场地干扰因素、修复古树生境是消除逆境干扰、确保古树健康生长的基础。古树大多生存在名胜古迹和自然风景区，各种基本工程建设项目较多，人为干扰较多，如在根系分布的范围内开展挖掘或填埋夯压等，会对古树的生长场地产生直接的干扰或破坏，可能令古树的根系或树干基部受到伤损。古树如有各种伤口，会发生腐烂，亦容易受到各种病原体入侵，影响古树的健康和树体结构的稳定，导致古树倒伏或断枝，对财产或人身造成伤害。由此可见，减少或排除古树生长发育场地的干扰，或通过科学的技术措施减缓各种干扰对古树的损害程度，是古树风险管理的基本要略。

6.3.2 降低树木危险

这里的“危险”是指立即倾倒的风险。“危险”的古树被定义为有结构性缺陷，树体或树体的一部分可能发生损坏，生长明显受到影响且可能造成财产和人身伤害的古树。正如6.2节所论述的那样，古树的危险等级与树体稳固性因子、干扰诱发因子以及损害或受损目标因子等均密切相关，其中树体结构损伤或缺陷是主因，消除或降低古树的危险，必须强化日常管护，其中修剪作业是一项重要的手段，使用缆线、支柱、支撑物加固也是一种重要的方法。表6-5列出了不同树木的危险类型以及降低树木危险的管护处理方式。

表6-5 降低树木危险的管护处理方式

危险	管护处理方式
树干或根部腐朽	适当修枝、防腐加固、支撑固定
枝条腐朽	适当修枝
水平枝条有大而重的末端	修枝减小重量及修剪延伸的枝条，支撑固定配合适当修枝
倾斜树体	牵引稳固、支撑固定配合适当修枝或修枝减小冠层
内含树皮的衰弱枝条的连接	修枝减小树冠重量，或通过牵引线稳固、支柱支撑加固
截顶后再生长的衰弱连接	修枝减小冠层、清除连接的衰弱枝条
接近树干的根部遭切断	修枝减小冠层、支柱支撑加固
枯死或悬挂的枝条	修枝，清除枯枝、悬挂枝条

6.3.3 增强树木抵抗干扰能力

古树由于年代久远，历经长期的风霜雨雪，树势开始衰弱，可能会出现一定的枯梢断枝，也可能出现腐烂、空洞和裂缝，影响古树健康和稳固的树体结构，在日常管护中一定要实时监测、积极防范，加强古树病虫害防治，及时清理断梢枯枝，确保古树的健康和安全。

因此，采取主动的预防措施，规范古树潜在风险的实时监测对于古树的风险管理至为重要。古树风险管理基本策略就是巩固健康的树冠结构，尽量减少各种有害的干扰，最大限度地消除各种寄生物侵害，借以延缓古树健康的衰退，令古树更健康长寿。我们根据古树的生物学特性和风险因素，认为古树风险管理的策略是维持古树树体稳定的结构，为了防止枝条断裂，需要加固枝条，具体方法如下：①对有裂痕的枝条用包箍、锁钩固定，用锁链与主干连接牵引，达到固定、减少断裂的目的；②用包箍或螺栓固定加固；③用电缆线等牵引；④用钢板等包箍固定，以减少古树因树体结构不稳出现倒塌和断枝受损的机会；⑤排除工程干扰，改善生境质量，促进古树的健康生长，降低古树的生长压力，为古树提供稳定而有利的生长环境。具体管理策略与措施见表6-6。

表6-6 古树风险管理策略与措施

风险管理策略	主要措施
提供稳定的立地环境	尽量减少古树周围的工程开挖或填埋
	尽量减少对古树生长土壤的扰动和踩踏
	保持根围土壤一定湿度以及实时、充分排水
	实时观测并保持土壤肥力
	制定一套科学的病虫害防治计划
	尽量减少对树体产生损伤
建立稳定的树体结构	提早预防并及时清理腐朽、枯枝/悬吊枝
	及时加固支撑出现风险的树体

6.4 古树加固支撑技术措施

由于年代久远，在雨水积压形成的潮湿温暖环境条件下，古树树干和大枝条在木腐菌作用下，经常会出现树体中空的现象，当遇到强烈的大风或者暴雪时，极易发生枝条的断裂，严重时甚至会发生树体的倒伏。支撑是古树复壮中重要的一环，其目的在于防止大树树干或者大枝条倒伏、断裂。古树树干一旦断裂或整个树体倒伏，很难重新焕发生机。另外，对于处在公园中游人密集地区的古树，出于对游人安全的考虑，需要特别加强树体的支撑工作。目前的树体支撑分为两大类：一类为拉纤技术，主要是软性支撑，应用铁丝等进行支撑加固；另一类为硬性支撑，主要应用管状或柱状金属物进行支撑，在其基础上根据实际情况有所变化。现有的树体硬式支撑技术，尤其是古树支撑技术，主要分为斜式支撑、立式支撑、艺术支撑、活体支撑四大类。

6.4.1　拉纤技术

拉纤技术是对古树进行加固的一种方式，具体的做法是将两根树枝或树枝与支撑杆（一般为铁杆）用铁丝相勾连，将树枝用橡皮圈进行固定，橡皮圈外用铁丝相连，使部分断枝或者有空洞的大树枝得到固定与支撑（图6-9）。原始的拉纤一般直接在树枝上栓铁丝，会对树体造成伤害，也会嵌进树体中，经改革后，选用有弹性、价格低廉的会随古树生长而变化的橡胶圈。

图6-9　香山公园拉纤技术实例（康永祥摄）

该技术的缺点是人工痕迹非常重，一旦将拉纤去掉，树体难以支撑；对景观的完整性有所破坏，有些拉纤处理得好，在树体外观上不明显，有些则很突出，破坏古树的整体美感；拉纤只适用一些自身还具有支撑性的树体，在剧烈的自然条件如大风、大雪等环境下，拉纤易断裂。

6.4.2　硬性支撑

1. 支撑杆与树体支撑部位的处理方法

目前有两种处理支撑杆与树体间结合的方法：第一种是在支撑杆与树干相连接的地方做一个碗状树箍，刷上防腐漆，在树体下部加橡胶软垫，垫在铁箍中，目的是避免损伤树皮（图6-10）；第二种是用环状树箍，内衬橡胶软垫，树箍连接处用可松紧的螺栓固定，视树体的生长状况两个月松一次，缓解树体的压力。

图6-10　碗状树箍示意图（马亚琼摄）

这类方法的优点是易学好用，适用于对大多数古树进行支撑加固，缺点是碗状加固支撑在经过一段时间后，受淋雨以及周围环境潮湿条件影响，会出现铁器腐烂，加速树干的腐烂或者病菌的侵入；长时间之后，如若不能及时松动，铁箍会长久嵌入树体中，对树干或者大枝条树皮及韧皮部造成永久性伤害；拆除不易，5～10年后对古树重新进行修补复壮时，众多铁箍已经完全嵌入树体中，不能拆除，也不能进行新的修补。

2. 支撑杆立地点的确定

支撑杆不可直接立在地面或顶在硬物上，应做钢筋地锚加混凝土固定。支撑杆一般多用铁管，也可用水泥等造型用原料，在进行支撑时，铁管的粗度可以依据实际情况来确定。铁管的设置应考虑古树所处的环境，即考虑支撑物对景观空间的分割以及空间景观效果。支撑点的确定应充分考虑物理性，即在最适合的地点建立支撑点，在设立支撑点前应做相应的模拟与验证，确保支撑杆的功效。

3. 支撑材料选择

在硬性支撑的树箍选用中，可以使用不易腐蚀的塑料环状物，如添加玻璃纤维的PPS或者长玻纤增强PP塑料来进行固定，二者在强度上均有一定的替代金属制品的潜力，且耐腐蚀，不易嵌入，弹性较大，易于树体生长，需克服的难点在于塑料的易风化性，希望学者继续进行研究。塑料环状物内要垫大量的橡胶垫，塑料物的厚度要达到标准，否则无法支撑树体的重量以及达到支撑目的。

在硬性支撑的立式及斜式支撑中，尤其是金属支撑杆可以使用铝合金（如HB80等）这一新兴材料来代替原始的铁架，原因是铝合金在强度、抗腐性、抗蚀性上均胜于原始金属材料。

4. 斜式支撑

图6-11　斜式支撑示意图
（马亚琼摄）

斜式支撑主要是指应用铁管三角支撑的方法进行支撑。优点是比较牢固，为保证支撑的稳定，多用两根铁管呈“人”字形或三角形斜立于地面（地面支撑点的确定参见上文）。缺点也是显而易见的，对空间景观美感的破坏严重，分割了古树所在区域空间，造成了景观紊乱，降低了古树本身和区域空间的景观质量。北京香山公园松树园多采用此种方法，原因有以下几点：香山公园松树园地形为山地，坡多，台阶多，古树也多，尤以古油松著称，古油松和古侧柏多用支撑技术进行地上部分复壮；斜式支撑在香山公园这种并不是标准规则式规划区域内使用并不是很突兀，对空间的协和度也有一定的好处，在纵向与横向的景观效果中均起到了调节的作用；成本较低，对于有庞大古树群需要修补复壮的香山公园而言是物美价廉的选择（图6-11）。

5. 立式支撑

立式支撑是支撑杆垂直于地面的一种支撑方法，其最大的优点是对空间的分割小，对区域空间以及古树本身的景观质量影响较小，缺点是不好找到合适并且牢固的支撑点，支撑牢固程度也不如斜式支撑。具体可分为几个小类，如“门”状支撑、“柱”状支撑、三角形支撑等。

（1）“门”状立式支撑

“门”状立式支撑有两个例子，一个是北海公园的立式支撑，摈弃了原始的门栏式支撑方式，将类似匾额的物件的四根支撑柱连接在一起，使支柱成为一体，更显牢固，且支撑点淹没于树冠之中，感觉就像一株古树从无顶的亭子中延伸出来一样。延伸此种支撑的是北海公园一株古小叶朴的修复方式，工程师在古树四周用类似住宅基底的形式将整株树体托起来，可称为“门”状支撑的变形，由基底延伸出来的各种支撑杆对树体的一些断枝和腐枝进行支撑。另一个是北京植物园选用的一种结合了立式与斜式支撑的新方式，具体做法是采用一种类似“门”的支撑，即选用铁铸的“门”型支架，在支架上方垫厚木条，上面再覆盖一层橡胶皮垫，目的是防止树体损伤。为防止树体左右摇晃与不稳定，在树体与大枝两侧安装半弧式或三角形架式，中间不连通，距离树体5～10cm，给予树体充分的活动空间，又可以防止树体或大树枝因为大风等恶劣环境条件发生倒伏（图6-12）。

“门”状支撑（马亚琼摄）

亭样“门”状支撑（马亚琼摄）

树体连接处（马亚琼摄）

图6-12 “门”状支撑示意图

（2）“柱”状立式支撑

北京植物园中还有一种针对单枝树体的支撑，姑且称为“柱”状支撑，也是立式支撑的一种，是用单独的铁管立在地面上，上面用木垫、橡胶垫以及环状碗形铁圈固定树体。不同于前面的支撑方式，这种支撑并没有完全贴合树体，也没有形成完整的圈，而是在上方和左右均留有空隙，利于树体的生长，可减少树体损伤（图6-13）。

（3）三角形立式支撑

北京植物园针对不易采用前两种支撑方法的古树进行了第三种立式支撑的尝试，将树体容易倒伏折断的部分稳妥安置于三角形立式支撑上，呈现一种托举式的支撑方式。优点是适用于树体不规整、不太好进行普通立式或者斜式支撑的，冠幅较大且重的古树，支撑效果稳固牢靠；缺点是三角形立式支撑的位置不易确定，需要反复进行测量与模拟（图6-14）。

树体连接处（马亚琼摄）

“柱”状支撑（马亚琼摄）

图6-13　“柱”状立式支撑

立式支撑目前在国内应用存在的主要缺点有：首先，在外观装饰显得突兀且没有美感，针对与环境不合拍的铁管的粉饰，还需要进行研究、改进；其次，有些立式支撑已经对树体造成明显伤害，为减轻或避免伤害古树，还需对立式支撑技术做进一步的改进。

立式支撑的优点也是显而易见的，如易于操作；实施起来快捷便利；便于确定支撑点；支撑材料的选择简单方便；可减少前期支撑点对树体造成的箍状伤害，也便于其余立式支撑拆除与树体修复。

图6-14　三角形立式支撑
（马亚琼摄）

6. 艺术支撑

艺术支撑也称仿真支撑，这种支撑技术的核心就是对支撑杆进行艺术化的处理，根据不同的环境和被支撑古树的形状，把支撑杆做成具有一定观赏价值的形式，使其与环境和古树本身相得益彰。艺术支撑可细分为仿原枯木艺术支撑、仿枯木桩艺术支撑、仿藤条艺术支撑等。

（1）仿原枯木艺术支撑

该种技术就是将原有的枯枝清理、去掉，采用玻璃钢、树胶、桐油等原料，用现代工艺手段模拟枯桩的形态以及样式，从根本上使树体远离易滋养腐生菌的腐烂树体。同时，在清理中对树体进行消毒与防腐防菌处理均能使树体增加活力。清理腐烂树体部分与对树体进行消毒杀菌等过程，要与后续的树体填充技术相衔接。

基本流程：首先，绘制支撑效果图，按照效果图支设相应的铁管；随后，绑缚钢筋骨架，将原先的枯树树体部分进行倒模与加工，现场熬制玻璃钢制作假的树体；最后，将假树体安置于树体中，进行艺术仿真支撑处理。

图6-15　仿原枯木艺术支撑
（马亚琼摄）

这种支撑方法的优点是景观还原性高，具有原汁原味的景观美观性，不破坏树体本身的古韵感，同时清理了树体的腐烂部分，使树体焕发新生机。缺点是造价较为高昂，需要专业工程公司完成；另外，假体并不会随着树体的生长而变化，长时间之后需要进行一定的修复与改造，且其间有可能由于密合度不够发生雨水渗入等情况，在古树的空隙部分造成积水，导致腐烂等。因此，在选择此种支撑方法时，建议在树体与假体结合部分做相应的通风口与渗水口，便于积水的渗出，同时选择密封材料时要谨慎（图6-15）。

（2）仿枯木桩艺术支撑

这种方式与上一种方式类似，不同的是其灵活多变，仿真部分不局限于原有的枯死树体，而是将支撑的部分树桩化，使支撑显得复古而具有韵味，多用于立式支撑的后期美化等。例如，北京植物园2014年选用新的支撑技术，将园中一株老槐树侧枝的两个“门”状支架外面的铁架用乳胶、聚氨酯等做成仿真槐树皮，不仅起到了支撑的作用，还增加了景观效果。

需要注意的是，北京植物园这种仿真支撑的横向与纵向支撑管道是中空的，有导管导引雨水下流，可防止积水造成树体腐烂。点式支撑点完全封闭，没有引流的导管。这种做法缓解了立杆的呆板，同时避免了支撑杆腐朽及积水对树体造成伤害（图6-16）。

（3）仿藤条艺术支撑

艺术支撑的相关技术中心，仿藤条艺术支撑在北京植物园有广泛的应用，且景观效果十分突出。电影《刘三姐》中便有这么一句“山中只见藤缠树，世上哪见树缠藤”，可见树与藤的关系十分紧密，聪明的工程师将这种自然现象应用于古树支撑中，既让支撑少了人工雕琢痕迹，又使支撑效果更加突出。例如，北京植物园中几株参天古柏利用藤条形态的树脂作为支撑点，景观效果十分突出，且富有独特的韵味。由此可见，仿藤条艺术支撑使古树更显韵味深沉。但是这种支撑也有明显的缺点：一是造价较高，且能完成这种技术的公司少之又少，需要极高的树脂倒模技术以及先进的材料，材料既能起到支撑的作用，又具有

图6-16　仿枯木桩艺术支撑（马亚琼摄）

真实的质感；二是支撑点的选取具有难度，需要提前模拟支撑点；三是藤缠树对需要支撑的古树要求极高，中空不能太严重，否则刮风下雨天气易造成支撑点附近断裂。在木质部紧实的针叶树和生长缓慢的树体上较为适用，因为藤条的圈度不好更改，一般藤条圈树体的时候会留有很大的空隙，作为古树生长的余地（图6-17）。

图6-17　仿藤条艺术支撑（马亚琼摄）

（4）仿指示牌、路标等艺术支撑

在古树复壮中，应用任何一种支撑方法或材料都会造成现有景观质量的降低，需采用新的方式予以克服，如在立式支撑杆上加上铁艺"倒福"、"中国结"装饰物，使游客感到亲切，同时缓解了立杆"呆板"的景观效果。此外，为了减少支撑杆的用量，避免空间拥挤和凌乱，把路标进行重新加工后移植到支撑部位下，使其一物二用，既指示路线，又支撑树体。北京北海公园有一株柳树长在北海边，支撑点只能位于湖面上，于是工程师将支撑杆设计成帆船一样的形状，和湖边交相辉映，又似被风吹到此处，匠心独运。

同其他支撑方法一样，这种方法也具有局限性和缺点，只有在特殊的环境下才会增强景观效果。水边、路边、交叉路口等都是这种技术最好的应用地点。

艺术支撑目前应用范围较为狭窄，主要是应用于著名的风景园林景区与植物园，究其原因在于景区对古树的景观结构一致性有较高的要求，因此对古树支撑技术的艺术性要求也较高，工程师既要对古树进行保护与复壮，又不能破坏古树在景区内的景观效果，艺术支撑便应运而生。艺术支撑为高端的支撑技术，优点显而易见，缺点是造价高昂，不利于一般推广，如在北京十三陵这样的景区内，古树数量庞大，且以自然生长为主，推行艺术支撑就显得多余且浪费资金；技术难度高，只有具有一定专业技术的公司方可做出一些有特殊要求的支撑体；不够灵活，在修复伊始便要考虑清楚很多的条件，以便达到一步到位的修复目标，后期进行更改与修复会造成工程量增加、修复效果不明显等后果，所以对工程师的要求较高，必须是有经验且考虑全面的工程师方可灵活应用此项技术；修复之前必需进行多次的模拟修复，以便于实际操作。

7. 活体支撑

活体支撑是近10年来发展起来的一种新技术，在北京植物园古槐、陕西勉县古旱莲和宁强县古侧柏的保护中均得到成功应用。这一技术的出现预示着支撑技术正在向生态可持续的方向发展，随着时代的变革，同时向更新、更符合时代要求的方向发展。

2012年，北京植物园采用该方法来支撑园中几株10年前经过聚氨酯泡沫填充，现已经中空腐烂比较严重需要重新进行复壮的国槐。具体做法是：首先，测量模拟需要支撑的树枝点与支撑点距离地面的高度，随后，培养或者选取第一分枝点距离树体基部同前面测量高度一致的同种槐树，将分枝点的树皮削掉，同时削掉两个树体的部分表皮和木质部，通过靠接使古国槐枝下部分与小国槐支撑枝的受力点相接，关键是必须保证能靠接上，这样伤口才会尽快愈合。多年以后就会形成“一树成林”的景观，既生态又环保，同时小树的营养会输送给古树，促进古树的生长和复壮（图6-18）。

图6-18　古槐活体支撑（马亚琼摄）

活体支撑技术作为古树名木修补复壮技术的一次革命，它不仅仅是一项技术的改革与更新，更是将单纯的修复延伸为一种生态的修复，摒弃掉原始的铁质等金属支撑，采用活树体进行支撑，不仅为树体提供支撑作用，还间接地为古树提供了部分养分，利于古树的生长。众所周知，古树如有中空、腐烂等，部分树枝会出现营养不足的现象，不利于古树新枝的生长与发育，活体支撑可不通过树干部分直接为树枝提供养分。此外，小槐树会随着年岁的增加而长高，它同古树一起生长，减去了后期要对支撑体修复的工作，不存在渗水等弊端，是一种生态、环保、利于古树生长的新技术。缺点是应用不广泛，且如何使古树与小槐更好结合还需要进一步研究。需要注意的是，确定古槐支撑点与小槐树的第一分枝端是需要多次测量和模拟的。

第7章　古树有害生物诊断

古树的衰老或死亡，通常是多种逆境因子综合作用的结果，一般可将这些逆境因子分为两大类，即非生物因子和生物因子。其中，生物因子包括真菌、细菌、病毒、植原体、寄生植物、线虫、害虫、螨类等，通常称为古树有害生物（pest of ancient tree）。在黄河中游地区古柏、古槐和古银杏资源调查的过程中，发现约90%的古树遭受不同程度的有害生物危害，特别是小蠹虫、吉丁甲、天牛、木蠹蛾等蛀干类害虫以及腐朽病、溃疡病、煤污病等病害最为严重，目前已成为加速古树衰老和致死的重要因素。

7.1　诊断原则和依据

7.1.1　诊断的原则

进行古树有害生物诊断时，首先必须亲临古树生长地点，通过调查、询问、检查获得第一手资料，包括：①了解健康树木的各项特征、功能、习性等；②观察古树生长的环境条件，是否有人为设施妨碍古树生长，调查土壤状况及其是否浸水、干旱或污染等；③询问古树发病的历史和采取的管护措施；④判断虫害发生的可能性，根据为害状况检查有无各虫态的存在；⑤观察叶片、茎、干上有无病原菌引发的病征，如系病害应进一步检查明确发病症状及程度，判定其发病等级；⑥尽量收集当地气候资料，了解气候变化对古树生长和健康的可能影响。总之，要根据古树表现的症状和生存环境来综合判断古树衰弱与死亡是由生物因子还是非生物因子引起的，正确分析古树的致衰因子，为进一步开展古树保护和复壮提供正确的诊断结果。

其次，对于现场无法确定的病害和虫害，需要采集标本带回实验室进一步观察和检验。病害需做镜检，必要时进行人工诱发试验和免疫学鉴定。虫害需要饲养以获得能够进行鉴定的成虫标本。

此外，开展古树病害诊断还必须掌握一些林木病理学和害虫识别方面的基本知识，以提高诊断的准确性和效率。

7.1.2　诊断的依据

古树病虫害诊断是古树保护的基础。野外发生情况往往非常复杂，会出现“复合侵染”、“潜伏侵染”、“隐症现象”、“同症异原”、“同原异症”等特殊情况，因此，准确性、灵敏性、高效性是古树病虫害诊断的基本要求，需要较强的专业基础和实践经验，要避免误诊和滥诊。

有害生物是影响古树生长和健康的重要生物因子，会对古树的生长产生严重的威胁。不同类型的有害生物侵害古树后，通常表现出不同的症状特点，成为诊断古树健康状况的重要依据。因此，根据古树的生存环境和受害症状，判别影响古树健康的主要因子，并有害生物种类进行准确鉴别，加强病虫害日常预测预报工作，然后根据有害生物的生活史及发生规律，抓住防控关键时机，采取有效的防治措施，做到早发现、早预防、早治疗，是我国古树资源保护的重要基础和前提。

对于常发性的病害，可以通过查阅相关资料或请教专家来完成诊断。对于古树重要的疑难病害，其诊断需遵从科赫法则（Koch's rule），即针对一种新的病原物或可疑的侵染性病原物，通过严格的证病程序，确定引起病害的病原生物种类、分类学地位，从而为进一步研究病原物生物学特性、病害流行、病害检疫检验和病害防治提供理论依据。

7.1.3　科赫法则

科赫法则包括以下4个严格的环节，缺一不可。第一，从感病部位分离获得病原微生物；第二，将病原微生物在离体条件下或人工培养基上进一步分离纯化，得到纯培养物；第三，用纯培养物单独或混合接种相同的寄主树木，观察接种后树木发病症状；第四，如果发病症状与感病寄主的症状相同，而且能从接种植株发病部位重新分离到相同的纯培养物，则认为这种纯培养微生物即为引起该病害的病原物。这个过程又称为“证病律”或科赫假设，完成了这整个过程，病害就得到了确诊。

而对于不可人工培养的病原微生物，如病毒、植原体、白粉菌、锈菌等，需要借助专门的研究工具和特殊技术完成病害确诊，如电镜技术、分子生物学方法、酶联免疫技术、治疗诊断技术等。

非侵染性病害，如缺素、大气污染、灾害气候等所引起的病害，也可以通过科赫法则来完成诊断，即通过“反证法”或“验证法”。例如，古槐缺磷，可以通过补充磷肥而验证，如果古槐恢复健康，则假设成立，反之则证伪；也可以对健康槐树进行缺磷处理，看是否表现出类似病害症状，此为“反证法”。对于大气污染、极端气候等引起的病害，均可以采取“反证法”和“验证法”来完成科赫假设。

虫害没有明显的病理特征，这是区别于病害的关键。虫害的诊断通常需要根据成虫的形态特征进行，对于以幼虫、若虫或者微小昆虫为害的害虫，需要进行饲养或显微镜观察；而对于隐蔽性害虫，如天牛、小蠹虫、木蠹蛾等昆虫，需要解剖寄主树木，观察为害病状和获得成虫或幼虫个体进行诊断；对于生活史复杂的害虫，除要明确寄主外，还需要明确害虫各生活史阶段的形态特征和发生范围，如落叶松球蚜（*Adelges laricis*）需要明确其第一宿主、第二宿主种类才有可能正确进行种（亚种）的鉴定；对于蛾蝶类昆虫，除需要成虫特征外，寄主鉴定也非常重要，不能将古树上停留的蛾蝶类昆虫都认为是害虫。

7.2 诊断方法

与中医诊断相似，古树有害生物诊断的方法也可以用“望”、“闻”、“诊”、“切”进行概括。

7.2.1 望

1. “望”的内容

“望”就是观察，根据病虫害症状进行诊断。一般包括以下几个内容。

（1）观察古树生长环境有没有不良胁迫

诊断时，围绕古树转几圈，观察光照是否不足，排水是否不良，土壤是否贫瘠，树体是否左轻右重、是否伤痕累累等。

（2）观察和明确是虫害还是病害

通过观察受害部位和症状，明确有害生物种类。如果是虫害，观察其取食部位、取食方式、为害特征，检查树上或树木组织内是否有幼虫、成虫、卵或茧、网幕、虫粪等；如果是病害，观察其发生部位、病状、病征。对于古树，特别要注意树木是否有衰退现象，观察树冠是否完整、枝干是否有蹄状物、主干是否有空洞或填补、枯梢是否折断、树体是否倾斜等。通常，古树病害的症状包括病状和病征两个方面。

（3）观察古树邻居树木的健康状况

观察古树附近植物生长状况和种类，明确是否有相同寄主谱植物或转主寄主、其他宿主植物，观察它们的健康状况，协助判断是生理性病害还是侵染性病害。对以上调查结果做好记录。

2. 古树病害的主要病状

（1）腐朽

腐朽出现在根部、干基部，严重时枝干部也会出现腐朽。大多数腐朽发生在干基部，严重影响古树的健康和抗逆能力，腐朽面积过大，常会造成古树坍塌、腰折，易受雷击、降雪、降雨和大风等的影响，并对环境公共安全造成威胁。根据腐朽发生的组织部位，可分为边材腐朽、心材腐朽和皮层腐朽，大多数古树以心材腐朽最常见。根据腐朽时木材颜色的改变，可分为白色腐朽和褐色腐朽，针叶树以褐色腐朽最常见。根据腐朽发生后木材降解形态，又可分为块状腐朽、蜂窝状腐朽、片状腐朽、纤维状腐朽等。古树腐朽大多数为高等担子菌所为，不同种类的病原担子菌所造成的病状不同，如密环菌造成皮层腐朽，发生部位在古松树根部的皮层；火木层孔菌造成心材发生块状褐色腐朽，发生部位在干部（图7-1）。

（2）溃疡

溃疡是树木韧皮部病害，常伴随有流水、流胶、组织坏死、腐烂或隆起的愈伤组织等病状，通常出现在树干基部，严重者也会出现在枝条上。例如，古杨树黑色水渍状溃疡病斑可在枝条上出现，而干基部的溃疡病斑则埋在厚厚的周皮下，需要拨开皮层才能发现（图7-2）。

图7-1　古槐腐朽（余仲东摄）

示枝干心材腐朽和坍塌

图7-2　树木溃疡病（余仲东摄）

示水渍状病斑

（3）变色

变色通常发生在树叶上，包含黄化、花叶、斑驳、褪绿等病状类型。变色是常见的病状，类型多，病原物复杂，诊断困难。除植物缺素等生理因素引起的变色外，绝大多数病原物侵染都会引起叶片变色，如白粉菌、黑腥菌、煤炱菌等侵染可导致整个叶片黄化；病毒侵染可形成花叶、斑驳、耳突等病状，并可随气温变化出现隐症现象，给病害的诊断带来困难（图7-3）。

图7-3　苦楝树花叶病（余仲东摄）

（4）叶斑

在树木叶片上形成的各种各样的病斑，包括松针上形成的段斑，均可称为“叶斑”，这是个广义名称。根据叶斑的颜色、形状、大小、质地等，又分为褐斑、灰斑、红斑、圆斑、角斑、大斑、小斑、漆斑、绒斑等病状类型。对于使发病组织快速坏死、病斑大而圆且有轮纹状子实体的病斑，又称为“炭疽”。通常，叶斑病需要采用“病原学名+病状”的形式进行专业表述，如*Massonina*褐斑病、*Septoria*褐斑病等（图7-4）。

图7-4　核桃炭疽病（余仲东摄）

示圆形病斑和灰褐色的坏死组织

3. 古树病害的主要病征

（1）粉状物

如黑粉、白粉、黄粉等分别是黑粉病、白粉病、锈病等的病征，多为专性寄生病害，可根据寄主检索完成病害的初步诊断（图7-5）。

（2）霉状物

在树木叶表或树体表面形成的各种湿润的霉层或霉斑，多为病原物的分生孢子层、营养体等结构，如紫薇（*Lagerstroemia indica*）煤污病严重时整个树体布满黑色的霉层，严重影响树势（图7-6）。

图7-5　杨树锈病（余仲东摄）

示黄色粉状物

图7-6　紫薇煤污病（余仲东摄）

示黑色的霉层

（3）粒状物

在病斑上形成的颗粒状结构，多为病原物的分生孢子器或子囊果结构。大多数真菌病害都可在发病后期形成粒状物病征，是病害诊断的重要依据。例如，杉木（*Cunninghamia lanceolata*）炭疽病发病后期，灰色的坏死病斑上会出现呈轮纹状分布的颗粒结构，在天气潮湿或雨后生出红色的小点，可以根据这些病征确诊为炭疽病（图7-7）。

图7-7　杉木炭疽病（余仲东摄）

示粒状物

（4）毛状物

在发病部位出现的毛发状结构，为病原物的分生孢子角、冬孢子角或锈孢子角等结构，如国槐腐烂病在天气潮湿时或雨后会在病斑部位形成橘黄色的分生孢子角，松瘤锈病会在转主寄主栎树上形成毛状的冬孢子角，海棠锈病会在海棠叶片上形成毛状的锈孢子角（图7-8）。

（5）脓状物

在发病部位出现白色或褐色脓液，多为细菌性病害的病征。部分真菌病害也可能有脓状物产生，如树木溃疡病斑组织液渗出，形成脓状物，颜色多为褐色或较深，在核桃上又称“黑水病”（图7-9）。

图7-8　变叶海棠锈病（余仲东摄）
示角状物

图7-9　杨树细菌性溃疡病
示脓状物

（6）蹄状物

在树干、枝梢上形成蹄形结构，为立木腐朽病的典型病征（图7-10）。

图7-10　白桦腐朽（余仲东摄）
示蹄状的担子果

（7）伞状物

在树干、根部或地面上形成各种各样的肉质蘑菇，多为根部病害的病征（图7-11）。

图7-11　栎木腐朽（余仲东摄）

示伞状物

（8）绳状物

在地表、根表甚至树干表面形成的黑色绳索状结构即为菌索，是松树根朽病的病征（图7-12）。

图7-12　古松根朽病（杨旺，1996）

示黑色的绳状物

（9）藻状物

在叶表或枝干上形成的红、黄、绿等不同颜色的且有明显绒毛状结构突出于上的圆形病斑，是藻类植物的繁殖体结构，俗称“藻斑病”，多发生在长江以南或湿度较大的地区（图7-13）。

图7-13　肉桂藻斑病（余仲东摄）

右示藻状物

并不是所有的病害都有病征。病毒病害、植原体病害通常没有病征。细菌病害病征通常不明显，可通过“细菌溢”现象进行初步诊断；线虫病害病征也不显著，需要通过“贝尔曼漏斗法”做初步诊断；寄生性种子植物侵害，可以根据寄主、寄生植物形态进行诊断。而部分病害，整个病程根本就没有病征，如土壤中的一种丝核菌可以通过菌丝分泌毒素，导致松苗死亡，甚至都没有和寄主接触。实质上，病害的诊断是个极其复杂的过程，但每种病害几乎都有其稳定的病征，这是“望”诊的重要依据。

7.2.2　闻

“闻”包括用鼻子闻和用耳朵听。细菌造成的病害，大多数具有特殊的气味，在进行诊断时，可以通过感知发病部位的气味做出判断。少部分真菌病害也会散发出特殊的不同于细菌病害的气味，如树木溃疡病常有“烂酒糟”味道。

“闻”的另一个方面就是听别人说，也是查文献与资料和咨询管护人员的过程。有的专性寄生型病害可以通过寄主检索进行诊断，许多病害可以通过咨询专家或有经验的人士得到确诊。另外，就是听“寄主”说，如古树立木腐朽发生中前期病状和病征都不显著，这个时候可以通过“敲击”树体的办法，判断是否发生立木腐朽和发生程度。当然，结合雷达成像、超声波成像等“望”诊技术，能更准确判断古树病害，尤其是腐朽程度。

7.2.3　诊

“诊”就是做科赫假设试验。通过分离—培养—纯化—接种—再分离—再培养—再纯化—鉴定等过程，可以准确地进行病害的诊断。对于虫害，需要通过饲养确认寄主，完成生活史各阶段形态特征、生物学特性描述等。

“诊”也包括通过治疗方式证明科赫法则的假设，如通过施用氮肥改变古槐黄化症状，通过施用磷肥改变古松红化现象等来确诊古松缺素症状；通过注射四环素类制剂确诊古槐带化病；通过注射抗生素类药剂确诊古树细菌性病害等。

7.2.4　切

“切”就是利用雷达成像技术、显微镜切片技术，对患病组织、病原物结构、昆虫形态特征进行观察和描述，从而准确地确定病原物分类地位、病理学特征、害虫类型，为病虫害的进一步检疫检验、流行观测、防治提供科学依据（图7-14）。

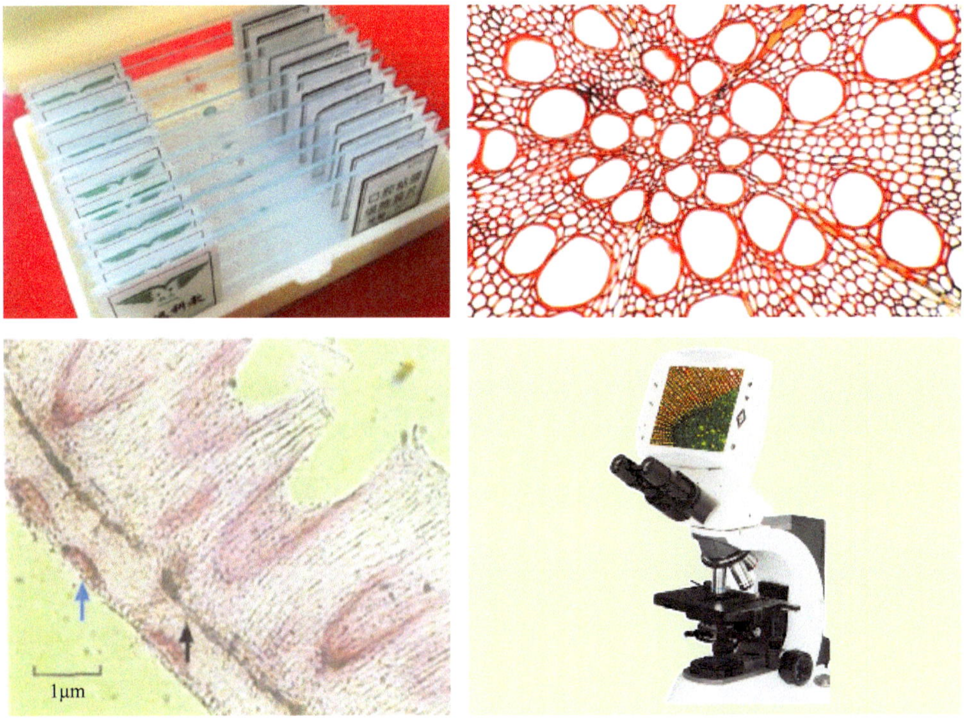

图7-14　切诊示意图（包括制片和显微镜观察）（余仲东摄）

7.3　病原物、害虫及生理性病害鉴定

7.3.1　病原物

科学诊断和鉴定，需要提供病原物的学名和正确的形态描述，上述病征描述是通俗描述，为进行学术研究，应将各种病征对应于病原物结构和形态，如毛状

物对应于毛状的分生孢子角或锈孢子角、蹄形的担子果、黄色的夏孢子堆、颗粒状的分生孢子器、脓状的细菌个体等，病原物鉴定需要有较强的分类学基础。古树常见的病原物如下。

1. 真菌

病原真菌引起的病害种类和数量最多，占植物病害的70%以上。通常每种树至少会被一种真菌感染。真菌病害的病征有很多种，但通常有子实体。部分真菌需要不同的寄主植物来完成其生活史，并依照寄主植物的种类产生一种及以上的孢子形态。真菌引起的典型症状类型有坏死、腐烂和萎蔫等，被害部位常出现霉状物、粉状物、粒状物和蘑菇状物等病征。例如，白粉病导致古槐叶片表面形成白粉层，古树树干腐朽产生的层孔菌可导致古树枝干部的腐朽等。树干腐朽是古树病害的重要类型，初期难以察觉，若持续发展可见到进行性的腐朽征兆，如真菌子实体生长。

2. 细菌

病原细菌主要引起叶斑、肿瘤或全株枯萎等病害症状，在潮湿的条件下从病部的伤口、气孔、皮孔等处向外溢出细菌黏液，可随雨水传播。植物被细菌感染后，感病部位会出现水浸状病征与难闻臭味。温度与水分条件是影响细菌生长和散播的重要因子。细菌所引发的常见树木病害有火疫病、细菌性叶枯病和肿瘤病。

3. 植原体

植原体也称类菌原体，属无细胞壁但有细胞膜的单细胞生物，主要引起丛枝、黄化、带化等症状，如泡桐丛枝病、枣疯病、国槐带化病，可通过媒介昆虫如木虱、蝽象等传播。

4. 病毒

病毒对古树的影响整体不大，主要是干扰或破坏寄主植物的正常代谢活动。树木感染病毒后主要表现出一些不良症状，如花叶、畸形、坏死等。病毒可由具刺吸式口器的昆虫通过吸食传播。

5. 线虫

线虫是一类低等的无脊椎动物，体形细长如线，为害症状表现为植株衰退、生长缓慢、根部产生肿瘤、针叶发黄等，有时造成植株畸形、矮化、枯萎，如泡桐根结线虫病、松材线虫病等。

7.3.2　由昆虫、螨类和其他动物引起的病害及其症状

昆虫种类繁多，但只有少数昆虫会对树木健康产生危害。然而，几乎每一种树木都至少会被一种昆虫为害，绝大多数昆虫的为害只是其取食或产卵等活动的结果。昆虫有着复杂的生活史，只在某些阶段为害，因此，了解害虫的为害特点、生活史、习性行为等，对于古树健康诊断以及治疗非常必要。

一般根据害虫对树木取食部位的不同，可以将为害林木的害虫分为蛀干类害虫、食叶类害虫、刺吸类害虫和螨类、地下害虫和果实及其他害虫等。对于古树，不同类型的害虫对其影响程度存在差异，如直接致死，削弱或降低生长势，损坏寄主的一定部位、组织或器官；生理上受到削弱，并使之易受其他致死因素如次期性害虫或病害的侵袭；传播病原微生物等。

1. 蛀干类害虫

蛀干类害虫指在树木枝干内为害的害虫，咬食枝梢嫩皮，钻蛀树干、枝及皮层，形成虫道，破坏树木养分、水分的输导和分生组织，轻则使树木生长势衰弱，重则直接导致古树整株死亡。主要类群有天牛、小蠹虫、吉丁虫、木蠹蛾、象甲等，是对古树具有毁灭性危害的害虫。判断是否是蛀干类害虫，要检查树冠有无枯死的嫩枝和新梢，树枝上有无虫瘿、疙瘩，树干树皮有无虫孔、虫道、木屑、流胶，地下有无落枝、落叶、虫粪、木屑，敲击主干有无空洞声等。

不同蛀干害虫类群在树干上形成的为害特征和幼虫形态存在较为明显的差异，而且大部分类群主要以幼虫在古树体内为害，因此，掌握幼虫的形态和为害症状是判断害虫类群的基础。不同类群的为害特征及幼虫的形态识别特征如下。

（1）天牛类

天牛类（图7-15A）属鞘翅目天牛科。主要以幼虫在树体内为害，幼虫深入木质部，形成不规则的隧道，有排粪孔通向外面。例如，为害古柏的双条杉天牛，为害古松的松褐天牛，为害古槐的锈色粒肩天牛等。

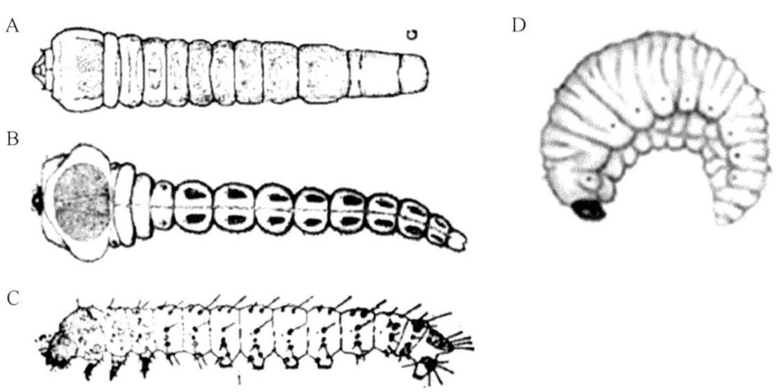

图7-15　蛀干类害虫的幼虫形态

A—天牛幼虫；B—吉丁虫幼虫；C—木蠹蛾幼虫；D—象甲幼虫

幼虫识别特征：体呈长圆筒形，常略扁；体色多呈乳白色，或乳黄色、淡红色，体壁柔软，体节多皱；头部前口式，前胸发达，扁圆；无足型幼虫，具有可以伸缩的步泡突；头颅、口器、前胸背板、气门片、步泡突的颗瘤及尾突常骨化，较坚硬。

（2）吉丁虫类

吉丁虫类（图7-15B）属鞘翅目吉丁甲科。主要以幼虫生活在树木形成层中，蛀食形成宽扁曲折的隧道，隧道中充满虫粪，羽化孔圆形。被害处常常有流胶，为害严重时树皮爆裂。例如，为害白蜡树的白蜡窄吉丁，为害新疆野苹果林的苹果小吉丁。

幼虫识别特征：体长5～50mm，乳黄色至白色；头小，常部分缩入前胸；胸部3节，前胸扁平而膨大，无足；腹部9～10节，柔软。

（3）木蠹蛾类

木蠹蛾类（图7-15C）属鳞翅目木蠹蛾科。以幼虫蛀食阔叶树树干及根部，常常几十乃至几百头在蛀道内为害，造成千疮百孔。蛀道相通，蛀孔外面有用丝连接的球形虫粪。例如，芳香木蠹蛾、小线角木蠹蛾等为害国槐、白蜡、银杏等古树。

幼虫识别特征：老熟幼虫体长30～40mm，体粗壮，黄白色或粉红色及紫红色；头宽于前胸，胸部具3对胸足，腹部第8节气门最大，而且常常高于其他节的气门；趾钩为双序全环，或单序二横带。

（4）象甲类

象甲类（图7-15D）属鞘翅目象甲科，俗称象鼻虫。主要以幼虫蛀食树干、根部的韧皮部和木质部，切断树木的疏导组织。成虫啃食树皮造成次要危害，产卵于树木叶痕、树皮裂缝或主干上。例如，为害杨树的杨干象，为害松树的松树皮象。

幼虫识别特征：体长5～15mm，背面隆起而腹面平直，腹中部较胸部及腹部粗；体乳白色或粉红色；头部发达，上颚短而粗；胸部无足，有时具有疣状突起；腹部9～10节，每节的背面由横皱划分为3个或3个以上小区，腹部末端无骨化的突起。

图7-16　树干韧皮部表面的坑道系统

（5）小蠹虫类

小蠹虫类属鞘翅目小蠹科。以幼虫和成虫群集在树皮下取食，终生蛀食树皮和边材，形成各种形状的坑道系统（图7-16）。一个完整的坑道系统包括侵入孔、交配室、母坑、子坑、蛹室及羽化孔。坑道系统因虫种而异。例如，为害古柏的柏肤小蠹，为害油松的红脂大小蠹，为害华山松的华山松大小蠹等。

幼虫识别特征：体长2～10mm，白色，向腹部弯曲，呈“C”形，光滑无毛或少毛；触角小或退化，上颚短，坚硬呈圆锥形；胸部3节，无胸足；腹部9～10节，气门位于中胸和腹部1～8节。

2. 食叶类害虫

食叶类害虫主要取食树木的叶片，为害后的症状较易发现和识别。树木一旦受害，树下往往布满虫粪、残叶断梗，树上挂有虫茧、丝迹等。例如，叶片被食后常留下残叶、叶柄或叶脉，严重时整株立木光秃无叶；潜叶性种类则使被害叶显现各种潜痕、污斑；卷叶、缀叶或褶叶种类常使叶片卷曲或缀合；袋蛾、鞘蛾幼虫缀叶形成各种形式的袋囊，黄褐天幕毛虫、美国白蛾等幼虫则群集结成大丝幕；金龟子成虫及叶甲取食脉间组织，导致叶片镂空；潜叶蛾会在叶面及叶背两表面之间取食，在叶片内部形成中空的隧道。

3. 刺吸类害虫和螨类

刺吸类害虫和螨类主要为害古树的顶芽、嫩叶、嫩梢以及幼干，导致树干分叉、顶芽丛生、卷叶等畸形症状，严重影响林木的生长。该类害虫具有刺吸式口器，包括半翅目介壳虫类、蚜虫类、叶蝉、木虱、蝽类等。取食时常使寄主植物发生病理或生理变化，如受害部位呈现褪色斑点、叶片卷曲或皱缩、枝叶丛生等畸形，局部膨大成虫瘿，为害严重时可使被害植物营养不良、嫩梢干枯、树势衰弱甚至整株死亡。这类害虫体形微小，初期不易发现，隐蔽性强，后期数量大，繁殖力强，在为害过程中还排泄大量蜜露诱发煤污病，少数种类还能传播植物病毒病（图7-17）。螨类也可在寄主的叶、芽、嫩茎等处吸食为害，被害处最初呈现褪绿小斑点，后期出现褐或红褐色斑块或叶面卷曲，造成叶片大量脱落。

因此，在进行这类虫害诊断时，主要察看叶色有无变黄或是否出现黄色斑点、卷曲、皱缩、失绿、虫瘿，枝干有无介壳，树下地面有无非正常落叶，有无害虫分泌物如蜜露、蜡粉等。

4. 地下害虫

地下害虫以幼虫在地下土壤里咬食古树根部和木质部，破坏根系的输导组织，造成地上部分整株衰弱或死亡。常见的有蝉若虫、白蚁、根天牛等。诊断时察看树冠叶片有无整体萎黄或枯死，浅层根系有无被啃食等症状。

图7-17　刺吸式害虫的为害状

5. 其他动物

一些动物环状啃食树皮，韧皮部受到伤害。啄木鸟会啄出树洞，虽树洞并不会对树木造成明显伤害，但若持续重复地钻孔则可能会对树木产生逆境。松鼠在冬季食物短缺时会啃食部分种类树木的树皮，春季时则偏爱肿胀的新芽。兔子或其他啮齿动物啃咬树皮、叶片或枝条。松材线虫感染松树后引起树体代谢异常、水分输导受阻，借助媒介昆虫松褐天牛造成松树大量死亡。

7.3.3　生理性病害

由病原物侵染所导致的病害常具有传染性，因此又称为侵染性病害，通常有比较漫长的发病过程。而生理性病害是指由极端气候、环境污染、水肥失调、药害等引起的病害，不具有传染性，往往呈片状、带状发生，并和地形地势、人类活动密切相关，可以借助一些特殊的仪器进行鉴别和监测。生理性病害不但直接导致古树生长受到严重损害，削弱树木对其他侵染性病害的抵抗力，还为许多病原物开辟了侵入途径，容易诱发侵染性病害。

7.4　古树有害生物诊断的步骤

古树有害生物诊断的步骤分为野外诊断和室内诊断两个方面。野外诊断，可根据“望”、“闻”等方法初步判断是侵染性病害还是生理性病害，是细菌病害还是真菌病害、病毒病害或是植原体病害等，或者是否是由昆虫或其他动物为害造成的。室内诊断，可根据“诊”、“切”，同时借助现代技术确诊病原物和未知昆虫种类。

7.4.1 野外诊断

对检查结果进行分析整理，辨识古树的异常现象，对其生存环境进行评估，分析哪些症状是由非生物因子引起的，哪些症状是由生物因子如病原物、昆虫或其他动物引起的，确定影响古树健康的主要因子。对于不能确定的病害和不能识别的害虫，需要采集标本带回实验室进行进一步的观察与饲养。

1. 病害标本采集要求

一是尽量采集刚发病的，且包含从初期病征到末期枯死的部分，每一阶段病害标本尽可能采集全。二是在采集枯死的枝条时，应采集枯死部分以下的病健相连部位。因先端枯死的部分常有杂菌，会影响诊断。三是采集病根时，可以采集粗根的一部分以及根际部的树皮。四是做好记录，如寄主名称、采集地点、采集日期、采集人以及病害发生状况等。同时调查土壤质地、当地气象条件等，如使用过农药则还需记录药剂种类与用药次数等。五是如果标本要邮寄或运送，应将标本以旧报纸或卫生纸等包好，再装入纸袋或纸箱中邮寄，不要直接装在塑料袋中。六是植物病害的症状都具有一定的特征，一般表现在发病部位和病斑大小、形状、颜色、花纹等方面，因此，症状可以作为病害诊断的重要依据。另外，植物患病组织上的病原物也是植物病害诊断的重要依据。

2. 虫害标本采集要求

比对健康植株，若发现生长势明显减退或有为害状的植株，应仔细观察，包括植株的某一解剖部位，如芽、梢、球果和种子、枝条、树皮、叶片等。在观察虫蛀的同时，可利用捕虫网、修枝剪和高枝剪、锯以及不同类型的诱集器等捕捉害虫。野外采集时，应尽可能采全某一害虫的不同虫态，必要时应将一些末龄幼虫或蛹带回室内饲养，直至成虫，并对害虫造成的为害进行取样，以利于鉴定。野外采集及时做好记录，内容包括寄主名称、采集地点、采集日期、采集人以及虫害发生状况等，同时调查有无使用药剂以及药剂种类、土壤质地及当地气象条件。

害虫的鉴定主要依据其成虫的外部形态特征。另外，对于一些常见害虫，可根据采集到的不同虫态直接做出判断。对鉴定存在一定难度的害虫则可送相关专家进行鉴定、确诊。

7.4.2 室内诊断

对于古树病害，室内诊断通常涉及培养基制作、无菌操作、显微技术、分子系统学技术等操作技术。

1. 培养基制作

通常使用的培养基为半合成培养基和合成培养基，常见的有PDA培养基（土豆200g，葡萄糖15～20g，琼脂15～20g，水定容到1000mL，pH 7～8，121℃湿热灭菌30min左右）、LB培养基（胰蛋白胨10g，酵母提取物5g，氯化钠10g，琼脂糖15～20g，水定容到1000mL，1mol/L过氧化钠调pH至7.4，121℃湿热灭菌30min左右）。PDA培养基是广谱型培养基，适合大多数微生物生长，在病原物分离培养中最为常见；LB培养基适合分离培养细菌，是细菌研究中常用的培养基。

2. 无菌操作

无菌操作是古树病理学研究的基础技术，其核心原则是“一切接触培养基的器皿、植物材料、工具和空气应处于无菌状态”。灭菌的方法较多，可分为物理灭菌，如高温、紫外照射；化学灭菌，如采用过氧化氢、环氧乙烷、次氯酸钠等灭菌。可根据试验条件，选择高效、低廉和方便的方法进行灭菌，实现无菌操作全过程。

3. 显微技术

显微技术指在显微镜辅助下进行的形态观察和试验操作。例如，组织病理学、微生物形态结构、细胞融合、原生质体分离的观察都可借助显微镜完成。对病毒、细菌、亚细胞结构的观察，还需要在电子显微镜等放大倍数更高的设备下完成。病原物形态鉴别、微小昆虫形态观察都需要在显微镜下进行。

4. 分子系统学技术

对新种、疑难种或亚种、种下群体分析，可采用分子系统学技术完成。分子系统学具有灵敏、准确、高效等特点，是病原物甄别中得力的工具。

第三篇

古树修复和康复技术

第8章　古树腐朽与修复

古树腐朽是古树健康管理中常遇的一种病害，对古树的健康威胁很大。本课题组对陕西省、山西省263株古槐、古柏和古银杏的野外生存现状调查并进行健康诊断，发现其中146株生长不良，树干和大枝出现了不同程度的空腐，比例高达55.5%，且31株古树（11.8%）空腐严重，濒临死亡或者已经死亡。古树腐朽属立木腐朽范畴，是在先驱微生物帮助下，由木材腐朽真菌直接分解立木木材细胞壁所引起的木材腐烂和解体的现象。腐朽发生后，木材腐朽真菌大多腐生在分解的木材上，但部分真菌仍寄生在树木的边材等活组织中，所以，立木腐朽是一种寄生性病害，而枯立木、倒木、原木、方材、板材以及各种木制品的腐朽，是菌类腐生活动的结果。

8.1　古树腐朽

8.1.1　古树腐朽发生过程

在自然状态下，木腐菌主要由伤口、根部、死枝处或其他部位侵入树木。木腐菌侵入立木后，菌丝会释放酶和非酶解聚因子降解细胞壁物质，同时菌丝在细胞腔内分枝并生长，通过细胞壁上的纹孔在细胞间扩展。但由于立木本身的机械保卫反应、木材内含物等的生理保卫反应，以及受温度、木材含水量等因素的制约与影响，木腐菌的蔓延速度很慢。

古树腐朽是个连年持续发生的过程，当木材彻底分解后便开始形成大小和形状不同的树洞，与寄主树木种类、木腐真菌类型、发生部位、寄主生活状态有关。木材腐朽的发生过程可以归结为以下4个阶段（图8-1）：①立木受伤或受到其他刺激；②发生自然保护反应而变色，变色区产生抗腐能力；③变色区出现非木腐菌类的先驱微生物，它们在变色区的木材细胞间隙和细胞腔内定居，分解单宁、醌、胶和填充体，结果使变色区褪色并消除其抗腐能力；④木腐菌侵染并定居，分解破坏木质细胞壁，腐朽进入稳定发展的阶段，木材逐渐呈现白色腐朽或褐色腐朽，并进而扩展壮大形成树洞。

1. 古树木质部变色

古树发生腐朽之前都有变色反应，变色是对各种生理性刺激和微生物侵染的一种保护反应，具有抵抗和抑制木腐菌侵染、把侵染和健康部分分隔开来的作用。木材变色有化学性变色、物理性变色、生理性变色和微生物性变色，而微生物性变色是最普遍的，包括由真菌和细菌引起的变色。

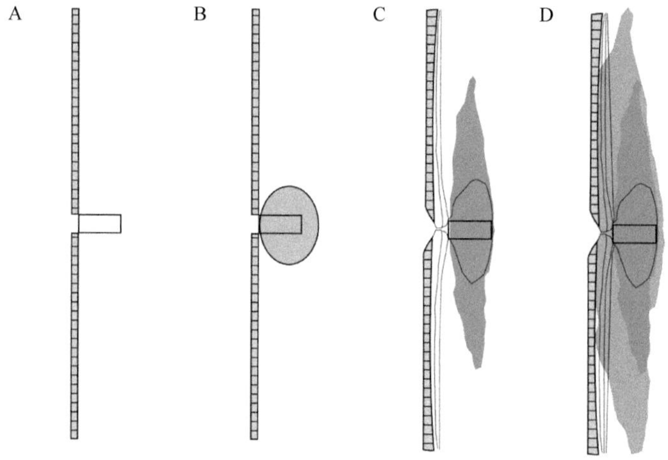

图8-1　立木腐朽发生过程（余仲东绘）

A—树木受伤；B—先驱微生物侵入引起变色；C—木腐菌侵入，木材开始腐朽，变色区扩展；D—腐朽进入稳定发展阶段

对古树立木自然保护反应变色区进行解剖发现，变色区有规律地沉积着单宁与醌类化合物、色素、胶质物和填充体，还有镁、锰等无机物，所有这些变色与有机物和无机物沉积现象，都在受到某种刺激后才能发生，如受伤、干旱、冻害、小蠹虫侵染等。这些物质形成后，变色区硬度增大、质地变脆，具有抗拒木腐菌侵染的功能。

用木腐菌对受伤古树进行人工接种，很难成功，证明变色区具有抵抗侵染的作用，因而在变色初期的木材中也找不到木腐菌的菌丝体。木材细胞腔内本身含有的单宁、树脂和芳香烃物质对木腐菌也有毒杀和抑制作用，但这种抗腐作用并不持久，当木材变色后不久就逐渐会被细菌和真菌中的接合菌、子囊菌、无性型真菌侵入。这些非木腐菌类统称为“先驱微生物”，它们定居在变色区的木材细胞间隙中，其细胞及菌丝可通过细胞壁上的穿孔和纹孔伸入到细胞间隙与细胞腔内，它们积极分解细胞间隙和细胞腔内的单宁、醌、胶体与填充体，使木材发生软腐，结果将变色区具有抗腐能力的特性解除，木腐菌因此容易侵染和定殖。

2. 古树木质部分解和腐朽

木腐菌积极分解木质细胞壁的纤维素、半纤维素和木质素，使木材分解和腐朽，这之后木材的生物分解过程就进入稳定发展的阶段。同时，腐朽材的周围会再次产生变色区，再次被先驱微生物分解，再次被木腐菌定殖和分解，再次发生稳定的木材分解，这样周而复始，古树木材腐朽面积逐渐扩大，腐朽程度逐渐加重，最后在心材或树表形成大小不一、颜色各异、形状不同的树洞，严重影响古树的健康、生存和周边环境安全。

8.1.2 古树腐朽病原菌种类

1. 先驱微生物

先驱微生物指生活在树木上的细菌和微型真菌，它们在古树腐朽中的作用是清除木材变色区，并使木材发生软腐。微型真菌包括木材软腐菌、木材变色菌和木材表面污染菌等非担子菌类，它们在木材生物分解过程中有自己独特的生理活性，如对环境的适应性强，能够生长的环境条件范围远比担子菌宽广。在一般木腐菌不能生长的高含水量木材上，微型真菌都也适应和生长，并具有很高的侵染能力。由于微型真菌的侵染活动能进一步促进木腐菌对木材的侵染、分解和腐朽，微型真菌和木材腐朽菌共同组成了自然状态下古树木材上真菌类的生长演替过程。

（1）变色真菌

变色真菌是能够在早期侵入木材的一类真菌，分解古树的韧皮部和木材薄壁组织内的糖分，一般为子囊菌及无性型真菌，常见的种类有长喙壳属（*Ceratocystis*）、毛壳菌属（*Chaetomium*）、镰刀菌属（*Fusarium*）、交链孢霉属（*Alternaria*）、枝孢霉菌属（*Cladosporium*）、根霉属（*Rhizopus*）、毛霉属（*Mucor*）等。变色真菌引起的木材变色因树种与菌种不同而异，常见的有青、褐、黄、绿、红、灰、黑等色变，最常见的是木材的青变、蓝变。青变多由子囊菌门子囊菌纲粪壳菌亚纲长喙壳目长喙壳科长喙壳属真菌引起，常见的种包括小蠹长喙壳（*Ceratocystis ips*）、云杉长喙壳（*C. picia*）和松长喙壳（*C. pini*）3种（Wingfield et al.，1993），前2种发生在古松、古柏和栎、桦等阔叶树上，后者主要发生在古松上，青变菌常和小蠹虫的发生有关（图8-2）。

（2）污染性霉菌

污染性霉菌是古树木材中常见真菌，污染木材并使其着色，通常侵入边材的薄壁组织，以木材细胞内储存的内含物如糖类、磷脂等简单有机物为营养，使木材染上黑、灰、绿、褐等颜色。常见种包括青霉属（*Penicillium*）、曲霉属（*Aspergillus*）、木霉属（*Trichoderma*）、葡萄孢属（*Botrytis*）等。

（3）木材软腐菌

木材软腐菌通常在木质细胞间隙活动，可分解丹宁、胶质物及其他一些有机物，但一般情况下不真正损害木质细胞壁，也有少数能分解木材中的纤维素，在木材细胞次生壁的中层形成空洞，引起木材表面软化。常见的木材软腐菌包括子囊菌、半知菌和接合菌中所有在木材上生存的菌物，通常会首先引起木材变色。

图8-2　木材青变和媒介小蠹虫（贺伟和叶建仁，2017）

A—受到危害的林分；B—木材变色；C—小蠹虫

（4）木材细菌

木材细菌参与了木材微生物类群的生长演替过程，细菌常常是最早侵入和生长在木材中的微生物，通常生活在水分较多的边材薄壁组织中，由于它们的活动，木材的疏松度增加，水分和其他微生物易于渗入与入侵。木材中常见的细菌有芽孢杆菌属（*Bacillus*）、梭菌属（*Clostridium*）、假单胞杆菌属（*Pseudomonas*）、棒杆菌属（*Corynebacterium*）、黄单胞杆菌属（*Xanthomonas*）、不动杆菌属（*Acinetobacter*）、欧文氏菌属（*Erwinia*）、拟杆菌属（*Bacteroides*）。

2. 木腐真菌

木腐真菌多为担子菌门伞菌亚纲多孔菌目、伞菌目、革菌目、刺革菌目、木耳目、花耳目、牛肝菌目、红菇目真菌，能产生大型的担子果。此外，还有革菌、齿菌、伞菌和少量子囊菌。常见的立木腐朽多孔菌有阿太菌科、伏革菌科、拟层孔菌科、灵芝菌科、彩孔菌科、丝毛伏革菌科、皱孔菌科、多孔菌科、展齿革菌科和齿耳科真菌；刺革菌目的刺革菌科、裂孔菌科真菌；红菇目中的耳匙菌科、木齿菌科、猴头菌科、伏革菌科和韧革菌科真菌；伞菌目的珊瑚菌科、牛排菌科、侧耳科、裂褶菌科、口蘑科真菌；革菌目的革菌科真菌；木耳目的木耳科；花耳目的花耳科；牛肝菌目的粉孢革菌科；子囊菌门子囊菌纲粪壳菌亚纲炭角菌目的炭角菌科真菌。

根据木腐菌对木材主要成分分解能力的不同，可将其分为两种类型。

（1）白色腐朽菌

白色腐朽菌可以利用纤维素、半纤维素和木质素，但对木质素的分解能力最强。木材成分是通过酶解聚的。在降解纤维素时，优先使用从纤维素分子末端降解纤维素的外纤维素酶。由于暗色的木质素被大量分解，主要留下纤维素和半纤维素，腐朽材变得松软而呈浅色，形成白色腐朽（white rot）。按腐朽木材表面显示的特征，白色腐朽还可进一步分为蜂窝状、丝片状、杂斑状、海绵状等类型。引起白色腐朽的真菌种类很多，常见的有变色栓菌（*Trametes versicolor*）、白黄侧耳（*Pleurotus cornucopiae*）、糙皮侧耳（*P. ostreatus*）、金孢展齿革菌（*Phanerochaete chrysosporium*）等，少数子囊菌如炭角菌属（*Xylaria*）、炭团菌属（*Hypoxylon*）、炭壳菌属（*Daldinia*）等也能引起白色腐朽，多发生在阔叶树上（贺伟和叶建仁，2017）。

（2）褐色腐朽菌

褐色腐朽菌可分解纤维素和半纤维素，但不分解木质素或分解木质素的能力很弱，仅对木质素分子稍加改变，如使之脱甲氧基或加以氧化等。其通过非酶解聚因子把纤维素的无定形区域分解成各种不同长度的片段，这些片段在内纤维素酶的作用下进一步分解，最终成为纤维二糖和葡萄糖。腐朽木材由于木质素的残留而呈浅或深褐色，形成易于粉碎的、多少呈块状的褐色腐朽（brown rot）。引起褐色腐朽的真菌几乎全为担子菌，其种类没有白色腐朽菌多，且多发生在针叶树上，如拟管革裥菌（*Lenzites trabea*）、茯苓（*Poria cocos*）、豹皮香菇（*Lentinus lepideus*）等。

倒木、原木和木制品等的腐朽广泛发生于林地、矿井与建筑物中，参与这类腐朽的微生物远比导致活立木腐朽的种类多。许多不能侵染活立木的菌类也能引起上述腐朽。木蹄层孔菌（*Pyropolyporus fomentarius*）、松生拟层孔菌（*Fomitopsis pinicola*）、变色栓菌（*Trametes versicolor*）、粗毛纤孔菌（*Inonotus hispidus*）、篱边粘褶菌（*Gleophyllum saepiarium*）和桦革裥菌（*Lenzites betulina*）等是枯倒木和原木上最常见的腐朽菌；而干朽菌（*Serpula lacrymans*）则是破坏建筑物中木质部分的主要真菌。这类木材腐朽的机制及类型与活立木基本相同。

8.1.3 古树腐朽类型

1. 不同部位腐朽

通常，引起古树腐朽的病原菌从伤口、根部、死枝处或其他部位侵入并最终建立寄生关系，由于被害部位不同，表现症状有很大差异。根据活立木腐朽的部位不同，可将腐朽分成边材腐朽和心材腐朽（图8-3）。

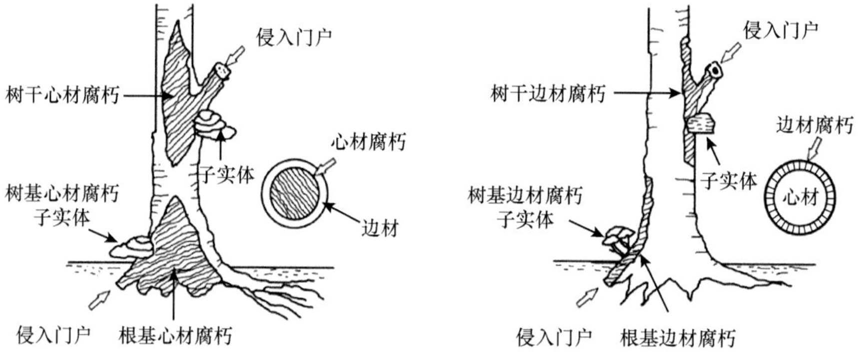

图8-3　古树腐朽发生部位（贺伟和叶建仁，2017）

（1）边材腐朽

边材腐朽常见于阔叶树，受害部位为林木边材，造成树木养分输导受阻，因而常表现为初期生长不良、后期衰退死亡等。

（2）心材腐朽

心材腐朽会造成立木木材严重损失，尤其在高龄古树中更为严重，有的腐朽面积超过树体面积的3/4。心材腐朽虽然不会对树木活组织造成危害，但在后期明显导致树木生长衰退，容易因风折、雪压、雷击而死亡。最为常见的是由落叶松木层孔菌（*Phellinus laricis*）引起的松属树木心材腐朽和由火木层孔菌（*Phellinus igniarius*）引起的阔叶树心材腐朽。

2. 不同高度腐朽

根据活立木腐朽发生的高度，可将腐朽分为根部腐朽、干基腐朽、干部腐朽和梢头腐朽（或称枝条腐朽）（图8-4）。

（1）干基腐朽

主要有由蜜环菌（*Armillaria* spp.）引起的针、阔叶树根腐朽，由多年异担子菌（*Heterobasidion annosum*）引起的松根白腐，以及由松杉暗孔菌（*Phaeolus schweinitzii*）引起的松干基块状褐腐等。

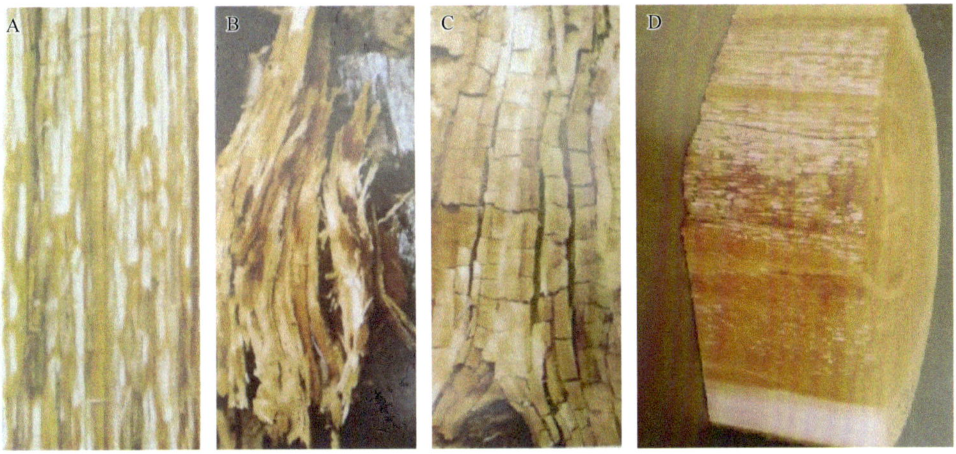

图8-4　木材腐朽的类型（余仲东提供）

A—海绵状白色腐朽；B—纤维状白色腐朽；C—块状褐色腐朽；D—心材褐色腐朽

（2）干部腐朽

常见的有由火木层孔菌引起的心材海绵状白腐，由落叶松木层孔菌（*Phellinus pini*）引起的松心材蜂窝状白腐，以及由落叶松层孔菌（*Laricifomes officinalis*）引起的落叶松心材块状褐腐等。

（3）梢头腐朽

常见的有由粗毛纤孔菌引起的阔叶树梢头腐朽等。

3. 隐蔽性腐朽

有一些腐朽的立木，尽管腐朽很严重，如果不产生病原菌子实体，外观上和健康木相似，只能靠敲击树干听声才能判断出来，这种立木腐朽称为隐蔽性腐朽，常见于过熟林分和古树名木。

8.1.4　古树腐朽侵染循环和发生条件

一般来说，木腐菌的潜育期都较长，多在数年至数十年之后才在树干上长出子实体。木腐菌的子实体（绝大多数为担子果）1年生或多年生。1年生的至冬季死亡，翌年产生新的子实体；多年生的子实体则产生新的子实层。多数木腐菌的子实体是在夏、秋多雨的季节产生。子实体每年都产生和放散大量的担孢子，有的种类一个子实体就能产生上百亿个担孢子，并且可以持续放散6个月之久。担孢子可以飘浮在空气中随大气流动进行远距离传播，在20m的高空都有活的担孢子存在。担孢子传播到木材上，通过木材上的各种伤口、小蠹虫等的孔道以及木材的裂缝或死枝处等侵入。如果外界条件适宜，担孢子便萌发形成菌丝，菌丝纵横交错形成网状的菌丝体，在木材上可肉眼看到白色的菌丝膜，菌丝膜有时呈扇

图8-5 古树立木干基腐朽的扇形菌丝膜（余仲东提供）

状（图8-5）。菌丝体在立木中潜伏生长一定时期后，在立木表面形成子实体并产生担孢子。木腐菌还可以通过菌丝或根状菌索的主动生长蔓延进行短距离传播。

活立木的腐朽程度与林木年龄有着密切的联系，在相同条件下，林龄愈大，腐朽率愈高。一般情况下，林木的直径与林龄的关系为正相关，因此，林木的腐朽率与林木直径也呈正相关。在野外调查中，确定林木年龄与林木直径的关系后，便可直接根据古树的胸径推算出腐朽的大致程度。

腐朽发生率与古树生长的环境条件密切相关。例如，在黄帝陵古柏林分中，阳坡立木腐朽发生率较阴坡低。郁闭度大，腐朽和侧柏赤枯病发生重，林分土壤的湿度显然起着重要的作用，在一定的范围内，林分内的湿度增高可促进微型真菌、细菌和木腐菌的生长。另外，潮湿的土壤能引起根部的窒息，因而促进了干基腐朽的发展。

管理粗放、土壤板结或排水不良，古树腐朽严重；旅游景点较自然状况下，古树腐朽严重；不合理的人为活动会加剧古树腐朽。

8.2 古树腐朽防治措施

古树腐朽是个长期的病理过程，是寄主遗传因子、环境因子及病原菌共同作用的结果。因此，古树腐朽防治以延续寿命、维持健康、防止继续发展为主要目标，需要采取综合措施，全面诊断、积极干预、适度治疗；需要根据不同树种、生态条件、腐朽类型和人文环境，合理选择保护方案和治疗措施。

8.2.1 抚育管理

加强抚育管理，可提高古树的生长势。不论任何树种和任何环境条件，腐朽株率和腐朽材积均随林龄的增长而增大。因此，应根据不同的立地条件为每一树龄段古树制定合理的水、肥、气、光照、病虫害等管理措施。林龄越大，对某些矿质元素的需求越高，需要及时补给；林龄越大，伤痕越多，木腐菌侵入的概率越大，需要防止任何机械损伤、虫伤、动物啃食、人为伤口；林龄越大，水分代谢越困难，输导组织越容易失去功能，需要及时补充环境水分，维持生长点及叶片适度膨压，防止进一步衰退；防止人为强度踩踏，使根系呼吸通畅，发育充足。

1. 清除侵染来源

要经常保持树体卫生，不断清除带病虫枝条、枯死枝条、徒长枝条。有计划地清除林木上引起腐朽的病原物子实体，以减少侵染来源。树冠稀疏、叶色变黄或生有子实体的枝干，在不破坏树体结构平衡的情况下要逐渐清除。

在病腐率较高的古树林分中，还应进行适当卫生伐。伐除已受木腐菌感染的腐朽木，或极易遭受侵染的衰老木，以减少林分的腐朽发生率，保证其他林木健康成长。

2. 减少树木损伤

有条件的古树，可进行人工打枝。打枝的高度要合理。打枝时枝桩要平滑，切忌伤及干皮。行道古树、陵园古树或其他珍贵树木打枝后，最好用保护药剂涂抹伤口，以免病原物侵入。例如，古树已腐朽，用刀、斧、凿等挖去腐朽部分，在切口上涂以防腐剂（如3%的氟化钠溶液、5%的硫酸铜液或1∶1∶10的波尔多液等），然后涂一层不透水的油灰。油灰可参考下列配方：松脂80%、动物油5%、变性醇10%、赭石粉5%。经过上述处理后的树洞内务必保持不积水，以免再腐朽。为此，可以考虑用水泥把洞补平。由于木腐菌主要由伤口侵入，因此要尽力避免各种烧伤、机械伤、虫伤、兽（鼠、兔等）伤、灼伤、冻伤等。要特别注意防止林火，火灾后残存的林木，不仅抗腐能力降低，而且由火灾造成的伤口很难愈合，最利于病原物的侵入。

3. 合理修剪

要打破传统思维，合理修剪古树。在中国文化中，古树常被赋予很多神圣的象征，不可人为干预。合理修剪，既是对有病枝条，也是对树体平衡、树体营养、生长发育进行科学调节，是实现营养“源”、“库”平衡，促进生长发育和器官更新的一个重要途径。合理修剪，需要有较强的专业知识，应做好预案处理和专家咨询，维护古树的持续健康。

8.2.2　古树腐朽检测

古树腐朽是个长期的、渐进的过程，严重危害古树健康及环境安全，因此，古树腐朽的监测在古树健康管理中至关重要。做到早诊断、早治疗是维护古树健康的关键途径。通常，古树树体高大，腐朽的病状和病征都很难发现，而一旦发现担子果，古树腐朽已经十分严重，防治已经相当困难。古树腐朽检测的方法有如下几种。

1. 雷达监测法

利用雷达波反射速度和波形，可确诊古树腐朽发生部位、类型、程度和面积。此法适用于古树腐朽发生的中后期，通过雷达成像可以观察到树体内部腐朽发生的部位和程度，不受土壤和周围建筑物的干扰，对于基腐朽和根部腐朽进行监测都可取得较好效果。

2. 超声波监测法

其原理和雷达成像相似，利用PICUS应力波断层成像仪，采用无损探伤技术，对部分调查中存在隐蔽性主干通干中空的古树进行探测诊断。该仪器以应力波传播时间为原理，通过诊断可清楚看到树木内部健康与腐朽情况，以及腐朽的程度和面积，大大提高了古树、大树树洞探伤诊断的精确度。

3. 化学诊断

利用打孔器钻取古树木材，烘干后按1%氢氧化钠法（GB/T 2677.5—1993）、苯醇法（GB/T 2677.6—1994）、硫酸法（GB/T 2677.8—1994）抽提木材，将抽提物进行高效液相色谱分析（HPLC）（刘欣，2009），腐朽木材和健康木材成分有显著差异，其所含酚、木素、单宁等物质会显著减少。

4. 症状观察法

通过子实体观察、树冠观察、敲击回声等方法，望诊判断古树是否发生立木腐朽及其部位、程度、类型。

5. 分子检测法

大多数古树的腐朽是由多孔菌目真菌引起的，许多树种的腐朽类型和病原物都有明确报道，通过提取立木不同部位木材DNA，采用特异引物或通用引物完成木腐菌的检测和定量分析，评估古树立木腐朽的类型和发生程度。分子检测具有灵敏、快速、准确等特点，不受腐朽程度、腐朽症状、立地环境条件影响，是未来古树立木腐朽诊断的一个基本方向。

6. 微生物组学法

利用内生菌和古树共生与协同进化的关系，判断和评估腐朽状况，该方法简便、准确、成本低，且不受时间限制，是一个可探寻的新方法。其理论依据是所有病原物和寄主都有内生关系，至少在其生活史中的某阶段是内生的，而且是不致病的，当环境胁迫或寄主自身遗传物质改变或抗性衰退时，内生性的病原物会发生致病性跳跃（pathogenicity jumping），导致寄主发病甚至整个林分生长出现衰退（Smith et al.，1996）。对陕西黄帝陵和周公庙古柏群的内生菌分析发现，导致古柏心材发生块状褐色腐朽的真菌拟黄薄孔菌（*Antrodia subxantha*）在鳞叶中相对分离率（RF）达0.3%；树龄超过1000年的古柏都有立木腐朽症状，拟黄薄孔菌的相对分离率与立木腐朽病的田间发病率呈正相关（r=0.86，

P=0.062）。古柏内生菌有益微生物群体相对分离率处于较高水平，而木腐菌等病原物相对分离率处于中等水平，预示古树群体目前的健康状态尚好，病原物群体和有益微生物群体“竞争”相当激烈，一旦平衡打破木腐菌等病原菌占优势，古树群体生长将出现衰退。

8.2.3　立木腐朽防治

在古树的日常健康管理中，要重视腐朽病原菌的清除和腐朽的防治。对已出现的古树空腐要抓紧修复，延长古树的健康生长期限，常用的措施有化学、物理和生物防治。近年来，生物防治因环保、无公害等特点，在古树保护中越来越受到青睐。

1. 化学防治

我国古树大多存在于名胜古迹、陵园古墓等人为活动比较频繁的地方。古树化学防治作为应急措施，对突发性的病虫害可以起到良好的防治效果，但对立木腐朽的防治效果甚微，戊唑醇、苯并咪唑、咪鲜胺等内吸传导性杀菌剂，对抑制木腐菌生长有一定效果，有喷施、注射、浇灌等使用方式。化学防治要充分考虑对环境和游人的影响。

2. 物理防治

物理防治指采用手术、辐射灭菌等措施对腐朽部位病原物进行清除。对于古树树洞，还需要进行修补、支撑、填充等处理，以使树体能够承受巨大压力和防止雨水侵蚀、动物啃食等进一步危害。

3. 生物防治

生物防治是利用病原物的竞争者或者拮抗物来发挥作用，立木腐朽的生物防治实例不是很多，应用范围有限。但因为其环境友好性、防治持续性，生物防治措施越来越受到人们青睐。比较成功的案例是由异担子菌引起的立木根腐病的防治（图8-6）。常见的针叶树根腐病病原菌有大伏革菌（*Phlebiopsis gigantea*）、松生拟层孔菌（*Fomitopsis pinicola*）、黑管孔菌（*Bjerkandera adusta*）和哈茨木霉菌（*Trichoderma harzianum*）。目前，大伏革菌和哈茨木霉菌的防治取得了较好效果（Lehtijärvi et al.，2010；Berglund et al.，2005；Schubert et al.，2008；Rönnberg and Cleary，2012；Wang et al.，2012；Hamberg et al.，2012），尤其是异核体大伏革菌的防治（图8-7），可通过菌丝干涉、营养竞争和诱导寄主抗性等措施取得良好的防治效果。已研制出的大伏革菌商品化防治剂很多，并在英国、丹麦、瑞典、挪威和芬兰等国家广泛应用，每年有超过20万株树木使用药剂进行根腐病的防治（Thor，2001）。

图8-6　由异担子菌引起的针叶树根腐病为害症状（李杏春，2014）

A—由异担子菌造成的树木死亡；B和C—由异担子菌造成的树木心材腐朽

图8-7　大伏革菌子实体（李杏春，2014）

1963年，Rishbeth研制出片状的大伏革菌生物防治剂，溶解稀释后即可使用，实际应用中可现用现配，但在森林中使用至少要提前1h水化，实际上常常需要通宵浸泡（Rishbeth，1963）。1968年，Rishbeth进一步优化了该剂型，以乳化油药剂替代了片剂应用于林木根腐病防治（Holdenrieder and Greig，1998）。针对乳化油药剂较易污染、很难维持无菌状态的问题，1970年，产品被重新包装，将孢子悬浮液混合于蔗糖溶液中，将此混合物密封于聚氯乙烯小袋中克服了污染的问题，且延长了保存时间。该混合物已经发展为商业化菌剂，注册名为PGS（Pratt et al.，2000）。PGS适用于松树，在4℃条件下可保存7个月，已在保加利亚、加拿大、芬兰、法国、德国和波兰等多个国家的林地防治中应用，取得了较好效果。

与此同时，世界各国科学家都在研究适合自己国家的生物防治菌剂。1970年，波兰研制出生物防治菌剂“IBL”，将大伏革菌的孢子和菌丝接种于灭菌后的山毛榉木屑中，采用聚乙烯小袋包装，在干燥低温环境下可存放1年，可应用于松树和云杉。1991年，芬兰科学家从云杉树桩上分离得到1株异核体大伏革菌菌株，研制成可湿性粉剂“Rotstop”，在-18℃条件下可存放18个月，8℃下存放1年，室温下可存放1周，可应用于松树和云杉（Pratt et al.，2000）。

8.3　古树树洞修补

古树树洞修补是古树地上部分复壮的基本内容之一。树洞的形成是古树立木腐朽稳定发展后的必然结果，是腐殖质形成后进一步向无机物转化的过程。腐殖质在有利的环境条件下分解产生了气体、小分子葡萄糖，随后小分子葡萄糖分解成为二氧化碳和水，最后移出洞外，洞内仅剩下一些无机矿质元素。树洞的形成同树种也有很大的关系，其中落叶阔叶树树体的木质部松软，密度较小，易出现孔洞，如槐树。在全国的古树资源调研中，槐树的空洞率达到了78%，其中大部分的古槐都具有由空洞导致的严重生存问题。而常绿针叶树如油松、侧柏，则由于树体木质部较为坚硬和紧实，密度较大，且树体本身含有丰富的单宁和树脂等抗腐有机质，因此空洞形成较慢，很少发现如古槐一般的大型树洞。树洞形成的最主要原因是外伤引起立木发生腐朽，且在适宜的温湿度下腐生菌进一步分解木质素。因此，树洞修补和填充的原则就是采取措施阻断木腐菌进一步侵染和腐生菌分解木材，防止木腐菌在树体扩展和腐生菌滋生。一般情况下，对于树干部分仍有60%以上依然完整存在且不易断裂的古树，宜采用不填充的方法，或者只补树皮，不填充树干的方法利于通风以及保持景观效果。而针对已经有大部分树皮或者树干腐烂、脆裂的古树，则需要做部分的树干填充，防止进一步的断裂，同时是为脆弱的树皮提供支持，保证其活力。

8.3.1　树洞填充材料

实践中，古树树洞的修补常采用填充的方法。但由于填充材料和树体的不亲和性及填充处理技术不到位，填充后可能导致古树正常生长受到影响甚至腐朽进一步加剧。由于填充效果不能有效观察等，古树的填充处理常常存在巨大争议。一些人认为古树树洞应该填充，防止其遭遇恶劣天气状况时倒伏或者断裂；另一些人则认为不应该填充，填充会造成渗水、腐烂等新问题，且不透气、不通风，对树体的生长不利。

古树名木乃至景观树木树洞的填充材料多而复杂，过去常就地取材，多用的是水泥、泡沫塑料甚至泥土等廉价、易得到的材料。水泥虽对古树有支撑作用，但其缺点也是显而易见的：同树体的贴合度不高，遇到雨季等时节容易造成积水，使树体内腐烂更加严重；另外，水泥等硬质填充物不会随着树木在风中摇动而移动，更无法参与树木的生理过程。

近年来，聚氨酯发泡剂被广泛应用于树洞填充，虽贴合度高，但是造价较高，维持时间短。随着保护古树名木的呼声越来越强烈，科学家和企业家也开始着手研发新型的树体填充材料。理想的填充材料应符合以下条件：①pH最好为中性；②收缩性与木材的收缩性大致相等；③与木质部亲和力较强；④闭孔率较高，防止渗水；⑤具有很强的憎水性；⑥自重轻，同时具有足够的强度和抗冲击性能；⑦与一些材料如混凝土、木料等的黏结力强；⑧最好具有一定的生物学性能，如具有营养价值、可以促进生根等。

生态材料学是一门新兴的学科，是一门研究相关材料及材料在循环过程中与生态环境相互作用的科学，其存在目的是使相关材料在满足客观需要的前提下，与生态环境具有优良的协调性，也就是说，使材料在其整个寿命周期中对环境所施加的负荷达到最小。以往的树木空洞填补和断枝支撑多用的是无机或有机材料或者是建筑聚合物材料，其在树体树洞有效填充和断枝支撑方面的作用是很大的，但是人们忽略了其对环境和树体的影响，以及其同树体的贴合度是否适宜等。因此，调查研究现阶段古树修补市场上的各种填充材料，并对它们进行对比和分析，以期找到更适合进行古树空洞填充和断枝支撑的材料，以便将学科进行交叉应用，推广新型古树修补复壮技术。

8.3.2 填充和防腐处理程序

树木特别是古树如果受到外力损害，如风折、雪压等机械损害时，很容易腐朽。若不及时处理，腐朽发展极其迅速。因此，只要古树出现腐朽迹象就必须及时进行防腐处理和技术修复，要求处理措施得当，越早越好，不可拖延。进行古树腐朽预防和防腐处理时一定要周密计划，并提出详细技术方案。

1. 调查发生腐朽古树的基本情况

内容包括树种、树龄、历史、传说、纪念保护类型；树木生长势、树冠状况（枝叶、枯梢以及芽的形成、发芽）、叶片病虫害、枯枝、断枝、树干虫孔、树干颜色、损伤、空洞、根系状况、根围土壤（践踏、排水、积水状况）；周围林相及构筑物状况、特殊管理情况等。

2. 进行腐朽类型及腐朽程度诊断

对古树受损情况进行准确的诊断是进行古树修复的基础工作。有些枝干损害情况非常清晰，而有些外皮虽然完好无损，但是树体内部已中空，在雷雨、大风等恶劣天气条件下非常容易折断，存在着严重的安全隐患。在古树损伤诊断中，经常使用FAKOPP 2D Timer测定仪来检测树洞的腐朽情况，大致了解树干空洞和腐朽的面积以及位置。同时，调查古树可能受到的危害类型（病害、虫害、腐朽菌的类型）及其危害程度，以及具体受到伤害的部位（枝、干、根）及损伤程度，特别是树体的腐朽部位、腐朽类型及病原物类型等（最好附加相应的直观图解资料或照片）。

3. 确定治疗方法和腐朽处理技术方案

包括是否需要修枝、断根作业，并确定需要切除的枝条位置、涂抹的药剂及切除方法；填充的材料、方法以及支撑固定的位置、方法等。方案中要求提出防腐处理及树势恢复所需的药剂、肥料、基质和必要的工具材料以及预算、施工时间等。确保方案可行且经济有效。

8.3.3 填充和防腐处理

1. 处理的方式

为了防止树洞继续扩大和发展，常采用以下3类方法进行修补。

（1）开放式

树洞不深或树洞过大都可以采用此类方法，如伤口不深无填充的必要时，可按前面介绍的伤口治疗方法处理。如果树洞很大，给人以奇特之感，欲留作观赏时也可采用此法。方法是将洞内腐烂木质部彻底清除，刮去洞口边缘的死组织，直至露出新的组织为止，用药剂消毒并涂防护剂。同时改变洞形，以利排水，也可以在树洞最下端插入排水管。以后需经常检查防水层和排水情况，防护剂每隔半年左右重涂1次。

（2）封闭式

树洞经消毒处理后，在洞口表面钉上板条，以油灰和麻刀灰封闭（油灰用生石灰和熟桐油以1∶0.35的比例配制，也可以直接用安装玻璃用的油灰，俗称腻子），再涂以白灰乳胶、颜料，以增加美观度，还可以在上面压树皮状纹或钉上1层真树皮。

（3）填充式

填充物最好是水泥和小石砾的混合物，如无水泥，也可就地取材。填充材料必须压实，为加强填料与木质部连接，洞内可钉若干电镀铁钉，并在洞口内两侧挖一道深约4cm的凹槽，填充物从底部开始填充，每20～25cm为一层用油毡隔开，每层表面都向外略斜，以利排水，填充物边缘应不超出木质部，使形成层能在它上面形成愈伤组织。外层用石灰、乳胶、颜色涂抹，为了增加美观度、富有真实感，在最外面钉1层真树皮。

2. 作业步骤

传统的树木腐朽/空洞防腐处理包括清理整形、树洞消毒、树洞填充、封盖美化和后期监测管理等步骤。近些年来的实践证明，填充加固、封盖美化处理往往会造成新的树体伤害，或由于处理不当，树体内部积水，封盖处理后加剧了心材的进一步腐朽，所以开放式或不定根诱导技术是未来的发展趋势。

（1）清理整形

由于冬季树木的生理活动弱、树液流动慢，且空气中杂菌少，这个季节进行杀菌的效果最好，最适宜进行削切清理、消毒和填充，最迟在5月前完成所有作业。作业过程中要小心地去掉腐朽和虫蛀的木质部，主要针对没有产生空洞但已腐朽的枝条和树干。首先用灰铲、钢针除去已经腐朽的部分，若腐朽较深，一定挖孔清理所有的腐朽直至露出健康部位，并尽量光滑，以便于涂抹杀菌防腐剂。挖孔部位的整形要保证有利于排水，有利于产生愈伤组织。已经产生空洞的腐朽部位，腐朽如果延伸到心材部位，清理时可露出心材。先在空洞部位打孔，清理空洞内面，用吸尘器吸（吹风机吹）干净腐朽碎屑。如空洞底部比地表面还低，应清理后用水泥填充盖于地面，有利于排水，防止积水。

（2）树洞消毒

如果木腐菌残留在树洞中，有可能再次入侵，加速腐朽，所以必须在清理后涂抹杀菌、灭菌药剂。虽然木质部已经死亡，但树皮下的形成层仍然具有生命力，所以一定要选择不杀死树木细胞的药剂。常见药剂如甲基硫菌灵，商品名称甲基托布津（Topsin-M），具有预防和内吸作用，属苯并咪唑类，可用其70%可湿性粉剂700～1400倍液涂抹或喷雾。使用煤焦油、木醋液等也可起到防腐效果。也可使用3%～5%硫酸铜溶液、5%季铵铜溶液、波尔多液、石硫合剂、升汞（氯化汞）溶液等进行消毒处理。或采用酒精喷灯对腐朽部位进行炭化消毒处理，利用高温炭化过程杀死木腐菌和其他侵染菌，同时炭化后腐朽伤损面的抗菌能力增强。

（3）树洞填充

在空洞早期，可以不填充，但为了防止古树生长衰退，促进其活力恢复，有些空洞必须填充。可采用水泥[（水泥：沙=1：（2～3），空洞很大或近地面时，水泥：砂：砂粒=1：2：（3～6）]、沥青、聚氨基甲酸酯泡沫等合成树脂、木片等填充。也可将锯末或刨花和滑石粉混合，加入氯化镁和水固结形成氯化镁水泥进行填充，或用橡胶类物质、植物油、木炭和红土等进行填充。

（4）树洞加固

可采用螺栓、螺杆等进行加固。进行加固时的注意事项有：①钻孔的位置至少离伤口健康皮层和形成层带5cm；②垫圈和螺帽必须完全进入埋头孔内，其深度应足以使形成的愈合组织覆盖其表面；③所有的钻孔都应消毒并用树木涂料覆盖；④对于长树洞，还应在上下两端健全的木质部上安装螺栓或螺杆用于加固。

（5）树洞封盖美化

一般用金属或新型材料板覆盖洞口，覆盖物的表面需涂漆用于防水，还可进行适当的装饰。因树干空洞削切处理面和填充物之间的间隙容易进入雨水或潮湿空气，促进腐生菌再繁殖，原则上清理干净的空洞可以不填充，保持原状，在树洞口加盖不锈钢伞盖防止雨水进入。已经枯死的部分全部削切清理，然后涂抹甲基托布津消毒杀菌。如果是雷击造成的纵裂空洞，因树干严重倾斜，不会造成雨水聚集，且底部排水顺畅，也可以不填充和封盖树洞口，仅做支撑加固处理。对洞口覆盖物表面可进行仿生处理形成人工假树皮或粘贴真树皮，以起到美化作用。

（6）后期监测管理

作业完成后3个月内，仔细观察填充物和开孔部之间是否产生缝隙、裂痕，是否有雨水或空气进入积留。伞盖材料常用铜板材，铜板材容易加工成型，且色泽和树体颜色协调。而镀锌板容易生锈，不锈钢板光泽和树体颜色不协调，很少用。

8.3.4　常用的树洞修复方法

针对古树树洞要不要填充有两种完全不同的意见，各有相关技术做支撑。主张填充的学者认为，填充可以有效防止树体的崩裂与坍塌，同时有效阻隔易腐烂树体与外界环境的接触。而不主张填充的学者认为，不填充古树有利于古树树体本身自愈能力的恢复，同时能有效避免积水、积土等问题，且树体填充后的效果往往不十分理想，有些甚至对树体造成了更严重的损伤。尽管如此，鉴于树洞本身的特殊景观效果，大部分学者虽主张不填充树体，但是支持在树体外表进行相应的处理，以达到保护和支撑树体的作用。

1. 仿真木板装饰对接法

这种技术不对空洞进行填充。基本的做法是先将树洞内腐烂的木质部彻底清除，直至露出新鲜的活体组织，之后用配好的药剂，如2%～5%硫酸铜溶液、0.1%升汞溶液、石硫合剂原液等进行消毒，最后涂抹防护剂。在清除腐烂木质部时，要注意改变洞口的形状，使洞口顺延向下以利于排水，也可在树洞最下端安装排水管。

树洞经过消毒处理后，在洞口外部钉上木板条，用防水填泥（腻子）封闭，之后用白灰乳胶在表面黏合成树皮状纹或者直接钉上1层真树皮，以起到美化景观的作用。这种处理的优点是施工简单易操作、价格低廉、方便随时察看树洞的情况。缺点是处理后的树洞容易积水、不牢靠，在遇摇晃或人为破坏时，封闭洞口的木板条易断裂，实际应用效果不佳。

2. 补干法

针对补树洞易造成积水和腐烂的情况，技术人员发明了一种新的补干不补皮的方法。具体做法是，在对树洞进行消毒和杀菌防腐处理后，在洞口钉木板条，高度要低于洞口平面，然后在木板条上涂覆融化好的玻璃钢并添加相应的颜色，调好色的玻璃钢凝固后的高度要低于古树树皮，且与古树的木质部相接，在树洞底部留导水的孔洞。

这种补干不补皮方法的优点是，可促使树洞口周边的新生组织向外生长，扣紧仿真的玻璃钢树干，在防止雨水渗漏的效果上优于其他方法。缺点是树木的新生组织生长缓慢，需要时时注意漏水情况，监测时间较长。

3. 树干重塑法

对于一些腐烂严重、树皮外部基本已经不成形的古树，可使用树干重塑法来重新塑造树干的外表皮。具体方法是，在离原树干适当的位置设置地锚用来稳定铁管，随后用拉扣等将树干和铁管连在一起，接着做龙骨（图8-8A），用发泡剂恢复树干原貌，最后进行仿真成型（图8-8B）。这种做法的优点是既能保存树干的原有风貌，又不会过多使用发泡剂等填充物。为防止雨水渗漏，在树洞的底下做斜坡引流雨水流出或者放置导出管。缺点是树干重塑技术对工人的技能要求极高，既要求做到连接不能对古树造成伤害，又要使树干和铁管连接紧密结实（图8-8C）。

图8-8　古树树干重塑修复效果（来源于北京市北海公园园林绿化办公室）

A—地锚稳定的铁管和龙骨；B—用发泡剂恢复树干原貌；C—重塑的树干

4. 原始修补法

采用水泥、砖块修补树洞是黄河中下游地区很多地方在古树修复中普遍采用的传统方法。基本的做法是内填砖石，外面用水泥抹成树干形状。这种方法的缺点和优点都非常突出，优点是省时、省力且经济实用，如果是技术纯熟的工人操作，工艺细致，还能起到加固树体的作用。缺点是不美观，漏水，封口非常容易出现龟裂，水泥的碱性也会对树体造成伤害。

5. 二丁酯封干法

该方法为北京植物园独创，修补流程如下：先找出树体空洞位置，预测空洞范围，计算材料的用量。修补时需先刮除树干上腐朽的部分，直至坚硬部分。用高压水枪喷射，清除残留的碎屑，待干燥后，在刮除处和树洞的内部均匀涂抹硫酸铜溶液消毒。待硫酸铜干燥后，均匀涂抹有防水、耐腐作用的桐油3遍。待桐油干燥后，使用聚氨酯发泡剂和木材填充刮除部位及树洞。同时，根据情况在主干或主枝上选点放入排水管，并用发泡剂固定。最后清除聚氨酯发泡剂多余的部分，使树干上填充部分高度低于周围干皮4～5cm，在发泡剂表面用钢刷刷出1层毛茬，然后涂抹1层黏合胶，再在黏合胶上覆盖1层混有专用胶和干皮色油漆的水泥。水泥厚度保持在4～5cm，待水泥干透后，刷二丁酯3次，总厚度约1mm。

6. 发泡剂填充修补法

近年来，采用建筑材料发泡剂进行古树树洞填充修补的方法得到了古树保护单位的青睐，原因在于发泡剂成型后有无数微小孔所形成的微小泡孔结构，如聚氨酯发泡剂的闭孔率达到了95%以上，能有效阻隔水分渗透，在其表面形成1层光滑的膜，闭孔率就接近于100%，并且具有很高的憎水性，吸水率小于1%。另外，聚氨酯发泡剂质轻，密度为55kg/m^2，自身强度大于或等于300kPa，具有足够的强度和抗压、抗冲击能力，与混凝土、木料等基层的黏结力强（＞100kPa），可以保证自身的稳固性和防止接触面渗水。

具体做法：先用锋利的工具将树洞中腐烂、疏松的部分刮干净，刮到新鲜树干即可。用溴氰菊酯或灭蛀磷原液喷杀残留蛀干类害虫，待树洞完全干燥后，用安全无毒的季铵铜溶液或者铬砷铜溶液进行全面的消毒，也可用1∶30～50倍的硫酸铜或高锰酸钾溶液进行喷雾消毒。同时，将洞口周围已经坏死的树体组织刮干净，均匀涂抹杀菌剂用来保护树体，防止木质部与外界接触发生感染而引发腐烂。接着采用发泡剂对树洞进行填充修复，目前常用聚氨酯发泡剂。最后进行树皮黏合。可供制作树皮的材料很多，可观性、耐用性也各不相同，目前使用较多的是用玻璃钢做仿真树皮，也有使用枯木老树皮或真树皮的。玻璃钢仿真树皮的制作工艺是用乳胶均匀涂抹到古树的树干上，待凝固后，把乳胶扒下，制作完成树皮模具，然后把树皮纹理面向上平铺于地面，待玻璃钢融化后，根据古树树皮的颜色把染料加入融化好的玻璃钢中，直至颜色接近古树树皮的颜色，然后倒入乳胶模具中，待冷却后，扒下乳胶便制成玻璃钢树皮。活树皮与假树皮之间的缝隙黏合一般采用紫虫胶和乳胶。

在应用发泡剂填充时，首先做好钢筋或木架支撑，因为发泡剂与钢筋或木材有很强的黏合力，可使古树树干、钢筋、木材、发泡剂充分黏合为一体，加固树体的作用不言而喻。同时加入一种称为三氧化二锑的阻燃剂在填充物中，防止古树树洞起火。

发泡剂填充是目前最为有效的填充技术之一，得益于它完美的贴合度与黏合性。目前还没有出现可以替代它的新型材料。

发泡剂在应用了近10年之后，陆陆续续出现了很多问题和弊端。主要的弊端有：发泡剂与树干内膛古树侧壁以及作为支撑架的木材黏合十分紧密，已浑然一体，清除的时候很费力气；同时，最顶部的发泡剂中已经浸足了水分，导致支撑木架出现了不同程度的腐烂，但木架周边的发泡剂呈现干燥的态势。由此可见，利用发泡剂对古树填充有积极的作用也有弊端，如雨水不能从发泡剂与树壁的结合处渗入，但是能靠重力作用渗入顶部的发泡剂中，时间长了之后，发泡剂的质量就会越来越差。同时，树干本身的水汽作用会导致树干和支撑树干的木架腐朽。

8.4　常见古树腐朽与防治

8.4.1　古槐心材腐朽

心材腐朽是在国内外广泛分布的一种病害，以在国槐古树上发生居多。据统计，50年生以下的国槐发病率在10%以下，50～100年生国槐发病率在20%～40%，100年生以上的国槐发病率在60%～100%。例如，陕西省咸阳市杨陵区古槐树腐朽率达100%，呈现出树龄越大，发病率越高，危害越严重，树干朽材高度越高的特点，甚者主枝也会发生不同程度的腐朽。国槐立木腐朽是树折、树塌、树毁，甚至树体整株死亡的重要原因。

1. 腐朽症状

国槐腐朽主要发生在干基部心材部分，初期表现为心材变成淡褐色至暗褐色，后随着腐朽程度的加重，逐渐褪为白色，并在其周围产生黑色线纹，最后朽材变白变软、不碎不裂，形成典型的海绵状白色腐朽。有时在腐朽的心材沿着年轮生有大片菌膜。在大风、雨天，常从腐朽部折断，露出白色松软的朽材，在横断面上可见到心材的腐朽区域和周围的变色区域。国槐变色区常有褐色杂斑，呈大理石状，为隐蔽性腐朽，不见子实体，此现象为多数古槐树腐朽的症状。腐朽到一定程度后，菌丝在腐朽节等伤痕处分化形成马蹄形、覆瓦形子实体（图8-9）。

图8-9　古槐腐朽的病征（火木层孔菌）（余仲东摄）

2. 病原菌

古槐心材腐朽由担子菌门刺革菌目刺革菌科木层孔菌属火木层孔菌引起。子实体多年生，无柄，侧生于树干上，木质，质地坚硬且不易脱落，形状变异较大，常呈马蹄形、半球形，大小为（2～12）cm×（3～21）cm，厚1.5～10cm。菌盖暗灰色至暗黑色，幼体表面光滑，有细微绒毛，无龟裂；老熟体有明显的龟裂，无毛，有同心环纹，无皮壳或有假皮壳，边缘钝圆，有密生的短绒毛，干后脱落，呈浅咖啡色，下侧无子实层。菌肉硬，木质，深咖啡色，厚5mm左右。菌管多层，层次不分明，长1～5cm，与菌肉同色，老管中有白色菌丝等填充物；管孔面大，锈褐色至酱色；管壁薄，管孔圆而小，4～5个/mm。刚毛顶端尖锐，基部膨大，大小为（10～25）μm×（5～7）μm。担孢子卵圆形至球形，光滑，无色，大小为（5～6）μm×（3～4）μm。二系菌丝系统，生殖菌丝无锁状联合，具骨架菌丝。

3. 发病规律

古槐树多为散生单株树木，散布于庭院角落、路旁沟渠等人为活动频繁的地方。因此，古槐心材腐朽的发生与人为干扰呈正相关。由人为采樵、牲口啃伤、秸秆焚烧或其他原因造成的机械损伤越多，心材腐朽发生的概率越高；树龄越大，心材腐朽发生程度越严重。通常，古槐干基部多因腐朽形成空洞，高达4～5m或更高，空洞呈圆锥形，龄级越大，腐朽高度越高。立地条件也是影响心材腐朽发生的一个重要因素，土壤板结、排水不良、碱化严重都会加剧古槐心材腐朽的发展及树木进一步衰退。

4. 防治措施

古槐心材腐朽防治的关键在于提高古槐生长势，减少树木衰退的诱发因素和间接因素。具体措施如下。

（1）改善立地条件

通过围护造栏、挂牌标识，减少人为踩踏和机械伤害，防止进一步感染和病情扩展；通过有计划、有步骤地移换旧土，减少土壤对新生根系的化感作用；通过合理施肥补充必要营养元素，或施用生物菌肥，促进古槐持续生长，防止古槐进一步衰退。

（2）合理整枝

通过调节古槐树体营养分配及源库关系，防止偏生偏长、树体不正，防止地上部分徒长疯长而削弱根系发育。对腐朽严重的侧枝侧干，可以重剪。合理保护伤口，通过涂抹封剪油、硫酸铜溶液或其他保护剂，防止接种体侵入。

（3）空腐处理

采用实填充或假填充的方式，防止树体坍塌和进一步损失。假树皮常用春灰∶石灰∶麻刀灰∶乳胶=50∶5∶3∶5配制，颜色按白∶红∶黄∶黑∶聚硫密封胶=4∶1∶1∶1∶5调配。

（4）树干涂白

树干涂白剂通常按生石灰10～12份，石硫合剂2份，食盐1～2份，黏土2份，水适量，也可加入少量农药如敌敌畏、敌百虫等配成。先融化石灰，过滤后加入食盐，再拌土、石硫合剂和黏土。在入冬前涂刷树干胸高以下，防治树皮破裂、害虫入土越冬及干基部病害。

（5）刮治

对于干基部心材腐朽，可以使用刮治的办法来治疗或控制病害发展。通常刮治要彻底，要见到活细胞或组织。刮治后要对手术工具消毒，防止二次传染。对于病斑要及时处理，一般需要用治疗剂或保护剂对病斑进行涂抹。常用药剂有波尔多液、腐必治（过氧乙酸）等。

（6）清除子实体

有计划地人工清除古槐上的担子果，减少侵染来源，并对清除部位进行表面消毒处理或安置假树皮。对伤口进行处理时，选用0.75%十三吗啉药液，或25%咪鲜胺1.5g/L。每隔15～20d涂1次，连续涂2～3次。

（7）化学保护

在担孢子飞散季节，关中地区每年9～10月、翌年4～5月对树体喷施1%石硫合剂、50%代森铵，防止孢子接触伤口或嫩叶，减少侵染。

（8）生物防治

对腐朽部位喷施芬兰产的大伏革菌孢子悬液，或接种木霉菌株，可达到良好的防治效果。

（9）古槐复壮

根部接种溶磷内生真菌黑曲霉（*Aspergillus niger*）ZG-15可显著提高国槐的叶绿素含量、可溶性蛋白质含量以及SOD、POD活性（$P<0.05$），从而维持国槐的正常生长和提高其抗逆能力。

8.4.2　古柏腐朽

古柏腐朽是各地常见的一种病害，以1000年生以上的古柏发病率最高。其常造成古柏干基部心材腐烂解体或干基部心材出现块状褐色腐朽，发病部位高度可达4～5m。树体中空后容易坍塌或发生风折、雪断，对古树健康危害极大。

1. 病原菌

作者在黄帝陵古柏群中发现，腐朽病原菌有强硬木层孔菌（*Phellinus robustus*）、拟黄薄孔菌。前者引起边材片状褐色腐朽，后者引起心材块状褐色腐朽。心材块状褐色腐朽是黄帝陵古柏群最常见的腐朽类型。病原菌1年生的担子果平伏贴生，易与基质分离。新鲜时脆蜡质、软木质，干燥后变硬、变脆，整体鲜黄色，易开裂成不规则的片状。菌管表面鲜黄色，干燥后变为黄白色、黄色，长3～4mm；菌管层黄色、黄白色，分层不明显，粉质，不易与菌肉分离，非放射状。孢子果白色（图8-10A）。担孢子腊肠形、弯圆柱形，略弯曲，无色，薄壁，光滑，与Melzer和棉兰试剂均无变色反应，大小为（3～3.7）μm×（0.6～1.2）μm。三系菌丝系统，生殖菌丝具锁状联合，薄壁，通常分枝，交织排列，直径2～2.5μm；骨架菌丝占多数，厚壁，扭曲，常分枝，强烈交织排列，直径5～6μm；缠绕菌丝尖细，分枝发达，直径0.5～1.5μm。菌管菌丝与菌肉菌丝相似（图8-10B）。在琼脂培养基上，菌丝先稀疏，呈白色、黄白色，后变密集，呈鲜黄色、黄色，菌丝具有爬壁性，可以直接形成子实体（图8-10C）。菌丝具有明显的锁状联合（图8-10D）。

引起古柏立木腐朽的病原菌还有松木层孔菌。其子实体多年生，木栓质，无柄，菌盖马蹄形，大小为（4～14）cm×（7～24）cm，罕达23cm×40cm，厚2.5～18.5cm或更厚。盖面初期有红褐色胶状皮壳，渐角质化而呈灰色至黑色，并有宽的棱带，边缘厚而钝，初期近白色，后渐变淡黄褐色至赤栗色，下侧无子实层。菌肉近白色至淡黄褐色，有环纹，木栓质至木质，厚0.5～2cm，味苦。菌管多层，每层厚3～5mm，淡黄色，管口白色至乳白色（图8-11A）。担孢子卵圆形或椭圆形，无色，侵染后病状如图8-11B。

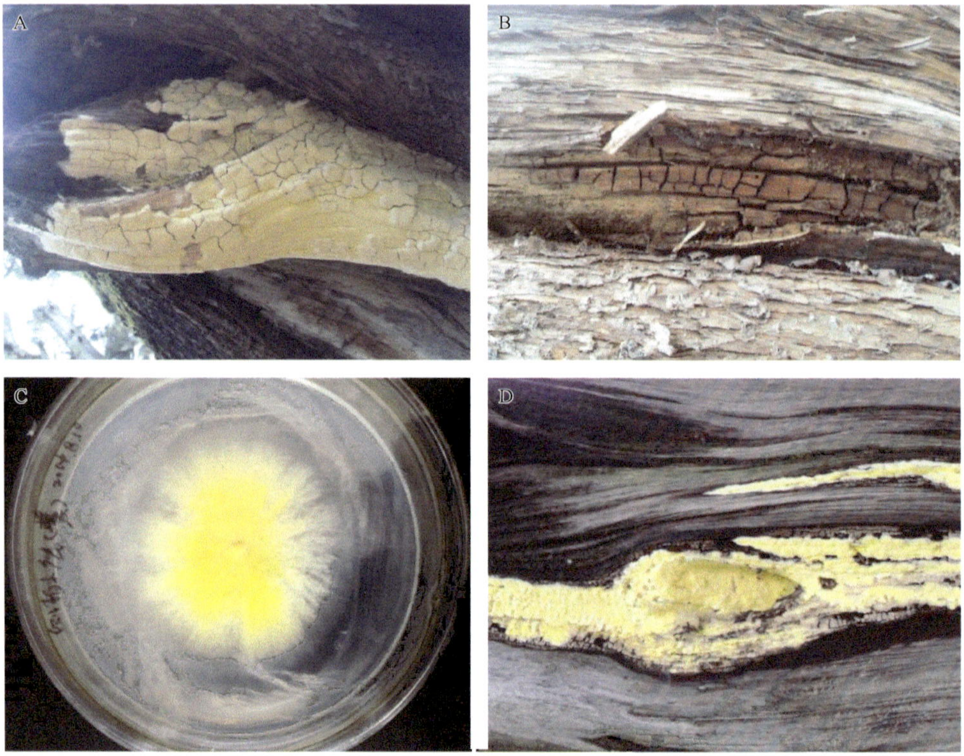

图8-10　拟黄薄孔菌

A—担子果；B—病状；C—纯培养物；D—症状

图8-11　松针木层孔菌（余仲东摄）

A—担子果；B—病状

2. 发病规律

病原菌以担孢子为接种体，在风雨传播下从古柏伤口侵入或从鳞叶侵入。潜伏期长，菌丝产生大量纤维素酶，分解木材，造成古柏心材褐色腐朽。当木质部被分解到一定程度时，担子果即可形成，在树干上可见到大型的蹄状物。

3. 防治措施

（1）修剪整枝

增强树势，减少树体伤口，修剪和整枝均应做好伤口保护。

（2）树洞填充

参照古槐方法。

（3）做好预测预报

提前采取预防措施。

8.4.3　古松根腐病

古松根腐病主要出现在黑龙江、辽宁、河北、北京、山东、内蒙古、甘肃等地，常造成古松根部和干基部木材白色腐朽。

1. 腐朽症状

古松根腐病地上部分症状很难与由其他病原物引起的根部病害相区别，病程一般发展比较缓慢。最明显的症状是地上部分针叶变黄，叶部发育受阻，叶形变小，枝叶稀疏，有时枝条梢段向下枯死，根茎部流出大量松脂，与土壤结成硬块。剥开树干基部或地下近根颈处主根或脱落树皮贴近边材的地方，可见白色扇形的菌膜，并散发出浓烈的蘑菇香味。后期树干基部的树皮开裂、剥离。病根皮层内及病根表面、土壤表面甚至树干基部可见到深褐色或黑褐色的根状菌索（图8-12A）。病根的边材和心材都可能发生白色腐朽，并可延伸至干基部。入秋后，在病根或枯死病树的干基部周围地面上可见到淡褐黄色的蘑菇（榛蘑）（图8-12B）。

图8-12　蜜环菌（余仲东，2017）

A—菌索；B—担子果（榛蘑）

2. 病原菌

古松根腐病由蜜环菌（*Armillaria mellea*）引起。子实体伞状，菌盖肉质，圆形，中央微隆起，直径5～15cm，黄色至黄褐色，上表面有褐色毛状鳞片。菌柄实心，位于菌盖中央，黄褐色，上半部具膜状菌环。菌褶初白色，后微呈红褐色，直生或略延生。担孢子圆形，无色，光滑，大小为（8～9）μm×（5～6）μm。菌丝和菌索具有发光现象，是著名的荧光真菌。

3. 发病规律

病原菌以菌丝体、扇形菌膜或根状菌索在病树、伐桩及土壤内越冬。蜜环菌子实体产生的大量担孢子成熟后，随气流传播，飞落在林木残桩上，在适宜的环境条件下，担孢子萌发，长出菌丝体，从树桩向下延伸至根部，又从根部长出菌索，在表土内扩展延伸，这些菌索看起来像黑色鞋带，内部组织有明显的分化。当菌索顶端接触到活立木根部时，沿根部表面的伤口入侵。根与根的接触也是传播的一种方式。侵入活立木根部组织的菌丝体，在形成层内延伸至根基，然后又蔓延至主根及侧根内。在受害根部皮层与木质部间形成肥厚的白色伞形菌膜，并从已经死亡的根部长出新的菌索。侵入活立木的菌丝体，也可以从根部沿主干向上延伸，引起干基部腐朽，在皮层木质部表面能见到网状交织的菌索。在夏季潮湿的季节，主干上的菌索也能向下延伸到地面转移到邻近的活立木根部进行侵染。松树生长健壮，抗蜜环菌侵染的能力强，不易感病。松树如受干旱、冻害等影响和受食叶及根部害虫侵害而生长不良时容易感病，地势低洼、排水不良时也易感病。

4. 防治措施

1）加强古松管理，提高松树的生长势。

2）春季或夏季，清除距树干60cm范围内的土壤，使根颈部大根暴露，刮除可能的病根和病皮，清除真菌组织及水渍状木质部，伤口涂抹50%多菌灵可湿性粉剂300倍液或甲基托布津70%可湿性粉剂500倍液。较大伤口涂抹后，应用塑料薄膜包扎加以保护。同时，补充一些树体易吸收的营养物质促进生长。晚秋后，用新土覆盖暴露的根部和根须以防治冻害。病根切除后要立即烧毁。也可用二硫化碳灌病株周围土壤，既消毒土壤，又促进木霉菌大量繁殖，抑制蜜环菌的滋生。

8.4.4 古松根白腐病

根白腐病在全世界均有发生，以北温带较为普遍。以侧柏、松、落叶松、云杉、冷杉、铁杉、雪松等树种受害严重，也可为害桦、水青冈、桤木等阔叶树。常造成古树干基部和主干心材腐朽，幼树受害常发生根腐并最终死亡。

1. 腐朽症状

病原菌侵染根部后，逐渐向根颈部及其他侧根扩展并继续沿主干向上蔓延，引起木质部海绵状白色腐朽，在病根皮层和木质部间产生白色薄纸状菌膜。初期，腐朽部分呈淡紫色，很快出现黑色斑块，斑块逐渐变白色，最后形成空洞（图8-13A）。古松树根部还常流出大量树脂，并和附近的泥沙石砾黏结成硬块附在病根表面（图8-13B）。在古树干基部及根部的侧根分叉处产生子实体，并常埋在地表枯枝落叶层下（图8-13C）。病株地上部分表现为叶黄绿色或淡黄色，叶短小、早落。

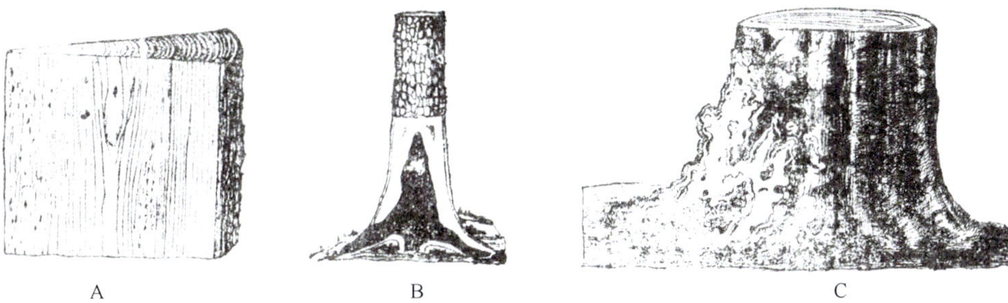

图8-13 根白腐病（叶建仁和贺伟，2011）

A—侵染初期的木质部；B—病根；C—侧根分叉处产生的子实体

2. 病原菌

在我国发现的古松根白腐病病原菌有3种：多年异担孔菌、小孔异担子菌（*Heterobasidion parviporum*）、冷杉异担子菌（*H. abietienum*）。黄河中上游地区常见的病原菌为小孔异担子菌。该菌子实体多年生，木质，呈贝壳状，覆瓦状叠生，有时平伏反卷。菌盖表面黄褐色、褐色或灰褐色。菌肉初白色，后变橙黄色（图8-14）。菌管黄色或淡黄色，层次不明显；管小而圆。边缘有由不孕部分形成的一条白色细线。担孢子卵形，无色，大小为（4～6）μm×（3～5）μm。生在干基（或干）上的子实体常为蹄形。自然条件下，该菌可产分生孢子，分生孢子和担孢子均具有侵染力，是病菌传播扩散的主要接种体形式。

图8-14 干基部小孔异担子菌（李杏春，2014）

异担子菌可以产生无性孢子和担孢子，但是侵染形式主要是担孢子

（Redfern and Stenlid，1998；Rishbeth，1959），无性孢子在异担子菌侵染过程中的作用并不清晰（Holdenrieder and Greig，1998）。一般情况下，担孢子通过根部自然孔口或已被酶降解的根表面蜡质层侵入，而吸附作用主要发生在根部有黏质液的区域，黏质液的营养成分为孢子成长提供碳源，此时，如果用氢氧化钾、链霉蛋白酶E和高碘酸处理孢子，吸附作用显著减弱（Asiegbu，2000）。孢子吸附24h后，萌发管和附着孢开始形成，之后72h内，侵入内胚层区域的菌丝定殖下来，根部维管组织在9～15d瓦解。最初的研究表明，分生组织和维管组织是最敏感的区域，因此，根冠和内皮层是最容易受攻击的地方（Asiegbu et al.，2005）。

古松根白腐病发病最适温度为5～35℃。日平均气温高于20℃或低于0℃，发生病原菌侵染的可能性小，0～20℃有利于根白腐病的发生。碱性土壤上的古松较酸性土壤上的古松易受侵染。

3. 防治措施

（1）加强抚育管理，控制传染来源

根白腐病的主要传染源是感病植株和伐桩，对古树附近的感病植株和伐桩进行清除并及时烧毁，减少接种体来源；合理施肥，尤其是混合肥料的施用能够增加古松对异担子菌的抗性（Fedorov，1994；Tuula，2000），可以通过适当施肥来达到抗病目的。另外，冬季修剪应尽量避免不必要的树木伤害及过度烧伤。

（2）化学防治

到目前为止，许多国家都用化学制剂来控制过病害，效果比较好的化学制剂有尿素、硼砂、氯氧化铜、杂酚油等。Nicolotti和Gonthier（2005）通过试验得出，10%、20%、30%的尿素，4%的氯氧化铜和硼砂都对异担子菌具有防治效果，但是10%的尿素效果不明显，施用后异担子菌的侵染面积达48%，空白对照的侵染面积为63%，相比之下，20%、30%的尿素施用后的侵染面积分别为18%和9%，硼砂和氯氧化铜施用后的侵染面积分别为8%和6%，比空白对照和10%的尿素小得多。硼砂防治异担子菌的施用形式可以是溶液或粉末。Weir（1969）通过试验得出，20%的氯氧化铜对花旗松和美国西部铁杉的根腐病非常有效。Johansson等（2002）报道尿素能够防病不是因为尿素或尿素衍生物产生的毒性对异担子菌有作用，而是尿素施用后，发生水解作用，使树桩表面pH上升，抑制了异担子菌的萌发和生长，所以尿素类生防剂必须要使用浓度高的尿素溶液。

（3）生物防治

利用微生物的竞争和拮抗作用来控制根白腐病已取得较好的效果。用大伏革菌进行生物防治是最长久且有效的方法，世界上已有3种大伏革菌生物防治剂，分别为英国的PGS、波兰的PGIBL和芬兰的Rotstop。此外，黑管孔菌、哈茨木霉菌也可用来防治该病害并取得了一定的效果。

第9章　根系复壮与土壤改良

根系对于古树的生长具有重要意义，是古树生长的原动力。一般来讲，根系发达，生命力旺盛，地上部分也会表现为生长健壮，二者互相促进，相得益彰，这就是我们常说的“根深叶茂”的具体含义。然而，在古树名木管理过程中，由于树木根系处于地下，难以直接观察，缺乏直观性，其生长与健康状况常常被人们忽视。许多旅游景点，为了便于游客旅游观瞻和摄影活动，在古树周围进行了大面积的地面铺装，未留足够的地面根系生长空间；另外，对于未铺装地面，由于人为长期、频繁踩踏，严重破坏了古树生存的土壤环境，土壤理化性质恶化，直接影响根系的健壮生长，从而导致古树生长衰退、过早衰老。

9.1　人为活动对古树根系生长的影响

土壤环境是古树生长立地中最重要的因素，也是最易受到人为活动影响的因素。土壤环境的变化直接影响根系的生长，常见的人为活动影响如下。

9.1.1　地面铺装

古树名木多位于风景名胜区，游客人流量较大。旅游区为了满足景观需要、游览空间需要以及方便游客观瞻需要，经常硬化古树周围的地面，采用水泥或砖铺装地面等。同时，为了增加地面承载力和防水性能，一般铺装层下面在素土和夯土层的基础上，都有约20cm灰土（即三合土：泥土、熟石灰、沙）垫层（图9-1）。这些铺装形成了一个不透水、不透气的结构层，严重影响根系健康生长（表9-1）。

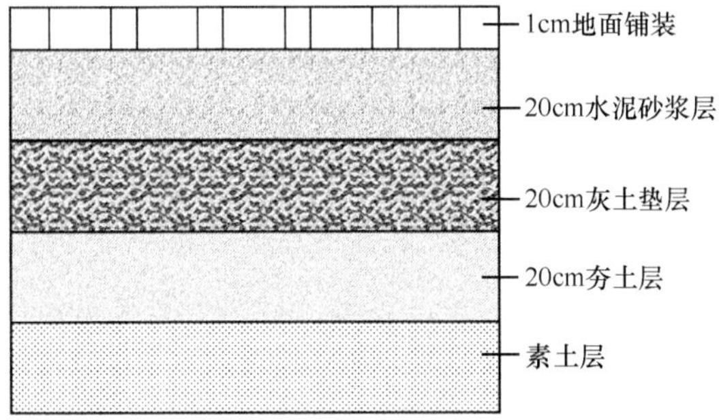

图9-1　旅游景区地面花岗岩铺装示意图

表9-1　不同地面铺装对黄帝陵景区土壤含水量的影响（%）

土层深度	未干扰地	草坪地	透气性地砖	硬质地砖	裸露地
0～20cm	21.01	19.45	18.10	18.51	14.41
20～40cm	21.57	20.64	20.47	20.56	16.98
40～60cm	16.56	18.08	20.47	20.62	15.85
60～80cm	16.12	17.84	18.55	18.79	14.07
平均值	18.82	19.00	19.40	19.62	15.33

9.1.2　人为踩踏

有些景区虽未进行铺装，但游客人流量较大，又缺乏必要的地面防护设施（围栏），在游客亲近树体的过程中，导致地面人为踩踏严重，以至于地表土壤结构紧实，严重影响土壤的通气性和透水性，其影响效果和地面铺装相似，不利于根系的生长发育，特别是影响地表10～20cm土壤层的根系分布（表9-2）。

表9-2　不同地面铺装对黄帝陵景区土壤孔隙度的影响（%）

孔隙度	未干扰地		草坪地		透气性地砖		硬质地砖		裸露地	
	0～20cm	20～40cm	0～20cm	20～40cm	0～20cm	20～40cm	0～20cm	20～40cm	0～20cm	20～40cm
总孔隙度	57.45	53.40	49.05	47.70	45.75	42.34	37.65	39.30	52.85	49.30
毛管孔隙度	42.30	39.15	37.00	36.30	34.70	31.56	28.65	30.00	39.75	36.90
非毛管孔隙度	15.15	14.25	12.05	11.40	11.05	10.78	9.00	9.30	13.10	12.40

9.1.3　疏于水肥管理

许多单位忽视古树名木的土壤管理和水肥管理。主要表现在，一方面，为满足树池种植的草坪或地被花灌木的生长要求，需要长期频繁灌水，导致古树根系部位积水，常引起泡根和烂根；另一方面，由于长期疏于管理，不浇水、不施肥、不松土等，古树生长土壤贫瘠、缺水、缺肥等，以至于影响根系的正常生长。

9.1.4　生活垃圾

我们经常可以看见，有些古树附近垃圾堆积如山，或者接近污水的排水口，垃圾渗滤液或污水使土壤的理化性质恶化，土壤指标严重超标，尤其是土壤含盐量明显升高，直接导致树木发生生理干旱或出现各种生理病害等。另外，随着旅游业的发展，自驾游人数越来越多，有些在古树周围随地搭建帐篷，不仅严重踩踏地面，而且食品垃圾以及人为地面污水直接导致土壤理化性质恶化，土壤电导率（EC值）增加（表9-3），这些对古树根系的生长非常有害。

表9-3 不同地面铺装对黄帝陵景区土壤EC值的影响（μS/cm）

土层深度	未干扰地	草坪地	透气性地砖	硬质地砖	裸露地
0～20cm	75.9a	69.6a	81.9a	56.4a	79.5a
20～40cm	73.9ab	68.0ab	80.3ab	76.5ab	113.7ab
40～60cm	75.4ab	76.1ab	97.3ab	106.6ab	124.0ab
60～80cm	76.4b	93.3b	108.7b	128.7b	132.3b
平均值	75.4	76.8	92.0	92.0	112.4

注：表中同一参数栏中不同小写字母表示不同土层EC值数据的差异显著（$P<0.05$）

9.1.5 建筑垃圾填埋

近年来，景区扩建、庙宇改建以及城区改扩建工程已变得非常普遍，然而，在各类建设过程中，经常忽略古树的保护问题。一方面是建设过程（3～5年）中在古树根系分布区域堆积建筑材料，尤其是水泥石灰，在雨水的作用下，其碱性物质和盐分淋溶到土壤；另一方面是在施工过程中，为了提高地平，不仅深埋树干，而且选用建筑垃圾（水泥、砖块等）填埋树坑，严重破坏了古树生长的土壤环境，许多古树由于建筑垃圾在根系附近的填埋而发生树势衰弱，甚至死亡。

9.2 根系分布探测

准确判断古树根系分布和范围是实施古树复壮措施的前提。传统的根系密集分布区判断主要依据树冠的大小和树冠的方向，是一种经验判断，难以准确把握根系的水平分布范围和垂直分布范围。近些年来，随着雷达探测技术的进步和发展，国内陆续研制和引进了先进的根系雷达探测设备，使快速准确探测和判断古树根系分布成为可能。传统的探寻根系方法，如土钻法（王允喜等，2011）、挖根法（宋恒川等，2012）、土壤剖面法（王文等，2013）等，是将根系周围土壤与根系分离，直接观察根系的分布和生物量，虽然直观，但是耗时费力，不够全面，而且会对植物根系及其依存的土壤环境造成破坏（贺东鹏等，2015），难以在古树研究和保护中广泛推广应用。

9.2.1 TRU树木雷达检测系统探测原理

TRU树木雷达检测系统（以下简称TRU），由TerraSIRch™探地雷达系统（GSSI，USA）、SIR-3000（Subsurface Interface Radar）计算机控制系统、400MHz（Model：5103）和900MHz（Model：3101D）探地雷达信号发射系统组成，雷达图像分析软件为TreeWin（TreeRadar Inc.，USA）和Reflexw v5.0程序。

TRU是采用高频电磁波探测地下或建筑物内结构与特征的电磁探测技术（Davis and Annan，1989）。通常采用一对天线（发射天线与接收天线）进行工作，如图9-2A所示，由发射天线（T）向地下介质中发射一定中心频率的电磁脉冲波，电磁脉冲波在地下介质中传播时，遇到介质中的电磁性（主要为介电常数）差异分界面会发生反射和透射，被反射的电磁波传回地表，由接收天线（R）接收（苏茂鑫，2007）。在此过程中，主机通过地下不同深度电磁波发生损耗的大小赋予其不同的增益值，相当于仪器自身对电磁波在穿透土壤时的损耗形成一种回补（图9-2）。

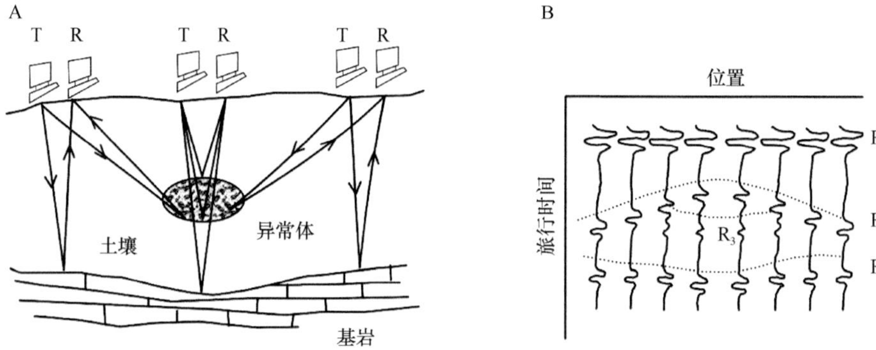

图9-2　TRU工作原理图（苏茂鑫文，2007）

A—TRU探测原理；B—局部异常体图像形态

通过计算机对仪器进行操作和控制，接收天线所接收的地下反射回波信号经由光纤（或同轴电缆）传输到仪器控制台，并经过处理转换形成时间序列信号，这种时间序列即构成每一测点上的雷达波形记录道，它包含在该测点处所接收到的雷达波形的幅度、相位及旅行时间等信息。

由计算机收集并存储每一测点上雷达波形序列；沿测线以等间距（测点距）移动天线逐点进行探测；在每一观测点上得到一个记录道。对整条测线进行探测就可以获得一个沿该测线的雷达反射剖面（苏茂鑫，2007）（图9-2B）。通过对雷达反射剖面进行适当的处理与解释，便可获得剖面下方的有关地质信息（或地下目标体的内部结构与特征信息）（邓世坤，2005）。

植物根系的含水量高于土壤基质，致使两者的介电常数产生差别，为探地雷达探测根系提供了可能性（崔喜红等，2009）。当电磁波遇到地下根系时，由于根系与土壤的介电常数不同，从而在分界面发生电磁波的反射和散射，根据反射波的波形、振幅强度和时间变化，可以推断根系的空间位置、结构、形态和埋藏深度等，最终起到对根系探测的作用（崔喜红等，2009）。

运用TRU进行粗根（直径大于10mm）的研究，可以减少对古树及环境的破坏，实现粗根的重复测量，扫描取样面积大，故其数据代表性较强（闫慧等，2013）。每一次扫描结果使用软件TreeWin分析，都会有相应的地下根部位置和深度的2D根系密度图与3D根系结构图，因此，它是非破坏性、较准确研究粗根的一种有效方法。相对于传统的根系研究技术，TRU具有无损、便携、可靠等技术优势，非常适合用于树木根系的探测研究。

9.2.2 根系探测的具体方法

在对接收天线接收到的雷达波形进行处理和分析的基础上，根据接收到的雷达波形、强度、双程时间等参数便可推断地下目标体的空间位置、结构、电性及几何形态，从而实现对地下隐蔽目标物的探测。

对根系的扫描常采用400MHz和900MHz天线，400MHz天线主要探测生长在1～4m土层的根系，900MHz天线主要探测0～1m土层生长较浅的根系。对根系分布特征探测可采用同心圆扫描法和直线扫描法。以树干为中心，从里到外依次进行环形探测，探测环距根据地面环境可采用1m或0.5m，等距或不等距皆可，如1.5m、5m、6m（图9-3）。要求从正北方向开始，顺时针扫描一圈到正北方向结束，即为一个闭合环（圈）。为了明确扫描线路，在扫描前，提前准备好一根测绳或采用白灰虚线，规划好各圈的扫描线路，然后从正北方向开始顺时针旋转扫描，做好数据的清晰记录，每圈重复扫描2次，2次测量路线需保持一致。

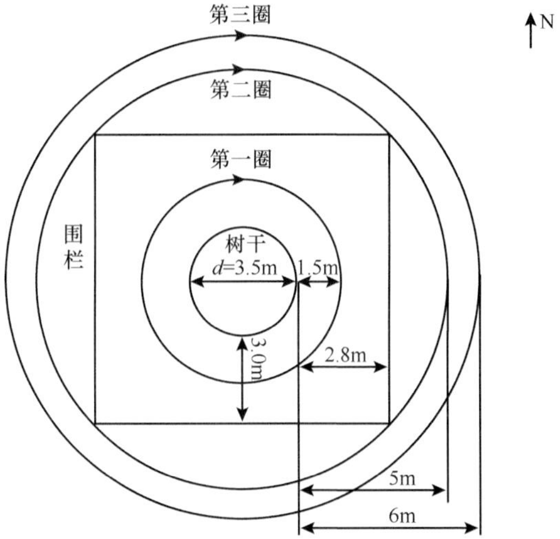

图9-3 黄帝陵古柏根系扫描线路示意图

9.2.3 影响TRU准确性的因素

1. 探测线路

在地形环境开阔的情况下，建议探测根系时采用绕树干一周的同心环扫描法，起点应选择正北，按顺时针旋转，否则默认的软件系统难以确定根系的位置。两次绕行的环形线要完全重合，否则软件系统分析的根系位置和数量差异较大。

2. 参数矫正

TRU在检测根系时受到很多外界因素的影响，如土壤含水量、土壤电导率、介质均匀度、树种、根部与土壤之间介电常数的差异、根系直径及其延伸方向、雷达天线的频率等。电磁波在地下介质中传播时，又会受介电常数、电导率和磁导率的综合影响，而在这三个物理参数中，介电常数的作用最大（曾绍发等，2010）。这些因素都会限制TRU的使用，不理想的外界因素会使得TRU检测结果误差较大。纵观国内外有关TRU的论文，很少有涉及数据采集时参数设置的研究，这就使许多研究者认为参数对TRU数据的准确性影响不大，习惯使用默认参数（邓居智和刘庆成，2001）。事实上，对于不同的土壤条件，仪器默认的介电常数（13.0）并不适用，默认介电常数与实际介电常数之间的偏差导致TRU自动获取的增益值不准确，一味使用默认介电常数会给检测结果带来较大的误差，实际操作中可通过人为校正参数的方法对系统介电常数和增益值进行调整。

3. 土壤含水量

研究发现，TRU在不同含水量介质中的检测结果有很大的差异，电磁波在干燥介质中的传播规律与在潮湿介质中大不相同，在干燥介质中，TRU检测效果非常好，分辨率很高，但在潮湿介质中电磁波衰减非常严重，这严重影响了TRU的发展前景。在实地测定时，外界条件是难以控制的，研究者必须通过调整TRU的内部参数来增强TRU检测的准确性，使其在不同含水量介质中工作时都可以得到相对准确的结果。因此，采用正确的操作方法、选择合适的工作参数，是TRU检测取得成功的必要条件（赵华等，2008）。

4. 增益值选取

在实地测定时，TRU主机会自动设置5个增益点，将探测深度平均分为5个层次（若测量深度设置为1m，每个层次为20cm，则为5个增益点），根据每个土壤层次电磁波的衰减程度进行单独增益，调整振幅的大小，对雷达信号进行放大，从而改变图像的清晰度。

在默认增益值下形成的剖面图，往往上层颜色太浅、下层颜色太深，同时土壤背景颜色非常深，这给TRU数据分析带来了很大的困难。校正增益值（gain，5个增益点的增益值即GP1～5）的主要目的是调整TRU检测图像的清晰度，降低杂物图像的亮度，增强目标物的清晰度，可更好地分辨根系。将实地测定的介电常数输入主机进行自动增益，根据TRU剖面图的模糊程度调整GP值，寻找最容易分辨根系的那一组GP值。调整后的具体增益值见表9-4。

表9-4　不同土壤介质TRU有效增益点取值范围

雷达天线频率	介质类型	5点增益点取值									
		1		2		3		4		5	
		min	max	min	max	min	max	min	max	min	max
900MHz	沙地	0	1	2	3	13	17	20	23	24	28
	农田	4	5	5	6	33	37	38	42	43	47
	荒地	-1	1	1	3	24	27	34	37	37	41
400MHz	沙地	-16	-15	-14	-12	3	6	10	13	18	22
	农田	-9	-8	-8	-7	28	32	40	44	43	47
	荒地	-11	-9	-10	-8	16	19	31	35	42	46

9.3　土壤肥力测定

在古树健康诊断中，经常需要测定土壤的物理与化学性质来判断古树立地的土壤肥力水平和古树的营养状况。长期以来，人们一直试图建立土壤养分状况与树木健康水平之间的联系，但是除了极端情况（如土壤严重贫瘠沙化或土壤高度黏重），这种相关关系十分难以确定，其原因有以下3个方面：第一，树木的根系十分庞大，不但有纵向分布，而且有复杂的横向分布，不同根系部位周边的土壤状况可能不同，取土样时有可能取不到有代表性的土样；第二，树木利用土壤养分的机制十分复杂，即使是在树木养分状况非常理想的情况下，某种其他的原因，如离子本身的拮抗作用以及干旱、积水、冷冻、病虫害等都会造成养分吸收方面的困难；第三，树木对养分的需求存在一定范围，若不超出临界点，一般不会出现明显的外观衰弱症状（图9-4）。

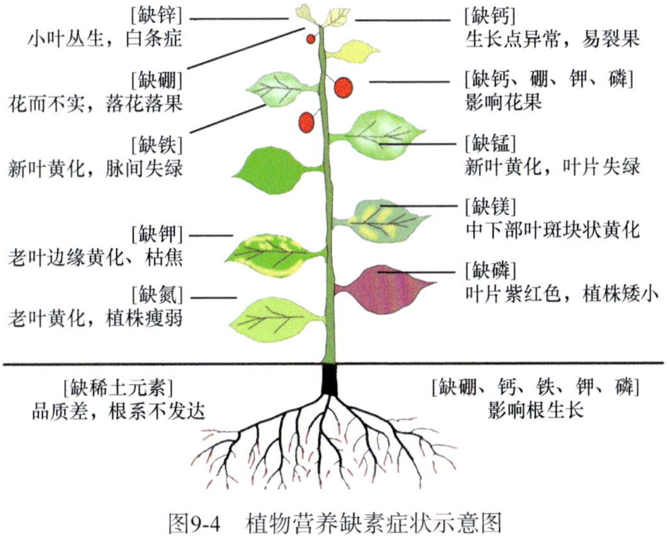

图9-4　植物营养缺素症状示意图

尽管如此，土壤的相关指标仍然对判断古树土壤肥力具有重要的参考价值。因此，在进行树木健康诊断工作中，熟知土壤肥力水平判定标准是十分重要的。

9.3.1 有机质含量

土壤中有机质的含量决定了土壤的理化性质和肥力水平，对树木的生长有着重要影响。当有机质缺乏时，树木的生长会变得滞缓。参照全国第二次土壤普查土壤肥力分级标准的规定，在古树健康诊断中可依据土壤有机含量水平界定立地的土壤肥力水平（表9-5）。

表9-5 不同肥力水平的土壤有机质含量

肥力水平	有机质	
	含量（g/kg）	占比（%）
高肥力	＞15.0	＞1.5
中等高肥力	10.0～15.0	1.0～1.5
低肥力	5.0～10.0	0.5～1.0
贫瘠	＜5.0	＜0.5

注：本章数据如等于边界值则属于范围内

9.3.2 氮含量

土壤中氮素水平也是影响树木生长的重要因素，当土壤缺氮时，树木生长势变弱。参照我国相关农田养分标准的规定，以氮含量界定的土壤肥力水平见表9-6，在古树健康诊断时可参照进行。

表9-6 不同肥力水平的土壤氮含量

肥力水平	氮含量	
	全氮（%）	水解氮（mg/kg）
很丰富	＞0.3	＞120
丰富	0.16～0.3	90～120
中等	0.08～0.16	60～90
低	0.03～0.08	30～60
极低	＜0.03	＜30

9.3.3 酸碱性

土壤的酸碱性对古树生长是至关重要的，如一些喜酸性土壤的植物，像杜鹃等很难在碱土环境中正常生长，油松、白皮松虽然不像杜鹃那样对土壤要求严格，但在较高pH的土壤环境中一般生长会受到影响。土壤的酸碱水平划分标准见表9-7。

表9-7　土壤酸碱性标准

酸碱水平	pH
强酸性	＜4.6
酸性	4.6～5.5
微酸性	5.5～6.5
中性	6.5～7.5
碱性	7.5～8.5
强碱性	＞8.5

9.3.4　钾含量

钾是植物所需的大量元素之一，土壤中钾素若供应不足，植物老叶会生出斑点（黄色或白色），后期呈坏疽状。土壤中钾含量高低水平见表9-8。

表9-8　土壤中钾含量水平

缓效钾水平	含量（mg/kg）	速效钾水平	含量（mg/kg）
高	＞600	高	＞116
中	300～600	中	84～116
低	＜300	低	50～84
		极低	＜50

9.3.5　磷含量

磷是古树所需的大量元素之一，土壤中磷素若供应不足，植物叶片呈暗绿色，下部叶片后期出现紫色或红色斑点，并呈坏疽状。土壤中磷含量高低水平见表9-9。

表9-9　土壤中磷含量水平

磷水平	含量（mg/kg）
高	＞10.0
中等	5.0～10.0
低	＜5.0

9.3.6　土壤结构

土壤结构与土壤肥力密切相关，对古树生长的影响十分重大。没有结构土壤的土粒高度分散，一般沉积形成一个透气性很差的土层，而团粒结构土壤更适合古树生长，主要表现在以下三方面。

1）很好的孔隙性质。团粒结构由于孔隙大小适中，孔隙性较好，因此在生产当中具有很高的价值，可满足植物根系的透气性要求，起到很好的通气、透水作用。

2）良好的水气状况。除了团粒结构之间能够起到通气、透水作用，团粒结构内部的毛管孔隙能够起到保水和供水的作用，因此，团粒结构土壤的这种特性可以给植物生长提供持续的水源，在干旱的环境下也能够起到蓄水的作用，可以满足古树持续的生长需水。

3）水气协调，养分供应和贮藏比较适当。团粒结构土壤由于具有良好的透气性，也能够容纳足够多的水分，因此创造了植物与土壤微生物生命活动中所需的水和通气条件，同时对稳定温度具有重要意义。

9.4 根系复壮技术措施

吸收根是树木根系的重要组成部分，细根及根毛是土壤养分、水分的主要吸收者、利用者（Vogt et al.，1996）。吸收根的生长发育状态可以直接反映树体的生活力。繁茂的吸收根能为树体生长发育提供更多的养分和水分；反之，若吸收根生长受限或再生困难，则会影响地上部分，导致树势衰弱。所以，古树名木复壮中更重要的是根系复壮。根系复壮主要是通过实施地下系统工程来改良土壤结构，提高土壤肥力，创造适合古树根系生长的环境条件，持续诱导新根发生，恢复根系生长活力，从而达到恢复并增强衰老古树名木树势的目的。

9.4.1 换土复壮

1. 应用条件

古树名木短期内树势衰弱，枝叶明显表现出营养不良。同时，土壤指标严重异常，土体中常有大量建筑垃圾，如大量砖块、瓦砾、水泥、白灰等。

2. 施工时间

一般在秋冬季节结合施肥进行。

3. 工程量

为了减少对吸收根的损伤，换土宜采用逐年换土、由外及里的原则，切忌一次性全面换土。换土周期一般为3～4年。每年换土比例在1/4左右。在计算工程量时，建议结合土壤和根系的土钻勘测与TRU结果，根据古树多数吸收根分布范围确定换土面积和深度。

单株古树换土面积计算公式：

$$S=\pi(R+R/5)^2-\pi(R/2)^2 \qquad (9\text{-}1)$$

式中，S代表换土面积；R代表树冠半径；$R/5$代表树冠外延宽度（图9-5）。

4. 方式及规格

根据树冠大小和地下根系分布空间范围，选择辐射沟（纵向沟），或环形沟（横向沟），或二者相结合形成的“T”形沟换土。单株古树每年挖沟或穴4～8个，沟规格：长100～150cm，宽80cm，深80cm，复壮穴规格：长60cm，宽60cm，深80cm。

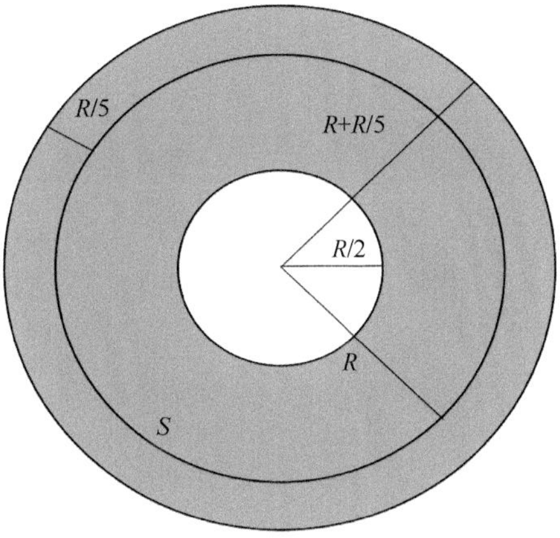

图9-5 单株古树换土面积示意图（全国绿化委员会办公室，2013）

5. 具体方法

在清除地面污染物和杂物的基础上，按设计沟穴点位开挖，摒弃劣质土壤或建筑垃圾，更换成相同体积营养土或园土。还可根据古树土壤调查分析结果或树体需求，以改良土壤为目的，分层回填适宜的土壤基质，如回填均匀混合的原土、新鲜客土、5%腐叶土、1%～2%腐熟有机肥和适量发酵锯末。整平踩实，略高于原表土。挖掘过程中要及时保护暴露出来的根系，用浸湿的草袋包裹。

为减小工程量，可在每年春耕时清除残存的施工垃圾，采用穴，填埋素土并施肥即可。对于生长在排水不良地域的古树名木进行换土复壮时，要根据地形条件和积水情况，采取地表明沟或地下埋管或渗水井等措施解决土壤排水问题。地表明沟，即修建导水渠，渠内依次回填大鹅卵石、碎石、粗砂、无纺布、细砂，最后用土填平；地下埋管，采用直径30～40cm的PVC管，结合开挖换土，将PVC管横放于地下40～50cm处，朝上的1/2管壁开凿直径为1～2cm的孔，孔尽可能密一些，覆土前用薄棕垫或无纺布覆盖，以保证管壁的渗水功能；渗水井是一种简易的排水方式，在积水不大的情况下，结合开挖换土，用花砖修建直径为50cm、深度为150～250cm的圆形空心井，井口加装井盖，以防杂物落入，在雨季或多水季节，可适时检查井内积水情况，必要时用潜水泵抽出积水。

9.4.2 增加土壤通气性、透水性

在无特殊保护措施的古树名木周围，由于踩踏和长期的重力沉降，土壤板结、结块，因此土壤的通气性和透水性降低，这是影响古树名木根系生长的常见因素。对于周围地面踩踏严重的古树，应以恢复土壤通气性为主开展复壮工作，

包括更换铺装材料、铺设通气管等。

1. 更换硬质铺装

古树名木大多生长在公园、寺庙以及相关名胜古迹等旅游景区，其周围存在过度铺装是一种常见现象，如沥青、混凝土或大理石地面，虽然看起来景观效果较好，但实则严重地限制了土壤的通气性和透水性，明显影响根系的生长。另外，有些旅游景区虽然没有进行地面铺装，但古树周围人为活动频繁，地面踩踏严重，导致土壤板结，和硬质铺装一样，也会影响土壤的通气性和透水性，所以扩大树池、更换硬质铺装是恢复古树名木生长势的重要措施。

（1）选择材料

除在树冠下留足树池外，建议在树冠下及冠缘外3m范围内铺装通水、透气性较好的青砖、生态砖、倒梯形砖、带孔的水泥砖、镂空的铁筛盖、网格砖（内植草皮）等（图9-6和图9-7）。另外，还可选用透水彩色的高分子混凝土。

图9-6　镂空的铁筛盖（康永祥摄）

图9-7　带孔的水泥砖（康永祥摄）

（2）具体方法

清除原硬质铺装、垫层以及地面杂物等，平整地形，在露出的土面上铺土砂垫层，土砂垫层上铺透气砖，用细沙填实砖缝。目前铺装的地砖大多为方形的，也有使用上大下小倒梯形砖的（图9-8），砖与砖之间用细沙填充，留有通气道，保证了良好的通气、透水性，下面用比例为1∶1∶0.5的石灰、沙子、锯末配制的砂浆衬砌（北京市园林科学研究所，2012）。

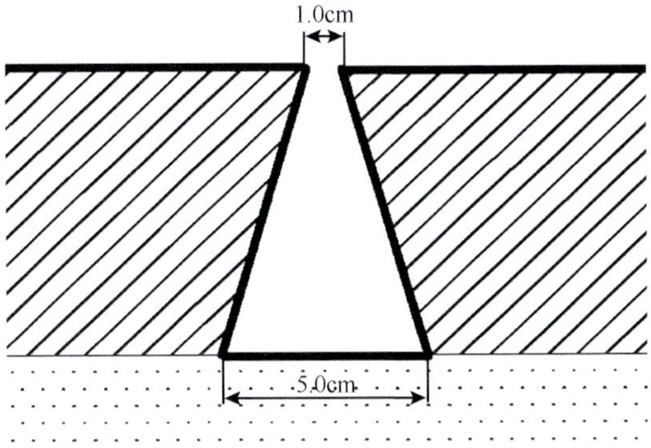

图9-8　倒梯形砖缝隙示意图

2. 悬浮铺装（镂空地面或木栈道铺装）

在古树地表铺装时，不仅要考虑避免游人对古树根系、土壤的踩踏，还要考虑游人通行、游人靠近景观点观赏的方便性以及景观的完整性。对此，通常可采用地面悬浮铺装的方式，其不仅可以有效避免游人对土壤和树根的践踏，而且可以保证古树周围景观空间。

（1）范围

铺装面积尽可能大于树冠面积。一般古树的地面铺装面积为树冠投影面积加上冠径外延1/2的面积，或者是树冠外延3m的范围。

（2）具体方法

结合根系分布区域，绘制施工范围图，清除原来的硬化铺装或其他建筑杂物，平整地面并进行土壤改良，在地下埋设60cm深的水泥桩或木桩作为基础，安装龙骨支撑架，然后平铺防腐木，表面涂刷木油，颜色与周围景观协调一致。龙骨支撑架可以采用角钢制作，也可以采用木条（图9-9）。

图9-9　防腐木悬浮铺装（康永祥摄）

3. 地面打孔、挖穴土壤改良技术

在古树根部营养吸收区进行打孔、挖穴，能有效改善土壤通气性，增强土壤与大气间气体交换。施工前，根据地形、树冠大小进行布点设计，绘制施工图，拆除设计点位处的铺装，原则上每2m^{2}打孔1～2个、复壮穴1个，在地面上打孔、挖穴，孔内或土穴内填充适宜的基质，最后铺透气砖并与周边地面找平。

（1）地面打孔

钻孔直径10～12cm，深80～100cm。孔内填充通气性较好的草炭土、锯末营养棒和腐熟有机肥等复壮基质，还可在孔内填入陶粒、碎砖头和凯因棒肥，如景山公园。添加高密度营养棒的作用有两个：一是依据压缩锯末遇水膨胀的物理特性，支撑孔洞，避免洞腔被周围土壤封堵；二是可为古树名木补充营养。

（2）复壮穴

复壮穴既有改善土壤肥力的作用，又可增加土壤通气性。复壮穴大小依据实际情况确定，一般长、宽为50～60cm，深60～80cm。土穴内从底往上可直接填充有机质等，还可用砖垒简易的花砖墙，其略高于原地面，然后在空隙处填入含有有机质、腐熟有机肥的熟土等，填至原地平面，最后在地面铺上厚度适宜的草炭土或湿沙并压实。

4. 埋设通气管

埋设通气管不仅是改善土壤通气性的重要手段，而且是古树灌溉及施肥的基础设施。

（1）规格

采用直径10～15cm、高80～100cm的PVC管，管壁打孔，埋设前管壁包棕垫或缠裹2～3层无纺布，埋设后管口外加带孔的塑料管盖。

（2）埋设位置

结合复壮沟开挖，在树冠内侧或外缘布设通气管（图9-10），具体数量根据树冠大小而定。

（3）具体方法

在古树四周均匀布点，利用机械或人工打孔机单独打孔，竖埋；或结合复壮坑埋设，坑内同时放置1～3个通气管，回填改良的营养土或其他复壮基质。

图9-10　布设通气管（康永祥摄）

5. 复合渗水透气井

复合渗水透气井是古树名木养护和复壮的又一设施，相较一般的通气管，能进一步强化地下-地上空气循环，增加土壤通气性。同时，内填的专用复配基质可以对古树起到引根效果，扩大根系面积。

（1）规格构造

由外管和内管组成，即在通气管的基础上，内置左右管径不同的“U”形PE连通管。外管的外径20～50cm，深度70～150cm，管壁打孔；内管由直径不等的“U”形管组成，粗管直径5～6cm，细管直径2～3cm，管壁均带有通气孔（图9-11和图9-12）。

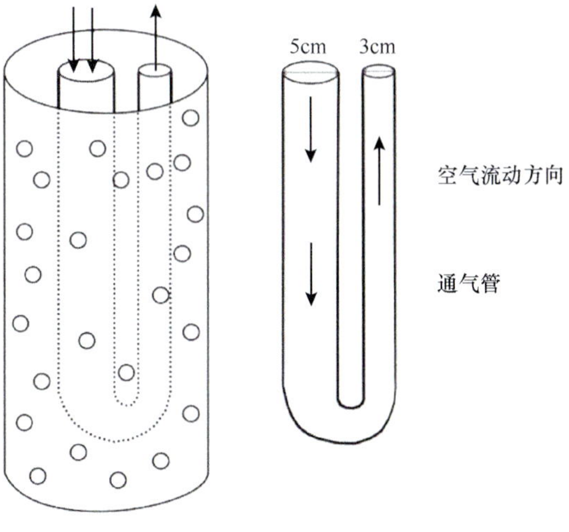

图9-11　复合渗水透气井结构示意图

图9-12 复合渗水透气井（康永祥摄）

（2）埋设位置

复合渗水透气井设置在树冠投影外侧，每一口复合渗水透气井可影响的范围在2～4m²，每株古树东西南北4个方向各设置2～4个，个别体型较大的古树周边可多布置一些。例如，北京植物园内卧佛寺的古柏夹道上，每隔2m设置一口复合渗水透气井，利用缓坡地形层层收集地表径流，以达到有效利用雨水、减少灌溉次数的目的（图9-13）。

图9-13 北京植物园古柏夹道上的复合渗水透气井（康永祥摄）

（3）具体方法

埋设方法与通气管相似，不同的是内管（“U”形管）安装之后，在外管和内管之间填充透水、通气性良好的粗基质。

6. 树池土壤管理

古树树池是进行灌水施肥和根系通气的重要通道，对其内的土壤进行管理具有重要意义。通常采用树池内填充以防止水分蒸发以及树池内铺设景观铺装来防止人为踩踏。

（1）树池填充防止水分蒸发

在景区或城市，裸露树池经游人直接踩踏不仅会引起土壤板结，而且不利于灌水施肥。因此，在树池表面覆盖一定厚度的生物质材料，如树叶、木屑、木片、树皮、松针等，是很有必要的，这些材料除对古树根系具有保护作用外，其降解后还能为古树提供养分，促进土壤微生物活动。

（2）树池防踩踏景观铺装

常见的防踩踏景观铺装材料较多，如鹅卵石、碎石、陶土颗粒、透水砖、透水水泥等，这种铺装不仅可以美化景区环境，而且在游人较多的区域可防止游人踩踏而导致土壤板结恶化（图9-14）。

图9-14 树池防踩踏景观铺装

（3）囤埋处理

对于生长在山地公园坡脚的古树，常年的水土流失导致土壤淤积，使得树干囤埋，或者由于周围改扩建工程，地平面抬高后也会发生古树树干囤埋现象。过厚的土层堆积或者掩埋严重影响土壤的通气性和透水性，从而影响土壤微生物的正常活动和根系呼吸，导致根系有毒物质积累，造成根系“自毒”现象。长期树干囤埋的古树一般表现为生长势衰弱、生长量减小、小叶发黄、主干和主枝萌蘖枝数增多、顶梢枯死、树冠稀疏等。

树干囤埋古树的复壮问题，重要的是着眼于土壤通气和深层土壤补水。但在实际施工过程中，既有失败案例，又有成功案例。据报道，北京香山公园一株300年生的古槐树，由于历史原因，根部被囤埋1m多深，2014年采用去掉囤埋土壤的方法露出原来树体，但实施后翌年春季，去掉囤埋土壤而暴露的树皮发生了死亡，进而导致全株死亡。可能的原因是去掉囤埋土壤后，长时间埋于地下的树皮经不住风吹日晒和冬季寒冷，再加上去掉囤埋土壤过程中古树根系受损，导致树体失水过多，干枯死亡。另据报道，北京香山公园有一株油松古树囤埋3m多深，2010年救治时采用了去掉树干周围局部囤埋土壤并“砌竖井”的办法，让树干处于隐蔽的井中，并用麻袋片缠裹暴露树干，解决了囤埋问题（图9-15A），1年后树势得到改善（图9-15B）。这是一个较为成功的案例（丛日晨等，2017）。

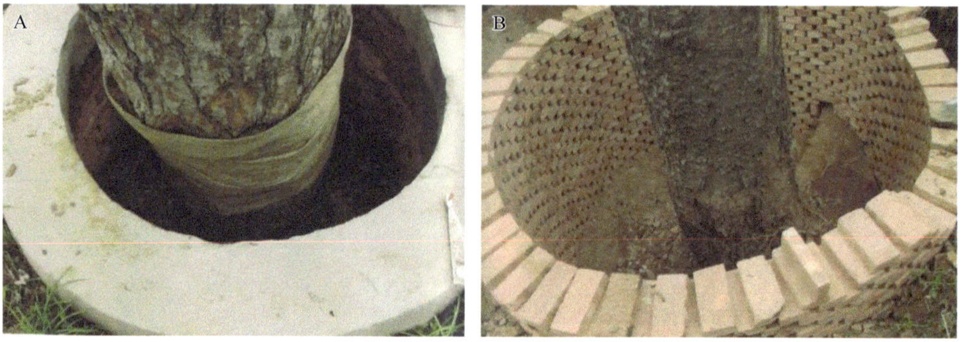

图9-15 囤埋古树树干基部处理（丛日晨等，2017）

A—去掉囤埋土壤当年；B—保护树干基部的砖砌竖井

囤埋古树的具体复壮方法如下：深挖清理树干周围至冠径投影1/2的土层直到露出树干基部，然后用素砖砌竖井。另外，在去土过程中，一定要保护或者避让露出的根系。在竖井外围修筑渗水井，并与井底埋设的排水管相连，方便排水。最上一层砖用水泥与镂空支撑铁架相连，铁架内径稍大于古树胸径（图9-15B），以不影响树干生长为宜。为防止井内进入垃圾等杂物，可多铺一层铁丝网，井盖半年检修一次。井外至树冠下的区域，可根据树冠大小埋设一定数量的通气管，便于浇水施肥和根系通气（图9-16）。

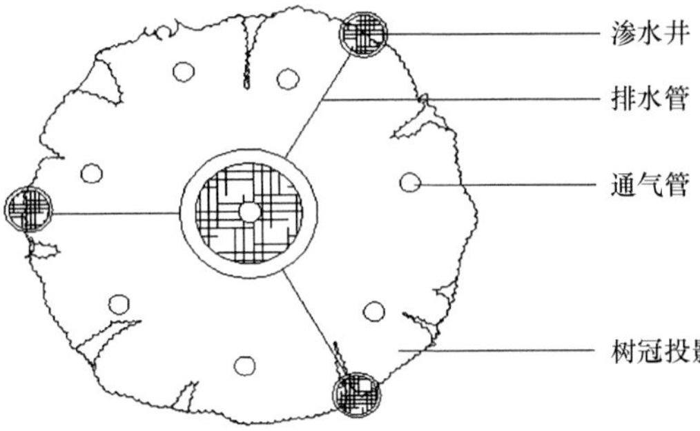

图9-16 囤埋古树处理平面示意图（宋立洲等，2009）

9.4.3 复壮沟技术

实践证明，复壮沟技术是古树土壤改良和更换的重要方法，对古树进行复壮行之有效。复壮沟技术实际上是一种全面换土方法，经常用于地下建筑垃圾较多、土壤环境差、土壤理化指标超标、采用局部土壤改良难以收到效果的古树。该方法基本原则是，在较大范围开挖的基础上，分期分批逐年对古树根际区域土壤进行更换或者添加土壤改良物质，直至古树地上部分生长健壮为止；换土或者改良的土壤范围，每年不能超过树冠投影面积的1/4；对于地下根系分布不均的古树，要结合实际情况，在准确探测根系分布的基础上确定开沟和换土范围。

由于工程量较大，施工的沟槽酷似“地下工事”，所以又称为“工事法”。在应用此法时，可结合复壮沟在地下建立一个由沟、井、管互相连通的复壮网，以及在地面修筑“木栈道”，防止地面踩踏和土壤重新恶化。

1. 复壮沟的修筑

在根系探测的基础上，复壮沟的长度和形状要考虑地形、地势以及古树生长状况等因素。常见的有弧形沟和放射沟，或者两者相结合形成的“T”形、“U”形沟等。弧形复壮沟（图9-17）设置在古树树冠投影内外50cm的范围内。放射复壮沟以古树树干为中心，在树冠投影内外侧挖4～8条，沟长1.5～2m。沟规格：宽80cm，深80～100cm。

施工方法：根据根系分布、树冠投影、地形等因素，设计施工点位，并绘制施工设计图，作为复壮档案保存。然后移除施工区地面上的其他植物，清除施工区地面上的铺装、杂物等。按设计点位，从树冠投影外侧开始挖沟施工，沟壁用素砖垒砌而成，沟内回填营养土和复壮基质，整平踏实，稍高于原地表，以免积水。如果古树生长于公园或人为活动密集区，可在复壮沟地面上修筑“木栈道”。另外，需注意的是，施工过程中对于暴露的根系及根系伤口可喷施相关生根剂，并用浸湿麻袋包裹或覆盖，以保护和促进根系的再生。

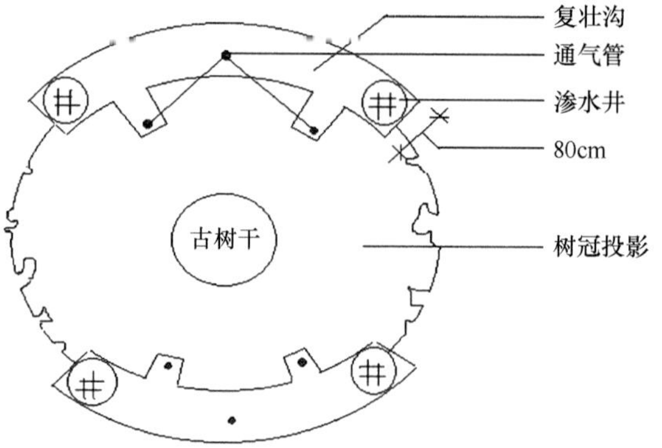

图9-17　弧形复壮沟横截面示意图（宋立洲等，2009）

古树复壮沟垒砌时，常采用旧砖或者吸足水分的新砖砌成“花墙”，这种砖墙中间有足够的空隙，可使古树根系在复壮沟内自由穿越。同时，这种砖墙可减少土壤的自然沉降，以维持良好的土壤结构。另外，这种砖墙可作为后期“木栈道”的支撑处，即着力墙。

2. 回填材料

复壮沟内的回填材料直接影响古树名木树势的恢复效果，材料的选择通常要考虑通气性、营养性、透水性和持水性等。实践证明，分层填埋方式的复壮效果较好，即从下至上分别为10cm粗砂和陶粒、10cm干透的树枝段、20cm复壮基质、10cm干透的树枝段、20cm复壮基质、30cm表土（图9-18）。

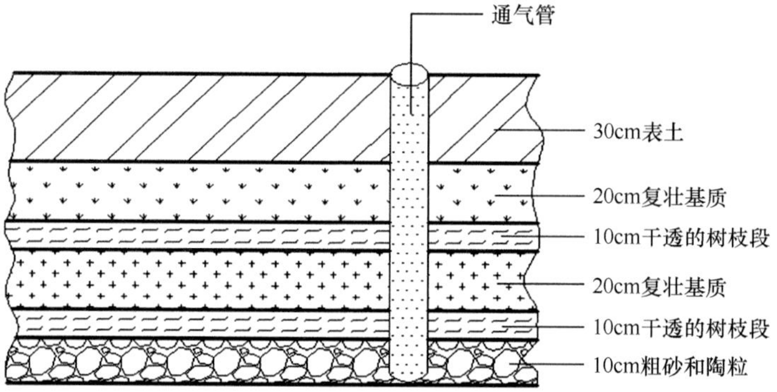

图9-18　复壮沟填充示意图

常见的复壮基质采用80%腐熟草炭土或壳斗科（Fagaceae）落叶树木的自然落叶+20%园土+适量矿质营养元素（氮、磷、铁、锌等）混合配制而成。这种基质含有多种矿质元素，pH在7.1～7.8，还含有胡敏素、胡敏酸和黄腐酸等有机酸，可以促进树木根系的生长。同时，有机物逐年分解与土粒胶合成团粒结构，从而改善了土壤的物理性状，促进了土壤微生物的活动。

复壮沟内埋入的树木枝段，可选用杨树、柳树、苹果、紫穗槐（*Amorpha fruticosa*）等树种的健康枝条，截成长40cm的枝段，埋入沟内的树段与土壤间形成大孔隙，有利于古树根系在复壮沟内穿越生长，减小阻碍。

关于复壮基质的成分，仍是一个值得探讨的问题，需要考虑土壤性质、古树生境及树势等因素。对此，有关古树科研工作者做了大量的试验和研究工作。2009年，北京市园林科学研究院和颐和园开展了不同基质对侧柏根系生长影响的研究，设置了原土、草炭土+有机肥、草炭土+微生物菌肥（厚20cm+灌根）、原土+草炭土、柏树土+有机肥+氨基酸肥（稀释10 000倍，喷根+灌根）、原土+生根粉（50mg/kg，灌根）、柏树土+生根粉、柏树土+有机肥（1/4袋）、原土+氨基酸肥（300mL稀释100倍）、原土+有机肥（1/4袋）、柏树土+氨基酸肥、柏树土（原土与松针土为1∶1）+禾神元（厚20cm+灌根）、原土+杨树枝（20cm杨树枝+20cm土+20cm杨树枝+20cm土）、柏树土+杨树枝、原土+微生物菌肥（厚20cm+灌根）15个对照和处理，研究了根长、平均根粗、根体积以及复壮穴内氧气和二氧化碳气体的含量等。结果表明，草炭土+有机肥、草炭+微生物菌肥的配比组合显著地促进了衰弱树木吸收根的萌发，对于树木复壮较为有利，而原土与其他含促进生根材料的基质配比促进根系萌发的作用稍差。因此认为，选择更为优良的基质和肥料，对促进树木根系的生长是十分重要的（郭希梅等，2011）。

3. 设置渗水井

对古树损害更为严重的是水涝，过多的积水严重阻碍根系的呼吸作用，因此在修筑复壮沟时，还需要根据地形设置必要的渗水井，以排泄地下根系区域的积水。

渗水井规格：直径约1.2m，深1.5～2.0m。

渗水井多设在复壮沟的一端或中间，也可在低湿地单独设置。井壁用砖垒砌而成，井壁上下均不勾缝，最上一层砖用水泥与玻璃钢树脂井盖相连。渗水井一般比复壮沟深50～100cm，若遇雨季，渗水井积水过多，无法及时下渗时，可采用潜水泵抽出积水。若有条件，可将渗水井底端与排水系统相连。

北京香山公园在古树复壮沟两端设渗水检查井，井深1.2～1.3m，上窄下宽，内径底50cm、顶35cm，通过检查井能观测土壤积水状况以及古树根系生长情况。

9.4.4 营养坑法

营养坑法是古树复壮时用来诱发古树生根的方法（方丰太，2008），相较复壮沟技术更灵活，更具有可操作性。

1. 位置及规格

营养坑通常设在古树树冠垂直投影内，具体位置根据古树名木的立地条件和生长势来确定。单株古树设置3～5个营养坑，其长度总和约为1/3树冠垂直投影周长。

坑规格：长、宽40～100cm，深80～100cm。

2. 回填材料

营养坑与复壮沟一样，需从下往上分层填埋：10cm碎石块或碎树枝、5cm壳斗科植物落叶或一层缚成捆的直径为20cm的干树枝段、复壮基质、表土。

复壮基质主要由肥料+3～5倍园土+少量松针或壳斗科植物落叶混合制成。肥料可以选用1kg饼肥混合50g尿素，或者1～2kg复合肥、农家肥（如膨化鸡粪）。若古树表现缺磷症状，还可添加少量骨粉。

若土壤通透性差，可在回填复壮基质后再覆土10cm，放第二层树枝捆，最后覆土整平即可。

3. 后期管理

营养坑进行第1次灌溉时可加入适量活力素或营养液。若遇干旱天气，3～5月每月浇1次水，11月再浇1次入冬水。

9.5 古树不定根诱导复壮*

古树不定根诱导复壮技术是指利用树木的自然愈合力，通过人工清除树干下部的腐朽组织，刺激创伤产生愈伤组织并诱导产生不定根系，从而增强古树根系机能，结合土壤改良改善生境质量，促进树势恢复的方法。目前，这项技术在日本和韩国得到广泛应用（图9-19）。

图9-19　古树不定根诱导复壮技术（日本代代木公园）

*本节案例图片资料均来自日本NPO法人社会猪野年郎、青柳义昭先生，同时感谢前会长内田清一

9.5.1　技术关键

不定根诱导促使树势恢复的技术关键是：为诱导不定根创造最为适宜的环境，促进不定根生长，直至根系到达自然土壤。由于新形成的不定根具有返幼（树木复幼）特征，增强了古树吸收水分和养分能力，进而改善古树名木的生长势，使其树势得到恢复。这项技术适用于愈伤组织比较发达、容易诱导产生不定根的古树的救治。在实际应用时，需同时辅助土壤改良措施才能达到恢复古树树势的效果。

1. 技术流程

诱导不定根因树种、树龄和树干空洞、腐朽部位的不同，需要采用不同的技术方法进行反复的试验。本章所介绍的仅仅是针对个别树种总结出的基本方法和技术流程，仅供参考（图9-20）。

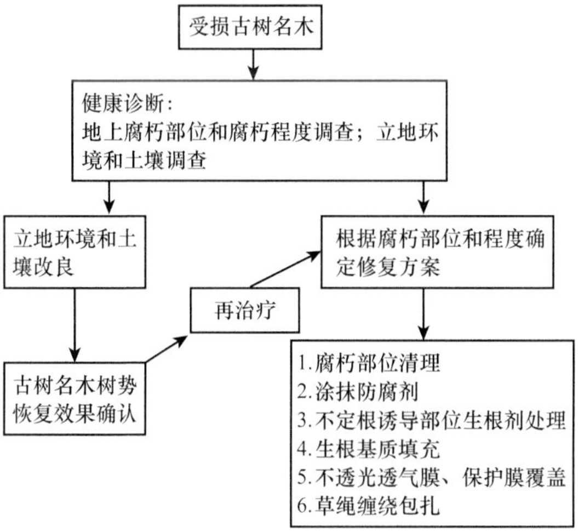

图9-20　不定根诱导技术流程

2. 清理腐朽损伤

在进行古树树势恢复治疗前，首先需对暴露的腐朽部位进行清理，刮剔掉已经腐朽的木质部，然后进行杀菌消毒处理（图9-21），在腐朽损伤面或空洞壁上涂抹杀菌剂或用酒精喷灯进行炭化高温消毒。

3. 处理

诱导愈伤组织和不定根的关键是通过对树皮形成层的削切处理，人为制造创伤面，诱导创伤面愈合过程中形成愈伤组织。为增强创伤面的生物活性，防止微生物入侵，更好地诱导不定根，削切面一定要平滑，削切的厚度为2～3cm，削切厚度太薄不能有效诱导愈伤组织形成，太厚对树木的创伤较大。该过程的重点是确定诱导不定根的部位。研究表明，一般应把腐朽部位的最高点作为诱导不定根的最佳部位（图9-21）。原因是树干已经出现空腐，在最高点诱导出的根系伸长到达土壤后，地下部分作为吸收根，地上部分不仅可以起到覆盖的作用，还可作为树木茎干起到传输营养物质的作用以及稳固古树干的作用。生根点选定后一定要将顶角削切成锐角，这样更有利于不定根的诱导。削切完成后迅速涂抹吲哚丁酸或生根剂（粉）。为了防止形成层失水，削切完成后要尽快用诱根基质覆盖切削面，防止失水干燥。

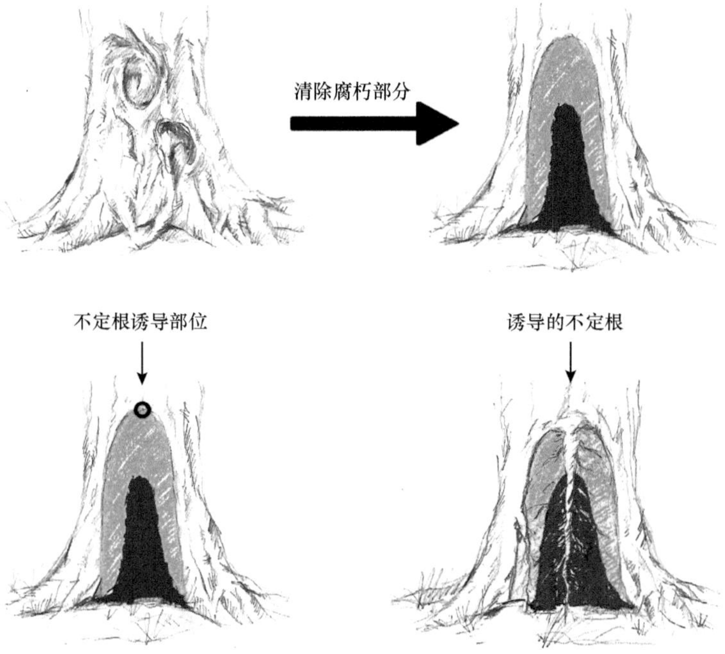

图9-21　不定根诱导过程示意图

覆盖切削面一般选用具有保水、保温、透气功能的植物材料，如充分消毒的20%椰壳、棕榈皮纤维、10%木炭屑、70%轻型土壤基质。诱根基质在填充覆盖之前，需要充分吸收水分，以满足根系生长需要。覆盖填充后先采用黑色遮光尼龙布包裹，注意填充过程中不能留有空隙，过大的空隙影响不定根的正常生长。最外层用草绳缠绕捆绑固定，起到保温保湿的作用。为了防止蚂蚁等小动物干扰，可在树干基部定期喷洒防虫剂和杀虫剂。

古树立地土壤由于受到自然、人为的干扰，一般质量退化、肥力衰退，严重影响古树的正常生长。在进行不定根诱导促使树势恢复和治疗的基础上，对立地土壤进行改良也是必不可少的措施之一。应该根据立地和土壤肥力状况，制定科学的土壤质量恢复技术方案。

4. 定期检查

不定根诱导复壮实施的周期相对较长，一般每2～3年需要检查检测一次复壮效果。检查检测内容包括：确认愈伤组织诱导效果、不定根数量及生长情况，以及古树枝叶恢复状况（叶色、叶密度、叶大小等）、吸收根情况等。特别是不定根诱导部位，需要对采取覆盖治疗的损伤部位进行定期检查观测，观测愈伤组织的发育情况、不定根诱导的效果，进而判断是否需要进行再治疗，根据树势恢复效果及时制定改进措施，不断修正治疗方案，确保治疗效果。

9.5.2 日本古皂荚树不定根诱导技术

不定根诱导促使树势恢复技术在日本相对比较成熟，特别是日本NPO法人社会（https://www.yabukaijp.com）在利用自然愈合力开展不定根诱导促使古树名木树势恢复方面进行了系统的试验研究，并形成了完整的治疗方案和实践案例。这里列举的案例皂荚（*Gleditsia sinensis*）古树位于日本代代木公园西门附近的水泥园路右侧60～70m处。该古树已经高度腐朽并出现空洞，2000年曾经通过填充支撑等传统手段进行了稳固保护管理，但保护效果不明显，树势明显衰退，当时古皂荚树的生长状况如图9-22所示，整个树体倾斜，通过一根单杆木柱支撑稳固；树干周围设置了木制围栏防止游人靠近，但围栏四周由于游人的踩踏土壤密实，通气性降低，严重影响了根系的呼吸和营养吸收；腐朽的树干空洞采用钢筋骨架、砂浆水泥填充修复，空洞的高度达1～2m，宽度近树干周长的1/3，整体树势很差，部分枝条呈现瘤状病害（图9-22），急需进行土壤复壮和树势恢复。

图9-22 日本代代木公园皂荚古树腐朽状况

1. 具体修复方案

（1）树干填充物的清理

2000年前为了保护和治疗这株古皂荚，曾经采用砂浆水泥填充。由于填充材料和树干的伸缩比不同，已经出现裂隙，不仅没有发挥保护治疗的目的，还严重影响了古树的正常生长，所以急需清理原有的填充物。清理难度超乎想象，整个填充物呈锥形，高度达1.2m，填充深度超过了树干芯部，整体重量达100kg左右。砂浆水泥中含有已经生锈的钢筋骨架，严重影响了加固效果。认真清理所有的填充物，并对腐朽和枯死部分进行清理，削切形成干净的保护断面（图9-23），并进行杀菌消毒。

图9-23　日本代代木公园皂荚树治疗面及填埋土

（2）树皮形成层的削切

为了促进愈伤组织的形成，需要对树皮形成层进行削切，削切深度2～3cm，露出愈伤断面（图9-23），涂抹生根剂（吲哚丁酸）。

（3）填埋培养土

为了促进诱导的不定根生长，需要在清理好的空洞中填充覆盖发根培养土，选用的是具有自主产权并在市场销售的名为“树根袍”的培养土，共使用了50袋“树根袍”培养土。

（4）尼龙布覆盖

在填充发根培养土过程中，由树干基部向上用尼龙布一边缠绕一边填充，防止出现孔隙影响根系生长，为了保水抑制蒸发，用黑色不透光尼龙布覆盖，外层用草绳缠绕固定，以达到保温保湿目的。

（5）土壤改良

在进行地上部分处理的同时，还需要对古皂荚立地土壤进行改良。在距离树干中心位置3～4m的地方开挖沟槽进行换土作业，通过改善土壤环境促进古树的树势恢复。土壤改良选用的是市场上出售的“沃更好P45”土壤改良剂，用量20袋左右。同时，在树干基部与诱导不定根填充物结合部，也用同样的土壤基质填埋。

2. 修复过程

该项修复工作从2000年2月28日接到任务开始，经过现场考察、确定方案到不定根诱导成功，共历时9年，其间共进行了4次检查检测和补充处理（表9-10）。

表9-10　古皂荚修复过程

治疗次数	治疗时间	参与人数	备注
第一次检查和治疗	2000年3月15日～16日	39人（15日） 25人（16日）	15日由于材料预备不足，没能完工，16日雨天
第二次检查和治疗	2003年1月22日	104人	参观学习的人较多，实际参与治疗的为70人
第三次检查和治疗	2006年1月20日	65人	
第四次检查和治疗	2009年1月26日	56人	进行发根培养土内部检查

3. 不定根诱导效果

图9-24显示的是2009年1月现场复查时的不定根生长效果，3根粗壮的根系已经延伸生长到立地土壤中，可见逐渐撤去培养土的覆盖层（图9-24A），不定根的地上部分逐渐发育成树干（图9-24B），不仅能传输养分和水分，而且对古树起到稳固支撑作用（图9-24C）。图9-24D为2016年作者考察时的现场照片，可以看出古皂荚枝叶浓密茂盛，其树势已经得到很好的恢复，生长效果良好（图9-24E）。

9.5.3　日本古樱花不定根诱导技术

日本NPO法人社会利用不定根诱导技术进行树势恢复治疗的樱花古树的品种为染井吉野，生长在津田塾大学校园，树高10.0m，树干胸高处周长为1.5m，树龄在70年以上，对栽培樱花来说已经属于老龄。树干周围土壤劣化，樱花树根基部周围的土壤呈块状结构（图9-25），树木根系出现根头癌肿病，吸收细根数量很少，几乎失去了根系活力。樱花树皮、干部出现明显枯死和腐朽，树冠枯枝、枯梢明显，整体树势较差。

图9-24　日本代代木公园皂荚树不定根诱导效果

A—皂荚古树干下部诱导出的不定根；B—发育成树干的不定根；C—起到支撑作用的不定根；D—本书作者现场考察根系诱导情况；E—树势得以恢复的皂荚古树

图9-25　日本津田塾大学校园樱花土壤改良前土壤及其根系特征

针对该株樱花的治疗过程前后持续了13年，最初2002年仅仅开展了土壤改良，随后2004年进行了地上部不定根诱导，其后又分别于2006年、2007年、2010年、2012年和2015年进行了检测和补充治疗。

1. 土壤改良

针对该株樱花立地土壤环境恶化这一特征，首先进行了土壤改良复壮作业。由于该株樱花属于列状栽植的行道树，对栽植带进行全面土壤改良，在栽植带挖取幅宽3m、深度1m的土壤改良带（图9-26A），切断除支撑根系以外的所有根系（图9-26B～D），然后在自然土壤中混入10%土壤改良剂（图9-26E），进行回填压实（图9-26F，G），并实施灌溉。土壤改良复壮后一年，结构得到明显改善，土壤疏松，微生物活性增强，树木根系特别是吸收根的数量明显增加（图9-26H），效果非常明显。

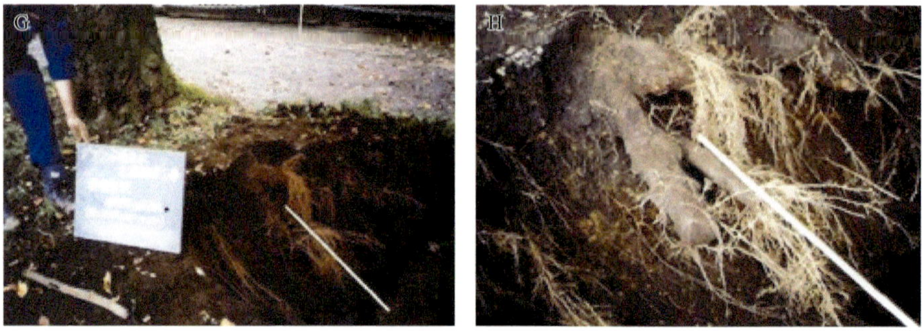

图9-26　日本津田塾大学校园樱花土壤改良过程

A—开挖改良带；B～D—切断病害根系；E—土壤改良剂；F和G—回填改良土；H—新生根系

2. 地上部治疗

地上部治疗即不定根诱导过程，强调利用自然恢复力，首先削除腐朽部分及枯死树皮（图9-27A），然后填充涂抹生根剂（吲哚丁酸），并填充发根培养土“树根袍”（图9-27B），目的是诱发愈伤组织及不定根，促进不定根生长。

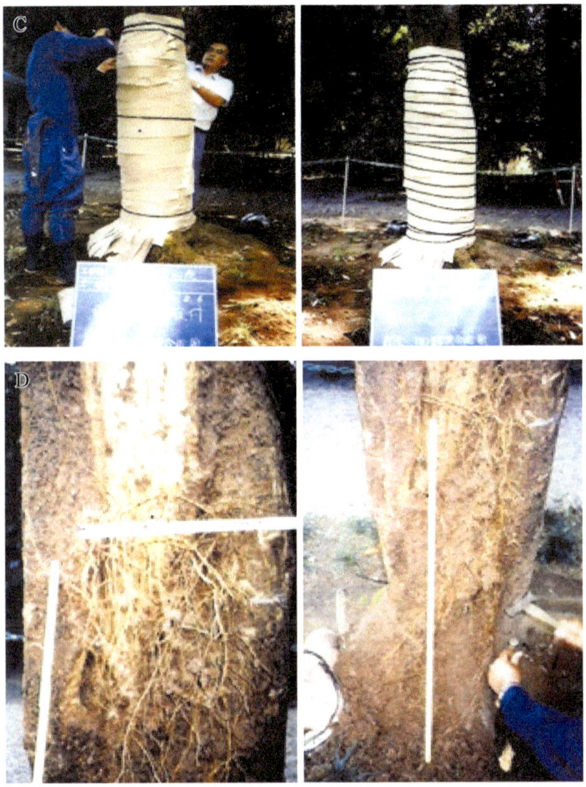

图9-27　日本津田塾大学校园樱花腐朽部位削切过程

A—削除腐朽部分及枯死树皮；B—包裹填充发根培养土；C—覆盖保湿保温层；D—治疗部位诱发的不定根

樱花经过2年治疗后，治疗处理部位形成层的愈伤组织明显分化，宽度可达5～6cm（图9-28A），诱发了大量不定根（图9-28B），有效阻止了原来的腐朽断面进一步腐朽。到2006年，诱发的不定根明显增粗，根系已经完全伸入到自然土壤（图9-28C），整体树势明显恢复。

图9-28　日本津田塾大学校园樱花不定根诱导效果

A—治疗处理部位形成层分化的愈伤组织；B—诱发出的大量不定根；C—伸入树干基部土壤的不定根系

日本NPO法人社会还于1998年对东京都立井之头恩赐公园的一株樱花进行了不定根诱导治疗。该株樱花位于东京都立井之头恩赐公园，树高6.0m，胸高周长1.4m，树木年龄在50年以上。树干内部腐朽严重，通过刮剔腐朽部分，以及不定根诱导和土壤改良，进行了树势复壮，图9-29为该株樱花修复过程及治疗复壮效果。

图9-29 日本东京井之头恩赐公园樱花复壮效果

A—复壮诱导前；B—内层填充包裹；C—包裹后效果；D—复壮10年后效果；E—复壮10年后电视台采访；F—复壮15年后效果；G—课题组考察留影合照

第10章　古树病虫害及其防治

古树由于树龄的增加和树势的衰弱，极易发生病虫害，病虫害是古树名木进一步衰弱甚至死亡的关键因素之一。我们于2015年在山西省运城市（万荣县、临猗县等地）、临汾市（洪洞县大槐树、尧庙）、太原市（晋祠镇）、吕梁市（郊城县卦山）等地，对143株古树（古柏112株、古槐29株、银杏2株）的生存现状进行调查。2016年在陕西省榆林市（榆阳区、神木县）、延安市（甘泉县、黄帝陵）、渭南市（白水县仓颉庙）、西安市（周至楼观台）、宝鸡市（周公庙）等地，对120株古树名木（侧柏92株、国槐25株、银杏3株）进行调查。调查的263株古树中（表10-1），500年以上属于国家Ⅰ级保护古树的有235株，占所调查古树的90%左右，包括洪洞大槐树、黑白二仙柏、夜笑柏、晋祠周柏、黄帝手植柏、仓颉手植柏、老子手植银杏、三鹰柏等40株名木。

表10-1　山西省和陕西省所调查古树名木年龄分布

树种	树龄（年）					小计
	＜500	500～1000	1000～2000	2000～3000	≥3000	
侧柏	10	59	66	47	22	204
国槐	16	5	28	3	2	54
银杏	2		1	2		5
小计	28	64	95	52	24	263

调查的263株古树主要生长在景区、村庄和寺庙三种环境中，按古树地上部分的健康等级（表10-2），11.8%的古树濒临死亡或已经死亡，健康等级处于Ⅲ级（不良）及以上的古树占所调查古树总数的55.5%。分析这些古树树势衰弱和死亡的原因，我们发现约90%的古树有不同程度的病虫害发生。这主要是因为部分古树生长环境恶劣，立地条件差，受到严重的人为影响，加上长期无人管护，树枝折断、树干出现空洞、树体损伤较多，从而诱发病虫害的发生。

表10-2　山西省和陕西省所调查古树名木生长环境与健康等级

健康等级	生长环境			总计	所占比例（%）
	村庄	景区	寺庙		
Ⅰ级（良好）	4	14	3	21	8.0
Ⅱ级（稍微不良）	18	59	19	96	36.5

续表

健康等级	生长环境			总计	所占比例（%）
	村庄	景区	寺庙		
Ⅲ级（不良）	11	54	10	75	28.5
Ⅳ级（显著不良）	9	28	3	40	15.2
Ⅴ级（濒临枯死）	1	16	1	18	6.9
已枯死	1	12		13	4.9

因此，及时有效地预防和控制病虫害的发生，是古树名木资源保护工作中的一项重要措施。应加强古树病虫害的日常测报工作，发生病虫害后，应能根据受害症状准确识别有害生物种类，掌握其生活史及发生规律，抓住防控关键时机，综合各种技术和方法开展古树的病虫害防治工作，增强树势，达到保护古树的目的。

10.1　侧柏古树主要虫害及其防治

通过对黄河中游地区山西省和陕西省部分古柏的调查，我们发现其主要病虫害有：蛀干类害虫双条杉天牛（*Semanotus bifasciatus*）和柏肤小蠹（*Phloeosinus perlatus*），食叶类害虫侧柏毒蛾（*Parocneria furva*），刺吸类枝梢害虫柏大蚜（*Cinara tujafilina*）和金绿宽盾蝽（*Poecilocoris lewisi*）；病害有叶枯病（*Chloroscypha platycladus*）、赤枯病（*Pestalotiopsis maculiformans*）、枝干腐朽病（*Amyloporia subxantha*）等。

10.1.1　双条杉天牛

双条杉天牛是为害古柏的重要钻蛀性害虫。主要以幼虫在树皮下串食为害，在木质部表面蛀出弯曲不规则的扁平蛀道，蛀道内充满黄白色粪屑，破坏树木的输导功能，引起针叶黄化，树势衰退。受害古柏主干部分树皮翘裂、易脱落，有少量白色树脂或虫粪流出（刘铭汤和戴建昌，1995；高苏岚等，2007）。

在黄帝陵古柏群，古柏的被害株率达到11.86%，虫口密度为4.6头/株。个别区域古树曾遭受严重自然灾害，断枝、衰弱木较多，被害株率可达28.8%，虫口密度为8.8头/株。

1. 形态特征

成虫：体小，长9～15mm，宽2.9～5.5mm；头部生有细密的点刻，触角鞭节状，雄虫触角略短于体长，雌虫触角为体长的1/2；前胸黑色，两侧弧形，具有淡黄色长毛，背板上有5个光滑的小瘤突排列成梅花状，前面2个圆形，后面3

个尖叶形；鞘翅上有2条棕黄色或驼色横带，前面的带宽约为体长的1/3，其后缘及后面的带颜色较浅（图10-1A）。

图10-1　双条杉天牛

A—成虫（南小宁提供）；B—为害状（贺虹摄）

卵：白色，椭圆形，后端不尖细，长约2mm。

幼虫：初龄幼虫淡红色，老熟幼虫乳白色，体长22mm，前胸宽4mm，头部黄褐色，前胸背板上有1个“小”字形凹陷及4块黄褐色斑纹（图10-1B）。

蛹：离蛹，淡黄色，触角自胸背迂回到腹面，末端达中足腿节中部（图10-1C）。

2. 生物学特性

在黄帝陵1年发生1代（表10-3），以成虫在树干内越冬。翌年4月上旬咬破树皮爬出，在树干上发生一个圆形羽化孔。成虫4月出现直至6月底，其中分别于4月和5月各出现一次高峰期。成虫飞出后开始交配产卵，4月中旬幼虫开始孵化，5月中旬幼虫开始蛀入木质部。8月中、下旬幼虫老熟，在木质部虫道顶端筑椭圆形蛹室化蛹。9月陆续羽化为成虫，开始越冬。

表10-3　双条杉天牛的生活史（陕西黄帝陵）

虫态	1～3月	4月			5月			6月			7月			8月			9月			10月
		上	中	下	上	中	下	上	中	下	上	中	下	上	中	下	上	中	下	
成虫	（+）	+	+	+	+	+	+	+	+	+										
卵		●	●	●	●	●	●	●	●											
幼虫			–	–	–	–	–	–	–	–	–	–	–	–						
蛹														△	△	△	△	△	△	
成虫																	+	+	+	（+）

注：+. 成虫；●. 卵；–. 幼虫；△. 蛹；（+）. 越冬成虫

越冬代成虫爬出后不需补充营养，喜欢向阳避风的场所。成虫多在下午2点至10点进行交尾和产卵，其余时间钻在树皮裂缝、树洞、伤疤及干基的松土内潜伏不动，不易发现。

卵多产于树皮裂缝和伤疤处，每处产卵1～10粒。在新修枝、新采伐的树干和木桩以及被压木、衰弱木上均可产卵，直径2cm以上的枝条都可被害。幼虫孵化1～2d后开始蛀入皮层为害，被害处排出少量细碎粪屑。其蛀入树皮后先沿树皮啃食木质部，在木质部表面形成一条条弯曲不规则的扁平坑道，坑道内填满黄白色粪屑。树干上可见半圆形、稍凹陷、棕色或与树皮同色的由不整齐木丝构成的卵槽和形状不规则、大小为1mm的侵入孔，或圆形稍扁、孔径为3～6mm的羽化孔。树木受害后树皮易剥落。

3. 防治方法

1）饵木诱杀法。根据双条杉天牛的生活史，做好测报工作，结合气温和古树所处的生境条件，确定成虫羽化和产卵期，在背风向阳处设置饵木。饵木采用新采伐的带皮柏树干（长1.5～2.0m），5～10根1堆，设置在古柏林或古柏生长的院内，引诱成虫在饵木上产卵。成虫产卵期过后，集中将饵木彻底销毁，防止成为新的虫源地。

2）虫孔注药法。在树干基部或虫孔处注射40%氧化乐果加敌敌畏2～5倍液，或护树宝注干剂，毒杀树干内的幼虫。

3）树干涂白。在成虫产卵前对树干进行涂白，防止成虫在树干上产卵。涂白剂配方为石灰10kg+硫磺1kg+食盐10kg+水30kg。

4）保护和利用天敌。在幼虫期释放管氏肿腿蜂。

5）针对古柏林，要及时清理古树周围的被害木、被害枝，减少虫源。特别是冬季，集中彻底清除虫害木、衰弱木、被压木、濒死木、枯立木、风折木、风倒木等。

10.1.2　柏肤小蠹

柏肤小蠹又称柏树小蠹、柏木合场肤小蠹，属鞘翅目小蠹科。主要以成虫和幼虫在柏树的韧皮部和木质部之间蛀食，形成单纵坑坑道系统，破坏树木的输导功能（图10-2C），常和双条杉天牛一起为害，加速柏树的枯死。此外，柏树枝梢常被蛀空，遇大风即折断，严重时林地上掉落许多断梢，柏树受到严重损害（殷蕙芬等，1984；苏晓红等，2003）。

1. 形态特征

成虫：体长2～3mm，赤褐色或黑褐色，体表无光泽。头小，藏于前胸下；触角黄褐色，末端的纺锤部呈椭圆形，色暗，复眼凹陷较浅。前胸背部有粗点刻，中央有一条隆起线。前翅上有颗粒，靠近翅基部的颗粒比翅端部的大，翅端部斜面弯曲，沟间部各有1纵列颗瘤，靠近翅缝的第1、3沟间部的颗瘤比其他的大，每个鞘翅上有9条纵纹，并有栉状齿（图10-2A）。

卵：白色，椭圆形，初产时透明，表面光滑，4d后卵粒表面开始出现皱褶，每端出现1个下陷的凹点。

幼虫：老熟幼虫体长2.5～5.0mm，乳白色，头淡褐色，体弯曲成“C”形（图10-2B）。

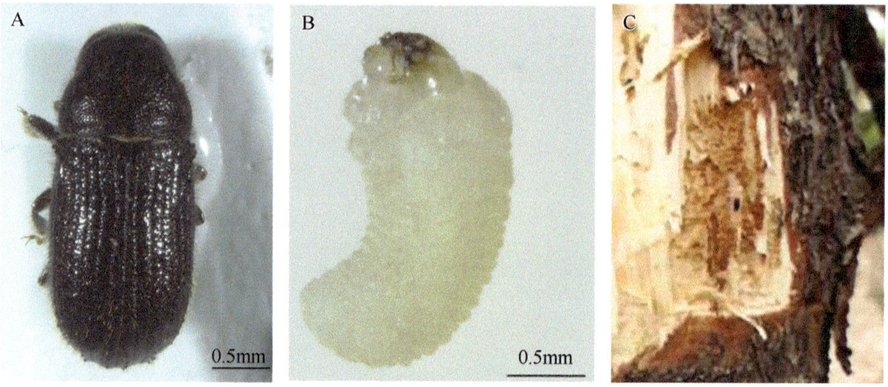

图10-2 柏肤小蠹

A—成虫；B—幼虫；C—为害状（贺虹摄）

蛹：乳白色，体长2.5～4.0mm，尾端有两个尖。

2. 生物学特性

1年发生1代，以成虫在柏树枝梢内越冬。翌年3月下旬至4月中旬陆续飞出，雌虫取食衰弱的侧柏、桧柏立木和新伐倒木，在树皮上咬出圆形侵入孔，蛀入皮下和木质部表层，雄虫跟踪进入，并共同筑成5～8cm长的不规则交配室。雌虫交配后向上蛀纵行母坑道，并沿坑道两侧蛀卵室，每室产卵1粒。雄虫将母坑道的木屑及排泄物推出侵入孔外。卵4月中旬孵化，由卵室向外沿边材韧皮部筑细长而弯曲的幼虫坑道。5月中下旬老熟幼虫在坑道末端化蛹。成虫于6月上旬羽化，飞向健康柏树的枝梢，蛀侵入孔并向下蛀食，进行营养补充，成虫于10月中旬后进入越冬状态。

3. 防治方法

1）饵木诱杀。结合双条杉天牛的防治，设置饵木。

2）销毁受害枝。秋季成虫入侵枝条后，捡拾地面掉落的柏树枝条，同时用高枝剪剪除树上受害枝，集中销毁。

3）树干涂白。冬季至翌年早春成虫出孔前，在树干2m以下涂白阻隔成虫入侵。

4）打孔注药。成虫侵入后，在距地面30cm处的树干上横向每隔7cm左右钻一孔，注入内吸性药剂（5%吡虫啉乳油或30%氯胺磷乳油）。

5）树干和树冠喷药。成虫扬飞初期，对于集中连片的古柏林，在林缘地带或虫源木周围10～20m的树干（冠）喷洒触杀或内吸性药剂，如2%噻虫啉微囊悬浮剂2000倍液、8%氯氰菊酯微胶囊剂300～500倍液和1.2%烟·参碱乳油1000倍液。成虫侵入树干后，可在树干上喷洒内吸性药剂、触杀性药剂加树干渗透剂进行防治，如16%虫线清（喹硫磷·丁硫克百威）乳油100倍液、55%毒死蜱氯氰菊酯乳油+树木渗透剂（1∶5）150倍液、5%吡虫啉乳油+树木渗透剂（1∶5）150倍液。

10.1.3　侧柏毒蛾

侧柏毒蛾又名柏毒蛾，属鳞翅目毒蛾科，是古柏的一种主要食叶害虫。主要以幼虫取食古柏的嫩芽、嫩枝和老叶。受害柏树枝梢枯秃，发黄变干，生长势衰退，似干枯状（于艳华等，2010）。

1. 形态特征

成虫：体褐色，体长14～20mm，翅展17～33mm。雌虫触角灰白色，呈短栉齿状，雄虫触角灰黑色，呈羽毛状。前翅浅灰色，翅面有不显著的齿状波纹，近中室处有1暗色斑点，外缘较暗，布有若干黑斑；后翅浅黑色，有花纹。雄虫体色较雌虫深，为深灰褐色，前翅花纹完全消失（图10-3A）。

卵：扁圆球形，初产时为青绿色，而后渐变为黄褐色。

幼虫：体长20～28mm，头部灰黑色或黄褐色，体灰褐色或绿灰褐色，体各节具有棕白色毛瘤，上着生黄褐色和黑色刚毛；背线墨绿色，亚背线在第4～11节为一条黑绿色斑纹，亚背线与气门线间有白色斑纹，体腹面黄褐色（图10-3B）。

蛹：体长10～14mm，绿色，羽化前呈褐色，腹部各节具有灰褐色斑点，上着生白色细毛，腹末具有深褐色钩状毛。

图10-3　侧柏毒蛾

A—成虫（徐公天和杨志华，2007）；B—幼虫（贺虹摄）

2. 生物学特性

在陕西1年发生2代，以卵在柏树小枝、树皮裂缝内越冬。翌年4月上、中旬幼虫孵化，开始为害刚萌发的嫩叶尖端，造成叶基部光秃，逐渐枯黄脱落，5月下旬和6月上旬是为害盛期。5月底老熟幼虫开始化蛹，6月上旬成虫羽化，产卵于叶柄或叶片上。6月下旬孵化出第2代幼虫，7月下旬至8月上旬进入第2个为害盛期。8月上旬幼虫开始老熟化蛹，8月中旬成虫羽化并产卵，卵继续发育但不孵化，进入越冬状态。

成虫夜间活动，有趋光性，产卵于嫩枝、叶、树杈及树皮裂缝内，呈堆状排列。初孵幼虫有群集性，白天潜伏于树干的缝隙间、树皮下或树洞内，傍晚爬向树冠迁移取食为害。老熟幼虫在叶片间、树皮下或树洞内吐丝结薄茧化蛹。

3. 防治方法

1）在幼虫为害盛期，喷施溴氰菊酯、灭幼脲等农药。

2）在成虫羽化期（6月和8月），利用灯光诱杀成虫。

10.1.4 柏大蚜

柏大蚜主要以成蚜和若蚜群集为害古柏的鳞叶，吸取汁液。严重发生时，嫩枝上虫体密布，大量排泄蜜露，引发煤污病，严重影响古柏的生长，造成其树势衰弱（郭在滨等，2000）。

1. 形态特征

成蚜：体咖啡色，触角6节，第3节最长。有翅孤雌蚜体长3.0～3.5mm，体被毛，尤其在足及背侧较密，翅面也有白色绒毛，中胸背板有“X”形斑；翅膜质透明，前翅前缘脉黑褐色，近顶角处有两个小暗斑；腹部背面前4节各节具整齐排列的2对小暗斑，腹末稍尖。无翅孤雌蚜体色稍浅，体长3.7～4.0mm，胸部背面有黑色斑点组成的“八”字形条纹，腹背有6排黑色小点，每排4～6个，腹部腹面有白粉。雄成虫和无翅孤雌蚜相似，体长3.0mm，腹末稍尖（图10-4）。

卵：初产棕黄色，而后变为黑褐色，长椭圆形，长约2.0mm，宽约1.1mm。

若蚜：初产橘红色，3d后变为咖啡色，形态似无翅孤雌成虫。

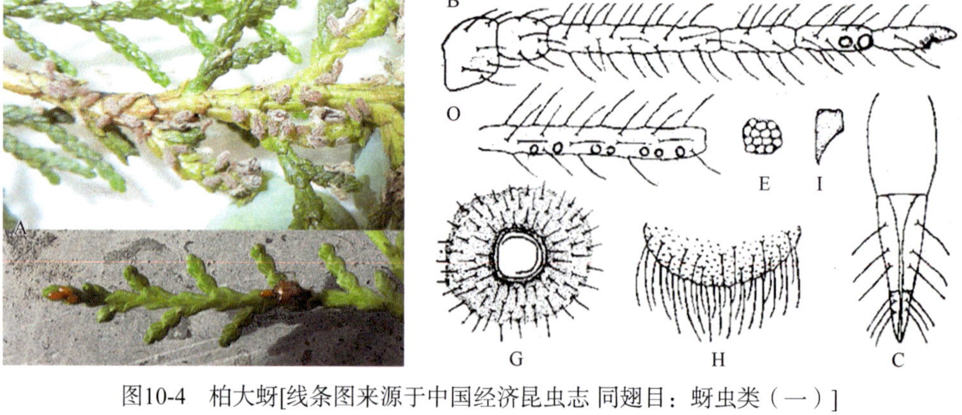

图10-4 柏大蚜[线条图来源于中国经济昆虫志 同翅目：蚜虫类（一）]

无翅孤雌蚜：A—柏大蚜形态，B—触角，C—喙端部，E—节间斑，G—腹管，H—尾片，I—后跗第1节；有翅孤雌蚜：O—触角第3节

2. 生物学特性

柏大蚜全年寄生在侧柏上，为留守型。在陕西黄帝陵1年发生15代以上，以卵在侧柏叶背面越冬，也有少量孤雌蚜在树缝或密生丛枝的背风处越冬。翌年3月上旬越冬卵孵化，以孤雌生殖产幼蚜，各代的发育历期长短不一，平均1代为14d左右。5月中旬出现有翅雌蚜，进行迁飞扩散，多在2年生短枝上为害。10月底出现雌、雄性蚜，11月上旬为产卵盛期。

3. 防治方法

1）保护利用天敌。保护利用瓢虫、草蛉、食蚜蝇、蚜茧蜂等蚜虫的天敌。也可以进行林间释放，增加天敌的种群数量。

2）化学防治。蚜虫大发生时，可喷施3%啶虫脒乳油2000～2500倍液、0.26%苦参碱水剂1500～2000倍液、10%吡虫啉可湿性粉剂2000倍液、50%抗蚜威可湿性粉剂4000倍液等。

3）悬挂黏虫板诱杀蚜虫。我们在黄帝陵柏大蚜为害严重的区域内挂设普通黄色、普通蓝色、普通绿色、信息素黄色黏虫板（北京中捷四方生物科技有限公司生产）进行试验，规格均为25cm×20cm。结果发现，可以诱到蚜虫、粉虱、叶蝉、蓟马、木虱、夜蛾等害虫，其中蚜虫占所诱到害虫总数的53.3%。信息素黄色黏虫板诱到的蚜虫数量最多，其次为普通黄色黏虫板，普通绿色和蓝色黏虫板诱到的蚜虫数量均较少。但该方法也诱集到一些天敌昆虫如寄生蜂类、瓢甲类以及蜘蛛。

10.1.5　金绿宽盾蝽

金绿宽盾蝽属半翅目盾蝽科，以成虫和若虫吸食侧柏嫩芽与嫩叶汁液，造成枝叶枯黄，影响柏树的健康。调查发现，金绿宽盾蝽在黄帝陵主要分布于陵西、陵园、登道两侧，发生期间虫口密度大，并且大量虫体从树冠掉落到地面，对景区的环境造成了严重影响。该害虫于2009年在黄帝陵大暴发，主要是由于引入苗木的过程中导致金绿宽盾蝽的传播入侵（李虎和王晓贝，2007；李小军等，2012）。

1. 形态特征

成虫：体长13.5～16mm，宽9～11mm；体近椭圆形，金绿色，具赭红色斑纹；复眼黑色，单眼红色；触角细长，5节，基节黄褐色，其余4节蓝黑色；喙黄褐色，伸达第4节腹板的前缘；前胸背板有1个横置的“日”字形纹；小盾片微微隆起，并有许多花纹；前翅革质、部分黄褐色，后翅灰褐色，翅脉棕褐色（图10-5G）。

卵：初产卵块乳白色，3～4d后变为黄褐色（图10-5A）。

若虫：幼虫有5龄，各龄幼虫的形态特征如下。

1龄若虫：体长2.5～3.5mm，宽2～2.5mm，外形近圆形，身体黄褐色，头金绿色；前胸、中胸、腹部第5～7节背面和第4节两侧分布有金绿色斑块，腹部侧缘有面积相似的近圆形的黄褐色斑（图10-5B）。

2龄若虫：体长3.5～4.5mm，宽3～3.5mm，后胸背面呈金绿色，同时腹部第3节背面出现金绿色小斑（图10-5C）。

3龄若虫：体长5～5.6mm，宽3～3.5mm，隐约可见前翅芽的出现（图10-5D）。

4龄若虫：体长7.5～9mm，宽6～7.5mm，全身金绿色、部分光泽减少，逐渐转变为黑色；体壁由黄褐色变为黄白色，小盾片和前翅芽明显出现伸展，触角、胸部腹面和足都变为黑褐色；腹部第8节有2块黑斑，末节为黑褐色（图10-5E）。

5龄若虫：体长10～13mm，宽8.5～10mm，前翅芽伸达腹部第4节，其余同4龄（图10-5F）。

图10-5　金绿宽盾蝽（张婷摄）

A—卵；B—1龄若虫；C—2龄若虫；D—3龄若虫；E—4龄若虫；F—5龄若虫；G—成虫；H—5龄若虫下树

2. 生物学特性

在陕西省黄帝陵1年发生1代（表10-4），以5龄若虫在树皮裂缝、树下表土、落叶层等处越冬。翌年4月上旬5龄若虫从越冬场所爬出，5月上旬开始变为成虫，6月下旬产卵，6～9月若虫由1龄发育为5龄。9月为金绿宽盾蝽暴发期，5龄若虫开始下树寻找越冬场所，在道路、树干等处爬行，虫口密度大时严重影响旅游环境。

表10-4 金绿宽盾蝽的生活史（陕西黄帝陵）

虫态	1～3月	4月			5月			6月			7月			8月			9月			10月
		上	中	下	上	中	下	上	中	下	上	中	下	上	中	下	上	中	下	
5龄若虫	(–)	–	–	–	–	–	–	–	–	–										
成虫					+	+	+	+	+	+	+	+								
卵										•	•	•								
1龄若虫										–	–	–								
2龄若虫											–	–	–							
3龄若虫												–	–	–						
4龄若虫												–	–	–						
5龄若虫													–	–	–	–	–	–	–	(–)

注：+. 成虫；●. 卵；–. 幼虫；（–）. 越冬若虫

1龄、2龄若虫的群集性较强，通常在树干和树枝上吸食侧柏嫩枝、嫩叶汁液，3龄和4龄若虫开始分散，较少观察到群集现象。5龄若虫群集性最强，通常群集在墙角、树干裂缝等处，有时可达30多头，喜在温暖的地方活动。

3. 防治方法

1）人工防治。在春季越冬若虫开始爬出上树为害时，可在树干胸径处缠黏虫胶带进行捕杀。

2）喷施化学农药。在若虫期和5龄若虫群集期，利用4.5%高效氯氰菊酯、20%灭扫利和0.5%甲维丙溴磷乳油1000～1500倍液进行树冠喷雾。

10.2 侧柏古树主要病害及其防治

10.2.1 古侧柏叶枯病

1. 分布与为害

侧柏叶枯病（leaf blight of of cypress）分布于北京、安徽、河南、陕西等地，造成侧柏叶片枯黄、提早落叶甚至枝条枯死（图10-6）。

图10-6 侧柏叶枯病田间症状（余仲东摄）

2. 症状

病原菌侵染当年生鳞叶，幼嫩细枝往往与鳞叶同时出现症状，最后连同鳞叶一并枯死脱落。鳞叶受侵染后，当年不出现症状，于翌年2月底至3月初迅速出现枯叶，并于6月中旬前后在枯死鳞叶和细枝上出现黑色颗粒物，遇潮湿天气吸水膨胀形成橄榄色杯状物，即病原菌的子囊盘。

受害鳞叶多由先端逐渐向下枯黄，或从鳞叶中部、基部首先失绿，后向全叶发展，迅速变褐，叶色枯黄。在细枝上则呈段斑状，最后细枝枯死。树冠下部往往发生较严重。若当年秋梢错过侵染期，则枯黄少。侧柏受害严重，鳞叶凋枯，似火烧状，病枝鳞叶大批脱落，往往在树干或枝条上再萌发出一丛丛的小枝叶，形象地称为“树胡子”。连续多年受害，则树木逐渐枯死。

3. 病原菌

病原菌为侧柏绿胶杯菌（*Chloroscypha platycladus* sp. nov.）（戴雨生等，1992）。子囊盘单一或聚集生在枯死鳞叶或细枝的表面，有短柄或无柄，黑色漏斗状，吸水之后呈盘状或杯状，橄榄色，直径0.21～0.46mm；子实层由黏状胶质组成；子囊圆筒形至棍棒形，基部渐细，成熟时不透明，大小（80～129）μm×（10～15）μm，子囊顶厚2.6μm×3.9μm，内含8枚子囊孢子，多为单列，子囊顶端微孔用Mezer染色剂染色无蓝色反应；侧丝丝状，透明，顶端略膨大，有时有分枝，长度78～12μm；子囊孢子单胞，透明或略带淡橄榄色，内含颗粒状物，椭圆形或球形，大小（13～18）μm×（8～15）μm（图10-7）。

病原菌菌丝最适生长温度为15～28℃，超过30℃菌丝停止生长，35℃以上则死亡。病原菌在pH为3.0～7.5的培养基上均能生长，以pH为4.5～6.5时生长最好。病原菌子囊孢子萌发温度以25～30℃为宜，尤在25℃时经36h检测萌发率为19.7%，28℃萌发率为15.3%，30℃萌发率为12.6%，35℃以上子囊孢子则不萌发。

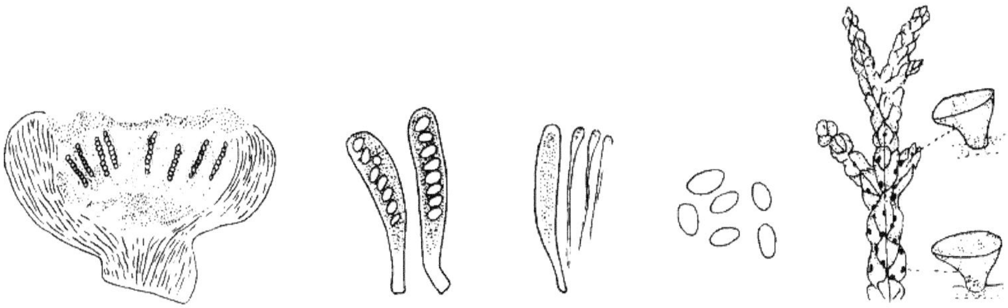

图10-7　绿胶杯菌线条图（仿戴雨生等，1992）

A—子囊盘；B—子囊及孢子；C—侧丝；D—子囊孢子；E—鳞叶和细枝上着生的子实体

4. 发生规律

侧柏叶枯病一年只有一个侵染循环，在田间往往有明显的发病中心。林内发生较林缘重。病害的发生常和以下因素相关。

1）立地条件。侧柏绿胶杯菌是一种弱寄生性盘菌，树势生长衰弱则容易感染。凡是立地条件差、土层浅薄的地块，侧柏生长差，受害重。因此，林间发病中心多位于岩石裸露、土层浅薄的地段。

2）树龄。随树龄增加，病害加重。林缘树木生长势较林间强，受害轻。病害发生与坡向无明显关系，一般发生在2年生以上叶片比较稠密的部位。

3）与6月的气温和降水量呈正相关，与冬季的气温和降水量呈负相关。6月正值病原菌子囊孢子成熟之际，降水量大、湿度高有利于子囊孢子的释放和传布。冬季极端天气发生和长时间的寒冷干燥，直接影响侧柏的生长，树势的衰弱有利于病原菌的繁殖和蔓延，从而促进病害的发展。

5. 防治措施

1）根据6月气温和降水量做好来年的预测预报，提前做好保护措施。可在6月孢子飞散期，喷施波尔多液、代森锌保护剂。

2）营林措施。合理施肥和密植，改善林分条件，保持通风透气。清除初侵染来源。用竹竿对防治林地枯死病残体进行打落，并同时清除地面残留落叶，集中烧毁。

3）化学防治。在6月中旬选择傍晚施放烟剂，可以有效减轻病害为害程度，烟剂以多菌灵为主要成分，按15kg/hm^{2}施放，烟剂在林冠停留30min以上。或在早春和入秋后喷施25%咪鲜胺乳剂各1次，也可以起到良好的防治效果。

于4～6月开展4次叶枯病喷药防治，第1次于4月中下旬喷施80%戊唑醇可湿性粉剂加百菌清800～1000倍液，同时加氯氰菊酯1000倍液。第2次、第3次均在间隔10d后进行，可喷施25%咪鲜胺乳油、70%甲基硫菌灵可湿性粉剂1000～1500倍液、70%代森锰锌可湿性粉剂800倍液或25%嘧菌酯悬浮剂1000倍液，对重发生区可进行第4次喷药。

10.2.2 侧柏赤枯病

侧柏赤枯病（red bacterial blight of *Platycladus orientalis*）分布于陕西、北京、河北、河南等广大地区，造成侧柏鳞叶枯死变成红褐色、提前落叶甚至焦枯死亡。

1. 症状

侧柏赤枯病首先发生在树冠基部的较老鳞叶上，病斑在鳞叶中部或基部形成，逐步向顶端扩展，使整个鳞叶焦枯变成红褐色，基部鳞叶仍保持绿色或小枝上鳞叶黄绿相间（图10-8），与侧柏叶枯病症状显著不同。幼嫩的细枝也会形成病斑，多从枝头基部或中部往上扩展发生焦枯。通常林缘较林内重，孤立木较片林重。受害树绿色鳞叶多呈干旱胁迫状，呈现轻度的萎蔫状态。

图10-8　侧柏赤枯病病征（余仲东摄）

2. 病原菌

病原菌为拟盘多毛孢菌（*Pestalotiopsis maculiformans*）。在PDA培养基上，菌丝体初期白色，呈辐射状扩展，分生孢子盘黑色，埋生于菌丝层下，皿底有土黄色素沉积；分生孢子5个细胞，4个隔膜，长梭形，较直立，大小（16.5～25.5）μm×（5.5～6.5）μm，中间3个色胞多数属同色型，均为褐色，亦有少数属异色型，第3色胞淡褐色，第1、2色胞褐色，顶部无色胞长梯形，具3根短而粗的顶毛，长4.5～8.5μm，基部无色胞三角形，具1根中生式尾毛，长2.5～8.5μm（图10-9）。

3. 发生规律

病原菌以菌丝体在病树上越冬，或以分生孢子在落叶中越冬。8月下旬分生孢子成熟并开始飞散，侵染当年生鳞叶，并在鳞叶中潜伏越冬；或落叶中分生孢子于次年4月中下旬随风雨侵入当年生鳞叶，潜育期7～8d，受害鳞叶很快变褐枯死并发红。5～6月为发病高峰，9～10月为另一个发病高峰。冬季或早春干旱，则侧柏赤枯病发生严重（图10-10）。阳坡较阴坡重。排水不良、林分密度大，受害重。树龄大，受害重。单株比群体重。

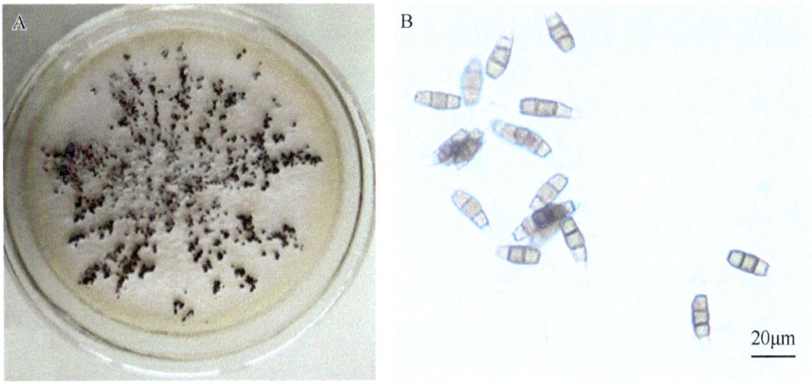

图10-9　拟盘多毛孢菌（*Pestalotiopsis maculiformans*）

A—菌落；B—分生孢子

图10-10　侧柏赤枯病菌人工接种（余仲东摄）

A—对照；B—发病中期；C—发病中后期

4. 防治措施

1）林业技术措施。提高管理水平，对侧柏古柏和林分及时灌水施肥，提高树种的抗病性。

2）清除侵染来源。冬春季节将枯枝集中烧毁，对林缘或单株发病古柏要及时处理。

3）化学防治。对古树群或柏树林分在5月末至6月中旬施放621或721烟剂；喷施10%多菌灵粉剂，或25%咪酰胺乳剂，或75%百菌清可湿性粉剂500倍液。

10.3　国槐古树主要虫害及其防治

10.3.1　锈色粒肩天牛

锈色粒肩天牛（*Apriona swainsoni*）属鞘翅目天牛科，是中国森林植物检疫对象，有“国槐杀手”、“国槐的毁灭性害虫”之称，主要以幼虫在树干及粗枝内蛀食木质部，削弱树势，重者枯死（贺春玲等，2004；王艳平等，2006）。

1. 形态特征

成虫：体黑褐色，密被锈色短绒毛。鞘翅表面散布许多形状不规则且大小不等的白色毛斑和细刻点，鞘翅末端呈截形，缝角和缘角均具有小刺，缝角小刺长而尖；雄虫臀部背面呈“W”形缺口（图10-11A）。

图10-11 锈色粒肩天牛（王晓红和杨忠岐提供）

A—成虫；B—幼虫；C—幼虫为害形成的虫道

幼虫：体扁圆筒形，乳白色，具棕黄色细毛；前胸背板近方形，背板中部有一倒“八”字形凹陷纹，前方有1对略向前弯的黄褐色横斑，其两侧各有1个同色长形纵斑（图10-11B）。

卵：长椭圆形，乳白色，长5.5～6.0mm，宽1.5～2.0mm；外覆盖不规则草绿色分泌物，初排时呈鲜绿色，而后变灰绿色。

蛹：纺锤形，长45～50mm，宽12～15mm；初为乳白色，渐变为淡黄色；头部中沟深陷，口上毛6根，触角向后背披，末端卷曲于腹面两侧；翅超过腹部第3节，腹部背面每节后缘有横列绿色粗毛。

2. 生物学特性

北方2～3年发生1代，以幼虫在枝干内越冬。经过2或3个冬季，于6～7月老熟幼虫在隧道内两端填塞木屑做蛹室化蛹，蛹期15～25d。成虫羽化后于蛹室内停留5～7d，咬羽化孔钻出。7～8月为成虫发生期。

成虫多晚间活动取食，以早晚较盛，经10～15d开始产卵。2～4年生枝上产卵较多，先将枝条表皮咬出“U”形伤口，然后产卵其中，每处产1粒卵，偶有4～5粒。幼虫孵化后于韧皮部与木质部之间向枝条上方蛀食约1cm，然后蛀入木质部后向下蛀食，稍大即蛀入髓部。幼虫一生蛀隧道达2m左右长，隧道内无粪便与木屑。

3. 防治方法

1）在成虫补充营养期，对于受为害的树木，以树冠、树干、大侧枝为主，可选择敌敌畏、灭幼脲、印楝素乳油等进行喷雾。

2）在1～3龄幼虫期释放白蜡吉丁肿腿蜂和管氏肿腿蜂，在3龄以上幼虫期和蛹期释放花绒寄甲成虫或卵（王晓红等，2014）。

3）成虫羽化期人工捕捉成虫；初产卵绿色，幼虫孵化初期，可仔细查找产卵刻槽，组织人工击杀卵及低龄幼虫。

10.3.2　槐尺蠖

槐尺蠖（*Semiothisa cinerearia*）又名国槐尺蠖，俗称“吊死鬼”，属鳞翅目尺蛾科，以幼虫取食国槐、龙爪槐的叶片，严重时将叶片食尽，造成树势衰弱（杨向东等，1999）。

1. 形态特征

成虫：雌蛾体长12～15mm，翅展30～45mm；雄蛾体长14～17mm，翅展30～43mm。体褐色，触角丝状，翅面密布小褐点。前翅具3条深褐色波状横线，外横线前缘有1三角形深斑；后翅具2条横线，外缘凸出，并呈锯齿状缺刻，展翅后与前翅的横线相接，构成一完整的弧状曲线（图10-12A）。

卵：椭圆形，一端较平截，其上有规则的蜂窝状花纹。初产时深绿色，渐变为暗红色，孵化前为灰黑色。

幼虫：初孵时黄褐色，取食后变为粉绿色，老熟幼虫体背变为粉红色（图10-12B）。

蛹：长13～17mm，被蛹，紫色至褐色；臀棘具钩刺2枚，雄蛹2钩刺平行，雌蛹2钩刺向外呈分叉状。

2. 生物学特性

陕西1年发生3～4代，以蛹越冬。4～5月成虫陆续羽化。第1代幼虫始见于5月上旬，各代幼虫为害盛期分别为5月下旬、7月中旬、8月下旬和9月上旬。化蛹盛期分别为5月下旬到6月上旬，7月中下旬及8月下旬到9月上旬。10月上旬仍有少量幼虫入土化蛹越冬。

图10-12　国槐尺蛾

A—成虫（贺虹摄）；B—幼虫（朱弘复等，1979）；C—树下的虫粪（贺虹摄）

卵散产于叶片、叶柄和小枝上，以树冠南面最多。幼虫孵化后，立即开始取食，幼龄时食叶呈网状，3龄后取食叶肉，仅留中脉。幼虫能吐丝下垂，随风扩散，或借助胸足和腹足做弓形运动。老熟幼虫体背出现粉红色，已完全丧失吐丝能力，能沿树干向下爬行，或直接掉落地面，入土化蛹，深度一般为3～6cm。化蛹场所通常在树冠投影范围内，以树冠东南向最多。

3. 防治方法

1）对虫害发生较重的古树，可于秋末翻耙树冠下土壤，消灭越冬蛹。

2）在幼虫为害期，在地下铺薄膜，震落幼虫，集中捕杀。

3）在幼虫2～3龄期，喷施2.5%溴氰菊酯乳油3000～5000倍液、20%除虫脲悬浮液1500～2000倍液等化学农药。

10.3.3　美国白蛾

美国白蛾（*Hyphantria cunea*）属鳞翅目灯蛾科，是我国林木、果树、花卉及农作物的主要食叶害虫，也是重要的外来入侵生物和重要的检疫对象。其发生特点是传播途径广，适应性强，食性杂，取食量大，繁殖力强（罗立平等，2018）。

1. 形态特征

成虫：中等大小，前后翅白色，体长9～17mm，翅展25～45mm。雄蛾触角呈双栉齿状，雌蛾触角呈锯齿状。雌蛾翅白色，多无黑斑；越冬代雄蛾前翅有多个浅黑色斑点，夏季世代雄蛾只有少数个体的前翅具暗色斑点。前足基节及腿节端部橘黄色，胫节和跗节大部分黑色（图10-13A，B）。

卵：球形，直径0.5mm，初产时为浅黄色或浅绿色，孵化前变为灰褐色，有光泽（图10-13C）。

幼虫：6～7龄，老熟幼虫体长28～35mm，头黑色，体细长，圆筒形，黄绿色至灰褐色；体背面有1条灰黑色或深褐色宽纵带，上面着生黑色毛瘤，毛瘤上着生丛状白色长毛；体两侧淡黄色，毛瘤橘黄色或褐色，腹面灰黄色或淡灰色（图10-13D，E）。

蛹：体长8～15mm，暗红褐色，有光泽；腹末有臀棘8～17根，每根臀棘的末端呈喇叭口状，中部凹陷；蛹外面有一层黄褐色薄茧，由稀疏的丝混杂幼虫体毛组成（图10-13F）。

图10-13　美国白蛾

A—雌成虫（贺虹摄）；B—雄成虫；C—卵块；D—低龄幼虫在网幕中取食为害；E—大龄幼虫分散取食为害；F—蛹（王小艺提供）

2. 生物学特性

陕西武功1年发生2代，有不完全的第3代，以蛹在墙缝、浅土层、枯枝落叶层等处越冬。第1代幼虫为害盛期为5月中下旬至6月上中旬；第2代幼虫为害盛期在7月中旬至8月上中旬。8月上旬后，老熟幼虫开始下树化蛹、越冬，有少部分蛹羽化为成虫，产卵，于9月初出现第3代幼虫。

成虫具弱趋光性，在叶背产卵，单层块状排列，每个卵块500～800粒。1～2龄幼虫群集于叶背上取食叶肉，被害叶呈沙网状，随虫龄增加幼虫不断吐丝将被害叶缀合成网幕，网幕随虫龄增大而扩展。4～5龄幼虫脱离网幕分散为害进入暴食期。

3. 防治方法

1）对来自疫区的苗木、花卉、包装箱和交通工具等进行严格的检疫，一旦发现害虫，应尽快查清发生范围，并进行封锁和防治。

2）在3龄幼虫前，每隔2～3d仔细查找幼虫网幕，发现后用高枝剪将网幕连同小枝一起剪下，集中烧毁或深埋。

3）成虫羽化期，用灯光诱杀，结合美国白蛾性激素诱杀雄成虫。

4）保护利用草蛉、胡蜂、蜘蛛、鸟类等天敌。在老熟幼虫期和化蛹初期，释放白蛾周氏啮小蜂。也可采用生物药剂苏云金杆菌（Bt）、美国白蛾核型多角体病毒制剂、灭幼脲、烟·参碱乳油等进行喷雾防治。

5）在低龄幼虫期，喷洒25%灭幼脲悬浮剂、20%除虫脲悬浮剂、4.5%高效氯氰菊酯乳油、2.5%溴氰菊酯乳油等化学农药。

10.3.4 槐蚜

槐蚜（*Aphis sophoricola*）以成虫和若虫群集在枝条嫩梢、花序及荚果上吸取汁液，被害嫩梢萎缩下垂，妨碍顶端生长，受害严重的花序不能开花，同时诱发煤污病，严重影响树势（中国科学院中国动物志编辑委员会，1983；梁洪柱等，2007）。

1. 形态特征

无翅孤雌蚜：体漆黑色，有光泽，卵圆形，长2mm左右。头、胸及腹部第1～6节背面有明显六角形网纹，腹部第7、8节有横纹。触角长1.4mm，各节有瓦纹；喙长稍超过中足基节，腹管长0.46mm，长圆管形，基部粗大，有瓦纹。尾片长锥形，长0.24mm，有长曲毛6～7根。尾板半圆形，有长毛12～14根（图10-14）。

有翅孤雌蚜：体黑色，长卵圆形，长2.0mm，宽0.94mm。触角长1.4mm；第3节有圆形感觉圈4～7个，排列成一行。触角与足灰白色间黑色。腹部第1～6节横带断续与绿斑相连为一块斑。尾片具长曲毛5～8根，尾板有长毛9～14根，生殖板有长毛12～14根，其他特征与无翅型相似（图10-14）。

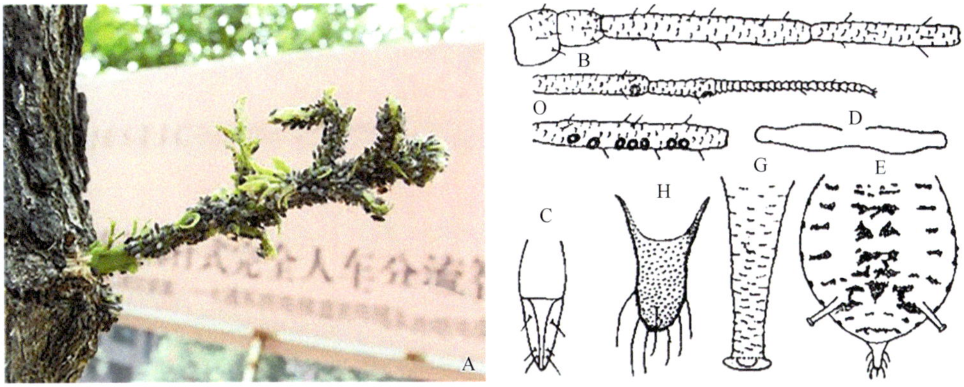

图10-14 槐蚜（中国科学院中国动物志辑委员会，1983）

无翅孤雌蚜：A—槐蚜群集在枝条梢部；B—触角，C—喙端部，D—中胸腹岔，E—腹部斑纹，G—腹管，H—尾片；有翅孤雌蚜：O—触角第3节

2. 生物学特征

槐蚜一生可转换寄主，有迁移习性。1年繁殖20多代，主要以无翅胎生雌蚜、若蚜栖息于背风向阳的山坡、地堰、沟边、路旁杂草中越冬。每年3月上、中旬开始大量繁殖，4月中、下旬产生有翅胎生雌蚜，向槐树新抽出的嫩梢上迁飞为害，5～6月在槐树上为害最严重，6月中、下旬增殖很快，并在槐树上大量产生有翅蚜，继续扩散为害。7月中、下旬雨季来临，气温升高，蚜虫大量死亡，种群密度下降。10月以无翅胎生雌蚜在杂草的根际等处越冬。槐蚜的发生与温、湿度关系密切，一般气温在19～22℃最适宜繁殖，低于15℃或高于25℃时，繁殖受到一定抑制。相对湿度在60%～75%时有利于其繁殖为害，当相对湿度达到80%以上时，蚜群数量逐渐下降。暴雨天气常造成蚜虫大量死亡。

3. 防治方法

防治方法同柏大蚜。

10.3.5 槐豆木虱

槐豆木虱（*Cyamophila willieti*）又称国槐木虱，属同翅目木虱科。主要为害国槐及龙爪槐，以成、若虫聚集于幼芽、嫩梢、叶片上吸食汁液。若虫排泄乳白色的絮状胶质物，常诱发霉污病，影响树木光合作用，削弱树势（杨友兰等，2002；强中兰和马长林，2007；王云果等，2007）。

1. 形态特征

成虫：具二型现象，冬型体褐色至暗褐色，夏型体绿色。触角10节，第1、2节淡绿色，较粗，第3节较细，黄绿色，第7～10节褐色，端部具两根长短不一的刚毛。前胸背板绿色，前缘突出，有6条褐色和7条黄色条纹相间排列。中胸前盾片近菱形，有3条黄色条纹；盾片大，中部凹陷，褐色，两端各有3个由黄色和褐色组成的图案。前翅翅脉黄褐色，后翅翅脉无色。足和腹部褐色，腹部节间具黄色环纹（图10-15）。

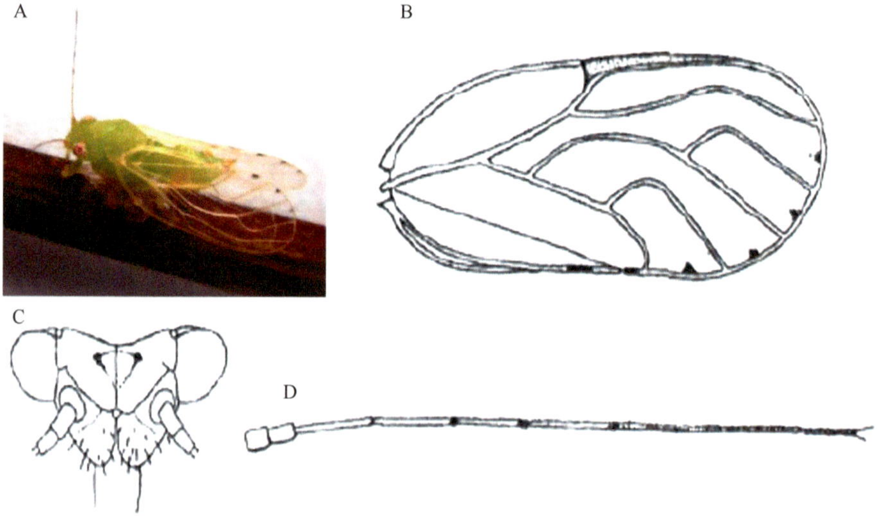

图10-15　槐豆木虱成虫形态图

A—成虫；B—翅；C—成虫头部；D—触角（A. 徐公天和杨志华，2007；B～D. 李法圣，2011）

卵：椭圆形，长0.4～0.5mm，一端较尖有柄，一端较钝，初产白色透明，孵化时呈橘黄色。

若虫：共7龄，体略扁，初孵黄白色，而后变绿色，腹部略带黄色；触角节数随虫龄增长而增加，2～6龄若虫触角分别为3节、5节、6节、7节、9节。

2. 生物学特征

陕西1年发生4代，世代重叠，以成虫在树皮裂缝中越冬。翌年3月下旬当国槐芽萌动吐绿时上树取食。4月上旬开始产卵，4月下旬为幼虫孵化盛期，5月中旬为成虫盛期。第2代卵在5月下旬出现，6月中旬为幼虫孵化盛期，6月下旬出现成虫，7月上旬为成虫盛期。第3代卵多产在国槐花序及含苞待放的花苞上，成虫在8月中旬至9月上旬出现。第4代卵主要产在国槐新抽出的秋梢和嫩枝部分，9月中旬至10月上旬出现成虫，开始越冬。

越冬代雌虫将第1代卵主要产在国槐刚萌动的芽、吐绿的嫩叶和新枝上。孵化后的初龄若虫聚集于芽、嫩叶、顶梢部分为害，随着龄期增加，食量增大，由上部转移，密集于嫩枝条分叉处为害，此期为害最重，严重时造成国槐、龙爪槐的许多枝枯死。3龄以前只在叶片上取食，4龄以后部分转到枝条上为害。若虫排出乳白色分泌物，使枝条油光发亮，发生严重时，枝、叶全被蜡质物所覆盖，诱发霉污病。

3. 防治方法

1）秋末清除落叶和树冠周围的杂草，清除树冠上的虫梢，刮除树干粗皮，树干涂白，以减少害虫潜入越冬。

2）小花蝽和七星瓢虫是主要天敌，喷药时注意避开天敌的发生盛期。

3）早春密切监测虫情，在若虫初孵期和成虫羽化盛期可利用10%吡虫啉可湿性粉剂2500倍液、5%蚜虱净乳油2500倍液喷雾防治。

10.4 国槐古树主要病害及其防治

10.4.1 国槐瘤锈病

国槐瘤锈病（gall rust of Chinese scholar tree）在山东、江苏、浙江、河南、安徽、江西、四川、河北等地均有发生，国外分布于日本。枝条因病常枯死，若发生于树木主干上则影响更大（袁嗣令，1997）。

1. 症状

该病为害古槐枝条，2～3年生幼树的主干也曾发现被害，被害枝上形成纺锤形或近纺锤形瘿瘤，瘤上的树皮粗糙纵裂，密布纵裂纹。秋天在裂纹中散生大量黑褐色粉状物，即病原菌的冬孢子堆。干部瘿瘤与枝上相似，病瘤以上枝条逐渐枯死。发病重的植株树冠枝叶稀疏，生长明显受到影响。病原菌同时为害叶片和叶柄，在叶背和叶脉、叶柄等处产生黄褐色粉状的夏孢子堆和黑色粉状的冬孢子堆（量比瘿瘤上少）。在叶正面褪色的病斑上曾发现蜜黄色小点状的性孢子器。

2. 病原菌

由担子菌门柄锈菌目茎生单胞锈菌（*Uromyces truncicola*）引起。夏孢子近球形至椭圆形，黄褐色，表面有刺状突起，大小为（25～35）μm×（18～25）μm；冬孢子堆黑色，早期裸露；冬孢子卵圆形，褐色，表面有微小疣，大小为（30～46）μm×（22～27）μm，顶部增厚有乳头状突起，厚达11μm，色较淡，侧壁厚3.5μm，柄近无色，不脱落，长达70μm（图10-16）。

该菌为同主寄生，但未见锈孢子器阶段（杨旺，1996）。从病原菌的菌丝和吸器是双核来看，显然病原菌在性孢子器内受精后形成的菌丝，可以形成夏孢子和冬孢子世代。

3. 发病规律

病原菌在病瘤内越冬，可存活多年，在寄主体内连年为害。病瘤枯死前可以每年产生大量的冬孢子，夏秋病部产生夏孢子和冬孢子，借风传播，侵染枝叶。

在北方由于气温较低，树木生长期较长，苗木发病后，病情发展较慢，发病后7～8年，瘤以上枝干不死，但树势明显衰弱，易导致木腐菌的寄生。

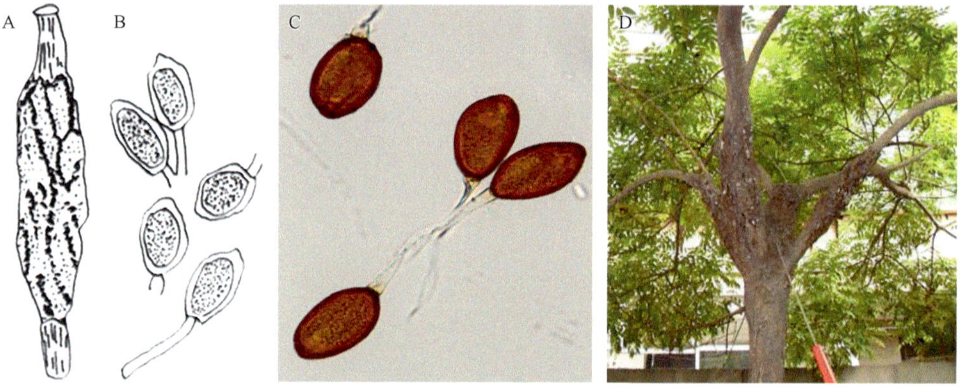

图10-16　国槐瘤锈病

A—被害枝条线条图；B—冬孢子线条图（仿杨旺，1996）；C—冬孢子；D—发病症状

4. 防治措施

1）严格检疫，不栽带病苗木。

2）经常检查，发现枝上瘿瘤及时剪除，幼苗、幼树干上发现瘿瘤连根拔除烧掉。

3）药剂治疗。用松焦油或不脱酚洗油涂刷病部，每年4、6、8月各涂1次，连续涂刷2年。用0.03%内疗素注射于病皮下，于4月下旬起每半月注射1次，连续注射3次。

10.4.2　槐树溃疡病

1. 分布与为害

槐树溃疡病（canker disease of Chinese scholar tree）分布于陕西、山西、北京、河北、河南、山东等地区，以陕西周公庙和杨陵、北京、天津等地发病重。轻者引起古树枝枯，重者造成古树整枝死亡。移栽或假植时间过长容易发病，大树、古树以枝条发病为主，可导致整枝死亡和树木衰退。

2. 症状

槐树溃疡病菌有两种，病害症状表现不同。由三隔镰孢菌（*Fusarium tricinctum*）引起的溃疡病，枝干上最初出现黄褐色水渍状近圆形的病斑，而后逐渐发展为梭形斑，长径1～2cm；较大的病斑略下陷，有酒糟味，呈典型的湿腐状；病斑常环切主茎，致使上下枝干枯死；约经20d，病斑上出现橘红色分生孢子堆（周仲铭，1990）。聚生小穴壳菌（*Dothiorella gregaria*）引起的溃疡病，其初期症状与三隔镰孢菌所致相似，但病斑初为圆形或椭圆形，黄褐色，颜色较深，边缘为紫黑色，长径可达20cm以上，病斑发展迅速，亦可环切树干；后期病部产生许多黑色小点状的分生孢子器，随后病部逐渐干枯下陷或开裂，但其周围很少产生愈伤组织（图10-17）。上述两种病原菌引起的溃疡病，多发生在古树的1～2年生绿色枝上（杨旺，1996）。

图10-17 国槐溃疡病症状（余仲东摄）

3. 病原菌

槐树溃疡病的病原菌已知有两种（贺伟和叶建仁，2017）。一为三隔镰孢菌，属无性型菌物丝孢类镰孢霉属。在PDA培养基上气生菌丝生长旺盛，培养基内有桃红色至紫红色色素。分生孢子有两种类型；大孢子镰刀形，2～5个隔膜，多数为3个隔膜，大小为（25～36）μm×（3～5）μm，无色，老熟孢子中部的细胞常可形成厚垣孢子；小孢子无色，单生，长卵圆形，大小为（7～12）μm×（3.5～5.3）μm，在我国尚未见其有性态。

二为聚生小穴壳菌，属无性型菌物腔孢类小穴壳菌属。分生孢子座暗褐色，近圆形，埋生在寄主皮层组织中。分生孢子器球形、椭圆形，单生或数个聚生在子座中，暗色，直径为166～360μm，分生孢子无色，纺锤形，大小为（14～19.4）μm×（4.2～6）μm。在PDA培养基上菌落呈圆形，深墨绿色，该菌的有性型为葡萄座腔菌（*Botryosphaeria dothidea*），属子囊菌门葡萄座腔菌目葡萄座腔菌属（杨旺，1996）。

4. 发病规律

槐树溃疡病约在3月初开始发生，3月中旬至4月末为发病盛期，此时病害发展迅速，至夏初槐树进入生长旺季，病害逐渐停止发展。直径1～2cm的茎或枝，半个月左右就可被病斑环切。5～6月在病部产生橘红色分生孢子座，6～7月病斑一般停止发展，并形成愈伤组织。由聚生小穴壳菌引起的溃疡病发病稍晚，病斑于当年子实体出现后就不再扩展，来年多有复发现象。

槐树溃疡病具有潜伏侵染的特性，上述两种病原菌均终年存在于健康的绿色树皮内，当寄主健壮、生命力强时，病原菌呈潜伏状态，寄主不发病。两种病原菌多自皮孔侵入寄主，也可从断枝、残桩及修剪伤口、虫伤和死芽等处侵入。潜育期约1个月。冬春季干旱影响溃疡病的发生，干旱愈重，发病愈重。由种种原因导致树势衰弱，也常引起溃疡病的发生。

5. 防治措施

1）应尽量保证古树生长环境的湿度和养分供给，提高树木自身抗病能力。

2）秋冬和早春用含有硫磺粉的涂白剂涂干，剪除病枝和刮除病斑，然后在剪口和伤口处涂药保护。虫害严重地区要结合防虫治病。用25%瑞毒霉300倍液加入适当泥土后涂于病部，或用70%托布津800倍液、90%百菌清300倍液、40%乙磷铝250倍液喷洒，均有较好的效果。

10.4.3 国槐白粉病

1. 发生与分布

白粉病是各种阔叶树上最普遍的一类病害，全国各地的许多阔叶树都会发生白粉病，从海南岛的橡胶树到西北沙漠中的梭梭、从东部沿海的月季到西藏的槭树都会发生白粉病。国槐白粉病（powdery mildew of Chinese scholar tree）主要为害叶片，有的还为害嫩梢、花、果实（杨旺，1996）。

2. 症状

国槐白粉病最明显的特征是有由表生的菌丝体和粉孢子形成白色粉末状物，叶两面均有，叶正面多于叶背面，叶两面初现白色稀疏的粉斑，而后不断增多，常融合成片，似绒毛状，严重时布满全叶，后期白粉层上出现淡黄色，而后颜色逐渐加深，最后成黑色的小颗粒，即为白粉菌的有性世代——闭囊壳（图10-18）。

图10-18　国槐白粉病症状及病征（余仲东摄）

3. 病原菌

国槐白粉病是由白粉菌目（Erysiphales）中国钩丝壳（*Uncinula sinensis*）引起的，无性阶段为粉孢属（*Oidium* sp.）。白粉菌的主要特征是经无性繁殖产生椭圆形、圆桶形或圆锥形的分生孢子，单生或串生，分生孢子从表生菌丝上或从气孔中长出来，直立或扭曲，单胞或双胞。经有性生殖形成的没有孔口的闭囊壳，生在表生菌丝上或埋生于菌丝中，初期淡黄色，而后变黄褐色、褐色至黑褐色球形或扁球形，散生或聚生，直径90～120μm。附属丝10～20根，直或弯，顶端钩状，长75～160μm，是子囊果直径的0.80～1.25倍。子囊4～8个，近球形或不规则卵形，有短柄或无，大小为（48.30～55.90）μm×（38.1～43.2）μm，有子囊孢子4～6个，短卵圆形，大小为（17.8～22.19）μm×（10.2～15.2）μm。

4. 发病规律

国槐白粉菌的越冬方式有两种：一是以闭囊壳在病叶、病枝上越冬，翌年春，在放叶期闭囊壳破裂，释放出子囊孢子进行初次侵染；二是以菌丝体在芽内越冬，翌年在由芽生出的叶上产生分生孢子。5～6月和8～10月为发病盛期，以秋后为重（袁嗣令，1997）。

国槐白粉菌是一类比较耐旱的真菌，对湿度的适应范围较广，在相对湿度为30%～100%时均可发芽，其中以75%～80%最为适宜，分生孢子在水面和水中均不萌发；多数分生孢子能在4～32℃萌发，菌丝发育最适温度为20℃（杨旺，1996）。

5. 防治措施

1）根据一般白粉菌菌丝表生的特点，喷洒对白粉菌极有效的药剂，能起到铲除和治疗的效果，一般以硫素剂的效果较好，通常喷胶体硫。在萌芽发叶前喷3～5°Bé的石硫合剂，在生长期喷0.2～0.5°Bé的石硫合剂，或用70%甲基托布津可湿性粉剂800～1000倍液，或发病初期喷洒国光三唑酮1500倍液，或利用国光黑杀（12.5%烯唑醇可湿润粉）2000倍喷雾防治。连用2～3次，间隔10～15d。

2）苗圃地幼苗不要太密，及时间苗，应通风透光。

3）在营林和管理措施方面，幼林及时修剪下部被压枝条和根蘖苗，可促使幼林生长健壮，增强抗病性。对于经济林和果园应加强管理，如施肥时应注意低氮高钾，可减轻白粉病的发生。

4）清除侵染来源，集中烧毁病落叶。菌丝在嫩梢芽鳞中越冬，应在春天萌芽和嫩梢初发之际及时检查，剪除病梢并集中烧毁，减少其蔓延扩展的机会。

5）选育和利用抗病品种。

10.4.4 国槐煤污病

煤污病（sooty molds disease）是我国南北各地常见的一种林木病害，分布广，受害植物种类多，不仅为害多种阔叶树，如毛白杨、柳、油茶、柑橘、竹类、黄杨、海桐等，而且为害针叶树，如华山松、油松等（胡炎兴，1996）。

引起煤污病的病原菌种类较多，但主要为子囊菌门煤炱目（Capnodiales）和小煤炱目（Meliolales）的一些真菌，它们都具有表生的暗褐色菌丝体（贺新生等，2011）。主要区别是，煤炱目真菌的菌丝呈念珠状，每个细胞几乎都呈圆形，如不呈念珠状则结合成束，菌丝上一般无附着枝，经有性繁殖产生子囊座，经无性繁殖产生各种类型的分生孢子，有的分生孢子器呈长颈烧瓶状；小煤炱目真菌的菌丝不呈念珠状，菌丝上有附着枝，经有性繁殖表生闭囊壳，但无分生孢子阶段。在寄生性上，前者是腐生物，大多数种类无寄主偏好，它们的菌丝完全表生，偶伸入角质层，表生菌丝从一些吸汁性害虫如蚜虫、介壳虫和粉虱等排泄的蜜汁中或植物外渗的汁液中直接吸收养分；而后者是严格寄生物，除表生的菌丝体外，还由固定在植物表面的附着枝伸出吸器自表皮细胞内吸取养分（图10-19）。

1. 分布与为害

国槐煤污病全国均有发生，影响光合作用，引起国槐提早落叶，严重时也发生在枝条嫩梢上，造成树体衰弱。以幼树受害重，古槐树体高大，常散生，受害轻。如果蚜虫、蚧壳虫等为害重，则古国槐煤污病的发生也严重。

2. 症状

由煤炱菌类产生的煤污状菌苔，初常从叶正面沿主脉两侧开始扩展，扩展较快，可覆盖全叶，甚至到叶背和小枝表面。菌苔较厚，呈绒毡状，有时还可见到毛刺状物。在高温干燥或缺乏营养元素等不良环境下，煤污层易开裂剥落。

3. 病原菌

在国槐上引起煤污病的主要也是煤炱菌科真菌。但在国内缺少系统的调查和鉴定，所以引起国槐煤污病的病原菌种还不明确，根据该病的发生与槐蚜、蚧壳虫有关的情况来看，主要病原菌可能是煤炱菌科的若干种，国内曾报道国槐煤污病由田中氏煤炱菌（*Capnodium tanaka*）引起，无性阶段为散播烟霉（*Fumago vagans*）（胡炎兴，1996）。

图10-19　国槐煤污病

A—病害症状（余仲东摄）；B—田中氏煤炱菌的闭囊壳（余仲东摄）；C—煤炱菌子囊座；D和E—煤炱菌子囊及子囊孢子；F—煤炱菌分生孢子器（B～F. 仿杨旺，1996）

田中氏煤炱菌子囊座圆筒形，有分枝，顶端膨大成球形，头状；子囊棍棒状，大小为（30～45）μm×（10～12）μm，有6～8个子囊孢子；子囊孢子长椭圆形或梭形，有横隔膜3个，深褐色，大小为（10～15）μm×（4～5）μm；分生孢子器长颈烧瓶状，分生孢子椭圆形或卵形，无色，大小为（3～4.4）μm×（2～2.5）μm（图10-19）。

4. 发病规律

病原菌主要以菌丝越冬，借风雨和昆虫传播。在国槐生长季节可以不断蔓延扩展。据调查，每年5月上旬至6月下旬、9月下旬至11月下旬为2次发病盛期。常随着槐蚜和黑胶粉虱的发生而发生，槐蚜为病原菌提供了营养来源和传播媒介，因而煤污病严重的地方，槐蚜发生一般非常严重。

国槐煤污病在山坞密林、通风透光不良、阴湿凉爽的林地容易发生。在气温为10～22℃，平均温度为13℃左右，并伴有雾或露水时则会迅速蔓延。暴雨对煤污病菌表生菌丝及繁殖体均有冲刷作用，能减轻病害。夏季高温干燥不利于煤污病的发生，但在山坞密林和海拔500～700m的山上仍可能继续发展。

5. 防治措施

1）防治槐蚜、介壳虫和黑胶粉虱等与煤污病发生密切相关的害虫。除用杀虫剂外，曾用黑缘红瓢虫和中华显盾瓢虫防治油茶刺绵蚧，效果良好。浙江也曾报道七星瓢虫随绵蚧发生大量繁殖，当绵蚧被其大量消灭时，煤污病也明显减轻。有一种刺绵蚧多毛菌（*Hirsutella* sp.）寄生在油茶刺绵蚧上，对刺绵蚧的侵染是持续性的，可使虫口密度不断下降。

2）病发后在夏季用0.3～0.5°Bé、冬季用3°Bé、春秋季用1°Bé的石硫合剂喷洒，有杀菌治虫的效果。湖南、浙江群众用黄泥水喷洒，黄泥干后连同菌苔一起脱落。

3）对国槐林要加强抚育管理，如过密应进行修枝和间伐，促使林内通风透光。

10.5 银杏古树主要病虫害及其防治

10.5.1 银杏大蚕蛾

银杏大蚕蛾（*Dictyoploca japonica*）属鳞翅目大蚕蛾科。以幼虫取食银杏、核桃、板栗、悬铃木、香樟等寄主植物的叶片形成缺刻，或食光叶片，严重影响树势（彭以坤等，1994；刘桂湘和刘小军，2018）。

1. 形态特征

成虫：体长25～60mm，翅展90～150mm，体灰褐色或紫褐色；雌蛾触角栉齿状，雄蛾羽状；前翅内横线紫褐色，外横线暗褐色，两线近后缘外汇合，中间为三角形浅色区，中室端部具月牙形透明斑；后翅从基部到外横线间具较宽红色区，亚缘线区橙黄色，缘线灰黄色，中室端处生1大眼状斑，斑内侧具白纹；后翅臀角处有1白色月牙形斑（图10-20A）。

卵：长2.2mm左右，椭圆形，被黑褐色胶质；初鲜绿色，而后变为灰白色或灰褐色（图10-20B）。

幼虫：老熟幼虫体长65～110mm，体黄绿色或青蓝色；背线黄绿色，亚背线浅黄色，气门上线青白色，气门线乳白色，气门下线、腹线深绿色，各体节上具青白色长毛及突起的毛瘤，其上生黑褐色硬长毛；趾钩双序中带（图10-20D）。

图10-20 银杏大蚕蛾（贺虹摄）

A—成虫；B—卵；C—低龄幼虫触角；D—老熟幼虫；E—蛹茧

蛹：长30～60mm，污黄色至深褐色（图10-20C）。

茧：黄褐色，大网眼状，椭圆形，长40～70mm（图10-20E）。

2. 生物学特性

1年发生1代，以卵在树干裂口或树皮缝隙中越冬，翌年5月中旬越冬卵开始孵化，6月上旬至7月中旬是幼虫为害盛期，常将树叶食光，7月下旬结茧化蛹，8月末成虫开始羽化、产卵，9月上旬为成虫羽化盛期。

成虫多在夜间活动，有趋光性，白天多在树林、草丛中交配或静伏。成虫产卵呈块状粘贴于树皮缝隙中，每头雌成虫可产卵60～100粒。1～2龄幼虫群集于叶背，头向叶缘排列取食；3龄较分散，食量增加，被害状明显；4～6龄分散蚕食，常将树叶食尽，老熟幼虫在树冠下部的枝叶背面或灌丛杂草叶背结茧化蛹。

3. 防治方法

1）秋季（7～8月）人工捡拾茧蛹，将茧蛹装进纱网袋悬挂于枝干上，有利于天敌的羽化飞出；冬春季节人工刮除寄主树干上的卵块，并将树干涂白。成虫羽化期（8～9月）用灯光诱杀。

2）1～2龄幼虫期，采用2.5%溴氰菊酯4000～5000倍液，或5%高效氯氟氰菊酯2000～3000倍液，或阿维菌素2000～3000倍液等进行树冠喷雾或喷烟，每隔

7～10d喷1次，连续喷2～3次。

10.5.2 银杏叶枯病

1. 分布与为害

银杏叶枯病（*Ginkgo* leaf blight）在我国各栽植区均有发生，在黄河以北地区尤为严重。受害银杏，轻者部分叶片提前枯死脱落，严重者叶片全部落光，导致树势严重衰弱。

2. 症状

从叶片先端开始发病，逐渐扩展至整个叶缘，由黄色变为红褐色至褐色而坏死。其后病斑继续向叶基部延伸，整个叶片呈暗褐色或灰褐色，枯焦脱离。6～8月，病健组织的交界明显，病斑边缘呈波纹状，颜色较深，其外缘部分还可见较窄的鲜黄色线条。9月，病斑边缘呈现水渍状渗透扩展，病斑明显增大，病健组织的界限也逐渐不明显。发病后期，病斑上产生病原菌的子实体。在叶片背面出现黑色至灰绿色霉层，为链格孢菌的分生孢子梗和分生孢子；有的病斑背面和正面会出现黑色小点，潮湿时形成粉红色黏液，为炭疽菌的分生孢子盘和分生孢子；在9～10月银杏盘多毛孢病斑背面产生黑色小点（图10-21）。

图10-21　由围小丛壳菌引起的银杏叶枯病（余仲东摄）

示圆形病斑和子囊壳

3. 病原菌

银杏叶枯病的病原菌至少有3种。

链格孢菌（*Alternaria alternate*）属无性型菌丝孢类，是该病的主要病原菌（杨旺，1996）。分生孢子梗单生至丛生，直立或弯曲，不分枝，有分隔，褐色，大小为（40.0～90.5）μm×（4.0～7.5）μm；分生孢子卵形、椭圆形、纺锤形或棒形，大小为（25～41）μm×（11～25）μm，顶端有喙或无，喙长7～12μm，橄榄褐色，横隔膜2～8个，纵隔膜0～6个，分隔处溢缩或不溢缩，表面平滑，常2或3个串生（图10-22）。

图10-22　由链格孢菌引起的银杏叶枯病（余仲东摄）

示叶缘焦枯、病原菌分生孢子梗及分生孢子

围小丛壳菌（*Glomerella cingulata*）属子囊菌核菌纲球壳目，其无性型为胶孢炭疽菌（*Colletotrichum gloeosporiodes*）。分生孢子盘褐色，直径50～87μm，其上有褐色刚毛；分生孢子椭圆形，单胞，无色，大小为（10～18）μm×（4.0～6.5）μm。

银杏盘多毛孢（*Pestalotia ginkgo*）属无性型盘菌类。分生孢子直径110～150μm，纺锤形，黄褐色，大小为（18～22）μm×（7～7.59）μm，有横隔膜4个，中央细胞琥珀色，两端细胞无色，顶端有附属毛2～3根（余仲东，2017）。

4. 发病规律

病原菌以菌丝体或分生孢子在病落叶上越冬，发病时间在不同地区有一定差异，山东省在翌年7月开始发病，8～9月为发病高峰，陕西省9～10月为发病高峰。病害发生与树势、树龄、立地条件、管理措施等因素密切相关，温度和降水量为影响病害消长的主要因素，气候温凉、降水多，树势弱、发病重。

5. 防治措施

1）冬春季节及时清除枯枝落叶，减少侵染来源。

2）加强水肥管理，合理修剪，保持通风透光，排涝减旱，提高古树树势。

3）适时进行药剂防治。喷施1∶2∶200波尔多液，或40%多菌灵500倍液，或75%百菌清1000倍液，或70%代森锰锌600～800倍液，或50%扑海因1000～1500倍液。

10.6 黄帝陵古柏林有害生物的防治实践

黄帝陵位于陕西省延安市黄陵县桥山，是中华民族始祖黄帝轩辕氏陵墓的所在地。侧柏（*Platycladus orientalis*）是黄帝陵景区主要的树种，最为著名的轩辕手植柏至今已有5000年的树龄，号称“天下第一柏”。此外，景区内还有8万多株古柏，其中上千年的古柏就有3万多株，为我国覆盖面积最大、保存最为完整的古柏林。千年古柏林把黄帝陵装扮得秀丽幽静、苍翠肃穆，是黄帝陵最有价值的自然景观与历史遗产。

随着旅游业的发展，古柏生境遭到严重的人为干扰，加上植被单一，古柏生境碎片化严重，从而造成古柏树势衰弱、病虫害频发。因此，开展古柏林主要病虫害种类及其发生规律的调查研究，制定切实可行、科学可靠的保护方案，开展综合防控，对于更好地保护古柏林，使其更好地持续发挥生态、经济和文化价值具有重要的意义。

10.6.1 病虫害发生情况调查

按照林业有害生物普查规范，将林区划分为孟塬、陵西、陵园、凤岭、东湾5个标准地，每地随机抽样20～30株标准树，对林内主要病虫害进行实地调查，明确古柏林内主要的病虫害及其分布。

调查结果表明，主要害虫有双条杉天牛、柏肤小蠹、金绿宽盾蝽、侧柏毒蛾、柏大蚜和柏小爪螨。双条杉天牛主要在黄中路和陵西严重发生。柏肤小蠹在孟塬、黄中路、陵区东壕沟内、凤岭、陵西有小片发生。金绿宽盾蝽主要发生在陵西、陵园、登道两侧。侧柏毒蛾则主要发生在庙院两侧幼林沿线、陵西路至孟塬区域开阔地段。柏大蚜发生范围较广，在全林区为片状发生。柏小爪螨在轩辕庙内发生较为明显，一定程度上也会引起鳞叶失绿。

古柏林病害主要是叶枯病和赤枯病，叶枯病发生最为严重，造成侧柏成片枯黄，部分植株枯死，严重发生面积约800亩（1亩≈666.67m^2，后同），有5片林地严重呈现全株叶枯黄。

10.6.2 景区内有害生物发生原因分析

有害生物的发生与寄主林木所处生境及防治历史密切相关，分析有害生物发生的原因，对于制定防控方案和措施具有重要的指导意义。对黄帝陵古柏林目前有害生物的发生现状进行梳理和分析，我们认为以下几个方面是古柏林内有害生物发生的主要原因。

1）古柏生长在贫瘠的黄土沟坡，水肥条件差，树龄大，树木本身生长势衰弱，抗御病虫害能力较差。

2）林内存在的风折枝和倒伏木，为次期性害虫双条杉天牛、柏肤小蠹等蛀干类害虫提供了繁殖条件。

3）在每年入冬前，虽对金绿宽盾蝽进行了集中防治，压低了虫口数量，但目前尚未研究和实施其他长时期控制其为害的新方法。

4）近年来一直应用化学防治对侧柏毒蛾进行控制，方法单一，导致其产生了一定的抗药性。

5）早春干旱和降水交替，以及气温变化幅度过大，有利于叶部病害扩散蔓延。

6）病原菌可以在病株、病残体、病落叶中越冬，多年连续发病，病原菌接种体积累数量大，有利于叶枯病暴发。

10.6.3　古柏群病虫害的防治措施

首先对黄帝陵古柏林主要病虫害的发生规律进行了调查，明确了其生活史和生物学特性，然后依据不同种类病虫害发生区域及发生规律，制定综合防治方案，综合采用物理防治（挂设诱捕器、诱虫灯、黄板）、化学防治、生物防治等方法进行防治，各种防治措施实施的最佳时间和防治地点见表10-5。

表10-5　黄帝陵古柏林害虫综合防治措施表

防治措施	最佳时间	防治害虫	防治地点
诱捕器	3~6月	双条杉天牛、柏肤小蠹	全林区
化学防治	4月、9月	金绿宽盾蝽、柏大蚜	陵园、陵西、登道两侧
频振式杀虫灯	5~9月	食叶害虫	风岭
黏虫胶	3月、9月	金绿宽盾蝽	陵园、陵西、登道两侧
生物防治	4~6月	双条杉天牛	全林区

1. 设置诱捕器监控和防治蛀干类害虫

在林间挂设诱捕器，在2015年和2016年分别捕获到双条杉天牛196只和192只，表明对于双条杉天牛的监测和防治，诱捕器具有非常显著的效果。同时两年双条杉天牛出现的最早时间分别为4月18日和4月9日，因此，该地区应该在3月底进行诱捕器的挂设，可较好地控制双条杉天牛为害。

每年3月底，分别在有双条杉天牛分布的盃塬、凤岭、黄中路、二车场、印池公园东西两侧、党校、陵西等处挂设诱捕器，进行双条杉天牛的监测和诱杀防治。选择林道内通风口或林中空地，将诱捕器悬挂于距地面1.5～2m高处，便于诱芯挥发诱集害虫。自挂设之日起，每间隔3d观测一次诱捕器诱捕结果，记录诱集到的双条杉天牛数量，并记录天气情况，一直持续观测到诱捕器中不再出现双条杉天牛为止。

2. 黏虫胶防治金绿宽盾蝽

金绿宽盾蝽主要发生在陵园、陵西和登道两侧，4月初，5龄越冬若虫从土壤中陆续爬出上树为害，上树期不整齐，不便于集中喷施化学农药。因此在3月初至4月底，在金绿宽盾蝽若虫上树之前，可采用人工涂抹黏虫胶的措施进行防治。也可在树干分枝下缠绕一圈胶带，黏杀并阻止金绿宽盾蝽上树为害。此外，9月金绿宽盾蝽5龄若虫下树后经检查发现墙壁地表有爬行若虫，可采用人工捉虫和地表喷药措施进行防治。

3. 化学防治食叶害虫和枝梢害虫

对柏大蚜以及上树为害的金绿宽盾蝽可进一步进行化学防治。4月初，对小片发生的柏大蚜、金绿宽盾蝽用4.5%高效氯氰菊酯1500倍液加10%吡虫啉2000倍液喷防，10d后可采用功夫乳油2000倍液二次喷防。9月，对陵园、陵西、登道两侧发生的金绿宽盾蝽可采用30%啶虫脒2500倍液、48%乐斯本乳油3000倍液，或4.5%高效氯氰菊酯、20%灭扫利和0.5%甲维丙溴磷乳油1500倍液进行喷雾防治。柏小爪螨采用新型制剂（20%三唑锡悬浮剂1000倍液）防治或1.8%阿维菌素2000倍液防治。

4. 设置频振式杀虫灯监测和防治食叶害虫

在5～9月，选取视野较为开阔的地带设置频振式杀虫灯，诱杀和监测侧柏毒蛾等食叶害虫。同时，其可晚上自动开灯、白天自动关灯，减少了景区害虫防治中人力和物力的投入。频振式杀虫灯利用害虫较强的趋光、趋色、趋波等特性，配以频振式高压电网触杀，具有高效、环保、无污染的优点，对于园区食叶害虫种群的监测具有重要的作用。

5. 生物防治措施

为了长期控制双条杉天牛为害，在4月中旬至6月下旬，在全林区释放其幼虫的寄生性天敌管氏肿腿蜂。选取晴天放蜂，林间温度以22～28℃为宜，时间在上午9点至11点或下午3点至6点。放蜂时先将指形管套挂在枝杈上，对于不能套挂的树，用胶带将指形管倒贴于侧柏树分枝处，让蜂自行扩散到枝干上。或在4月中旬开始采取淹没式的方式释放蒲螨控制双条杉天牛，装有蒲螨的玻璃指形管套在纸袋中，用图钉或钉书钉固定在树干的基部，使指形管的管口稍向上，拔下棉塞。

6. 立木熏蒸

对于林区内有双条杉天牛和柏肤小蠹入侵的古柏，采用渗透力强的功夫原药加柴油进行涂刷，用刀轻刮树表皮后按1∶7的比例涂刷树干和枝条。于4月开始，每10d刷1次，连刷2～3次，熏杀已入侵的柏肤小蠹和双条杉天牛幼虫。已扶起栽正的古柏树，采用立木熏蒸法。用塑料布缠绕近地面树干1m的部位，在塑料布内投放4～5片磷化铝药片进行熏蒸，缠绕时应注意塑料布与地面不能出现漏气。

7. 古柏叶枯病病原菌的鉴定和防治

为了有效地控制黄帝陵古柏叶枯病，我们首先在室内进行了病原菌的分离和鉴定，采用致病力试验（科赫法则）和分子生物学方法分离出两种黄帝陵侧柏叶枯病菌链格孢菌（*Alternaria* sp.）和拟盘多毛孢（*Pestalotiopsis* sp.）。采用十字交叉法、细胞计数板法测定黄帝陵侧柏叶枯病菌的生物学特性。通过室内毒力及田间药效试验，从10种杀菌剂中（戊唑醇、咪鲜胺、丙环唑、甲基硫菌灵、嘧菌酯、百菌清、腈菌唑、烯唑醇、多菌灵、代森锰锌）筛选出防治效果最好的两种药剂戊唑醇和咪鲜胺，它们的防治效果分别为77.46%和71.02%。

为了验证林间的防治效果，又分别利用6种药剂进行野外防治试验，选用的药剂有：80%代森锰锌可湿性粉剂600倍液、丙环唑1000倍液、50%甲基硫菌灵可湿性粉剂200g/亩、80%戊唑醇可湿性粉剂10g/亩、250g/L嘧菌酯悬浮剂1250倍液、25%咪鲜胺乳油50g/亩。野外防治效果显示，咪鲜胺和戊唑醇防治效果较好，可用于后续的大面积防治（张舒瑶等，2017）。

因此，对于叶枯病，可于4～6月在全林区开展4次喷药防治，对庙院东西两侧、凤岭以南以及孟塬、陵西5片严重发生区域先进行喷药，第1次于4月中下旬喷施80%戊唑醇可湿性粉剂加百菌清800～1000倍液，同时加氯氰菊酯1000倍液。第2次、第3次均在10d后进行，可喷施25%咪鲜胺乳油、70%甲基硫菌灵可湿性粉剂1000～1500倍液、70%代森锰锌可湿性粉剂800倍液或25%嘧菌酯悬浮剂1000倍液。对重发生区可进行第4次喷药。

秋冬季清除初侵染来源。用竹竿对防治林地枯死病残体进行打落，并同时清除地面残留落叶，集中烧毁。

8. 轩辕庙内古柏病虫害的防治

轩辕庙内以黄帝手植柏、汉武帝挂甲柏为代表的古柏，由于年事已高，树势衰弱，加之周边建筑、水泥地面硬化影响，局部环境干燥，古柏夏季长期处在受地面高温烘烤的状态，水分营养消耗大。此外，人为干扰、踩踏，造成土壤板结，极不利于古柏生长，树势弱，病害发生严重。据调查，庙内19株重点保护的古柏中，包括黄帝手植柏、汉武帝挂甲柏等10株古柏病害发生严重，急需特别加以关注。

对轩辕庙内古柏病虫害的防治建议为，在上述防治措施基础上，在6～8月每隔半个月向树冠喷洒一次水，时间在早上9点前，或傍晚5点后，目的在于洗除叶面灰尘，减少病虫害发生条件，为树体树叶降温、补充水分。

9. 叶面喷肥提高树势

叶面肥“生命素”富含古柏生长所需微量元素，喷施叶面后可提供营养，提高树势，使其抗御病虫害的能力显著提高，在每年病虫害治理中采用1∶（400～600）倍液，同农药混合喷施。

第四篇

古树复壮保护方案

第11章　周公庙古树复壮方案

周公庙位于陕西省岐山县城西北6.5km的凤凰山南麓，唐武德元年（公元618年），为纪念西周著名政治家、曾帮助武王灭商立国和辅佐成王平叛安邦的周公旦，在此修建了周公祠。后经历代的修葺、扩建，形成以周三公（周公、召公、太公）殿为主体，姜嫄、后稷殿为辅，亭台楼阁点缀辉映的古建筑群。周公庙是3000多年前儒家元圣周公制礼作乐之地，为国家4A级景区。自唐武德初建庙至今，庙内唐柏、汉槐等古树名木达80余种。

古树名木是林木资源中的瑰宝，是自然界的璀璨明珠，是研究自然史的重要资料，也是社会文明程度的标志。古树还是树木年轮学、考古学、古生态学、古生物学、化石科学等学科的重要研究材料，是前人和大自然留给我们的宝贵财富，具有重要的自然科学和人文科学价值。从历史文化角度看，古树名木被称为“活文物”、“活化石”，蕴藏着丰富的政治、历史、人文资源，是一座城市、一个地方文明程度的标志；从经济角度看，古树名木是我国重要的森林和旅游资源，对旅游经济发展具有重要的文化和经济价值；从植物生态角度看，古树名木为珍贵树木、珍稀和濒危植物，在维护生物多样性、生态平衡和环境保护中有着不可替代的作用。

11.1　周公庙古树现状

周公庙的古树名木树种主要有侧柏、国槐、桑（*Morus alba*）、龙爪槐、合欢（*Albizia julibrissin*）、白杜（*Euonymus maackii*）等。目前大部分树木生长势良好，但部分古树（500年以上）由于生存环境恶化，生长势衰弱。因此，采取抢救性措施保护古树已刻不容缓。

11.1.1　古树健康诊断

通过健康诊断不仅可以判断古树所处的衰老阶段，评价环境条件、养分条件是否依然能满足古树的生长需求，而且可以判断古树的自我修复能力，为进一步保护和修复方案的制定提供依据。

现场勘察发现，部分古树出现烂皮、脱皮、心腐、空腐、树瘤以及树冠离心枯死、向心枯死等现象，据此可以推断，这些古树已处于衰亡阶段，必须尽快采取抢救性措施，尽量延长其寿命。另外，有些树木虽然年龄较轻，但由于土壤环境恶化，生长势明显减退，如档案馆前的雪松、八卦亭前的合欢等。

11.1.2 古树名木衰败的原因

树木开始衰老主要表现出生长势减弱、树冠稀疏、叶色不健康和提早落叶、次期性病虫害发生严重等现象。其主要原因在于：首先，木质部输水系统（导管）堵塞，系统功能丧失，其周围的组织逐渐死亡，再加上其他真菌的侵入，这就造成了心腐的开始；其次，韧皮部养分疏导系统堵塞，韧皮组织死亡，再加上其他真菌的侵入，这就造成了烂皮的开始；最后，疏导系统堵塞，机体生命力下降，真菌进一步感染，从而导致空腐、腐烂面积逐年扩大，直至衰败死亡。

造成古树名木生长势衰弱甚至死亡的因素很多，最主要的是受树体自身内在因素以及外在环境的共同影响。生命的规律表明，任何生命都要经历生、老、病、死的过程，但是古树的这种规律可以通过人为的干预而变化，人们通过采取良好的保护和管理措施，可以延长树木的寿命，推迟死亡的到来，使得树木可以更长时间地为人类所用。因此，需分析古树衰老死亡的原因，了解其致死因素，从而采取有效的应对措施，最大限度地延长古树的寿命。

1. 古树自身生理机能衰弱

随着树龄增加，古树生命力减弱、生理机能逐步下降，叶片进行光合作用和呼吸作用的能力、根部吸收水分和矿质营养的能力越来越差，不能满足树木自身生存的需要。

2. 人为因素的影响

（1）游客踩踏

周公庙属国家4A级景区，每年接待游客数十万人，长期的游客踩踏是古树土壤紧实、通气性差的重要原因。另外，地面过度铺装是影响土壤通气性的另一个重要因子，景区内地面多采用水泥铺装，或铺装砖下加有20cm压实三合土垫层，这些均严重影响土壤的通气性和透水性。

（2）长期忽视土壤管理

首先是根部土壤物理性质发生变化，导致根系出现生理性营养缺乏；其次是千年古树长期生长在有限的土壤空间内，地下的营养得不到及时的补充，从而导致根系范围内土壤养分贫瘠，致使树木衰老进程加剧。

（3）人为损坏

由于各种原因，人们在树下乱堆对树木生长有害的杂物，如有些树干下长期堆放石灰，在雨水的淋溶作用下，土壤的pH可能发生质的变化，不仅影响树木根系对土壤养分的吸收，而且严重时直接腐蚀根系，导致树势衰弱而加速衰老，甚至受害死亡。

3. 自然灾害

古树一般树体高大，经历了千年的自然变化，可能遇到过多种自然灾害，主要有风折、风倒、雪压、雷电伤害等。这些百年一遇的大灾害对古树的损伤可能是致命的，由于树体严重损伤，加速了病虫害侵入，会明显加快古树的衰老过程。

4. 病虫害

随着树木的衰老，其生理机能下降，再加上对树体的人为破坏，病虫害极易侵入，最终导致树木死亡。据调查，周公庙的龙爪槐枝叶受枝枯病和蚧壳虫为害，出现上部枝条枯死，藤缠柏的紫藤叶片有炭疽病斑，白杜受某种食叶害虫为害。

11.2　侧柏古树复壮方案

古树的修复和复壮应以“激活根系再生，扩大根系营养面积，增加根系吸收能力，提高树木生长势和自我修复能力，促进地上枝条萌发，扩大树冠，增加营养面积”为指导思想，结合现场勘察，针对不同树种、不同生长环境、不同受损状况制定不同的修复和复壮方案。

11.2.1　庙门西侧唐柏复壮方案

1. 唐柏现状描述

（1）生长现状

侧柏，胸围4.1m，据记载树龄约1200年，整体生长势较弱，枝叶轻度萎蔫，树冠稀疏，叶枯病病情指数Ⅳ，心材严重腐朽，主干有劈裂，树势明显衰退。仅南面侧枝生长正常，枝叶密度较大，每年依然抽生新鳞叶，结实率较好。树皮大部分脱落，基部树洞有修补。

（2）地上环境

距树基部20cm处栽植有一株紫藤，高度约1m，冠径0.8m，尚未形成藤架，长势良好。围绕树干修建了内径为1.2m（与树干距离）的树池，树池边缘为封闭的八边形坐凳，高50cm，内边长160cm，外边长190cm，宽25cm。

（3）土壤环境

为了摸清地下根系和土壤的情况，调查时在树池内南侧打钻取土寻根，深约1m，未见有侧柏根系分布，上层5～10cm土壤黏性大、湿润，下层土壤为路基土

（非常紧实），不适宜根系生长。

树池外围为水泥地面，其上有7个渗水透气井，深70cm，井口面积20cm×20cm，并从此处每年向根部注入菜籽油，每个渗水透气井上外加带有3个小孔的水泥盖板（面积50cm×50cm）。由于地下土壤板结，据调查近年所注入的菜籽油不再下渗。

（4）健康诊断

根据该古树地上部分12个指标进行健康评价，综合指数为2.7，属生长“显著不良”。

2. 树体修复

（1）对树干开敞洞穴进行清理

用弯形快刀将内壁清理干净，并保证平滑，然后采用2%～5%的硫酸铜、波尔多液进行消毒灭菌，15d涂抹1次，涂2次，等里边全部干燥后，涂抹桐油2～3次，用于防水、防虫。

（2）对树干空心部分进行清理

首先找到上部裂缝，对其进行封堵，封堵材料采用樟木锯末与桐油相混，或者用油灰（生石灰∶熟桐油=1∶0.35）和麻刀灰封堵；然后在树干排水最低处开凿排水洞或排水缝。

（3）树皮修补

洞穴全部清理完毕后，对树皮进行贴补修复处理，根据树皮缺失面积，做仿真树皮，实施贴补操作，并对真、假树皮进行合适的连接固定，且不妨害树木的生长。

3. 根系复壮

（1）确定根系分布位置

利用TRU探测，或分别在树的西南、东南方向开挖，或利用土钻由内向外钻取土壤，尝试寻找侧柏根系。在明确根系位置后，利用导根复壮技术在树冠投影外缘开挖“T”形沟槽，各沟以长2m、宽0.8m、深0.8～1m为宜，预计需要“T”形沟8～10个，分3～4年完成。当看到树根后，用小挠子、小刷子等工具轻轻施工，尽力保护根系，并及时用湿润麻袋片或草帘覆盖和包裹古树根系，每天喷水，保持其湿度；之后在根系附近修筑复壮“工事”，在沟内每隔50cm用砖砌成女儿墙。古树的根系恢复，原则上每年开挖量不能超过总根系分布面积的1/5～1/4。

（2）回填复壮基质

挖好复壮沟后，对暴露的根部喷施生根剂（根动力1号、根动力2号），促进吸收根的生长和再生，然后回填复壮基质。复壮基质采用腐殖质土，并拌有10%～20%的豆饼（油渣）、5%～10%的动物骨粉、30%的黄土。回填复壮基质时，可在坑底垫20cm的苹果树枝或杨树枝，然后每20cm加一次树枝。

复壮基质可在市场购买，也可自己配制，其主要成分为菌肥、腐殖质土、豆饼、蒸制后的骨粉等有机肥，同时应掺入一定量的复合肥，建议在市面上购买。

（3）增设渗水透气井和地面铺装

每个复壮沟近两端处各设渗水透气井1个，以进一步改善沟中的通气性并引导根系快速生长。渗水透气井采用直径12cm的PVC管（排水盲管）。

加大树池范围，在树冠投影3/4范围内对地面进行架空铺装，保证根系的营养范围、通气性。该架空区域宜设在树干周围4～5m。

（4）根系施工

由于开挖区根系有所损伤，为保证树体养分平衡，建议使用大树营养液，或“绿材”活力素——树干注射液。

4. 病虫害防治

做好越冬管理，清除树冠枯死枝叶（用竹竿轻打），对地面枯落物及时清理。做好初侵染保护，早春及时喷施杀菌剂，每周1次，连续3次。对裸露的顶梢做好防腐和防渗处理。

11.2.2 庙门东侧唐柏复壮方案

1. 现状描述

（1）生长现状

侧柏，胸围3.7m，据记载树龄约1200年，树势一般，树干通直，主干顶梢及树体北侧侧枝均已干枯无叶，但东南方向侧枝生长良好，结实率较高；树皮部分脱落，表面无明显树洞；树池及渗水透气井同庙门西侧唐柏。

（2）健康诊断

根据该古树地上部分12个指标进行健康评价，综合指数为2.5，属生长“显著不良”。

2. 树体复壮与病虫害防治

与庙门西侧唐柏复壮方法类似。

11.3 国槐古树复壮方案

11.3.1 正门汉槐复壮方案

1. 现状描述

（1）生长现状

国槐，胸围4.8m，树龄约1700年，整体生长势良好，树冠尚且均匀，但近1/2的树皮脱落，1/3的主干空腐，目前已采用水泥和砖块进行了加固修补，并用3圈铁箍进行了固定，表面平滑。

（2）地上环境

2000年庙门改扩建时，地面抬高1m左右，并修建了水泥平台，靠近树干基部有一个宽50cm左右的架空树池。目前树势尚可，但急需扩大根系营养面积和进行树体加固。

（3）土壤环境

同古侧柏。

（4）健康诊断

根据该古树地上部分12个指标进行健康评价，综合指数为2.6，属生长“显著不良”。

2. 环境处理

扩大树池，将树干周围3m的现有地面铺装拆除，改用架空平台。在现有架空基础上，继续向外扩拆2m水泥地面，然后向外辐射开挖5～8条复壮沟，拆除剖面可砌成砖墙（女儿墙）以保证稳定性，并采用镂空支撑铁架。由于该树位于门口，因此不必进行围栏。

3. 树体修复

1）将原用于加固树干的水泥和砖块拆除。

2）对树干开敞洞穴进行清理，用弯形快刀将内壁清理干净，并保证平滑，然后采用5%的硫酸铜和0.1%的升汞溶液进行消毒灭菌，15d涂抹1次，涂抹2～3次，等里边全部干燥后，涂抹桐油2～3次，起到防水和防虫蛀的作用。在清理树洞的同时，要改变洞形，以利于排水，也可在树洞最下端插入排水管。

3）对树干空心部分进行清理，首先找到上部裂缝，对其进行封堵，封堵材料采用樟木锯末与桐油相混或玻璃油腻子；然后在树干排水最低处开凿排水洞或排水缝。

4）在空心部分做钢筋或木架支撑，然后用聚氨酯发泡剂和木材填充，由于发泡剂与钢筋和木材有很强的黏合力，可以起到加固树体的作用。

5）洞穴全部清理完毕并进行填充后，对树皮进行贴补修复处理，根据树皮缺失面积，制作仿真树皮（环氧树脂），实施贴补操作，并对真、假树皮进行连接固定，且不妨害树木生长，或采用玻璃钢或有色水泥制作假树皮。

4. 增加根系透水和通气性

结合树池扩大工程，根据古槐的根系分布情况，修建5～8条复壮沟（长2m、宽0.8m、深0.8～1m），然后回填复壮基质（复壮基质配方和填充方法同上）。

11.3.2　姜嫄殿前2棵古槐复壮方案

1. 环境描述

西侧古槐，胸围约2.9m，冠幅约7m；东侧古槐，胸围约4.2m，树龄约1700年，冠幅约15m。古树北侧为石砌墙，高约1.7m，形成地面一级景观平台，古槐之间为南北走向的水泥台阶通道。2株古槐均砌有高约0.5m的呈1/4圆形的挡土墙树池，土壤板结严重。西侧古槐树势较差，树干曾遭雷劈裂，现有铁箍加固，树皮缺失严重。东侧古槐树势一般，中部以上树干部分已朽并产生裂缝。距西侧古槐2.8m处生长有一株女贞，胸径25cm，生长势良好。

根据该古树地上部分12个指标进行健康评价，西侧古槐综合指数为3.1，属生长“显著不良”；东侧古槐综合指数为2.3，属生长“不良”。

2. 复壮方案

清除西侧古槐附近的女贞，该区域为古槐根系生长扩展空间。在女贞清除过程中，要注意古槐根系的辨识，防止古槐根系受损。同时，应结合古槐根系复壮沟开挖进行古树根系复壮。另外，清除的地面部分可种植部分耐阴灌草。

（1）树体修复

西侧古槐：首先，进行树干树枝腐朽部分清理。对即将脱落的大枝进行人工疏除，去掉安全隐患。用刀具刮除树干中朽木，去除病虫滋生环境。其次，进行树干虫洞清理。对树干上的现有虫洞，用毒棉签封堵半年，杀死洞内虫子；之后对树干和大枝进行消毒与防腐处理，用5%的硫酸铜溶液喷洒1～2遍，再用熟桐油涂抹2～3遍。最后，进行仿真树皮贴补。将树脂贴合树皮进行倒模，将完成的仿真树脂树皮用黏合剂黏合到树干上。

东侧古槐：拟选用开放式修补，即清除腐烂死枝后不进行填充，在裸露的木质部外侧进行防腐消毒，刷桐油3遍即可，并在树洞底部开口，利于排水。

（2）根系复壮

通过修筑放射状复壮沟进行根系恢复，原则上每年开挖量不能超过总根系分布面积的1/5～1/4。综合考虑古槐生长环境，拟定2株古槐各修筑4条放射状复壮沟，实施工期为二期。

2014年11～12月：在地面平台上，在探明吸收根位置的基础上，西侧古槐沿树池向外（南面、西面）开挖，东侧古槐沿树池向外（南面、东面）开挖，各修筑第1、2条复壮沟，深80cm、宽60cm，在距树干1.5～2m处开始向下分层去土，并进行复壮基质回填。在高处平台上，根据根系位置埋设排水盲管（通气和渗水管），每棵树5～8个。

2016年12月：西侧古槐沿树干基部向西南方向开挖，东侧古槐沿树干基部向东南方向开挖，各修筑第3、4条复壮沟，并进行复壮基质回填。观察第1、2条复壮沟的生根效果。

另外，在古树根系恢复的同时，可用营养吊瓶的方法为树体补充营养液，参考八卦亭西南侧合欢古树复壮方案。

（3）安装避雷针

雷击是树干高大的古树名木的“克星”。综合考虑环境条件、地理位置、雷电活动规律以及古槐自身特点等因素，为免受雷电再次伤害，建议在树体上安装避雷针，防雷装置的形状应与古槐、自然景观相协调，色彩应与周围环境相匹配。

（4）萌条生根

对干基部代偿性增生瘤组织进行诱导生根，或对基部萌条进行根原基诱导后埋土成根，促进树体水肥吸收和用于支撑树体。

（5）抑菌防腐

对空腐心材喷施生防菌剂，防治腐朽进一步蔓延。条件合适后，封闭树表缝隙，修剪朽枝腐木，定期进行病虫害化学防治。

11.3.3 财神殿附近国槐复壮方案

1. 现状描述

古槐生长于财神殿东侧路旁斜坡之上，胸围2.1m，西侧由于修路大部分根系暴露于空气中，树势衰弱。古槐东侧（斜坡之上）为道路，北侧为斜坡水泥台阶，西侧为砖铺道路。古槐四周没有足够的生长空间，水肥和通气条件较差。

根据该古树地上部分12个指标进行健康评价，综合指数为1.1，属生长“稍稍不良”。

2. 树体修复

首先去除主干腐烂部分，用利刀刮除腐烂木质部分及侵染组织，清除树洞内的朽木至坚硬木质部，并改变洞形，以防积水。然后涂喷波尔多液或硫酸铜消毒。最后进行桐油防腐处理。

3. 根系复壮

（1）土壤改良

首先在西侧距树干2m处砌砖墙，并填充黄土和复壮基质，高度与东侧斜坡高度一致；然后拆除北侧的斜坡水泥台阶，并结合“帮土”加固进行土壤改良。

（2）开挖复壮沟

在东侧坡面平台上辐射状开挖2条复壮沟，长、宽、深分别为2m、0.8m、0.8m，并回填复壮基质。

11.4　其他古树复壮方案

11.4.1　八卦亭西南侧合欢树复壮方案

1. 现状描述

合欢，树龄约150年，胸围约2m，主干东侧树皮已脱落并用水泥修补，在主干约3m处形成两主要分枝，构成树冠。树池长约2.4m，宽约2m，其四周均为硬质铺装，为观景广场。据2014年8月观察，该树树势较弱，枝叶稀疏且早落，10月似乎树叶全落，树干基部和主根心材严重腐朽，地上部分韧皮部层褶菌腐朽严重，病情指数Ⅸ，树冠小，处于濒死状态。

本次现场勘察时，分别在树基部西南、西北方向2.5m处打钻取土，发现硬质铺装下方为3cm厚的三合土垫层，其阻碍自然水的下渗。垫层之下的土壤中可见砂浆石、三合土，土壤板结严重，透水、通气性差，养分和水分供应不足。初步判断，合欢树势衰弱的主要原因是土壤。同时，打开地面铺装砖后发现，紧贴地面铺装下垫层有明显的根系分布，可能是由于地下土壤通气、透水性较差，根系趋于向地面延伸；还有一种可能就是，八卦亭改扩建过程中将地平面降低，导致根系大部分靠近地表。若根系过分靠近地表，夏季地面温度太高时，可能直接引起“烧根”，导致树木快速死亡。这一分析结果和近几年古合欢在夏季高温期间树势突然衰弱的现象是一致的。

根据该古树地上部分12个指标进行健康评价，综合指数为3.8，属生长“濒临枯死”。

2. 根系复壮

树木“根深”才能“叶茂”，所以，激活古树根系的再生能力，创造足够的营养空间是该树恢复的主要措施。

（1）寻找根系

明确根系所处的微环境，寻找根系的走向和吸收根的位置。

（2）根系恢复

找到根系后，沿根系方向，从树冠投影外围开挖“T”形复壮沟（长2m、宽0.8m、深0.8～1m，根据根系的分布深度而定）。原则上每年开挖量不能超过总根系分布面积的1/5～1/4，切记开挖面积不能过大，否则事与愿违。在去土过程中，遇到根系则轻轻施工，并及时用麻袋片包裹，适当喷水保持湿度。复壮沟修好后，填入复壮基质。沟内可采用砖块砌成梅花砖墙隔断，每50cm设一个隔断。花墙上铺设角铁架，表面用砖铺设，也可以采用梯形砖铺装，便于游人通行。

（3）回填基质

复壮基质可在市场购买，也可自己配置，其主要成分为菌肥、腐殖质土、油饼、蒸制后的骨粉等有机肥，同时应掺入一定量的复合肥，建议在市面上购买。

复壮基质回填时，第一步，稀释大树生根液，在有根系分布的位置喷洒大树生根液；第二步，进行基质回填，在回填过程中，每到有根位置则先喷洒生根液，再填基质，基质单次回填高度为20cm，每次操作完成后进行轻度夯砸，以防根系架空和基质下陷；第三步，回填基质后，对所有操作面进行修整，以保证操作面的稳定和安全。

（4）增设渗水透气井

每个复壮沟内增设2～4个渗水透气井，以进一步改善沟中的通气性并引导根系快速生长。渗水透气井采用直径12cm的PVC管（排水盲管）。

根系复壮施工过程中，由于地下根吸收能力受到影响，建议使用大树营养液并配合使用“绿材”活力素——树干注入液。

3. 干基部心材腐朽处理

去除基部水泥固着物，清除心材腐朽部分至形成层，表面消毒后涂抹桐油。用激素及复合微生物基质诱导根系生出后，做假树皮密封，表面支架后回填。

对于枝干韧皮部出现的腐朽必须进行处理，刮除坏死部分，表面消毒后涂抹煤焦油等保护剂。

11.4.2　档案馆东侧雪松复壮方案

1. 现状描述

雪松，壮年树，胸围约1.6m，冠幅8.5m，针叶大部分发黄、近枯死，树势严重衰弱。树基周围为草坪，距西侧路面约3.6m，树干东侧为绿篱，绿篱外侧为人行道。本次现场勘察时，分别在距树基部北侧2m、3m、4m处打钻取土，深至1m，土壤板结、黏重、含水量大、通气性差，并发现雪松细根已出现死亡现象。另外，通过对钻取的土壤观察，发现根际土壤全为红胶土，养分匮乏。初步判断，土壤含水量过大、养分缺失可能是雪松生长衰弱的主要原因。

根据该古树地上部分12个指标进行健康评价，综合指数为3.3，属生长“濒临枯死”。

2. 根系复壮

首先减少灌水，其次进行逐年换土。通过修筑放射状复壮沟进行根系恢复，原则上每年开挖量不能超过总根系分布面积的1/5～1/4。综合考虑雪松生长环境，拟定修筑6条放射状复壮沟，实施工期为三期。

2014年11～12月：分别沿树干基部向北侧、南侧开挖，修筑第1、2条复壮沟，深80cm、长2m，复壮沟由距树基部1m左右处向外开挖，宽度从30cm渐变为80cm。在去土过程中，遇到根系则轻轻施工，并及时用麻袋片包裹，适当喷水保持湿度。复壮沟修好后，填入复壮基质。沟内可采用砖块砌成梅花砖墙隔断，每50cm设一个隔断。

2015年6～12月：分别沿树干基部向东北、西南方向开挖，修筑第3、4条复壮沟，观察第1、2条复壮沟的生根效果。

2016年6～12月：分别沿树干基部向东南、西北方向开挖，修筑第5、6条复壮沟，观察第3、4条复壮沟的生根效果。

增设渗水透气井、复壮基质回填、大树营养液等参考八卦亭西南侧合欢。

11.4.3　八卦亭东侧白杜复壮方案

1. 现状描述

白杜（丝绵木，*Euonymu bungeanus*），胸围2.7m，树龄约100年，整体生长势较好。树干西北侧大部分树皮已脱落并用水泥修补，树池2m×0.7m，其四周均为硬质铺装，为观景广场。树根周围土壤通气、透水性差。

根据该古树地上部分12个指标进行健康评价，综合指数为1.5，属生长“稍稍不良”。

2. 树干不定根诱导处理

首先去除树干的原有水泥填充物，并用利刀刮除腐烂木质部分，清除树洞内的朽木直至坚硬的木质部，晾干后，涂喷5%的硫酸铜溶液和0.1%的升汞溶液消毒，然后用熟桐油刷2遍。等干燥后进行树干不定根诱导处理，其步骤如下。

1）在主干树皮与木质部交界的位置进行活组织切口处理，根据洞口大小决定伤口数量，一般5～8cm一个伤口。

2）在伤口上喷涂150mg/kg ABT6号生根粉溶液，用塑料薄膜包扎剥口，促进剥口处愈合。

3）当伤口愈伤组织形成后，解除包扎的塑料薄膜，围裹填装生根基质直至地面。最好在地面起一个直径0.5～1m的圆柱形高台（用钢丝网内衬无纺布），内装生根基质，定期浇水保证土壤湿润。

3. 小苗靠接

白杜树基有一个胸径为3cm的根蘖苗，预计2～5年后当小苗达到其同侧大树枝干位置时，可实行靠接技术，具体操作如下。

在大树和小树上分别选取适当位置进行接合口处理，保证两树的形成层能紧密接触。例如，两树切口宽度不等时，应尽可能保证一边形成层密接。靠接完成后，用塑料薄膜绑扎严实。待伤口愈合完好（需要2年甚至以上），再将小树的接口往上枝条剪去，以便小树与大树形成共生体。

4. 根系复壮

（1）挖复壮沟

以古树树干为中心，在树干东侧、北侧、西侧挖取3条复壮沟。从距树干基部1m处向外扩展（宽80cm），分层取土至40～60cm（取决于根系的深度）。复壮沟挖好后，在两侧用砖砌成花墙，或砌成花墙隔断。具体操作参考八卦亭西南侧合欢。

（2）复壮基质回填、大树营养液

具体操作参考八卦亭西南侧合欢。

11.4.4 郊媒殿前龙爪槐复壮方案

1. 现状描述

龙爪槐，胸围3.2m，树龄约530年，树势一般。大枝空腐现象严重，树干西侧已用水泥修补。全树共有3个较大的1级分枝，东侧分枝长势较好，树枝部分中空，树皮缺失约50%；南侧分枝中空严重，距主干约2m处有水泥柱支撑，支柱直径约18cm；西侧分枝仅顶端保留有较小树冠，距地面1.3m处的2级分枝为死枝，水平长度约2.3m，现由水泥修补、支撑。树池为圆形，直径约2m。

地面铺装下有三合土垫层，厚2～5cm，垫层下土壤严重板结。树体西北和东北方向距树干约1.5m的地面上各有一渗水井，深70cm，井口面积10cm×10cm，上覆盖水泥板（面积50cm×50cm，并打有3个通气小孔）。从渗水井每年浇灌不等量的菜籽油，但目前已不再下渗。龙爪槐西侧方向缓坡上约6m处生长有2株构树和2株壮年国槐（可能是龙爪槐的实生苗或者是根蘖苗），生长势良好。

根据该古树地上部分12个指标进行健康评价，综合指数为2.5，属生长“显著不良”。

2. 环境处理

清除西侧缓坡上的几株构树，为古龙爪槐创造营养空间。在树冠投影区地面打孔或增加复壮井。地面铺装改用梯形砖，用黄土和细沙代替砖下垫层。

3. 树体修复

（1）南侧分枝修补方案

南侧分枝延伸至平台外缘，且分枝较大，中空严重，拟用封闭式修补法，去除中空腐烂树心及上部腐烂枝条，选用发泡剂进行填充。

清理腐烂枝条、腐朽树皮及中空的主干部分→水枪喷洗树洞以及裸露的部分木质部，清除残留碎屑→待干燥后，裸露部分用5% ACQ溶液与杀菌剂混合喷雾喷两遍，防腐杀菌→钢筋支撑→聚氨酯填补树洞，并喷1层三氧化二锑阻燃剂→涂抹玻璃胶，整平封口，并用环氧树脂等进行封缝→仿真树皮处理。

（2）东、西侧分枝修补方案

东侧分枝树冠长势较好，对裸露的木质部进行防腐消毒，刷桐油3遍即可。对于西侧死枝，首先将原有的水泥填补部分挖空，然后填充聚氨酯发泡剂，最后采用树脂进行树皮仿真修补。

（3）空洞修补方案

对原有水泥填充物进行抠除→对空洞进行消毒、防腐、杀虫处理→刷桐油3遍→将倒模好的树脂样品与树体相连接，连接处通过发泡剂黏合→在仿真树体外部涂抹一层黏合胶，贴仿真树皮。

（4）支撑修补方案

用立柱式支撑替换原有的水泥柱支撑，在支柱顶端的托板与树皮间垫橡胶垫。

4. 根系复壮

（1）复壮沟

在古树西南和东南方向的观景平台上修筑2条放射状复壮沟，宽60cm、深50～100cm（根据根系的分布深度而定），具体操作参考八卦亭西南侧合欢。

（2）复壮基质回填

具体操作参考八卦亭西南侧合欢。

（3）根系施工过程

由于地下根系吸收能力受到影响，建议使用大树营养液并配合使用“绿材”活力素——树干注入液。

5. 病虫害防治

调查中发现龙爪槐主要病虫害为介壳虫和枝枯病。

针对树体上的蚧壳虫，可采用人工防治和化学防治相结合的方式进行防治。在春季树木发芽前，用硬毛刷刷去在枝干上越冬的雌成虫虫体，并剪去带病虫枝，集中起来烧毁。在若虫孵化盛期至1龄若虫期喷施无公害农药，应在第1次喷药后间隔5～7d再补喷1次。喷药要周到、细致，使药液接触到虫体。

上部枝叶出现枯萎，是由枝枯病菌引起的，应结合冬季修剪枯枝喷施杀菌剂，防止病原菌的侵染和扩散。此外，对顶部枝条支点部位进行保护，通过涂白或包扎等措施减少日灼、冻裂、重力等造成的伤口，预防溃疡病等的发生。合理施肥，适当增施有机肥及钾肥，提高植株的抗病能力。

此外，全年持续观察和监测该树上其他病虫害的发生情况，及时进行无公害药剂防治。

第12章　官庄村国槐古树复壮方案

官庄古槐（国槐*Sophora japonica*）（编号：610124135001）位于周至县翠峰镇官庄村，地理坐标N34°7′30″，E108°3′25″。古槐高18m，地径2.48m，胸径2.22m，树冠东西长18.3m，南北长17.9m，传说植于唐代，距今1200余年，属关中地区“首槐”。该槐树树体高大，冠大荫浓，是先民留给我们的历史遗物，承载着关中的农耕文化和中华民族的沧桑历史。然而近年来，古树树势衰弱，大枝枯死，树干空腐严重，急需抢救性保护。

12.1　古槐生长环境

古槐北侧8m左右为商店和索仙宫，商店面积为60.4m^2，索仙宫面积为104.7m^2；东侧为道路，宽度约为3m；西侧3m左右为菜地和建筑物，菜地面积为42m^2，建筑物1面积为127.7m^2，建筑物2面积为34.5m^2；南侧为水池，面积约为52m^2，水池南侧为主干道，宽度约5m（图12-1）。

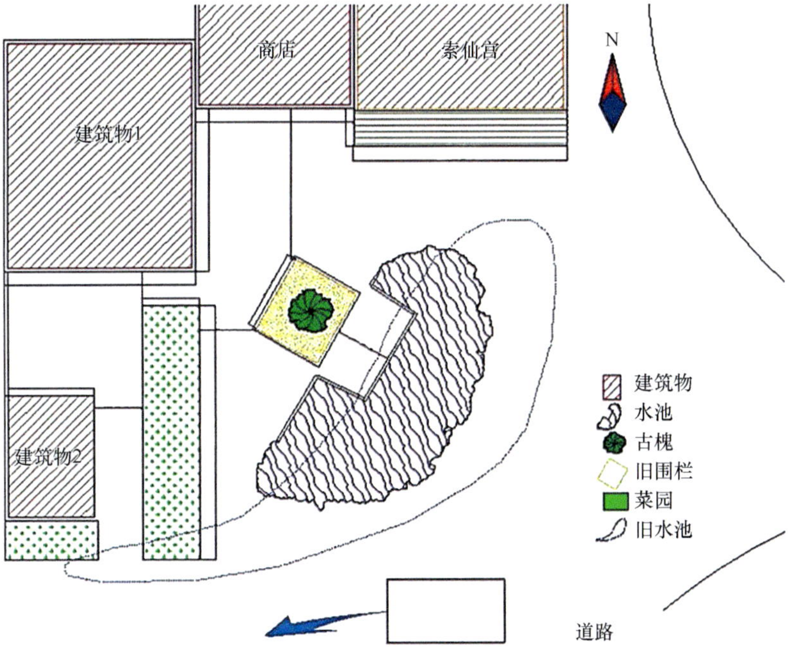

图12-1　陕西省周至县管庄村古槐平面示意图

古槐现有围栏长4.23m，宽3.74m，高1m，为普通铁质围栏。围栏内部生长的植物有冬青、桑树、杂草。铁质围栏近长方形，减去树干基部所占面积（4.83m^2），围栏的营养面积为11.0m^2，大约是树冠投影面积的1/23。围栏外覆盖有地砖，厚度大约4cm，砖下垫层为三合土，厚度2～3cm。树木根系营养面积小，地面铺装严重限制了土壤的通气性和透水性，进而影响了根系的生长和分布，理应扩大树池面积。建议拆除现有围栏，拆除原有围栏到新建围栏间约4m范围内的全部地面铺装，建距离树干5m的新围栏，其营养面积达到约148.4m^2，是原有营养面积（11.0m^2）的13倍以上。

古槐南侧有一个喷泉水池，据调查，该水池是在原有涝池的基础上建设的。现在的水池为人工蓄水，池内全年积水。从土壤剖面中可以看出，池内向周边渗水现象严重，直接影响古槐根系生长。建议拆除水池，恢复自然土壤。

12.2 古槐树体结构及稳固性评估

主要使用外部形态观测法和TRU树木雷达检测系统相结合的方法对树体的稳固性进行评估。利用外部形态观测法对树干及大枝的稳固性进行初步判定，包括树体结构、主干倾斜程度、偏冠现象、主干及大枝是否有明显空洞以及现有支撑是否科学合理等。利用无损伤诊断仪器（TRU树木雷达检测系统）对主干的隐性空洞进行检测，精准探测其空腐程度，为树体加固和支撑着力点选择提供依据。

12.2.1 树体结构

古槐高18m，地径2.48m，胸径2.22m，树冠南北长17.9m，东西长18.3m。树体向北方倾斜6°左右，树冠偏斜。主干的1级较大分枝（主枝）共计6枝，以正北方为起点，沿逆时针方向从下至上编号为1～6号（图12-2）。北偏东1号主枝，垂直方向上分枝长势最佳；2号主枝西侧枝条长势良好，南侧部分枝条已枯死；南部靠近水池3号主枝衰弱明显，大部分枝已经枯死，仅剩主枝顶部萌蘖小侧枝存活，长势较差；东偏北4号主枝已腐烂，萌生小侧枝，长势良好；5号主枝和6号主枝长势良好。所有与主干相连的大枝，基部均存在较大树洞。

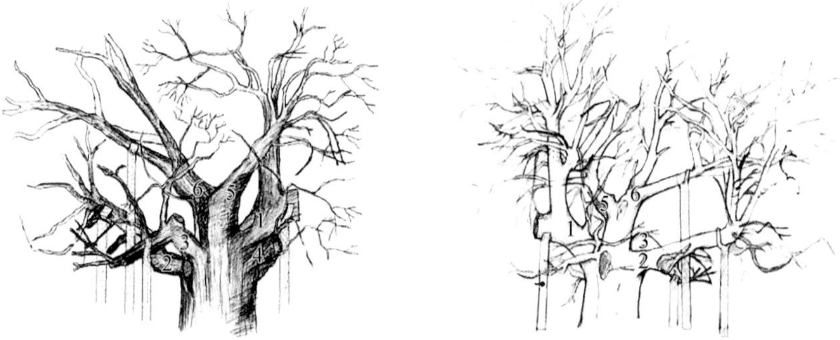

图12-2 管庄古槐树体一级分枝分布图（左示东面，右示西面）

各大枝生长现状统计结果见表12-1。树体主枝中1号枝条最粗、最长且分枝最多，长势最佳（基径达1.2m、长达13.4m、分枝数10）。靠近水池3号主枝枝条枯死严重，长势最差。

表12-1　官庄村古槐主枝情况统计表

编号	方位	距地高度（m）	基径（m）	分枝数（个）	长度（m）	是否枯死
1	北偏东	5.4	1.2	10	13.4	未枯死，顶部长势优
2	正西	3.1	0.6	8	9.4	未枯死，顶部长势中
3	南偏东	3.8	0.7	4	6.4	基本枯死，长势最差
4	东偏北	2.7	1.0	3	1.9	基部枯死，顶端萌生小枝
5	顶部偏东	6.4	0.6	4	6.3	枯死不明显，长势良
6	顶部偏西	6.5	0.7	6	10.2	枯死不明显，长势良

12.2.2　树干空洞情况

利用TRU树木雷达检测系统对树干4个断面进行探测，结果见图12-3。图12-3a～d分别为距地面1.0m、1.5m、2.0m主干和距地面6.0m处1号枝的横截面扫描处理图。

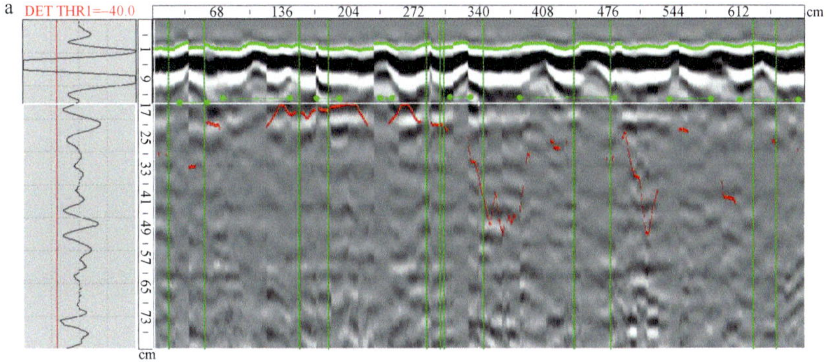

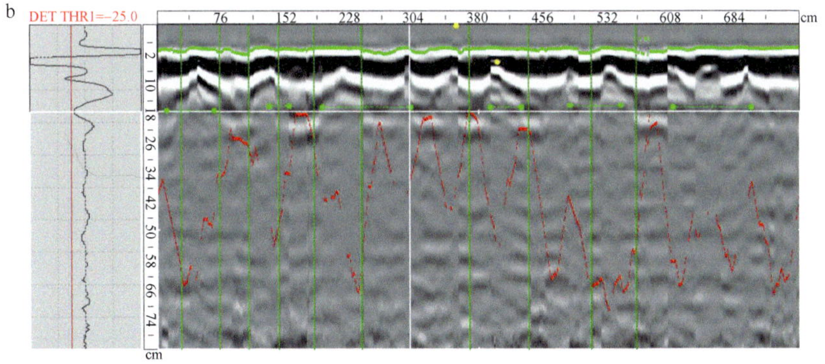

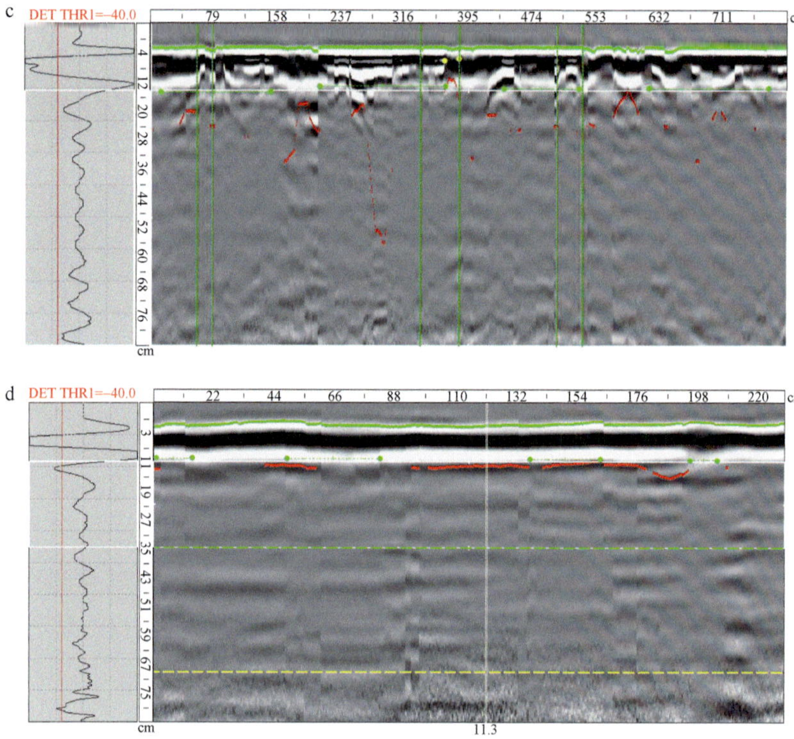

图12-3　官庄村古槐树体横截面扫描处理图

检测结果表明（表12-2），古槐主干内部空腐情况严重，4个横面面的检测结果均为重度空腐（空腐率$P \geqslant 50\%$），平均空腐率为64.1%，西北侧大枝d的空腐率为50.7%。另外，从图12-4和图12-5可以看出，树干有一定比例的“初期腐烂”，其主要原因为前些年大火将树干烧空后，村民在树干内填充泥土、秸秆和碎石等混合物。

表12-2　官庄村古槐树体空洞程度表

横截面编号	距地面高度（m）	横截面面积（m^2）	已空腐部分		良性部分		空腐程度
			面积（m^2）	比例（%）	面积（m^2）	比例（%）	
a	1.0	3.79	2.44	64.4	1.35	35.6	重度空腐
b	1.5	3.90	2.77	73.1	1.13	26.9	重度空腐
c	2.0	4.78	3.30	69.0	1.48	31.0	重度空腐
d	6.0	0.37	0.19	50.7	0.18	49.3	重度空腐

注：横截面编号同图12-4、图12-5

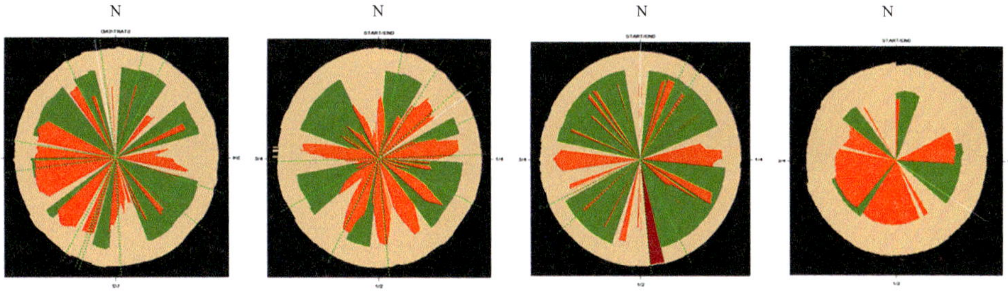

a 横截面　　b 横截面　　c 横截面　　d 横截面

图12-4　官庄村古槐树体横截面扫描空腐面积计算图

橙色部分表示树干空洞部分或者树干开始腐烂，绿色部分表示初期腐烂，绿色虚线表示树皮腐烂或脱落，深红色部分表示树干表面显性空洞，其余部分为良性木材

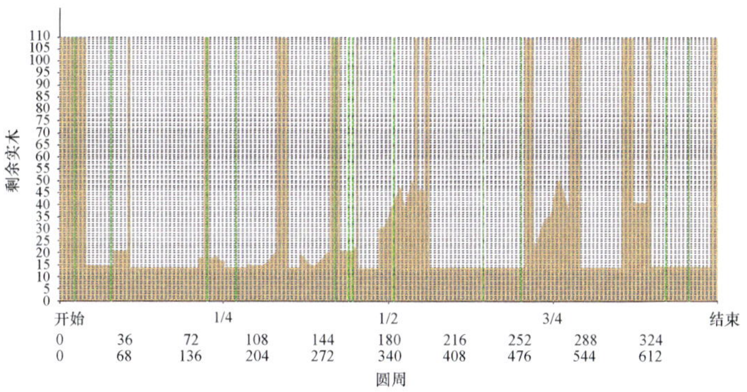

a 横截面

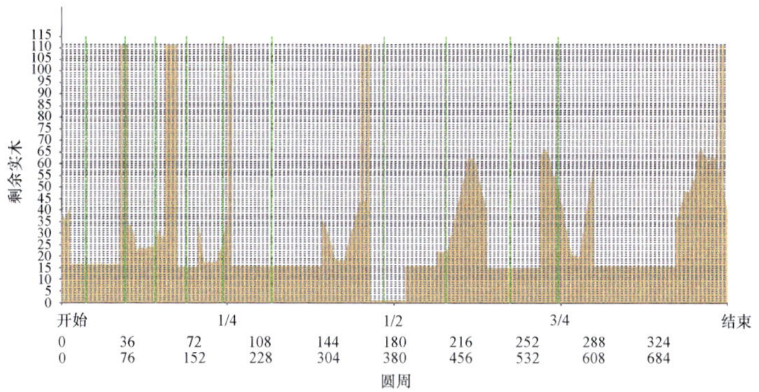

b 横截面

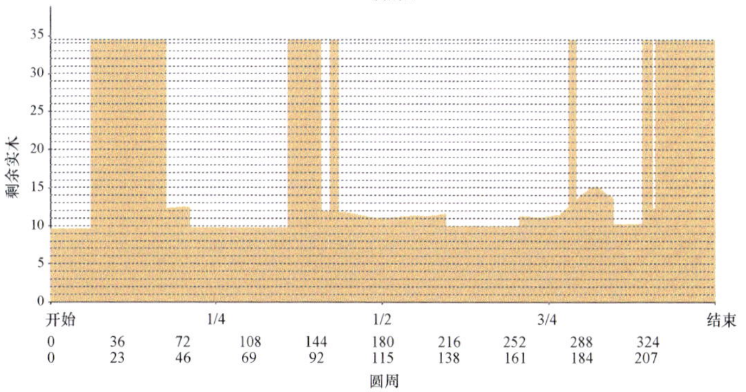

c 横截面

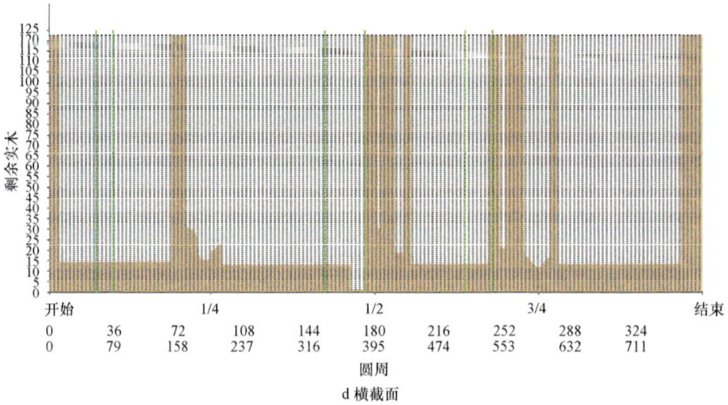

图12-5　官庄村古槐树体横截面扫描剩余实木面积计算图

12.2.3　大枝空洞情况

1. 大枝空洞位置、大小统计

古槐树大枝均有空腐，为显性洞，因为高空难以进行TRU作业，所以大枝空洞以裸眼观察为主，并进行相关洞形、大小的测量。经统计，古槐大枝和树干的显性空洞共计14个，主要分布在树体高度2.5～6.8m，位于树冠下层的1、2、3、4号主枝，空洞较多且大，位于顶部的5、6号主枝空洞较少。现场勘察发现，距离地面最高的树洞为M、N号树洞（6号枝中下部），高度为6.6m；J号树洞距离地面最低，高度为2.5m。其中，F号树洞为竖向洞，E、G、L、N、M号树洞为朝天洞。J、F号树洞位于树干，其余树洞位于主枝的基部，见图12-6。

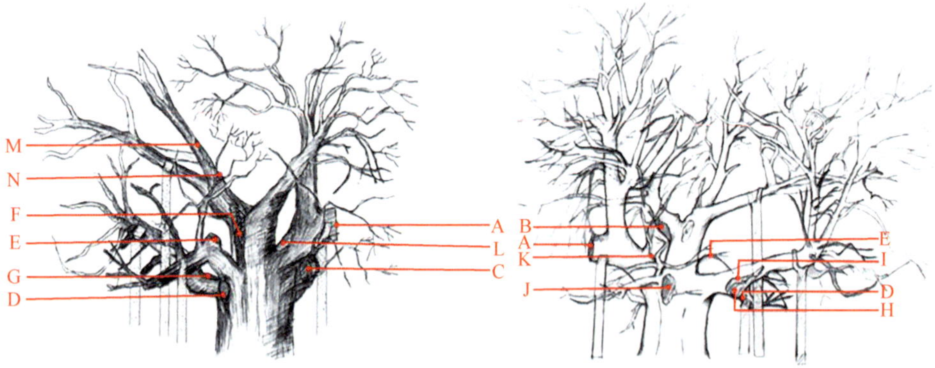

图12-6　官庄村古槐树洞分布图（左示东面，右示西面）

调查结果显示（表12-3），位于2号枝西偏南方向的G号树洞最长（约210cm），位于主干的F号树洞最深、体积最大（深600cm，估测体积2.70m^3）。若进行树干空洞体积排序，从大到小依次为F、C、A、K、G、J、H、B、I、D、N、L、M、E。另外，据当地村民描述，早年曾对古槐的树洞进行修补，填充物为水泥或砖块，并进行了封口，但现场打开树洞观察后，洞内腐朽严重，说明原有的水泥封洞防护效果较差。

表12-3　官庄村古槐大枝空洞情况统计表

树洞编号	方位	树干位置（m）	长度（cm）	宽度（cm）	深度（cm）	估测体积（m^3）	内表面积（m^2）	填充物	与主干相连
A	北偏东	5.1	70	60	140	0.59	4.06	水泥	是
B	北偏东	5.7	130	40	30	0.16	1.54	水泥	是
C	北偏东	3.2	80	80	120	0.77	4.48	水泥	否
D	南偏东	3.0	45	45	35	0.07	0.83	水泥	是
E	南偏东	4.2	27	21	38	0.02	0.42	水泥	是
F	南	6	100	45	600	2.70	17.85	水泥、砖块	是
G	西偏南	3.5	210	33	55	0.38	3.37	水泥	否
H	西南	2.7	30	30	25	0.23	0.39	水泥	是
I	西偏南	2.9	120	20	30	0.07	1.08	水泥	是
J	西	2.5	90	35	100	0.32	2.82	水泥	是
K	西北	3.8	120	40	100	0.48	3.68	水泥	是
L	东	4.1	60	30	25	0.05	0.63	水泥	是
M	北	6.4	40	40	20	0.03	0.48	水泥	否
N	南偏东	6.8	120	30	15	0.05	0.81	水泥	否

注：树洞编号同图12-6

2. 树干空洞储水情况以及对树体的稳固性影响

根据调查可知，E、G、L、M、N号树洞均洞口朝天，极易汇集雨水，最终雨水汇聚到树干，加速了主干空腐，危害极大。若遭遇连阴雨，树体主干内可能会蓄积大量水分。另外，现场发现，树干基部并无排水洞。鉴于此，建议在树干基部设立排水洞。由于树干和大枝空洞较多，树体的抗压、抗风能力明显不足，树体稳固性受到严重的挑战，需尽快采取加固措施。

12.2.4　支撑情况

1. 支撑现状

古槐现今有4根支撑，分别支撑1号、2号、3号和6号枝，具体支撑情况见图12-7。4根支撑均为水泥单立柱式支撑，水泥柱直径约为24cm，支撑接口为硬质“U”形槽，该接口易与枝条产生摩擦，造成二次损伤。另外，单立柱式支撑与“门”状支撑以及“A”形、“X”形双杆支撑相比，稳固性较差。

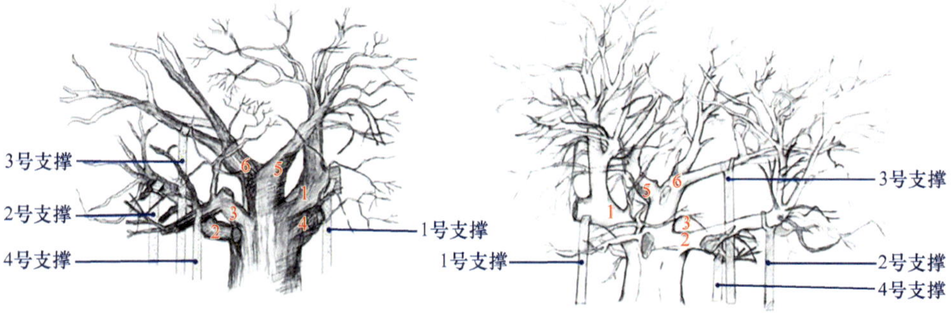

图12-7　官庄村古槐支撑结构图（左示东面，右示西面）

2. 支撑稳固性分析

1号支撑对北偏东方向的1号主枝进行支撑，1号主枝具有10个分枝，但基部有深度为140cm的A号树洞，遇到风雪灾害极易从基部折断，而1号支撑位于A号树洞下部，存在支撑隐患。

2号支撑对正西方向的2号主枝进行支撑，位于2号主枝重心处，设置合理，支撑效果较好。

3号支撑对顶部偏西的6号主枝进行支撑，支撑位置靠内，而枝条有向外延伸的趋势，位置需要进行调整。另外，6号主枝有一分枝具有M、N号树洞，枝条易折断，需要进行加固。

4号支撑对南偏东方向的3号主枝进行支撑。3号主枝长势差，主枝基部有一个分枝长势良好，末端大部分枝条枯死，而4号支撑位于枯死枝条下方，支撑点位不合理，需要进行调整。

12.2.5　结论和建议

1）古槐树体偏冠、主干内部空腐情况严重，主枝基部均存在较大空洞，大枝及树干承载力有限。建议根据调查结果，重新考虑加固方式，确定有效支撑点位和拉纤点位，确保树体稳固。

2）E、G、L、N、M号树洞为朝天洞，排水不畅，树体主干和主枝内易积水，会加速树干进一步空腐，削弱树干承载力。建议采取排水和防水的有效措施，以延缓树体的进一步空腐。

3）现有支撑为单柱立式支撑，支撑点与大枝接触面小，存在较大的稳固隐患。建议采用“A”形、“X”形双杆支撑或“门”状支撑，并在相接处设置铁箍加固且加弹性材料用于保护树皮。另外，加设拉纤，结合刚性支撑情况加以调整，以提高支撑的稳固性。

12.3　古槐根系检测结果

12.3.1　检测方法

采用SIR-3000 TRU（TreeRadar Unit）树木雷达（配设900MHz天线、400MHz天线）检测系统探测不同深度根系分布。使用900MHz天线检测根系时，水平方向两条根系间隔至少在15cm以上，垂直方向两条根系之间的距离至少在10cm以上才能分辨；而使用400MHz天线检测时，水平方向两条根系间隔至少在20cm以上，垂直方向两条根系之间的距离至少在15cm以上才能分辨。

为了全面准确地了解古树地下根系的分布状况和空间结构，扫描时采用了400MHz和900MHz的2种天线分别测量，地面扫描时尽可能保持2次路线一致。400MHz天线主要探测0～4m的深根；900MHz天线用于探测0～1m的较浅根。对根系分布特征的扫描采用同心圆法和平行线法。

1. 同心圆法

以树干为中心，从里到外依次检测。古槐地径为2.48m，检测半径分别设为1.3m、2.1m、2.4m，扫描线路如图12-8A所示。从正北方向开始，顺时针扫描一圈到正北方向结束。在扫描前，提前准备好测绳，测量各圈的扫描线路周长，然后从正北方向沿预设线路顺时针旋转扫描，通过设备记录每圈数据，每圈重复扫描2次。

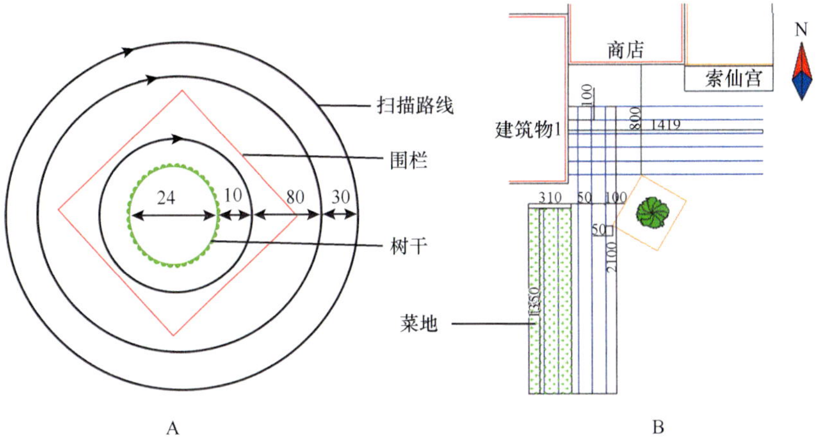

图12-8　官庄村古槐根系扫描示意图（cm）

A—同心圆法；B—平行线法

2. 平行线法

在树干北侧，由西向东设定6条间隔1m、长为14.19m的扫描测线，扫描线路如图12-8b所示，北侧的6条蓝线，使用900MHz和400MHz的2种天线分别重复扫描2次；在树干西侧，由南至北间隔1m，设定2条长13.5m、3条长21m的扫描测线，扫描线路如图12-8b所示，西侧的5条蓝线，使用900MHz和400MHz的2种天线分别重复扫描2次。

12.3.2　同心圆法检测结果及分析

1. 900MHz天线

（1）各层土壤根系分布

以树干为中心，使用SIR-3000 TRU（配设900MHz天线）树木雷达检测系统，经过3圈不同半径的同心圆测量后，可得到较为直观的土壤内树木根系分布图，结果见图12-9。

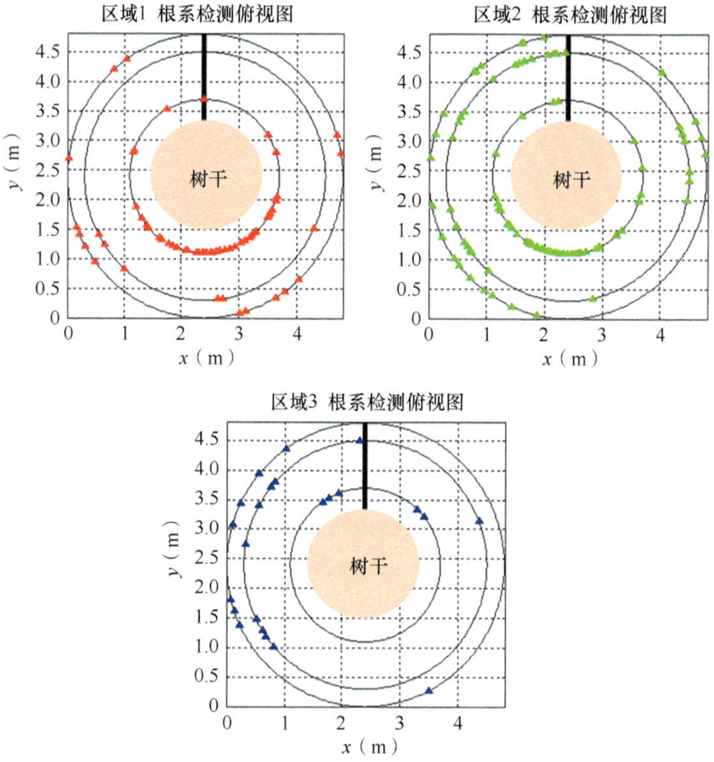

图12-9　官庄村古槐不同土壤深度根系分布图（900MHz天线）

x、y表示不同方向探测距离；不同颜色的三角形表示根系所在的方向和深度：900MHz天线检测结果图中，红色代表第1层，界定深度范围0～40cm；绿色代表第2层，界定深度范围40～60cm；蓝色代表第3层，界定深度范围60～100cm；400MHz天线检测结果图中，红色代表第1层，界定深度范围0～100cm；绿色代表第2层，界定深度范围100～200cm；蓝色代表第3层，界定深度范围200～400cm，下同

雷达检测结果：根系分布很不均匀，内圈根系密度较大，尤其是距树干0.2m处（树池内）南侧根系密度最大，出现这一结果是由于南侧（树池内）分布有较多的女贞、桑树、冬青，其根系主要分布在0～60cm，对检测结果产生了较大的影响；第2～3圈根系主要分布在西侧，东侧相对较少，属于树池外，与水泥垫层

有很大关系。

3圈根系较集中分布于西北、西南两侧，东北侧有较少根系，东南侧几乎无根。整体西侧多、东侧少，北侧多、南侧少，与古槐向北侧偏冠一致。对比东、西两侧，经实地挖剖面、打土钻勘察，东侧80～90cm深处有渗水，其水源主要来自东南侧水池，多数根系死亡，仪器未检测出根系；对比南、北两侧，南侧根系主要受水泥垫层和地下水泥衬砌影响。

通过整体比对，根系主要分布在0～60cm，属于根系密集生长区。但是该深度不仅存在活根，而且可能有部分死根和较大的支撑根。

经过对3层土壤根系的密度换算，各层根系百分比计算结果见图12-10。

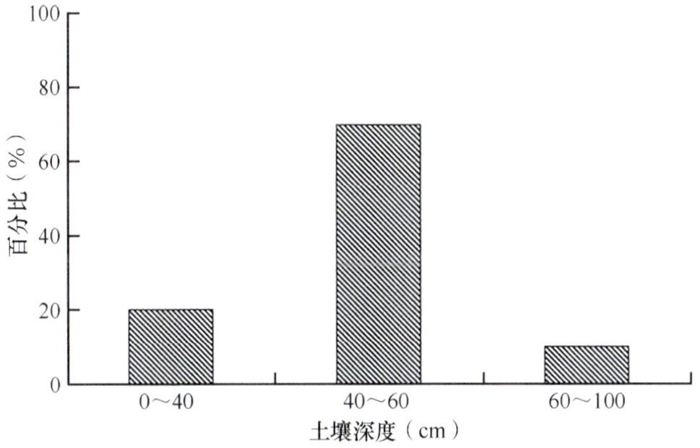

图12-10　官庄村古槐不同土层根系分布百分比（900MHz天线）

（2）根系分布三维立体图

将土壤中的根系用三维图表示出来，不同颜色的线条代表不同土壤深度的根系分布密度和位置，如图12-11所示。

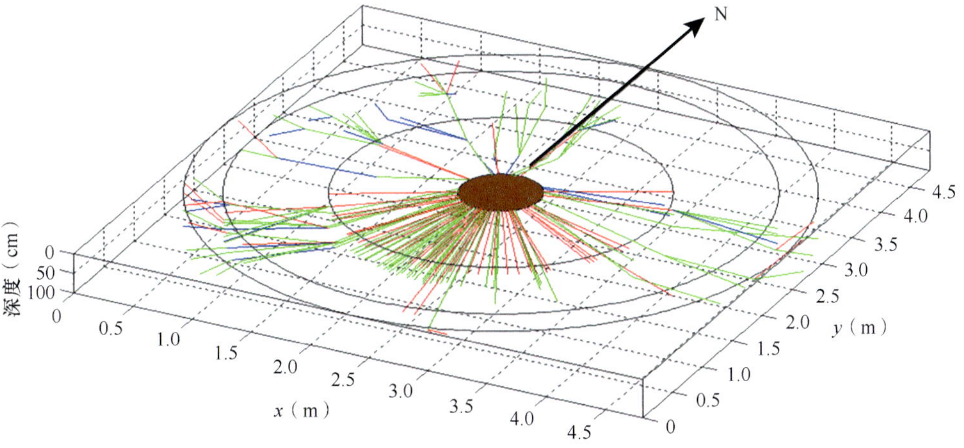

图12-11　官庄村古槐根系分布三维图（900MHz天线）

（3）各方向根系分布情况

将仪器检测到的土壤根系点位按方向进行统计，得到不同方位根系分布结果（表12-4）。不同深度的根系分布在各方向有明显的差异，第1圈南侧的根系密度最大，受树池内女贞、桑树、冬青根系影响较大；第2圈和第3圈根系主要分布于西北侧与西南侧，根系较多。这一结果与树冠的发育基本一致。

表12-4　官庄村古槐不同方位根系分布统计表（900MHz天线）（%）

取样序列	西北	东北	东南	西南	合计
第1圈	12	8	44	36	100.0
第2圈	50	10	13	27	100.0
第3圈	33.3	14.3	14.3	38.1	100.0
平均	31.7	10.7	23.9	33.7	100.0

2. 400MHz天线

（1）各层土壤根系分布

以树干为中心，使用SIR-3000 TRU（配设400MHz天线）树木雷达检测系统，经过3圈不同半径的同心圆测量后，可得到较为直观的土壤内树木根系分布图，结果见图12-12。

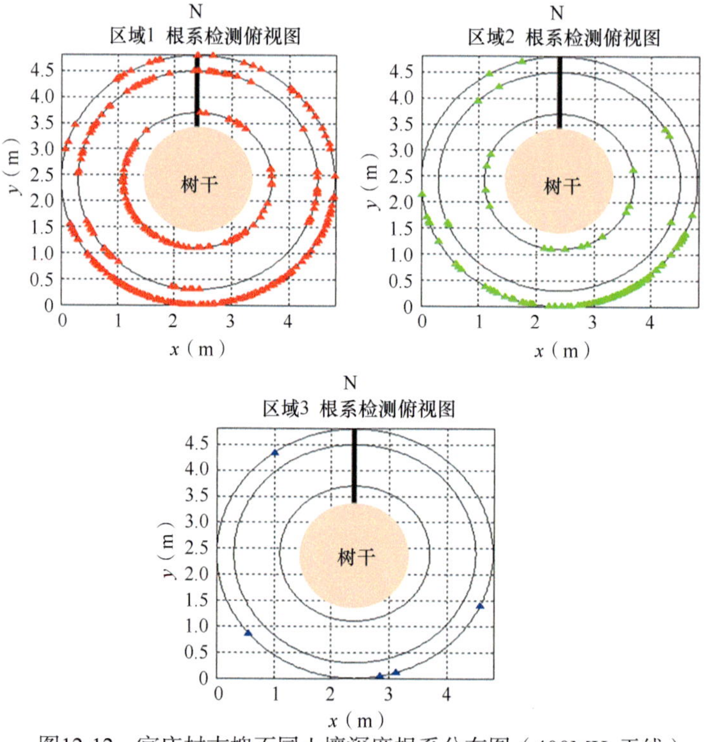

图12-12　官庄村古槐不同土壤深度根系分布图（400MHz天线）

由图12-12可以看出，古槐树根系主要集中在0～100cm，距树干1.3m范围的根系大量集中于第1层且较集中分布于树池南侧，估计该部分根系应为女贞、桑树、冬青的根系。其他2层土壤中根系较少，估计为部分死根和较大的支撑根。

经过对3层土壤根系的密度换算可以得到：高密度的根系分布范围为0～100cm。各层根系百分比计算结果见图12-13。

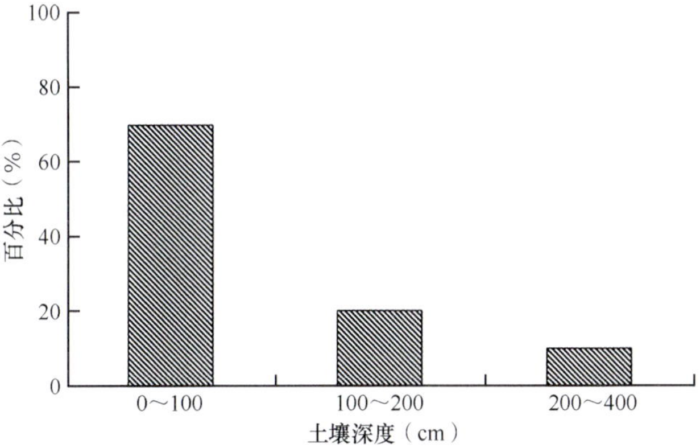

图12-13　官庄村古槐不同土层根系分布百分比（400MHz天线）

（2）根系分布三维立体图

将土壤中的根系用三维图表示出来，不同颜色的线条代表不同土壤深度的根系分布密度与位置，如图12-14所示。

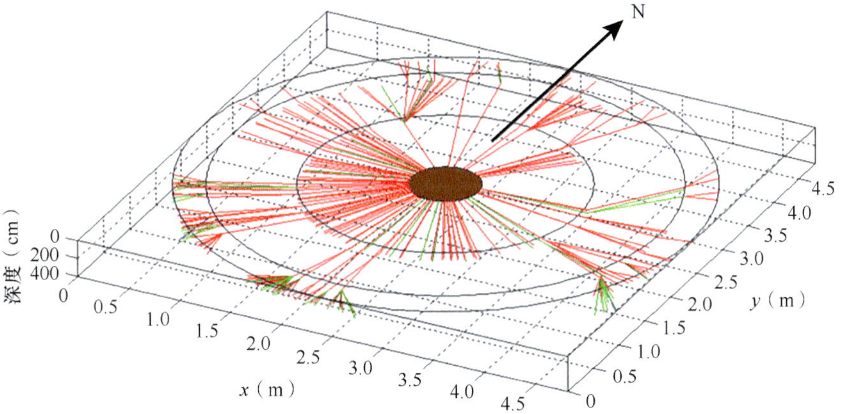

图12-14　官庄村古槐根系分布三维图（400MHz天线）

（3）各方向根系分布情况

将仪器检测到的土壤根系点位按方向进行统计，得到不同方位古槐根系分布结果（表12-5）：不同深度的根系分布在各方向有明显的差异，第1圈和第3圈根系绝大部分分布在南侧，可能为部分死根和较大支撑根；第2圈西北、西南侧的根系较多。

表12-5 官庄村古槐不同方位根系分布统计表（400MHz天线）（%）

取样序列	西北	东北	东南	西南	合计
第1圈	18.3	9.7	25	47	100.0
第2圈	36.4	22.7	13.7	27.2	100.0
第3圈	5.9	6.8	51.6	35.7	100.0
平均	20.2	13.1	30.1	36.6	100.0

12.3.3 平行线法检测结果及分析

1. 树干北侧，东西扫描

（1）900MHz天线

1）各层土壤根系分布：在古槐北侧距树干1.8m、西侧5.5m处开始，使用SIR-3000 TRU（配设900MHz天线）树木雷达检测系统，对6条长14.19m、间隔1m的平行线扫描后，可得到较为直观的地下树木根系分布图，结果见图12-15。6条直线分别代表雷达由东向西依次重复检测2次所得图像。

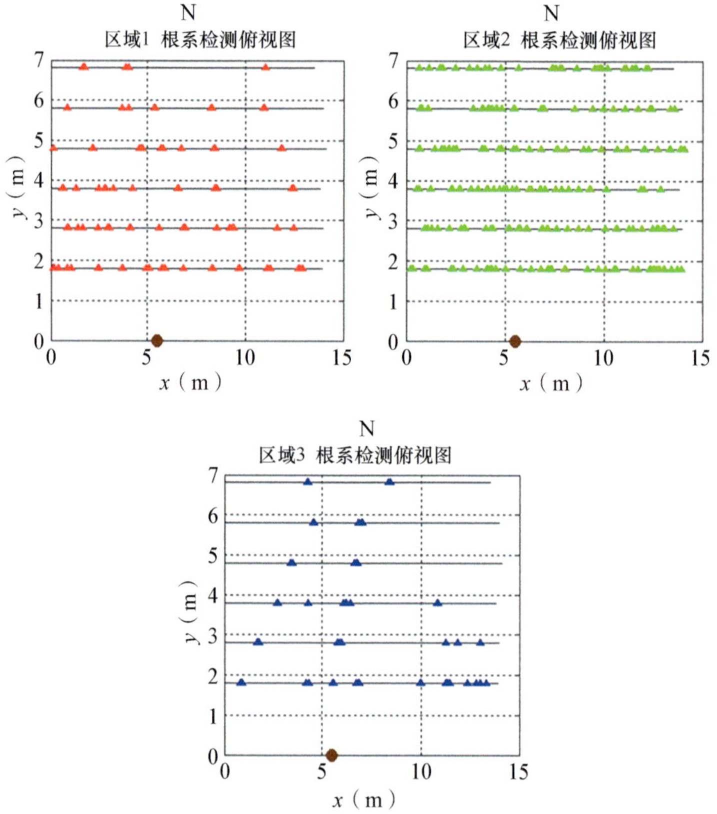

图12-15 官庄村古槐不同土壤深度根系分布图（900MHz天线）

由图12-15可以得出：古槐树北侧根系主要集中在第2层，即40～60cm，且6条测线上根系分布较为均匀，属于根系密集生长区；其他2层根系分布相对较少，其中以第3层最少；各层根系数量均呈现由南向北逐渐递减的趋势。

经过整体对比，对6条测线土壤根系的密度换算，高密度的根系分布范围为40～60cm。各层根系百分比计算结果见图12-16。

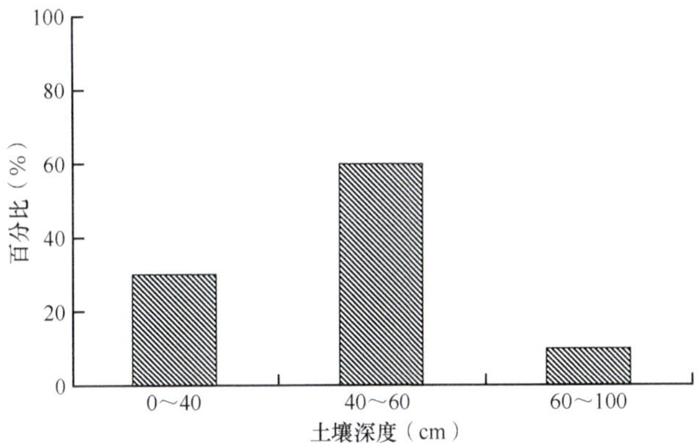

图12-16　官庄村古槐不同土层根系分布百分比（900MHz天线）

2）根系分布三维立体图：将土壤中的根系用三维图表示出来，不同颜色的线条代表不同土壤深度的根系分布密度和位置，如图12-17所示。

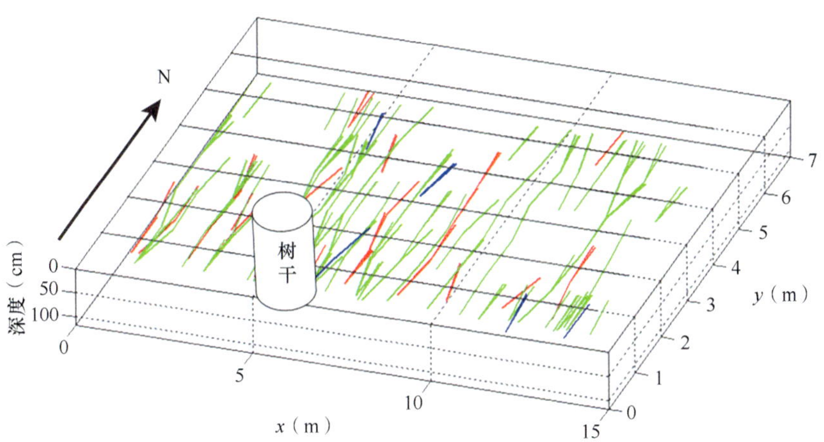

图12-17　官庄村古槐根系分布三维图（900MHz天线）

3）各条线上根系分布情况：在同一深度不同测线上，根系的分布也有明显的差别，根系主要集中于北侧第1、2、3条测线上；在同一测线不同深度上，根系分布集中在40～60cm；随着距树干的水平距离增加，根系分布逐渐减少（表12-6）；通过三维根系图判读，根系分布于树干正北、东北侧。

表12-6　官庄村古槐北侧距树干不同距离根系分布统计表（900MHz天线）（%）

取样序列	测线编号						合计
	1	2	3	4	5	6	
第1深度	29.3	22.4	15.5	15.5	10.3	7	100.0
第2深度	9.9	17.4	16.8	16.8	13	16.1	100.0
第3深度	36.1	19.4	16.7	11.2	8.3	8.3	100.0
平均	26.1	19.7	16.3	14.5	11.8	11.6	100.0

（2）400MHz天线

1）各土层根系分布情况：在古槐北侧距树干1m、西侧5.5m处开始，使用SIR-3000 TRU（配设400MHz天线）树木雷达检测系统，对6条长14.19m、间隔1m的平行线测量后，可得到较为直观的各土层土壤内树木根系分布图（图12-18），6条直线分别代表由南向北重复检测2次所得图像。可以看出，古槐树北侧的根系主要集中在第1层（图12-18a），即0～100cm，其他2层土壤中根系较为稀少，估计多为支撑根。

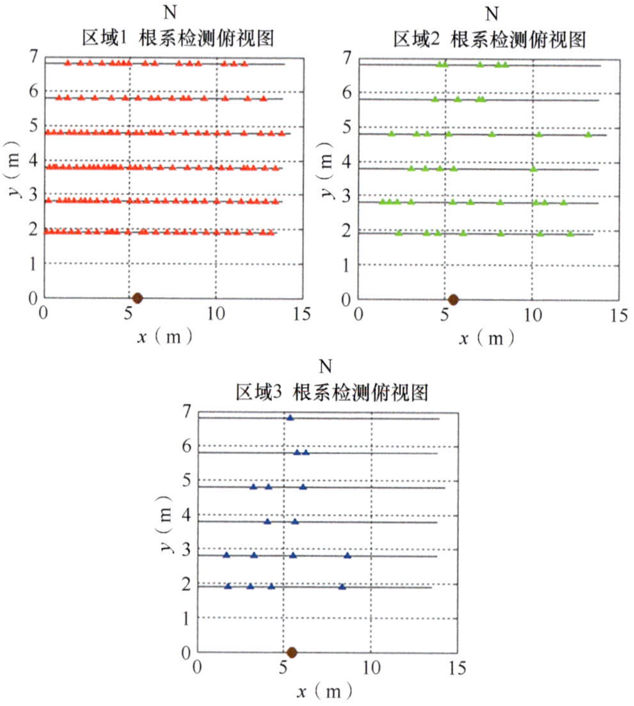

图12-18　官庄村古槐不同土壤深度根系分布图（400MHz天线）

经过整体对比，对6条测线土壤根系的密度换算，高密度的根系分布范围为0～100cm。各层根系百分比计算结果见图12-19。根系的上述垂直分布可在三维图中更直观地看到，如图12-20所示。

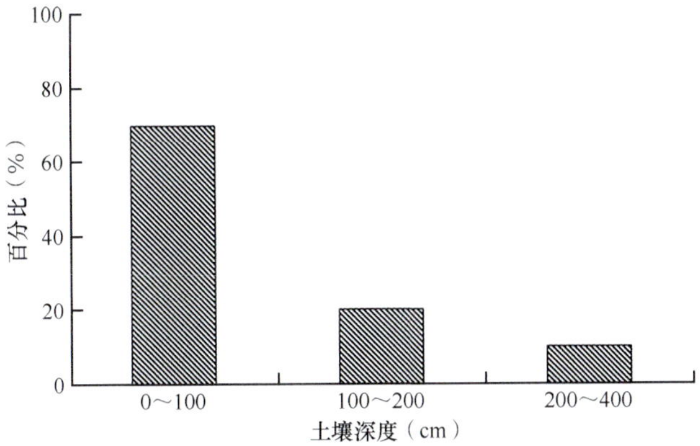

图12-19　官庄村古槐不同土层根系分布百分比（400MHz天线）

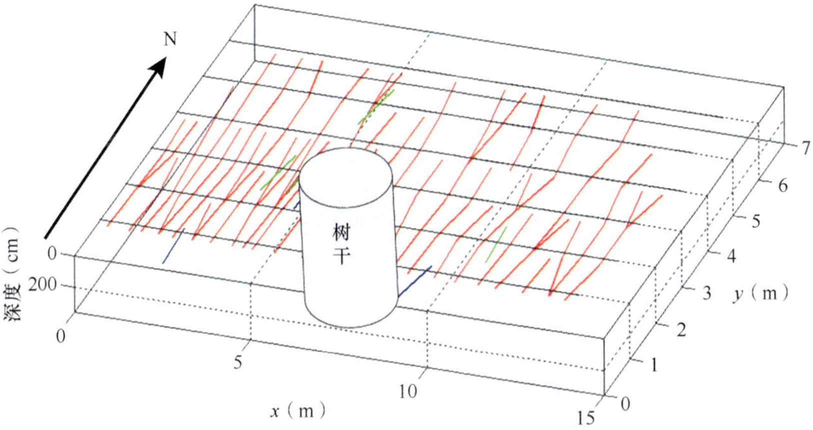

图12-20　官庄村古槐根系分布三维图（400MHz天线）

2）各条线上根系分布情况：在同一深度不同测线上，根系的分布也有明显的差别，根系主要集中于北侧第1、2条测线上；在同一条测线不同深度上，根系较为集中分布在0～100cm（表12-7）；通过三维根系图判读，根系主要分布于树干北侧第1～4条测线处。

表12-7　官庄村古槐北侧距树干不同距离根系分布统计表（400MHz天线）（%）

取样序列	测线编号						合计
	1	2	3	4	5	6	
第1深度	17.9	19.3	21.3	19.3	11.1	11.1	100.0
第2深度	18.4	26.3	13.2	18.4	10.5	13.2	100.0
第3深度	25	25	12.5	18.7	12.5	6.3	100.0
平均	20.4	23.5	15.7	18.8	11.4	10.2	100.0

2. 树干西侧，南北扫描

（1）900 MHz天线

1）各层土壤根系分布：在古槐距树干西侧6.7m、南侧13.28m处开始，使用SIR-3000 TRU（配设900MHz天线）树木雷达检测系统，从西向东依次对2条13.5m（菜地中）、3条21m长的平行测线进行南北扫描，可得到古槐西侧较为直观的地下树木根系分布图（图12-21），5条直线（a、b、c、d、e）分别代表树木雷达自西向东依次南北重复扫描2次所得图像。a、b两条测线为菜地所在区域测线，菜地内有蒜苗、油菜等，据实地调研，此处菜地土层近期刚更换，土层厚度90～100cm。故分析时只考虑c、d、e测线代表的区域。

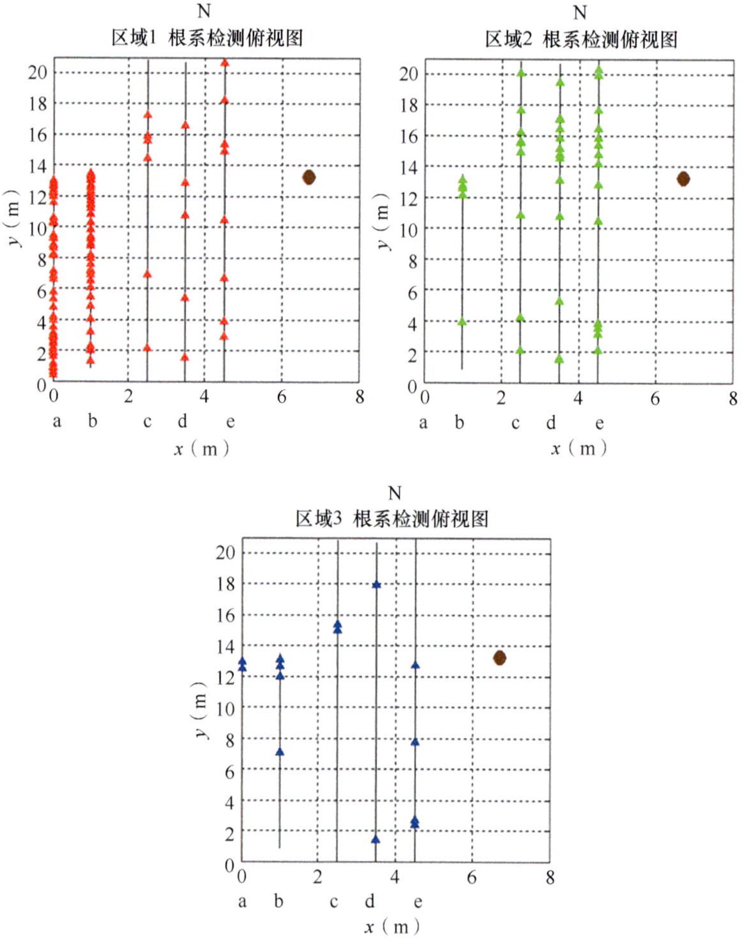

图12-21　官庄村古槐不同土壤深度根系分布图（900MHz天线）

由图12-21可以得出，古槐树西侧0～40cm，c、d、e测线上根系分布比较均匀；古槐树西侧40～60cm，3条测线上根系分布较多且集中在树干西北侧，属于根系密集生长区，但可能包含部分死根和较大支撑根；古槐树西侧60～100cm，仅有零星根系分布。各层根系百分比计算结果见图12-22。古槐根系的垂直分布详见根系三维分布图（图12-23）。

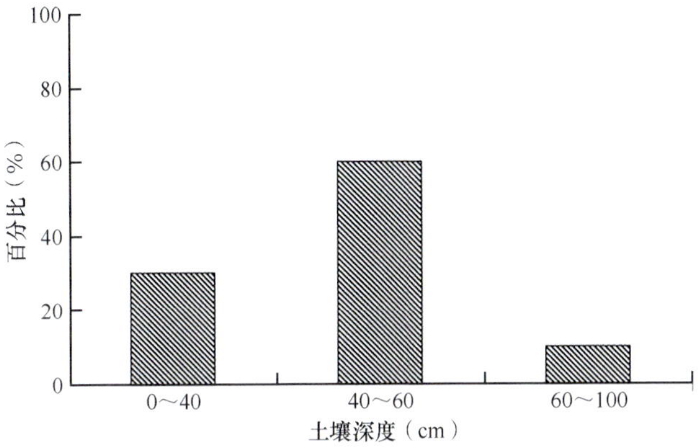

图12-22　官庄村古槐不同土层根系分布百分比（900MHz天线）

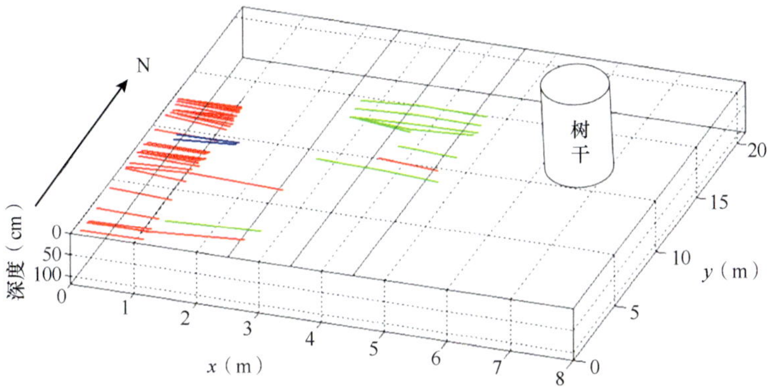

图12-23　官庄村古槐根系分布三维图（900MHz天线）

2）各条线上根系分布情况：在同一测线不同深度，古槐西侧根系分布近似相同；在同一深度不同测线中，根系主要集中分布于e测线（表12-8）；通过三维根系图判读，根系主要分布于树干西侧以及西北侧。

表12-8　官庄村古槐西侧距树干不同距离根系分布统计表（900MHz天线）（%）

取样序列	测线编号					合计
	a	b	c	d	e	
第1深度	0	0	31.6	26.3	42.1	100.0
第2深度	0	0	24.3	33.3	42.4	100.0
第3深度	0	0	25	25	50	100.0
平均			27	28.2	44.8	100.0

（2）400MHz天线

1）各层土壤根系分布：在距古槐树干西侧5.5m、南侧12.9m处开始，使用SIR-3000 TRU（配设400MHz天线）树木雷达检测系统，从西向东依次对2条13.5m（菜地中）、3条21m长的平行测线进行南北扫描，可得到古槐西侧较为直观的土壤内树木根系分布图（图12-24），5条直线分别代表树木雷达由南向北依次重复扫描2次所得图像。对900MHz天线数据分析得出，古槐树西侧0～100cm，a、b两条测线受蔬菜根系干扰，故分析时不考虑这两条测线古槐树西侧0～100cm的根系。

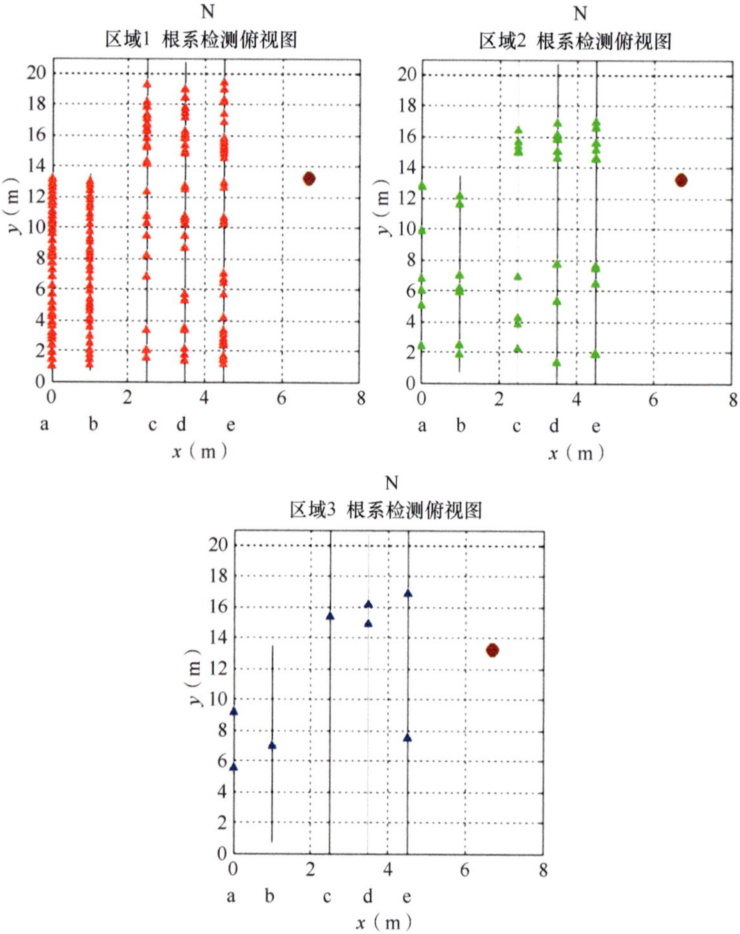

图12-24 官庄村古槐不同土壤深度根系分布图（400MHz天线）

由图12-24可以得出，古槐树西侧0～100cm，c、d、e测线上根系分布较多，属于根系密集生长区，且主要集中于树干西北侧；古槐树西侧100～200cm，根系在3条测线上主要分布于树干西北侧，与树体向北偏冠一致；古槐树西侧200～400cm，有零星根系分布，且集中分布于树干西北侧。

经过整体对比，对5条测线土壤根系的密度换算，高密度的根系分布范围为古槐树西侧0～100cm。各层根系百分比计算结果见图12-25。将土壤中的根系用三维图表示出来，见图12-26。

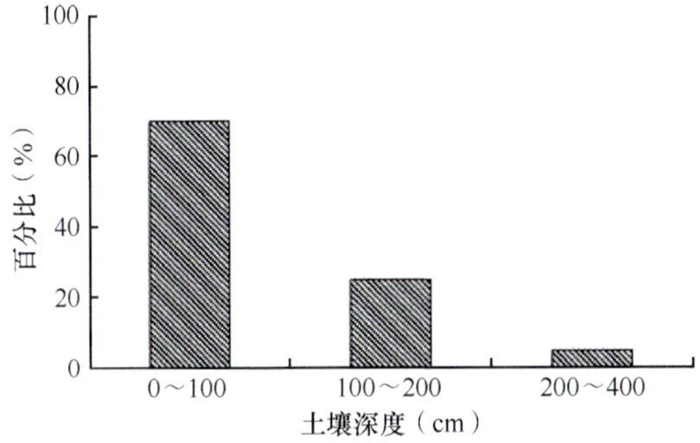

图12-25　官庄村古槐不同土层根系分布百分比（400MHz天线）

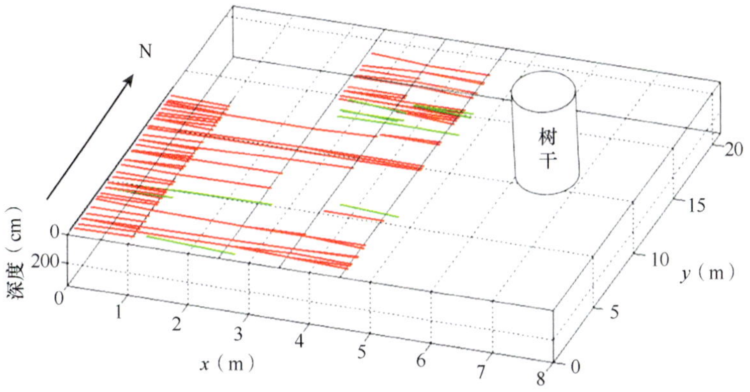

图12-26　官庄村古槐根系分布三维图（400MHz天线）

2）各方向根系分布情况：在相同测线不同深度上，古槐树西侧根系在第1深度分布较多；在不同测线相同深度上，在d、e测线上分布相对较多（表12-9）；通过三维根系图判读，根系主要分布于树干西北侧。

表12-9　官庄村古槐西侧距树干不同距离根系分布统计表（400MHz天线）（%）

取样序列	测线编号					
	a	b	c	d	e	合计
第1深度	0	0	30.0	35.0	35.0	100.0
第2深度	15.8	18.4	21.1	21.2	23.6	100.0
第3深度	25.0	12.5	12.5	25.0	25.0	100.0
平均	13.6	10.3	20.6	26.1	29.4	100.0

12.3.4 结论和建议

1. 根系分布范围（水平范围、垂直范围）

通过SIR-3000 TRU（TreeRadar Unit）树木雷达检测系统900MHz天线和400MHz天线的探测结果可以看出，周至县翠峰镇官庄村古槐树的粗根在水平方向上主要分布在距树干北侧6m、西侧5.5m、东侧7m范围内，且主要集中于树干的西北侧；古槐树根在垂直方向上主要集中在0～100cm，尤其是40～60cm土层（北侧由于房屋、庙院修建，大量夯土板结，根系大部分分布于50～60cm），可能是古槐树生长的主要营养层。

2. 根系分布方向

不同探深雷达的根系检测表明，900MHz天线和400MHz天线的探测结果基本相似，在平行线法检测中，西侧密度明显高于东侧密度，北侧密度明显高于南侧密度。这一结果与树冠的偏向基本一致。

3. 根系与地面铺装的关系

地面铺装下均为夯土垫层，树干北面土层内含部分砖头、瓦片等建筑垃圾，土壤紧实，导致根系生长困难、生长缓慢。南侧水池对古树根系影响较大，现有的南侧根系大部分死亡。

12.4 古槐根际土壤调查分析

12.4.1 调查分析方法

1. 土钻取土

为分析掌握官庄村古槐周围土壤情况，在古槐树冠垂直投影区周围选择7个取样点，用直径为5cm的土钻按0～20cm、20～40cm、40～60cm、60～80cm、80～100cm 5个层次采集土壤样品，观察记录土壤中的根系和建筑垃圾情况。

2. 剖面观察及取样

为进一步更详细地掌握官庄村古槐树土壤中的建筑垃圾和生活垃圾填埋、根系分布以及土壤理化性质状况，分别在古槐的东北、正西、西北3个方向设置1m深的土壤剖面。由于古槐东南、正南、西南方向是人工水池，因此没有设置土壤剖面（图12-27）。

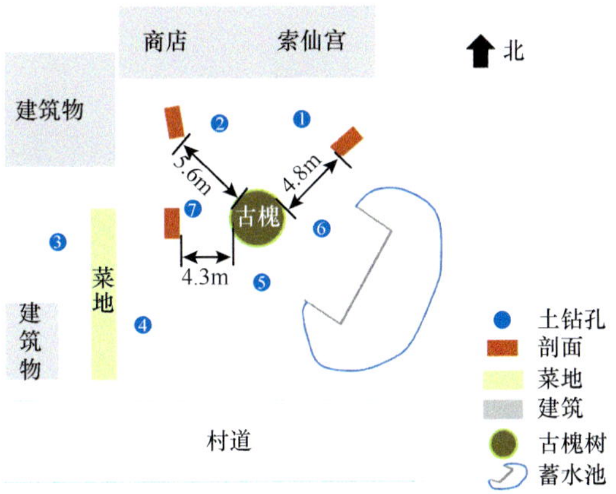

图12-27　官庄村古槐根际土壤采样点及剖面位置图

土壤剖面修整好之后，根据土壤剖面观察记录表的内容，详细观察剖面的结构，填写剖面观察记录表，判断是否含有建筑和生活垃圾，记录根系的分布情况及其他内容。

3. 指标分析

土壤样品的测试指标有土壤水分、容重、pH、有机质、全氮、速效磷、全盐量，共7个测试指标。

土壤的物理和养分状况判断，参考全国第二次土壤普查推荐的土壤肥力分级标准。

12.4.2　土壤理化性质

1. 土壤容重

官庄村古槐树冠投影下土壤剖面的容重变化范围为1.35～1.49g/cm^3，属于紧实或过紧实（表12-10）。边缘3个剖面的土壤容重在正西和西北方向表现为随土壤深度的增加总体下降，在东北方向表现为随深度增加先上升后下降，在40～60cm处达到最高，之后又下降。3个剖面相同层次土壤容重的平均值分别是：0～20cm为1.42g/cm^3，20～40cm为1.40g/cm^3，40～60cm为1.40g/cm^3，60～80cm为1.36g/cm^3。3个剖面不同层次的平均值表现为0～20cm处最高，其次是20～60cm，最低是在60～80cm处。在0～20cm处，西北＞正西＞东北；在20～40cm处，西北方向高于正西和东北方向；在40～60cm处，东北＞西北＞正西（图12-28和表12-10）。

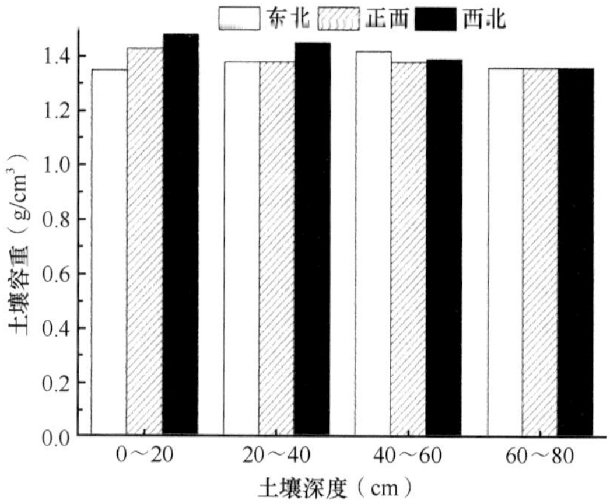

图12-28　官庄村古槐根际土壤容重

表12-10　官庄村古槐根际土壤容重（g/cm^3）

土壤深度	东北	正西	西北	平均值
0～20cm	1.35	1.43	1.48	1.42
20～40cm	1.38	1.38	1.45	1.40
40～60cm	1.42	1.38	1.39	1.40
60～80cm	1.36	1.36	1.36	1.36

2. 土壤水分

古槐树冠投影边缘3个剖面的土壤含水量在不同方向均表现为随深度增加总体上升。3个剖面相同层次土壤含水量的平均值分别是：0～20cm为17.67%，20～40cm为18.40%，40～60cm为19.83%，60～80cm为21.27%。3个剖面不同层次的平均值表现为60～80cm处最高，最低是在0～20cm处。在0～20cm处，东北＞西北＞正西；在20～40cm处，东北＞西北＞正西；在40～60cm处，东北＞正西＞西北；在60～80cm处，东北＞西北＞正西（图12-29和表12-11）。古槐树冠投影下的土壤含水量整体较高，属于饱熵含水量范围18.5%～20%，有的甚至超过了20%。

表12-11　官庄村古槐根际土壤水分含量（%）

土壤深度	东北	正西	西北	平均值
0～20cm	18.6	16.8	17.6	17.67
20～40cm	19.8	17.2	18.2	18.40
40～60cm	21.5	19.5	18.5	19.83
60～80cm	25.8	18.8	19.2	21.27

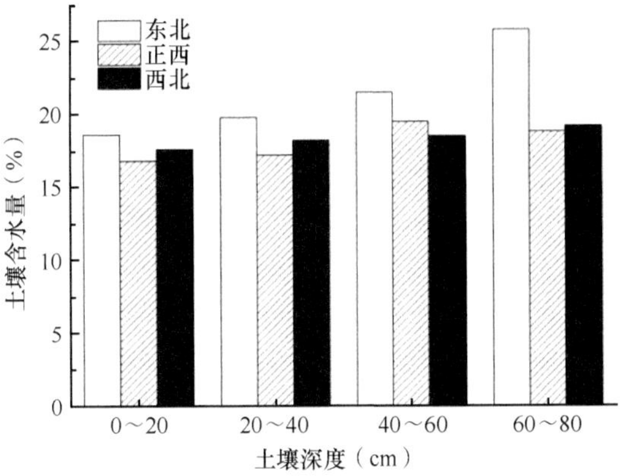

图12-29　官庄村古槐根际土壤水分含量

3. 土壤pH

古槐树冠投影边缘3个剖面的土壤pH总体表现为随土壤深度的增加而下降。3个剖面相同层次土壤pH的平均值分别是：0～40cm为8.47，40～60cm为8.43，60～80cm为8.29。3个剖面不同层次的平均值表现为在0～40cm处最高，其次是40～60cm，最低是在60～80cm处。土壤pH在东北和正西方向随深度增加而不断下降，在西北方向随深度增加先上升而后又下降。在0～40cm处，东北和正西方向明显高于西北方向；在40～60cm处，正西方向明显低于西北和东北方向；在60～80cm处，正西＞东北＞西北。土壤pH呈碱性（图12-30和表12-12）。

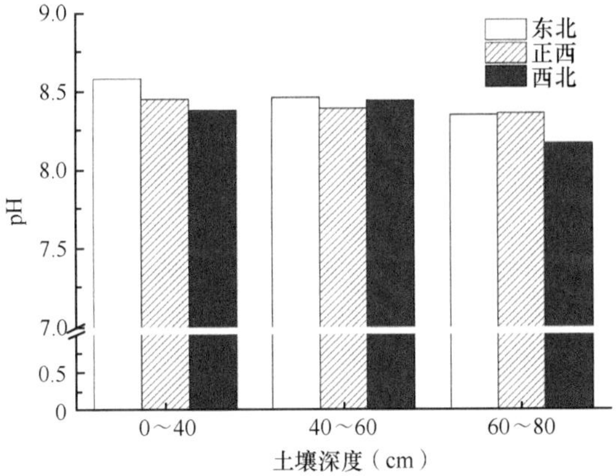

图12-30　官庄村古槐根际土壤pH

表12-12　官庄村古槐根际土壤pH

土壤深度	东北	正西	西北	平均值
0～40cm	8.58	8.45	8.38	8.47
40～60cm	8.46	8.39	8.44	8.43
60～80cm	8.35	8.36	8.17	8.29

4. 土壤有机质

古槐树冠投影边缘3个剖面的土壤有机质含量随土壤深度增加变化规律不尽一致。3个剖面相同层次土壤有机质含量的平均值分别是：0～40cm为14.54g/kg，40～60cm为13.79g/kg，60～80cm为13.33g/kg。3个剖面不同层次的平均值表现为在0～40cm处最高，其次是40～60cm，最低是在60～80cm处。土壤有机质含量在东北方向随深度增加而不断下降，在西北方向最高值在深度60～80cm处，在正西方向随土壤深度增加先上升而后下降。在0～40cm处，东北和正西方向明显高于西北方向；在40～60cm处，正西方向明显高于西北和东北方向；在60～80cm处，西北＞正西＞东北（图12-31和表12-13）。参考土壤肥力分级标准，树冠投影边缘不同层次的土壤有机质含量整体属于偏低水平（4级）。

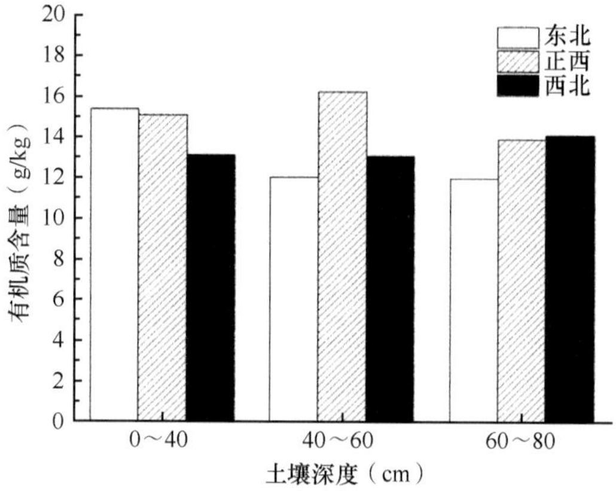

图12-31　官庄村古槐根际土壤有机质

表12-13　官庄村古槐根际土壤有机质（g/kg）

土壤深度	东北	正西	西北	平均值
0～40cm	15.38	15.10	13.13	14.54
40～60cm	12.05	16.25	13.09	13.79
60～80cm	11.97	13.91	14.11	13.33

5. 土壤全氮

古槐树冠投影边缘3个剖面的土壤全氮含量随深度增加变化规律不尽一致。3个剖面相同层次土壤全氮含量的平均值分别是：0～40cm为0.73g/kg，40～60cm为0.76g/kg，60～80cm为0.75g/kg。3个剖面不同层次的平均值没有明显差异。土壤全氮含量在东北方向随深度增加基本趋于下降，在西北方向随深度增加而上升，在正西方向表现为在40～60cm处最高，其次是60～80cm，最低是在0～40cm处。在0～40cm处，东北和正西方向明显高于西北方向；在40～60cm处，正西＞西北＞东北；在60～80cm处，西北＞正西＞东北（图12-32和表12-14）。参考土壤肥力分级标准，树冠投影边缘不同层次的土壤全氮含量整体属于偏低水平（4级）。

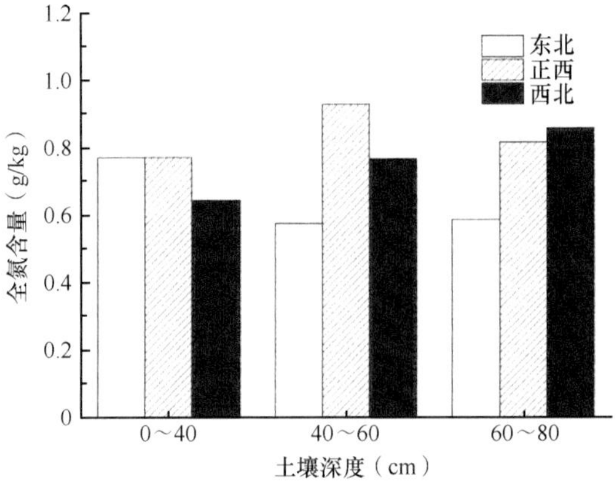

图12-32　官庄村古槐土壤全氮含量变化

表12-14　官庄村古槐根际土壤全氮（g/kg）

土壤深度	东北	正西	西北	平均值
0～40cm	0.77	0.77	0.64	0.73
40～60cm	0.57	0.93	0.77	0.76
60～80cm	0.59	0.82	0.86	0.75

6. 土壤速效磷

古槐树冠投影边缘3个剖面0～40cm深度的土壤速效磷含量在东北方向表现最低。3个剖面相同层次土壤速效磷含量的平均值分别是：0～40cm为39.23mg/kg，40～60cm为28.85mg/kg，60～80cm为36.33mg/kg。3个剖面不同层次的平均值表现为在0～40cm处最高，其次是60～80cm，最低是在40～60cm处。土壤速效磷含量在东北方向随深度增加先下降后上升，在正西方向随深度增加而下降，在西北方向随深度增加而上升。在0～40cm处，正西方向明显高于西北和东北方向；在40～60cm处，正西和西北方向明显高于东北方向；在60～80cm处，西北＞正西＞东北（图12-33和表12-15）。参考土壤肥力分级标准，树冠投影边缘东北方向的土壤速效磷含量较低，低于20mg/kg，属于中等水平（3级）；其余2个方向的土壤速效磷含量整体偏高，为2级。

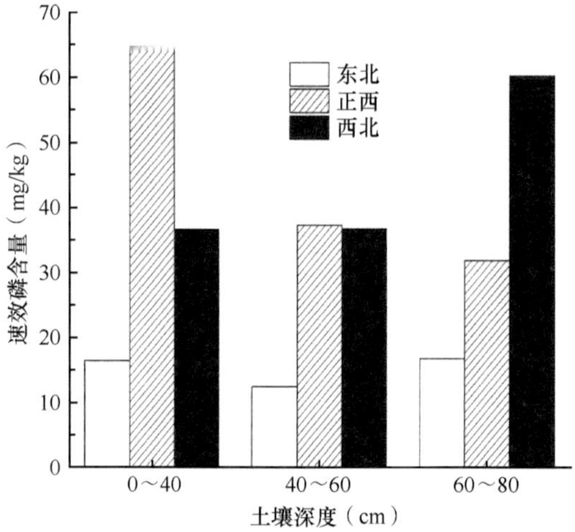

图12-33　官庄村古槐根际土壤速效磷

表12-15　官庄村古槐根际土壤速效磷（mg/kg）

土壤深度	东北	正西	西北	平均值
0～40cm	16.40	64.65	36.63	39.23
40～60cm	12.48	37.30	36.78	28.85
60～80cm	16.80	31.93	60.28	36.33

7. 土壤全盐量

古槐树冠投影边缘3个剖面的土壤全盐量在不同层次基本表现为随土壤深度的增加而增大。3个剖面相同层次土壤全盐量的平均值分别是：0～40cm为0.63g/kg，40～60cm为0.81g/kg，60～80cm为0.97g/kg。3个剖面不同层次的平均值表现为在60～80cm处最高，其次是40～60cm，最低是在0～20cm处。土壤全盐量在正西方向随深度增加先上升后下降，在西北方向和东北方向随深度增加逐渐上升。在0～40cm处，正西方向明显高于东北和西北方向；在40～60cm处，正西方向明显高于东北和西北方向；在60～80cm处，西北＞正西＞东北。根据土壤全盐量分级标准，古槐土壤全盐量在东北方向3个土层均低于1.0g/kg，为非盐渍化土壤；在正西方向，0～40cm处低于1.0g/kg，为非盐渍化土壤，而40～60cm和60～80cm处稍微高于1.0g/kg，为轻度盐渍化土壤；在西北方向，0～40cm和40～60cm处低于1.0g/kg，为非盐渍化土壤，而在60～80cm处为1.0～2.0，为轻度盐渍化土壤（图12-34和表12-16）。

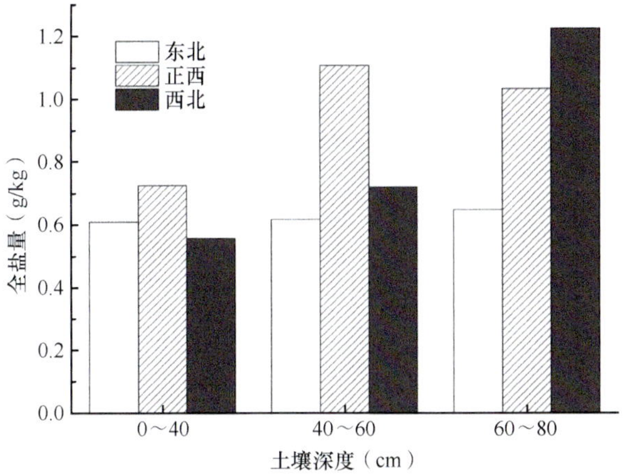

图12-34　官庄村古槐根际土壤全盐量

表12-16　官庄村古槐根际土壤全盐量（g/kg）

土壤深度	东北	正西	西北	平均值
0～40cm	0.61	0.73	0.56	0.63
40～60cm	0.62	1.11	0.72	0.81
60～80cm	0.65	1.03	1.23	0.97

12.4.3　土壤剖面分析

在官庄村古槐树冠垂直投影外围的东北、正西、西北3个方向分别设置1m深的土壤剖面（图12-35）。其中，东北、正西、西北方向土壤剖面距树干基部的直线距离分别为4.8m、4.3m、5.6m。古槐东南、正南、西南方向建设有人工喷水池，因此没有设置土壤剖面。

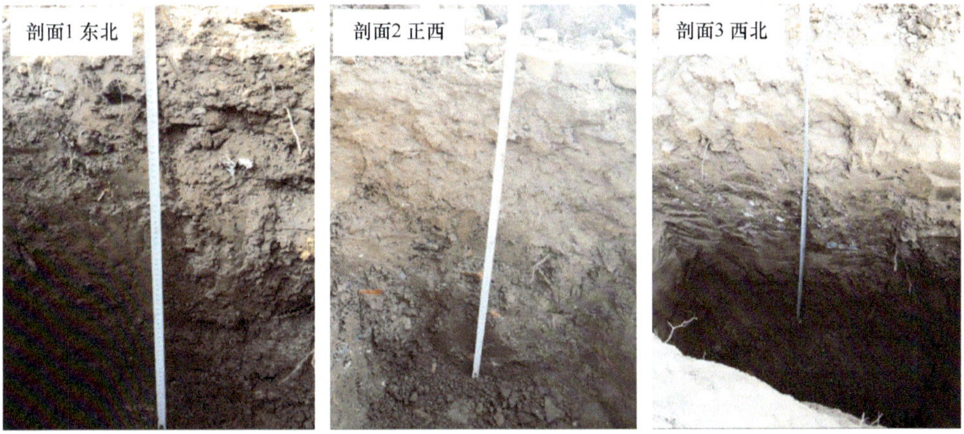

图12-35　官庄村古槐不同方位土壤剖面图

对土壤中单位体积内的建筑和生活垃圾进行统计，结果发现，古槐树冠外围3个方向土壤1m深的范围均存在不同数量的建筑垃圾。东北方向土壤40cm以上存在少量的建筑垃圾（砖块、瓦砾），50～90cm出现较大体积的瓦砾。正西方向90cm以上存在较多的砖块和瓦砾等建筑垃圾。西北方向土壤20～40cm存在少量砖头、瓦砾等建筑垃圾，其余深度无建筑或生活垃圾。由以上可知，古槐树冠投影外围正西方向建筑垃圾存量最多，90cm以上均有；东北方向土壤90cm以上也存在少量建筑垃圾，但数量较少、体积较小。

另外，在挖土壤剖面过程中，对古槐树冠垂直投影外围土壤中的根系分布情况进行了观察和统计。东北方向土壤中，深度1m以上存在少量直径为1～100mm的有活力根系。正西方向土壤中，深度20cm以上存在少量直径为2～5mm的数条活根，深度90cm以上存在数量较多的直径为0.5～2.5cm的死根。西北方向土壤中，深度1m以上存在直径1～5mm的活根，相比其他2个方向的剖面，西北方向的活根数量较多。

古槐正东、东南方向建有水池，通过对剖面的观察发现，整体上土壤的湿度较大，尤其是东北方向的剖面50～100cm逐渐有水渗出，剖面挖开30min后，剖面底部已经蓄积了5～10cm深的水。正西方向50cm以下的土壤也较湿，用手可捏成泥条。由此可以看出，古槐树旁边的水池导致土壤含水量很高，严重影响了古槐树根系的生长。

12.4.4 结论和建议

1）古槐土壤有机质含量属于偏低水平（4级），土壤全氮也处于偏低水平（4级）。可以推断，古槐未曾有明显的施肥，土壤养分缺乏。

2）由土壤的容重结果可以看出，古槐周围的土壤属于紧实和过紧实。应进行合理的改良，提高土壤的通气性。

3）古槐正西方向建筑垃圾存量最多，90cm以上均有。东北、西北方向土壤中也存在较少或少量建筑垃圾。应该重点对古树西边的土壤进行改造，将建筑垃圾进行合理的清除。

4）古槐正东、东南方向建有蓄水池，从对土壤剖面的观察和土壤含水量的分析结果来看，蓄水池造成了古树土壤含水量过饱和，尤其是东北方向和东南方向。极高的土壤含水量严重影响了古树根系的呼吸和生长，造成根系腐烂死亡。因此，应该立即将蓄水池拆除，并适当地将土壤挖开晾晒，并填埋熟土。

12.5 古槐保护与复壮方案

12.5.1 古槐树体保护技术方案

针对官庄村古槐的生长现状、根际土壤环境和树体稳固性特点，通过拆除水池、清除垫土层建筑垃圾、填充复壮基质等措施，改良地下根际土壤，扩大根系营养面积，提高古树生长活力；通过支撑加固树体和对树洞进行防水、防腐、修补等处理，稳固树体，延缓空洞腐朽速率；通过日常养护、监测等措施，创造和改善古槐的生长环境，逐步恢复其长势，延长其寿命。

1. 树体空洞防腐与修复

官庄村古槐树体空腐严重，以朝天洞为主，如遇雨水天气，树体内容易积水，加剧树体腐朽。因此，为防止树体积水，减缓树体腐朽速率，应及时修复树洞或进行防腐处理，并设置排水管。具体树洞修复方法包括以下步骤（表12-17）。

表12-17　官庄村古槐树洞修复材料

清理工具	消毒杀菌剂	杀虫剂	防腐剂	防护剂
榔头、刮刀、凿子、刷子、铲刀	1∶25倍季铵铜溶液或者铬砷铜溶液或者1∶50～1∶30倍硫酸铜溶液或高锰酸钾喷雾	溴氰菊酯或灭蛀磷	桐油或1%、4%松香乳液	二丁酯、三氧化二锑（阻燃剂）

（1）树洞清理

对14个树洞进行杂物清理和朽木刮除。经现场观察，14个树洞中，原填充木质材料已全部腐朽，特别是F号树洞，建议首先掏空洞内原有填充物黄土和混凝土，然后用刮刀尽可能深地进行腔内贴壁朽木刮除，直至露出未腐朽木质部。在洞腔朽木刮除过程中，要在洞口边缘采取必要的保护措施，防止洞口边缘活树皮受损。另外，在最后一次木质部清理时，所用清腐工具，如刮刀等，均要进行相应的消毒处理。建议采用70%乙醇浸泡清腐工具，或利用其他具有类似作用的消毒方法，防止工具对树体造成二次真菌（木腐菌）感染。

（2）消毒

对古槐所有树洞内部、创伤口以及刮刀处理过的地方进行消毒处理，防止真菌、细菌滋生。1∶25倍季铵铜（ACQ-D）溶液或者铬砷铜溶液具有较强的杀菌效果，还可选用1∶50～1∶30倍硫酸铜溶液或高锰酸钾喷雾消毒2～3遍。

（3）杀虫

选用溴氰菊酯或灭蛀磷原液，对残留在木质部内部的蛀干类害虫十分有效。洞腔灭菌后，待洞内完全干燥，进行溴氰菊酯或灭蛀磷原液的喷施，或注入木材。

（4）防腐

桐油是一种封堵效果较好的干性漆，有着较好的防水和耐腐作用，且经济实用，是目前使用最广的防腐剂。在古槐树上所有清理后的树洞内壁涂刷2～3遍桐油，晴朗干燥天气施用，周期一般为1～3周。

（5）排水与通风处理

树洞最低处的洞缘要修成外低内高，以便雨水排出。对于E、G、L号朝天洞，在树洞所在枝条的基部加设排水管，内侧管口应低于大枝内表面，以便雨水排出。另外，在枝条中下部两侧的适当位置，错位各安装1个直径为4cm的通风孔，孔内安装直径等大的PVC管。F号树洞位于树干上，且深度达6m，在修补之前，先加树箍2～3个，然后在树洞劈裂最低点对应的树干基部位置开设4～5cm的通气孔2个（上下各1个），并放入直径等大的PVC管（管口外露10～20mm），然后用防水胶固定，以起到通气和排水作用。排水管和通风孔周边的木材均用桐油涂抹。

尽可能利用树干的自然洞孔，在主干基部最低点保留1个树干空洞排水口。

2. 树体支撑

具体措施：拆除原有支撑，改用“A”形支撑框架。立柱采用24cm钢管，壁厚2cm，地下埋0.6m，其中混凝土内0.4m，混凝土上覆土0.2m，混凝土地锚1m×1m×1m，地锚内镶嵌10cm塑料管6层，纵横各3层，每层各4根，填腐殖质土，以便根系穿过（图12-36）。为确保“A”形支撑稳固，通过钢管焊接，在着力点采用“弹性钢圈+枕木+硬橡胶垫”。其中，弹性钢圈由带有弹簧的螺丝钉固定，垫硬橡胶垫以免损伤树皮。拉纤采用直径10mm的钢丝绳，牵引处垫橡胶垫以免损伤大枝。另外，中央主干的两个劈裂枝增加宽树箍，内垫弹性材料。

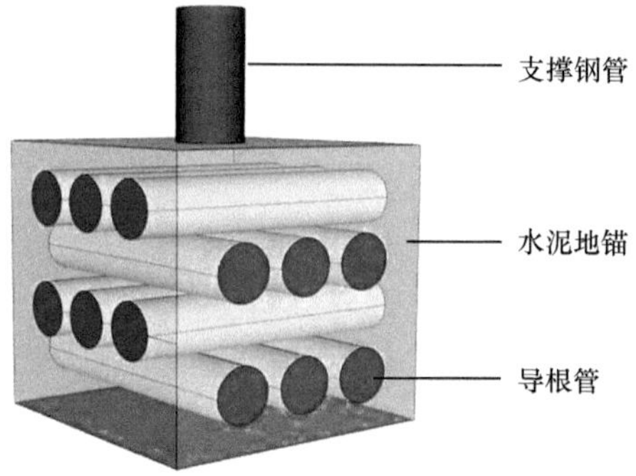

图12-36　水泥地锚内部局部结构

“A”形支撑框架高度8m，主要对6号主枝进行支撑，使用拉纤对其他主枝进行支撑。其中，1号拉纤、2号拉纤、3号拉纤均连接在“A”形支架上，分别牵引1号主枝、2号主枝、3号主枝，4号拉纤连接6号主枝的1个分枝和5号主枝，对6号主枝和5号主枝进行固定支撑（图12-37）。

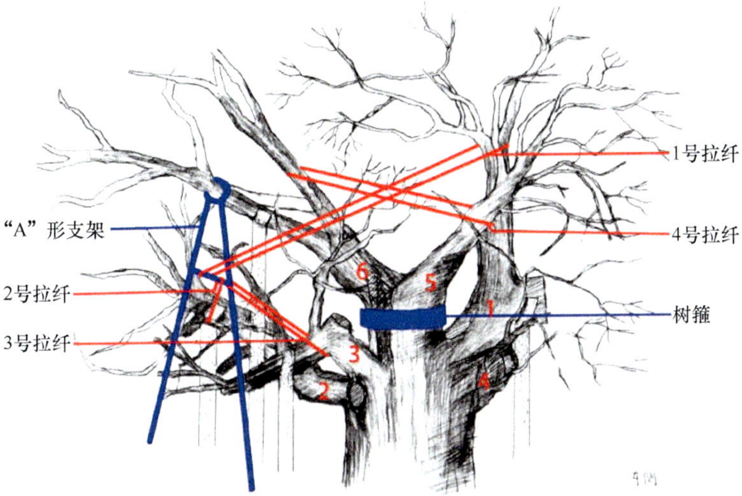

图12-37　官庄村古槐支撑拉纤示意图

12.5.2　围栏和铺装改造

1. 围栏改造

官庄村古槐现有围栏所包括面积为15.82m^2，树干基部面积为4.83m^2，围栏形成的营养面积仅为树冠面积的1/23，因此建议将现有围栏向四侧扩展约4m（距树干5m），其营养面积将达到约148.4m^2，为原有营养面积（11.0m^2）的13倍以上。地面铺装严重限制了土壤的通气性和透水性，建议拆除原有围栏到新建围栏间4m范围内的全部地面铺装，清除水泥垫层，树池内基本保持地面自然状态。新建围栏材质建议采用板栗木或漆树木，并进行防腐处理。围栏高度以1.5m为宜。

围栏外建议套设一圈座椅，以满足村头聚会、老人闲歇之用。

2. 拆除地面铺装

结合引根换土，去除原有围栏外5.5m（4m+1.5m）范围内的地面硬质铺装，清除原有的水泥和地砖，去除铺装下的灰沙垫层，直至露出原土，切记不可伤及根系。

3. 铺装改造

在新设围栏外1.5m的范围，修建一圈悬空木质铺装（镂空地面），以有效防止踩踏对古树根际土壤产生影响，保证根系的营养范围和通气条件（图12-38～图12-41）。

图12-38　悬空角钢支架

图12-39　悬空木桩支架

图12-40　镂空地面与座椅组合

图12-41　镂空地面

龙骨支架材料采用水泥柱和工字钢，纵向架设。支柱采用钢筋水泥浇筑，规格为30cm×30cm，下深为1.5～2m；横梁采用工字钢，长度为1.5m，宽度为0.12m，间距为2m。根据围栏扩建范围，东北和西南方向各需架设8根横梁，东南方向需架设7根横梁，共计23根。

龙骨架设好后铺设木板。在相邻的两根纵向龙骨支架上横向搭建木板并固定，木板中间悬空长度为2m，铺装材料选用规格为12cm×12cm×200cm的板栗木或生漆木，并做防腐处理。每个悬空区域使用该规格木板约12块，累计需要木材10.0m^3。

12.5.3　避雷针

官庄村古槐已达1000多岁，根据古树名木的珍稀程度、地区雷暴日等级，按防雷要求，古槐为一类防雷古树名木。但据调查，该地区为非雷电频发区，且古树周围建筑物高于树体，是雷电泄放至大地的最近通道，可以保护树体避免遭受雷击。

12.5.4　树池植被

重建后的树池，建议种植多年生宿根花卉，如葱莲、地被菊等，以增强村头的景观效果。注意给树池植被适量浇水，以免影响古槐根系正常生长。

12.6　古槐复壮技术方案

鉴于古槐生长地的土壤环境特点，本方案以土壤改良、诱发新根作为复壮的主要目的。古槐的主要根系位于树冠投影范围以内，外围根系较少，而古槐北侧和西侧受到建筑物影响，所以建议在树冠投影内活根区域，结合放射状复壮沟开挖，清理原垫土层的建筑垃圾，填充人工配制的复壮基质或者附近农耕地土壤，以达到诱导新根产生和复壮的目的。

12.6.1　换土复壮与引根技术

在古槐根系分布范围内，拆除地面铺装，采用目前相对成熟、效果较好的放射状复壮沟技术，对古槐树进行换土引根，具体技术方案如下。

1. 开挖范围

通过SIR-3000 TRU（TreeRadar Unit）树木雷达检测系统900MHZ天线和400MHZ天线的探测结果可以看出，周至县翠峰镇官庄村古槐树的活根在水平方向主要集中于树干的西北侧，且古槐东南侧水池拆除后地面保持自然状态，所以换土引根范围主要在古槐西北侧。

在古槐西北侧距树干1.5～6.5m处开挖（纵向复壮沟）放射状复壮沟，规格为100cm×100cm×100cm，开挖过程中，根据所遇活根系的多少，决定复壮沟的宽窄和间断区域，原则上，遇见活根，停止开挖。所以，方案设计的宽度和形状仅供参考，依实际情况而定。若按照4年进度安排，每年开挖12个复壮沟，共计48个，具体开挖位置见图12-42。另外，在施工过程中要小心细致，在换土过程中避免伤害土层中的活根系，如果发现有根系，及时用湿润麻袋片或草帘覆盖和包裹古树根系。

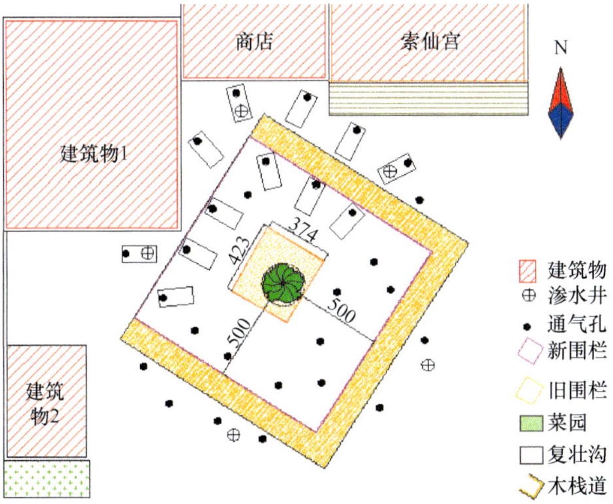

图12-42　官庄村古槐复壮换土引根设计平面图（cm）

2. 填充基质

在开挖的环形沟内填充附近农耕地土壤。复壮沟内部填充复壮基质，建议采用园土+草炭土+有机肥+菌肥（10∶5∶2∶0.5）作为复壮基质，还可采用传统的“素土+有机质+树枝”分层填充，此填充方法可作为选择方案之一。回填土时从下往上分层加入复壮材料：表层为30cm素土，第2层为20cm复壮基质，第3层为10cm杨树枝条（可用其他阔叶树枝），第4层又是20cm复壮基质，第5层是10cm阔叶树枝，底层为10cm粗砂和陶粒（图12-43）。

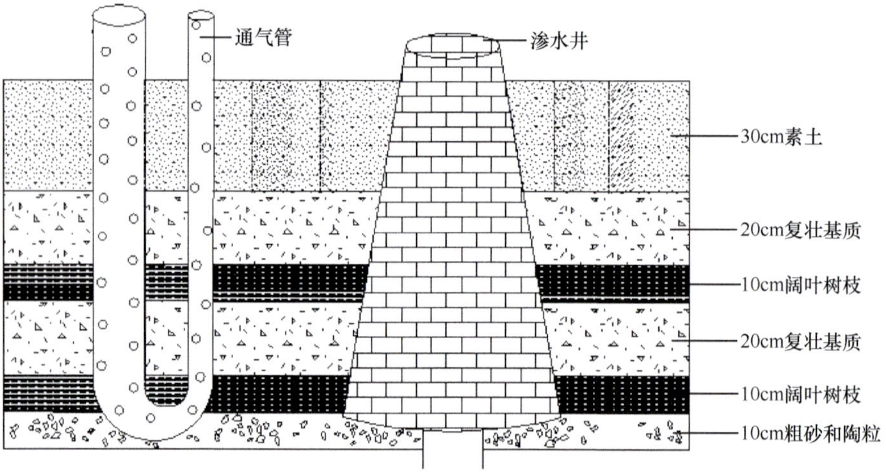

图12-43　复壮沟纵剖图

为了增强地面承载力，提高土壤可持续通气能力，在复壮沟回填前，使用充分吸过水的砖，结合地面铺装改造，在坑（沟）的两侧砌花砖墙。花砖墙砌好后，填入准备好的基质，并踩实与地面持平。若地面后期塌陷再填入园土。一般复壮沟采用花砖墙（图12-44）。

图12-44　花砖墙垒砌图

12.6.2　土壤通气技术方案

首先，在新建围栏范围之外1.5m的范围内进行架空铺装，保证根系的营养范围和土壤的通气性。其次，在回填每个纵向复壮沟时，埋设一定数量的通气管，设计每$2m^2$ 1个，共需通气管数量92个。通气管建议采用“U”形通气管，在深入地下的管壁上开若干直径为1cm的通气小孔（图12-45）。通气管采用PVC管，粗的一端直径为12cm，细的一端直径为6cm。从地表层到地下竖埋，管高度100cm，管口加带孔的PVC盖，以防止杂物落入。在通气管四周裹棕榈树皮，以防通气孔堵塞，影响通气效果。

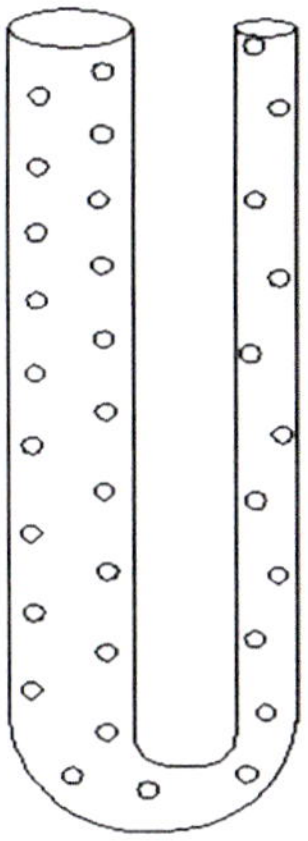

图12-45　通气管示意图

12.6.3　灌溉与排水设施

鉴于滴灌管道水源的问题，本方案建议采用人工灌溉的措施，在干旱季节利用通气管进行人工浇灌，每次沿通气管进行灌水，灌溉量以不下渗为准。

关于排水问题，由于现在古槐周围未见排水设施，根据当地的降水特点，本方案采用渗水井来解决今后的排水问题。

渗水井设计时既要考虑地面积水，又要考虑灌溉时的地下积水。结合复壮沟开挖，修筑渗水井。根据当地土壤的侧渗能力和范围，每$36m^2$设1个渗水井，共需渗水井5个，在每个方向均匀分布。渗水井修筑采用花砖墙垒砌方法，用砖块垒出1个直径50cm、深2m的空心井，不必用水泥勾缝（图12-46）。井口用水泥封口，并加网状井盖。

图12-46　渗水井

12.7　日常养护管理

12.7.1　浇水及排水

根据气候特点、树种特性和土壤含水量状况，春季古树越冬后，为了促进其正常生长，在每年3月初及时浇灌返青水，灌水的方法因地制宜，浇水量以渗透到根际为度。夏季，根据天气状况和土壤含水量及时浇水，并对保护范围内的土壤进行松土。雨季，随时检查古树周围的排水设施，检查渗水井的积水深度，若水量过大，应立即用水泵抽水。冬季，土壤封冻前浇灌冻水。

12.7.2 施肥

以复合有机肥为主，辅以微量元素、生理活性物质和外源激素，按比例配制成植物营养液，通过灌根、喷洒方式，借助通气孔，进行少量多次施肥，利于古树吸收，可增强古树代谢机能，恢复树势。

鉴于本次诊断缺乏微量元素信息，先按下列试行：补充硝酸钾、硝酸钙、硫酸镁、磷酸铵、硫酸钾、磷酸二氢钾、硫酸亚铁、硼酸、硫酸锰、硫酸锌、硫酸铜、钼酸铵和维生素C、维生素B、黄腐酸、吲哚丁酸、赤霉素等。

叶面喷肥有省肥、省工、吸收快和吸收效率高等优点，可在古树生长季配合土壤施肥进行2～3次。目前，市场上有多种叶面肥，有的含有腐殖酸、氨基酸和钙、镁、硫、锌、铜、钼、硼等多种微量元素，其对树势增强有明显的效果。

12.7.3 病虫害防治

病虫害的防治应采用生物防治、化学防治和物理防治相结合的方法，做到早发现、早预防、早治疗。槐树主要病害有白粉病、溃疡病和腐烂病，可选用70%甲基托布津可湿性粉剂800～1000倍液或50%退菌特可湿性粉剂600～800倍液喷雾防治；主要虫害有槐蚜、槐尺蠖、黏虫、美国白蛾等，可选用10%吡虫啉可湿性粉剂2000倍液与4.5%高效氯氰菊酯乳油1500倍液或2.0%阿维菌素乳油3000～4000倍液复配剂进行防治。在摸清病虫生活史的基础上确定有效防治时间，一般应选在病虫繁殖的初期，如幼虫期、产卵前等关键时期。

第13章　留坝县张良庙紫柏复壮保护方案

13.1　紫柏生长环境

紫柏（*Sabina squamata*）又称高山柏，主要分布于西藏、云南、贵州、四川、甘肃南部、陕西南部、湖北西部、安徽黄山、福建及台湾等地，常生于海拔1600～4000m的高山地带。该树种曾广泛分布于留坝紫柏山海拔1800～2300m的山脊、石崖、石缝，是高山区重要的水土保持树种。另外，由于其树皮为红褐色，球果为紫黑色，当地群众称其为紫柏，这也可能是紫柏山名称的来源。然而，20世纪六七十年代以来，由于人为破坏，出现“紫柏山无紫柏”的现象。现在张良庙仅存的5株古紫柏（编号：2013001～2013004）即为紫柏山曾经拥有紫柏的见证，其位于陕西省留坝县张良庙内，地理坐标E106°50′36″，N33°41′04″，距今有260余年的历史。它们是先民留给我们的历史遗物，蕴含着丰富的人文内涵，融合了道教文化，具有重要的历史文化价值。然而近年来，古树树势衰弱，枝叶大量枯死，急需抢救性保护。

13.1.1　紫柏周围现状

古紫柏位于张良庙北花园两个花池内，胸径、树高大小不一，共计5株（图13-1）。其中，1号、2号、3号紫柏生长于花池1中，4号和5号紫柏生长于花

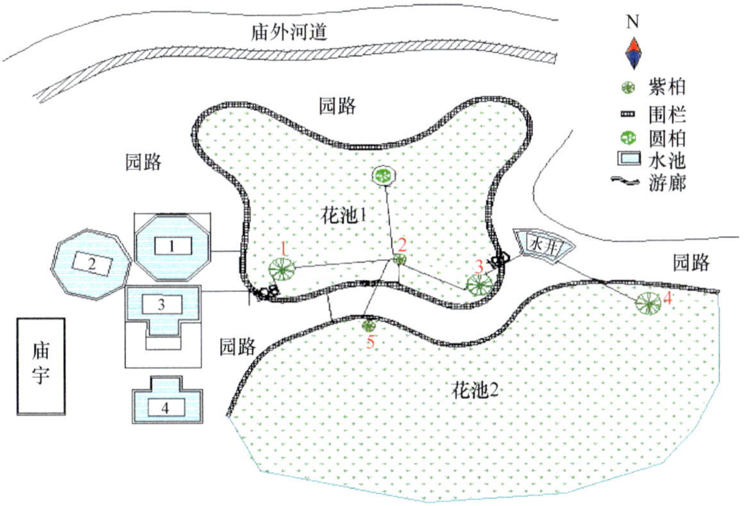

图13-1　张良庙紫柏分布平面图

池2中。另外，在花池1内，2号紫柏正北方向3.60m处有一株圆柏，长势较差。同时，在花池西侧有4个水池，其距1号紫柏最近，在其西南侧3.28m处。水井位于3号紫柏东北方向1.90m处，水面清晰可见。

13.1.2 花池种植及地面铺装

经调查，花池1和花池2内为园土，外为水泥铺装。花池内配置有其他园林植物（乔、灌、草），具体种类详见表13-1。园内树冠荫蔽，郁闭度可达到0.95，花草稠密，与紫柏存在营养竞争；花池隔离墙由青砖堆砌而成，高度为75cm；两花池中间是1条宽度为1.65m的园路，由青砖铺设而成，青砖厚4cm，水泥垫层厚18cm，不透水层厚22cm。总体而言，古紫柏地上、地下生长空间狭小，营养面积不足，如1号古紫柏树冠投影面积为46.54m^2，地面树池面积仅为0.22m^2，其根系的营养面积严重不足。由此可以看出，地面铺装严重地限制了土壤的通气性和透水性，是影响紫柏根系生长的重要因素之一。

表13-1 张良庙花池内灌木、草本植物调查结果

分布地点	物种	高度（cm）	盖度（%）	生长状况			
				优	良	中	差
花池1	玉簪	60	40	√			
	小天蓝绣球	70	1	√			
	萱草	80	10		√		
	秋海棠	50	10	√			
	艾蒿	45	8	√			
	商陆	65	5		√		
	金光菊	140	1	√			
花池2	绣球花	70	5	√			
	玉簪	65	15	√			
	秋海棠	55	10	√			
	牛膝菊	30	60	√			
	秋英	45	20	√			
	大丽花	170	30		√		
	金光菊	240	5		√		

13.1.3 北花园内水路现状

通过询问当地熟悉张良庙历史的老乡，实地考察和查阅已有的相关资料，了解到张良庙北花园内紫柏西侧现在的4个水池之间相互连通，水池总面积达35.72m^2。

从张良庙建设历史来看，水池之水从古有之，来自西侧山体的渗漏。但20世纪90年代之前，张良庙北花园内仅有2个水池，水池下有2条出水通路：1条经过游廊，水流被引入庙外的河道；1条依次经过北侧花池、水井、大殿通向南花园

（南花园水池养金鱼之水的来源）。当时水路畅通，北花园花池内土壤的水位很低，并无积水，这就是古紫柏200年来能健壮生长、遗存至今的原因。然而，20世纪90年代为了打造景观，对北花园的花池和水池进行了修缮与改造，在原水池的外侧增加了2个水池，并且将北侧的游廊进行了外扩。这一系列建设过程，并未考虑古柏的生长，新建建筑物提高了出水口的水平面，原来注入庙外河道的部分出水口被建筑物封堵，导致排水不畅。据当地老乡介绍，现在水池水面比原来高出80cm左右，几乎接近地表。原来两个“龙头”出水处可听到泉水叮咚声，正如拜石亭记载“亭前留竹影，石上听泉声”，而现在龙头已经被水埋没。另外，现场土壤剖面进一步证明了北花园地下水位的显著提高，并且向树池内土壤渗漏，导致古紫柏根系积水（图13-2）。

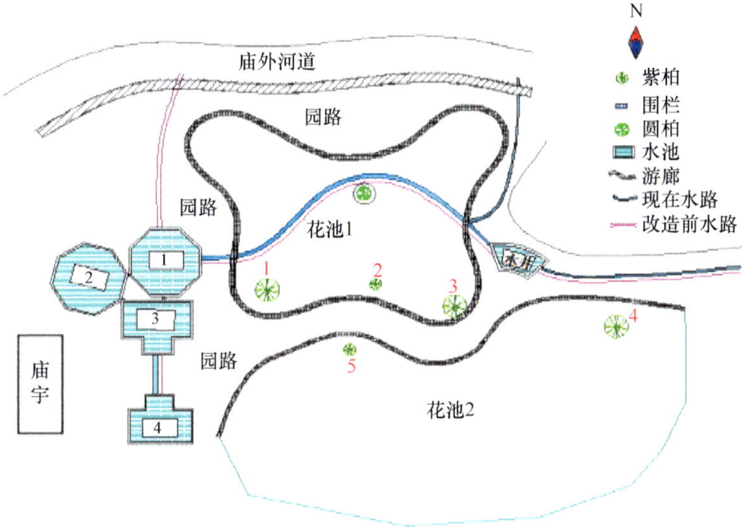

图13-2 改造前后北花园内的水路示意图

13.2 紫柏树体结构及稳固性评估

张良庙内紫柏树龄为260年左右，树体长势衰弱。为此，本节根据树体空腐程度和树冠结构对树体的稳固性进行评估，用于为后期的保护支撑方案制定提供可靠依据。

13.2.1 稳固性评估方法

采用外部形态观测法和TRU树木雷达检测系统相结合的方法对树体的稳固性进行评估。利用外部形态观测法对树干及大枝的稳固性进行初步判定，包括树体结构、主干倾斜程度、偏冠现象，以及主干、大枝是否明显空洞以及现有支撑是否科学合理等。利用无损伤诊断仪器（TRU树木雷达检测系统）对主干的隐性空洞进行检测，精准探测其空腐程度，为树体加固和支撑承力点选择提供依据。

13.2.2 树体结构

1号紫柏高7.1m，胸径52.7cm（周长165.5cm），树冠南北长7.96m，东西长7.41m。主干基部有3个树洞，1级较大分枝（主枝）共计2枝：较大枝基径36.3cm，较小枝基径20.4cm，两枝长势均较差，枝叶枯黄比较严重。其他紫柏基本情况见表13-2。从统计结果可以看出，除2号紫柏外，其他紫柏树体结构较稳固，不需要支撑、拉纤。2号紫柏现有1根直径为9cm的木质支撑，支撑点位合适，稳固性良好（图13-3）。通过TRU检测，结果显示紫柏树体主干和大枝内部结构紧实，没有空腐现象（图13-4）。

表13-2 张良庙紫柏基本情况统计表

紫柏编号	地径（cm）	胸径（cm）	高度（m）	冠幅（m）		分枝情况		备注
				东西	南北	分枝数	各分枝基径（cm）	
1	53.5	52.7	7.1	7.41	7.96	2	20.4, 36.3	
2	32.0	30.2	3.8	7.05	7.35	3	16.0, 12.0, 18.0	
3	58.2	35.5	7.3	6.61	6.96	2	27.2, 12.1	
4	52.0		10.0	7.82	8.34	3	13.0,18.0,33.0	树干距地面0.50m处已经分枝
5	21.0		10.5	3.41	3.62	3	6.0（枯死）, 10.0, 11.0	树干距地面1.05m处已经分枝

1号紫柏　　2号紫柏

图13-3 张良庙紫柏树体结构示意图

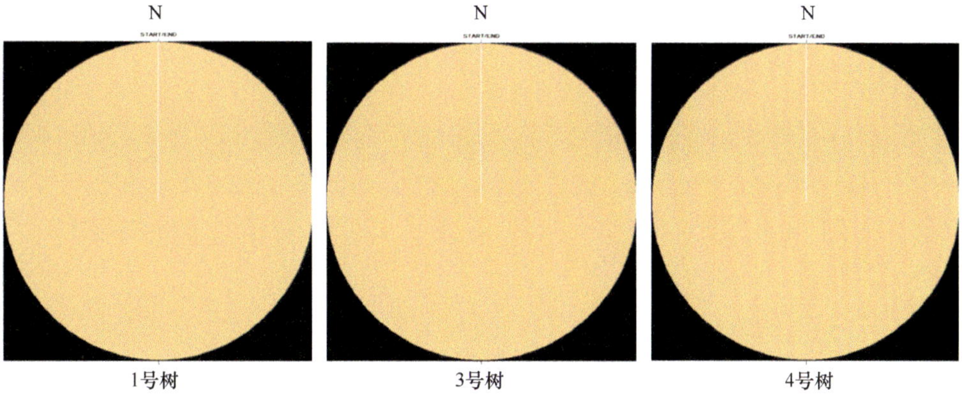

图13-4　张良庙紫柏树体横截面扫描空腐面积计算图

13.2.3　结论和建议

张良庙紫柏树干均未发现空腐，大枝分布基本合理，树体稳固。

除2号树外，其他紫柏均无须支撑。对于2号树，现有支撑为单柱立式支撑，支撑点位尚可，但支撑点与大枝接触面小，建议在支撑点与树干相接处设置铁箍加固并加弹性材料以保护树皮。

13.3　紫柏根系检测结果

13.3.1　检测设备与检测原理及方法

1. 检测设备

SIR-3000 TRU（TreeRadar Unit）（配设900MHz天线、400MHz天线，以探测不同深度）树木雷达检测系统。

2. 检测原理及方法

（1）检测原理

探地雷达通过特定仪器向地下发送脉冲形式的特定频率电磁波，电磁波在介质中传播，当遇到有介电常数差异的地下物体时便发生反射，返回地面时由接收天线接收。在对接收天线接收到的雷达波形进行处理和分析后，根据雷达波形、强度、双程时间等参数，经过一定的程序计算，便可推断地下目标体的空间位置、结构、电性及几何形态，从而实现对地下隐蔽目标物的探测。

使用900MHz天线检测根系时，水平方向两条根系之间的间隔在15cm以上，垂直方向两条根系之间的距离在10cm以上才能分辨；而使用400MHz天线检测时，水平方向两条根系之间的间隔在20cm以上，垂直方向两条根系之间的距离在15cm以上才能分辨。

（2）检测方法

为了全面准确地了解古树地下根系的分布状况和空间结构，本次扫描时采用400MHz和900MHz的2种天线分别测量，地面扫描时尽可能保持2次路线一致。400MHz天线主要探测0～4m的深根；900MHz天线用于探测0～1m的较浅根。本次采用半圆法对1、3、4号树根系分布特征进行180°扫描。检测半径分别为距围栏外50cm、100cm。在扫描前，提前准备好测绳，测量好各圈扫描线路的周长，然后沿预设线路顺时针旋转扫描，通过设备记录每圈数据，每圈重复扫描2次。

3. 雷达图像说明

1）线上分布的不同颜色的三角形表示根系所在的方向和深度。

2）900MHz天线检测结果图中，红色代表第1层，界定深度范围0～40cm；绿色代表第2层，界定深度范围40～60cm；蓝色代表第3层，界定深度范围60～100cm。

3）400MHz天线检测结果图中，红色代表第1层，界定深度范围0～100cm；绿色代表第2层，界定深度范围100～200cm；蓝色代表第3层，界定深度范围200～400cm。

13.3.2 1号树检测结果及分析

1. 900MHz天线

（1）各层土壤根系分布

以树干为中心，使用SIR-3000 TRU（配设900MHz天线）树木雷达检测系统，经过2圈不同半径的半圆测量后，可得到较为直观的土壤内树木根系分布图，结果见图13-5。

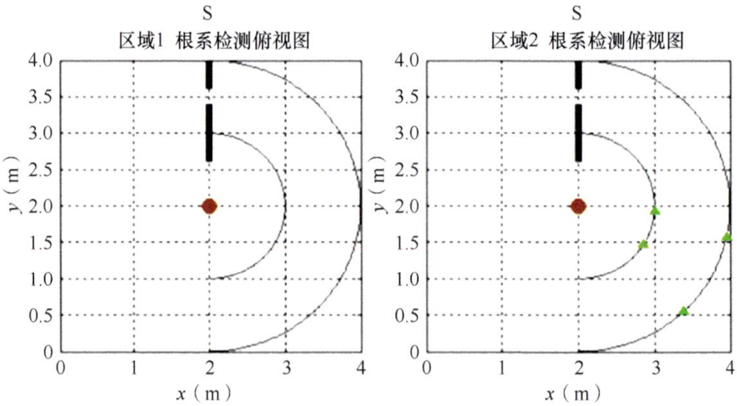

A. 0～40cm　　B. 40～60cm

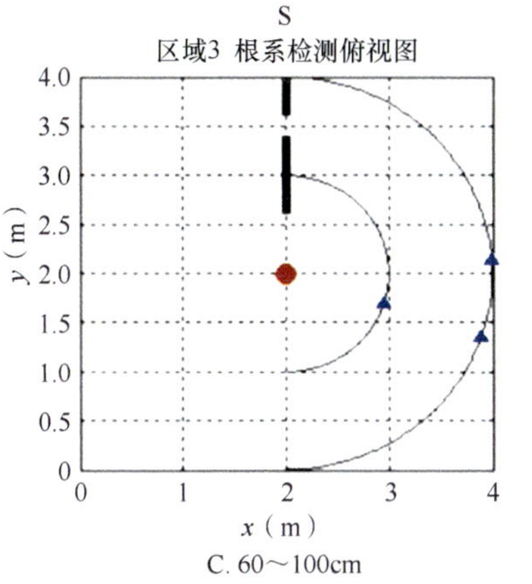

图13-5　900MHz天线探测1号树不同土壤深度根系分布图

（2）根系分布三维立体图

将土壤中的根系用三维图表示出来，不同颜色的线条代表不同土壤深度的根系密度和位置，如图13-6所示。

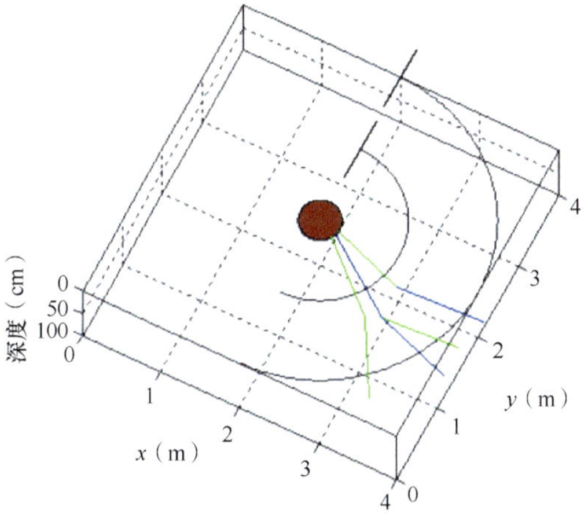

图13-6　900MHz天线探测1号树根系分布三维图

2. 400MHz天线

（1）各层土壤根系分布

以树干为中心，使用SIR-3000 TRU（配设400MHz天线）树木雷达检测系统，经过2圈不同半径的半圆测量后，可得到较为直观的土壤内树木根系分布图，结果见图13-7。

（2）根系分布三维立体图

将土壤中的根系用三维图表示出来，不同颜色的线条代表不同土壤深度的根系密度和位置，如图13-8所示。

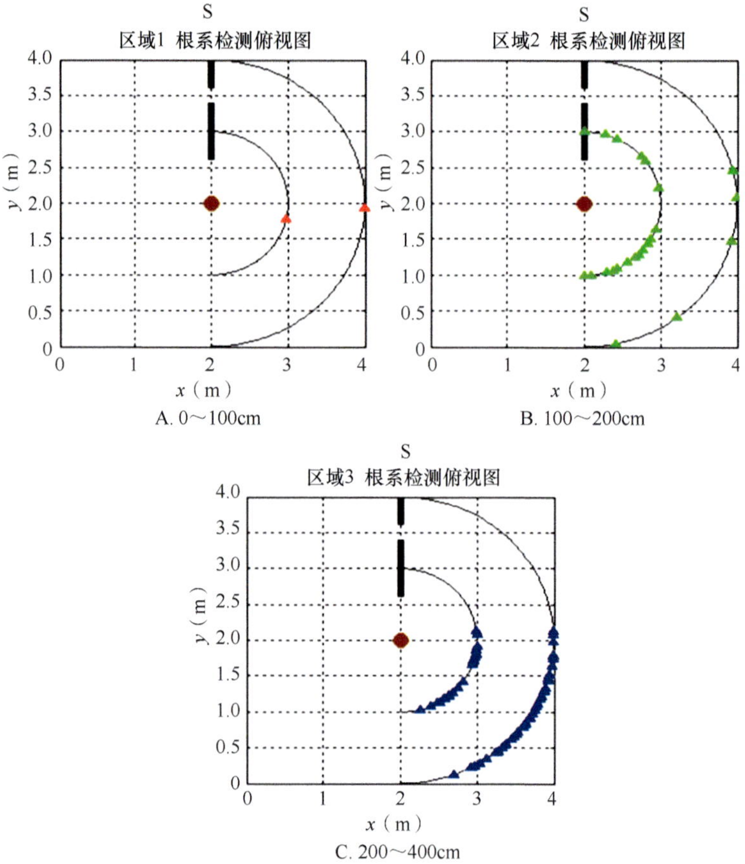

图13-7 400MHZ天线探测1号树不同土壤深度根系分布图

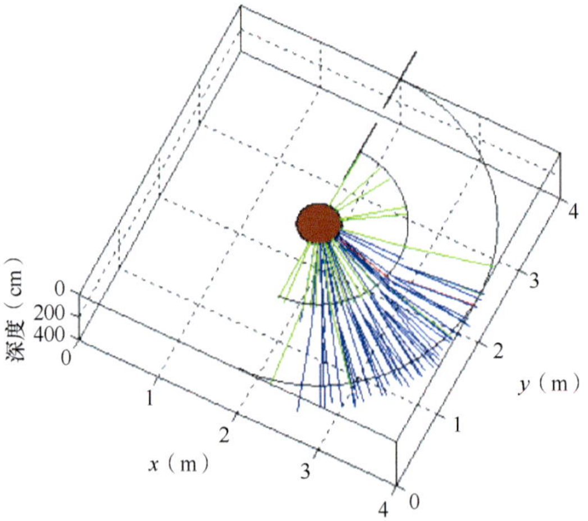

图13-8 400MHz天线探测1号树根系分布三维图

3. 检测结果

利用900MHz天线检测出，1号树分布在0～100cm的根系非常稀少且不均匀，0～40cm未发现较粗根系，出现这种现象可能是由于受水泥垫层影响，雷达无法扫描到上表面根系。400MHz天线检测结果与900MHz天线的测定结果接近，说明高水位条件不利于紫柏根系生长。另外，图13-8呈现的根系分布是一种假象，结合树木的根系分布规律，在200～400cm不可能有如此多的根系。对形成原因分析认为，此处地面升高过程中可能填埋了大量的碎石，因此出现稠密的反射信号。

13.3.3　3号树检测结果及分析

1. 900MHZ天线

（1）各层土壤根系分布

以树干为中心，使用SIR-3000 TRU（配设900MHZ天线）树木雷达检测系统，经过2圈不同半径的半圆测量后，可得到较为直观的土壤内树木根系分布图，结果见图13-9。

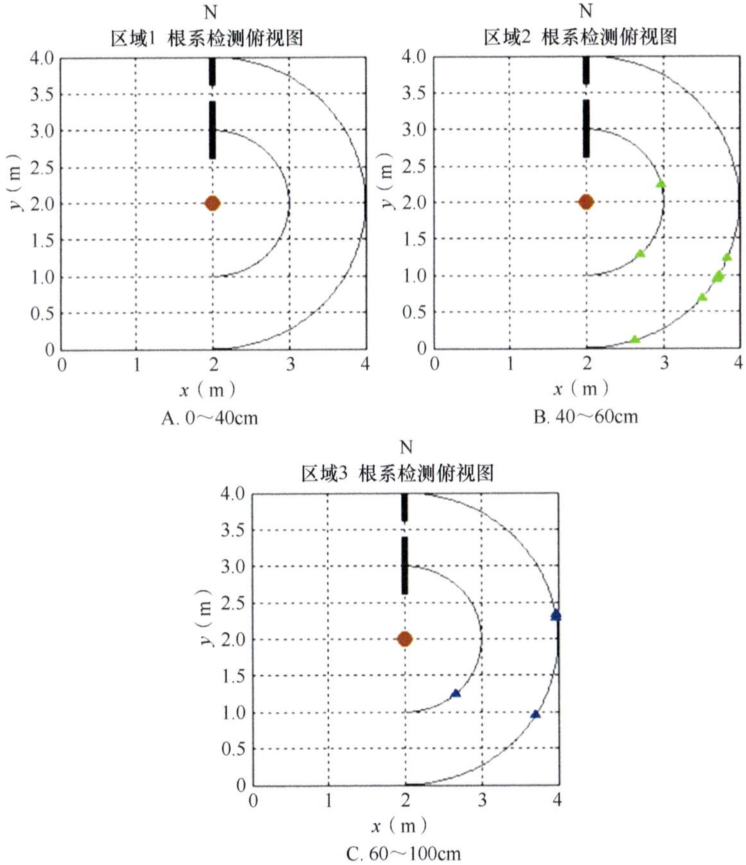

图13-9　900MHz天线探测3号树不同土壤深度根系分布图

（2）根系分布三维立体图

将土壤中的根系用三维图表示出来，不同颜色的线条代表不同土壤深度的根系密度和位置，如图13-10所示。

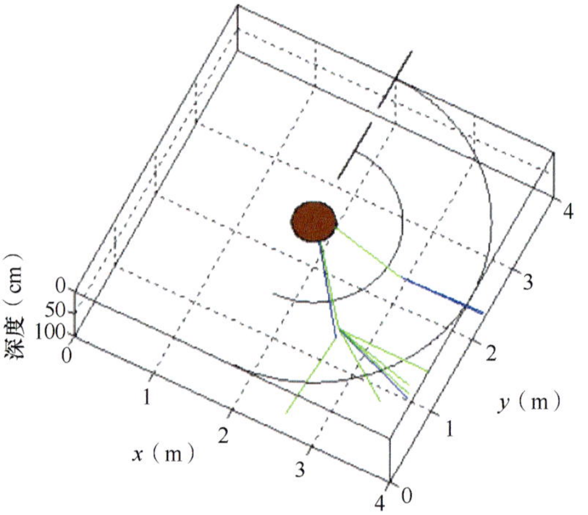

图13-10　900MHz天线探测3号树根系分布三维图

2. 400MHZ天线

（1）各层土壤根系分布

以树干为中心，使用SIR-3000 TRU（配设400MHZ天线）树木雷达检测系统，经过2圈不同半径的半圆测量后，可得到较为直观的土壤内树木根系分布，结果见图13-11。

（2）根系分布三维立体图

将土壤中的根系用三维图表示出来，不同颜色的线条代表不同土壤深度的根系密度和位置，如图13-12所示。

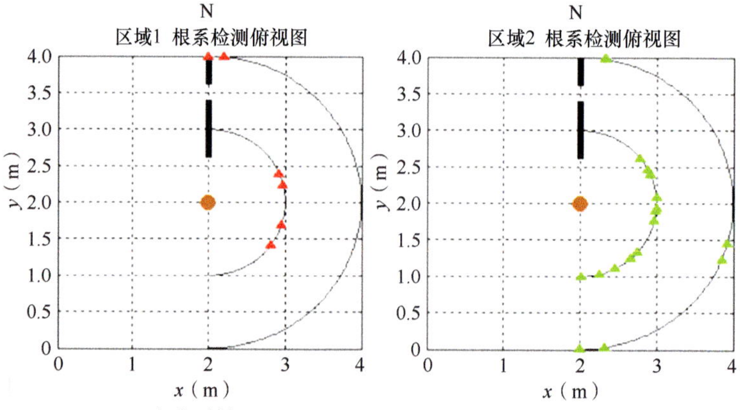

A. 0～100cm　　B. 100～200cm

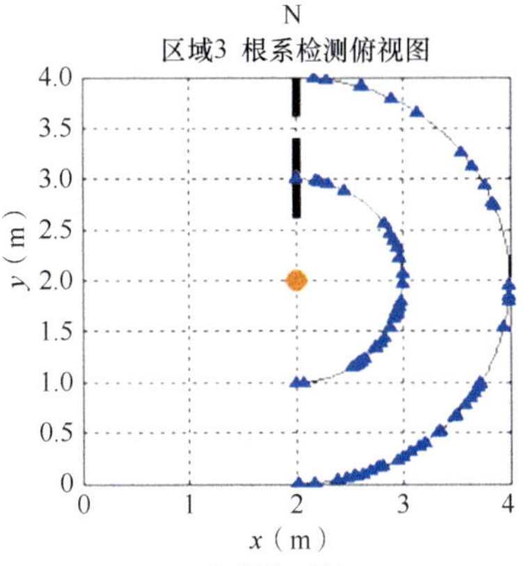

C. 200～400cm

图13-11 400MHZ天线探测3号树不同土壤深度根系分布图

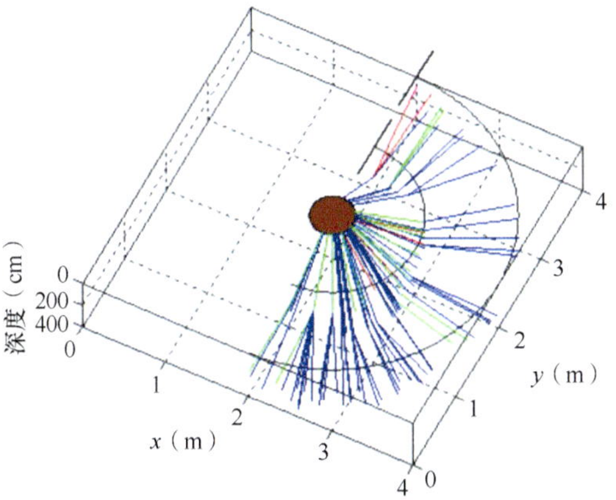

图13-12 400MHz天线探测3号树根系分布三维图

3. 检测结果

3号树分布在0～100cm的根系较少且不均匀，0～40cm未检测到根系，出现这种现象可能是由于受上表面20cm的水泥垫层影响，雷达无法准确扫描到上表面根系。该树根系主要分布在东南侧，且40～60cm分布较多。而图13-12反映的信息亦是一种根系分布假象，原因同1号树。

13.3.4 4号树检测结果及分析

1. 900MHZ天线

（1）各层土壤根系分布

以树干为中心，使用SIR-3000 TRU（配设900MHZ天线）树木雷达检测系统，经过2圈不同半径的半圆测量后，可得到较为直观的土壤内树木根系分布图，结果见图13-13。

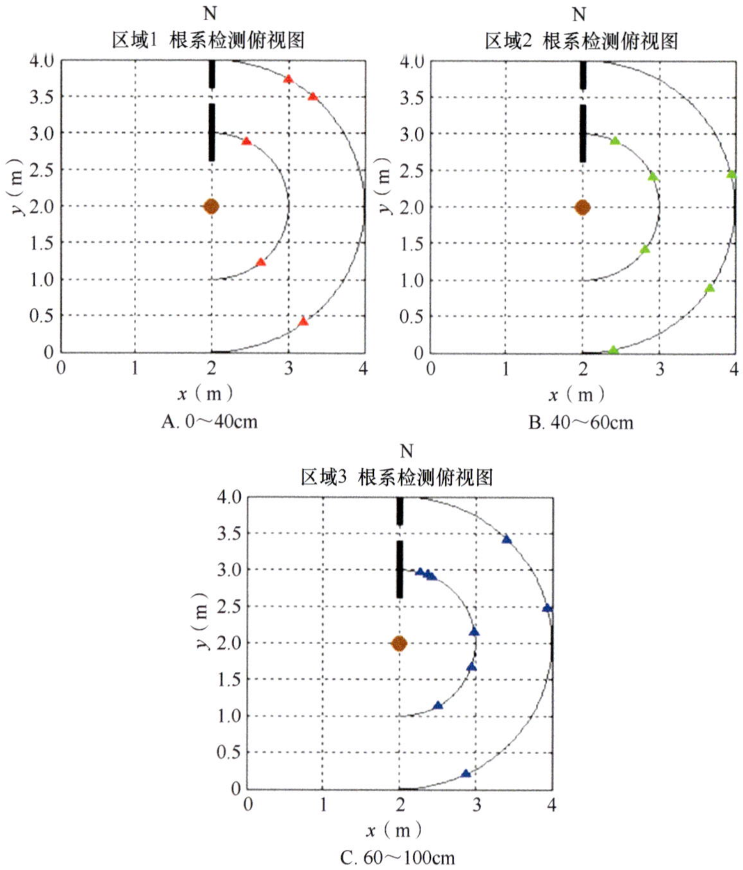

图13-13　900MHz天线探测4号树不同土壤深度根系分布图

（2）根系分布三维立体图

将土壤中的根系用三维图表示出来，不同颜色的线条代表不同土壤深度的根系密度和位置，如图13-14所示。

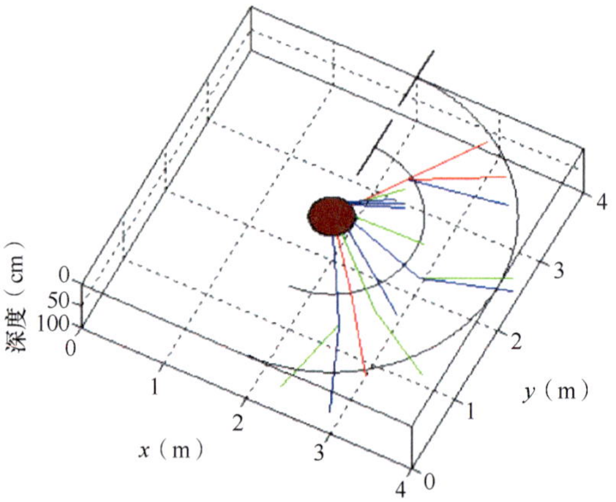

图13-14　900MHz天线探测4号树根系分布三维图

2. 400MHZ天线

（1）各层土壤根系分布

以树干为中心，使用SIR-3000 TRU（配设400MHZ天线）树木雷达检测系统，经过2圈不同半径的半圆测量后，可得到较为直观的土壤内树木根系分布，结果见图13-15。

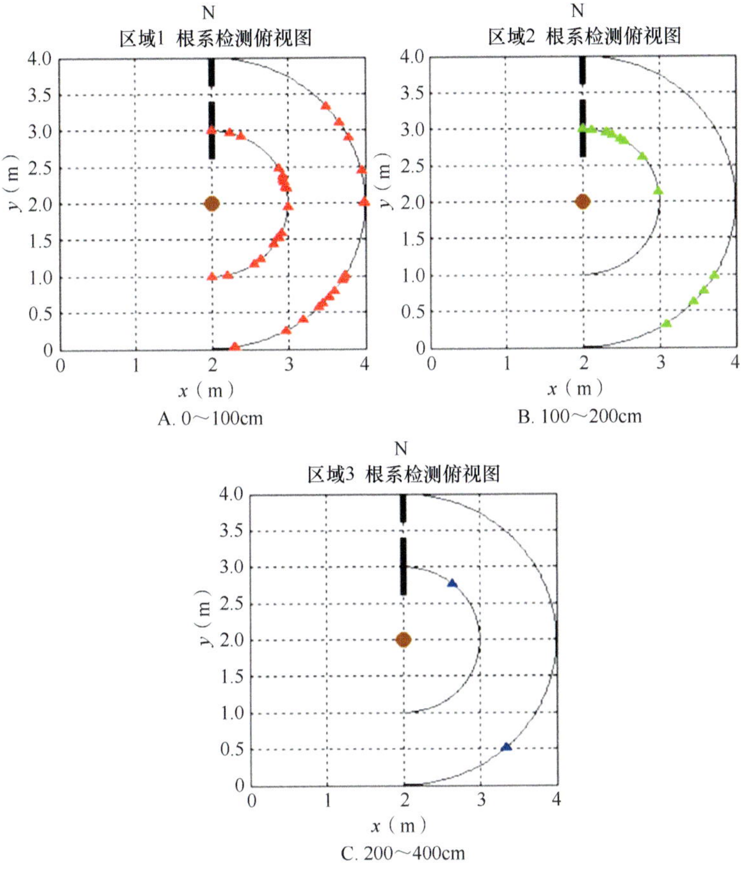

图13-15 400MHZ天线探测4号树不同土壤深度根系分布图

（2）根系分布三维立体图

将土壤中的根系用三维图表示出来，不同颜色的线条代表不同土壤深度的根系密度和位置，如图13-16所示。

3. 检测结果

4号树根系在0～100cm分布较为均匀，内圈与外圈及各个方向根系分布数量基本一致。通过整体比对，其根系主要分布在0～100cm，属于根系密集生长区，这与根系分布规律是相符合的。4号树距水源较远，根系分布区域正常。

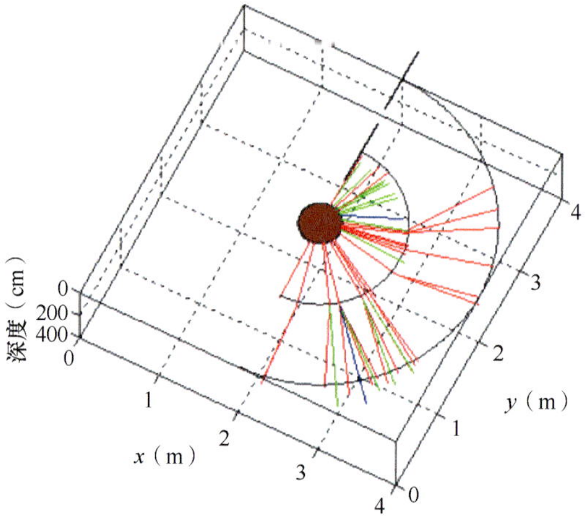

图13-16　400MHz天线探测4号树根系分布三维图

13.3.5　结论和建议

1. 根系分布范围

通过SIR-3000 TRU（TreeRadar Unit）树木雷达900MHZ天线和400MHZ天线的探测结果可以看出，1号紫柏和3号紫柏分布在0～100cm的根系均非常稀少且不均匀；4号树根系主要分布于0～100cm，100～200cm有少量根系分布，而200～400cm几乎无根系。

2. 根系与水池及地面铺装的关系

水池对古树根系影响较大，土壤含水量较高严重影响了根系生长；而地面铺装均为石板层、水泥层，土层内含部分建筑垃圾，土壤夯实，导致根系生长困难、生长缓慢，从而向更深层土壤发展，严重影响了根系生存。建议尽快采取相关排水措施，拆除地面硬质铺装。

13.4　紫柏生长点土壤调查分析

13.4.1　调查分析方法

1. 张良庙紫柏生长的自然环境

紫柏位于留坝县张良庙，地处秦岭南麓、汉江上游，属亚热带北缘山区暖温带湿润季风气候区，年平均日照1804.4h，年降水量886.3mm，平均气温11.5℃，该地区的土壤类型主要为黄褐土、黄棕土、棕壤等。

2. 调查方法及分析方法

（1）土钻取土

为了分析土壤环境对古紫柏生长的影响，采用土钻取土的方法采集土壤样品，并观察记录土壤中根系和土壤侵填体的情况。

在1～4号紫柏树周围选择8个土钻点，考虑到深层土壤中存在石块以及根系等的实际情况，取土深度最低设置为60cm，最高设置为80cm。在每个采样点，用直径为5cm的土钻每隔20cm为一层钻取土样，记录土壤中的根系和建筑垃圾情况（具体土钻位置见图13-17和表13-3）。

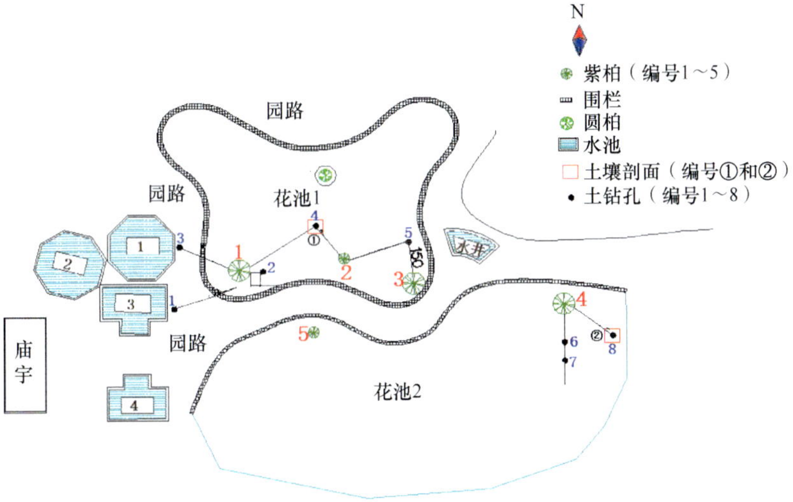

图13-17　张良庙紫柏土壤采样点及剖面图

表13-3　土钻采样点分布情况

土钻编号	土钻方位	距树干基部距离（m）
土钻1	1号树西南	2.10
土钻2	1号树正东	0.50
土钻3	1号树西北	2.59
土钻4	2号树西北	2.00
土钻5	3号树正北	1.50
土钻6	4号树正南	1.50
土钻7	4号树正南	2.50
土钻8	4号树东南	2.51

（2）剖面观察及取样

为进一步详细地掌握张良庙紫柏土壤中的根系分布和土壤理化性质状况，分别在2号树西北方向设置80cm深、4号树东南方向设置60cm深的土壤剖面，两个方向的土壤剖面距树干基部的距离分别是2m和2.51m（表13-4）。具体土壤剖面位置见图13-17。

表13-4　紫柏土壤剖面分布情况

剖面编号	剖面位置	距树干基部距离（m）
剖面1	2号树西北	2.00
剖面2	4号树东南	2.51

土壤剖面修整好之后，根据土壤剖面观察记录表的内容，详细观察剖面的结构，填写剖面观察记录表，判断是否含有杂物如建筑和生活垃圾，记录根系的分布情况和其他内容。

（3）分析指标

土壤样品的测试指标有土壤水分、容重、pH、有机质、全氮、碱解氮、全磷、速效磷、EC值，共9个测试指标。

（4）土壤指标参照标准

土壤物理和养分状况的判断，参考全国第二次土壤普查推荐的土壤肥力分级标准。

13.4.2　土壤理化性质

1. 土壤容重

张良庙紫柏树冠投影下土壤剖面的容重变化范围为1.25～1.50g/cm^3，属于偏紧、紧实或过紧实（表13-5）。紫柏树周围2个剖面的土壤容重随土壤深度增加表现为先上升后下降。2个剖面相同层次土壤容重的平均值分别是：0～20cm为1.38g/cm^3，20～40cm为1.48g/cm^3，40～60cm为1.38g/cm^3。2个剖面不同层次的平均值表现为在20～40cm处最高（表13-5）。

表13-5　张良庙紫柏生长点土壤容重（g/cm^3）

土壤深度	2号西北	4号东南	平均值
0～20cm	1.50	1.25	1.38
20～40cm	1.53	1.42	1.48
40～60cm	1.36	1.40	1.38

2. 土壤水分

1号紫柏周围（土钻1～3）的土壤含水量在不同方向表现不一致，西南方向随着土壤深度的增加而上升，正东方向表现为下降趋势，在20～40cm土层，西北方向的土壤含水量最高，达到24.59%，超过了饱熵含水量范围18.5%～20%；2号和3号紫柏周围（土钻4、5）的土壤含水量基本符合随着土壤深度的增加而降低的趋势，且0～80cm各土层处的含水量均高出饱熵含水量范围；4号紫柏周围（土钻6～8）的土壤含水量在不同方向和距干基部不同距离处表现基本一致，随着土壤深度的增加而下降，且含水量范围均高于饱熵含水量范围的最低值。相同层次土壤含水量的平均值分别是：0～20cm为27.42%，20～40cm为20.53%，40～60cm为19.59%，60～80cm为18.92%。不同层次的平均值表现为在0～20cm处最高，最低是在60～80cm处（表13-6）。综合分析，紫柏树冠投影下的土壤含水量整体较高，属于饱熵含水量范围18.5%～20%，甚至高出饱熵含水量范围。另外，需要说明的是，表层土含水量高于深层土的原因可能是取土样前一天发生降水。

表13-6 张良庙紫柏生长点土壤含水量（%）

土壤编号	0～20cm	20～40cm	40～60cm	60～80cm
土钻1		14.12	17.46	
土钻2	27.62	18.91	17.42	
土钻3		24.59		
土钻4	32.13	21.50	22.43	19.97
土钻5	30.04	22.83	20.69	18.40
土钻6	23.75	20.82	20.86	
土钻7	26.80	22.42	19.40	18.40
土钻8	24.19	19.08	18.88	
平均值	27.42	20.53	19.59	18.92

3. 土壤pH

1号紫柏周围（土钻1～3）的土壤pH在不同方向表现不一致，西南方向随着土壤深度的增加而下降，正东方向表现为上升趋势；2号和3号紫柏树周围（土钻4、5）的土壤pH随着土壤深度的增加呈现先上升后下降的趋势；4号紫柏树周围（土钻6～8）的土壤pH在不同方向和距干基部不同距离处表现一致，随着土壤深度的增加先上升后下降。相同层次土壤pH的平均值分别是：0～20cm为8.01，20～40cm为8.19，40～60cm为8.13，60～80cm为8.06。不同层次的平均值表现为在20～40cm处最高，最低是在0～20cm处（表13-7）。综合分析，紫柏树冠投影下的土壤pH呈碱性。

表13-7 张良庙紫柏生长点土壤pH

土壤编号	0～20cm	20～40cm	40～60cm	60～80cm
土钻1		8.67	8.55	

续表

土壤编号	0～20cm	20～40cm	40～60cm	60～80cm
土钻2	8.02	8.15	8.15	
土钻3		8.26		
土钻4	8.07	8.20	8.22	8.16
土钻5	8.05	8.15	8.11	8.11
土钻6	8.03	8.05	7.92	
土钻7	7.89	7.95	7.93	7.90
土钻8	7.96	8.11	8.02	
平均值	8.01	8.19	8.13	8.06

4. 土壤有机质

1号紫柏周围（土钻1～3）的土壤有机质含量随土壤深度的增加变化规律不尽一致，西南方向随着土壤深度的增加而上升，正东方向则表现为下降趋势，西北方向20～40cm处的土壤有机质含量为10.92g/kg，含量偏低；2号紫柏周围（土钻4）的土壤有机质含量随着土壤深度的增加呈现下降趋势，在60～80cm处的土壤有机质含量为19.01g/kg；3号紫柏周围（土钻5）的土壤有机质含量在60～80cm处最低，为17.27g/kg，在0～20cm处达到最高值41.09g/kg；4号紫柏周围（土钻6～8）的土壤有机质含量在20～35g/kg变化。相同层次土壤有机质含量的平均值分别是：0～20cm为36.84g/kg，20～40cm为18.81g/kg，40～60cm为20.36g/kg，60～80cm为19.17g/kg（表13-8）。不同层次的平均值表现为在0～20cm处最高，最低是在20～40cm处。参考土壤肥力分级标准，紫柏周围0～20cm土层的土壤有机质含量整体属于偏高水平（2级），其余层次的土壤有机质含量整体属于中偏低水平（3～4级）。

表13-8　张良庙紫柏生长点土壤有机质（g/kg）

土壤编号	0～20cm	20～40cm	40～60cm	60～80cm
土钻1		10.13	14.84	
土钻2	42.01	20.85	16.81	
土钻3		10.92		
土钻4	39.02	20.46	19.22	19.01
土钻5	41.09	20.94	23.98	17.27
土钻6	30.07	22.97	24.79	
土钻7	34.82	23.04	20.79	21.24
土钻8	34.01	21.20	22.06	
平均值	36.84	18.81	20.36	19.17

5. 土壤全氮

1号紫柏周围（土钻1～3）的土壤全氮含量随土壤深度的增加变化规律不尽一致，西南方向随着土壤深度的增加而上升，正东方向则表现为下降趋势，西北方向20～40cm处的土壤全氮含量为0.52g/kg，含量低；2号和3号紫柏周围（土钻4、5）的土壤全氮含量均在0～20cm处达到最高值，均为1.88g/kg，含量偏高，同时在60～80cm处的土壤全氮含量最低，分别是0.93g/kg和0.73g/kg；4号紫柏周围（土钻6～8）的土壤全氮含量在0.9～1.6g/kg变化。相同层次土壤全氮含量的平均值分别是：0～20cm为1.67g/kg，20～40cm为0.84g/kg，40～60cm为0.92g/kg，60～80cm为0.86g/kg。不同层次的平均值表现为在0～20cm处最高，最低是在20～40cm处（表13-9）。参考土壤肥力分级标准，紫柏周围0～20cm土层的土壤全氮含量整体属于中等偏高水平（2～3级），其余层次的土壤全氮含量整体属于中偏低或低水平（3～5级）。

表13-9 张良庙紫柏生长点土壤全氮（g/kg）

土壤编号	0～20cm	20～40cm	40～60cm	60～80cm
土钻1		0.41	0.73	
土钻2	1.84	0.94	0.80	
土钻3		0.52		
土钻4	1.88	1.02	0.93	0.93
土钻5	1.88	0.93	1.06	0.73
土钻6	1.34	1.03	1.09	
土钻7	1.50	0.98	0.94	0.91
土钻8	1.58	0.92	0.92	
平均值	1.67	0.84	0.92	0.86

6. 土壤碱解氮

1号紫柏周围（土钻1～3）的土壤碱解氮含量随土壤深度的增加变化规律不同，西南方向随着土壤深度的增加而上升，正东方向则表现为下降趋势，西北方向20～40cm处的土壤碱解氮含量为26.40mg/kg，含量低；2号和3号紫柏周围（土钻4、5）的土壤碱解氮含量随土壤深度的增加而下降，均在0～20cm处达到最高值，分别是79.60mg/kg和118.10mg/kg，含量较高，在60～80cm处的土壤碱解氮含量最低，分别是38.30mg/kg和44.60mg/kg，含量较低；4号紫柏周围（土钻6～8）的土壤碱解氮含量基本符合随土壤深度的增加而下降的趋势。相同层次土壤碱解氮含量的平均值分别是：0～20cm为102.70mg/kg，20～40cm为45.65mg/kg，40～60cm为48.00mg/kg，60～80cm为42.27mg/kg。不同层次的平均值表现为在0～20cm处最高，最低是在60～80cm处（表13-10）。参考土壤肥力分级标准，紫柏周围0～20cm土层的土壤碱解氮含量整体属于中偏高水平（2～3级），其余不同层次土壤碱解氮含量整体属于中偏低或低水平（4～6级）。

表13-10　张良庙紫柏生长点土壤碱解氮（mg/kg）

土壤编号	0～20cm	20～40cm	40～60cm	60～80cm
土钻1		26.40	37.60	
土钻2	103.40	43.90	42.50	
土钻3		26.40		
土钻4	79.60	48.10	45.30	38.30
土钻5	118.10	55.10	50.20	44.60
土钻6	142.60	59.30	54.40	
土钻7	97.80	67.00	62.10	43.90
土钻8	74.70	39.00	43.90	
平均值	102.70	45.65	48.00	42.27

7. 土壤全磷

1号紫柏周围（土钻1～3）的土壤全磷含量随土壤深度的增加变化规律不同，西南和正东方向随着土壤深度的增加总体上升，西北方向20～40cm土层含量为0.71mg/kg；2号和3号紫柏周围（土钻4、5）的土壤全磷含量最高值分别是1.55mg/kg和1.86mg/kg，最低值分别是1.08mg/kg和1.10mg/kg，全磷含量均偏高；4号紫柏周围（土钻6～8）的土壤全磷含量在东南方向和正南方向（距干基部1.5m处）随土壤深度的增加而上升，全磷含量均偏高。相同层次土壤全磷的平均值分别是：0～20cm为1.25mg/kg，20～40cm为1.36mg/kg，40～60cm为1.63mg/kg，60～80cm为1.64mg/kg，全磷含量均偏高（表13-11）。参考土壤肥力分级标准，1号紫柏西北方向20～40cm土层的土壤全磷含量整体属于中偏低水平（3级），其余不同层次的土壤全磷含量整体属于偏高水平（1～2级）。

表13-11　张良庙紫柏生长点土壤全磷（mg/kg）

土壤编号	0～20cm	20～40cm	40～60cm	60～80cm
土钻1		0.82	1.01	
土钻2	1.10	1.06	1.17	
土钻3		0.71		
土钻4	1.08	1.15	1.46	1.55
土钻5	1.10	1.20	1.86	1.71
土钻6	1.44	2.00	2.14	

续表

土壤编号	0～20cm	20～40cm	40～60cm	60～80cm
土钻7	1.31	2.19	1.93	1.66
土钻8	1.48	1.73	1.84	
平均值	1.25	1.36	1.63	1.64

8. 土壤速效磷

1号紫柏周围（土钻1～3）的土壤速效磷含量随土壤深度的增加变化规律不同，西南方向随着土壤深度的增加而上升，正东方向在0～20cm土层达到最高值76.35mg/kg，西北方向20～40cm处的土壤速效磷含量为18.45mg/kg；2号和3号紫柏周围（土钻4、5）的土壤速效磷含量基本符合随土壤深度的增加而上升的趋势，最高值分别是78.50mg/kg和90.15mg/kg，最低值分别是45.45mg/kg和51.95mg/kg，速效磷含量均偏高；4号紫柏周围（土钻6～8）的土壤速效磷含量也基本符合随土壤深度的增加而上升的趋势，最高值为105.80mg/kg，最低值为73.40mg/kg，速效磷含量均偏高。相同层次土壤速效磷含量的平均值分别是：0～20cm为67.60mg/kg，20～40cm为62.69mg/kg，40～60cm为82.31mg/kg，60～80cm为85.37mg/kg，速效磷含量均偏高（表13-12）。参考土壤肥力分级标准，1号紫柏西南方向和西北方向20～40cm土层的土壤速效磷含量属于中偏高水平（2～3级），其余不同层次的土壤速效磷含量整体属于高水平（1级）。

表13-12 张良庙紫柏根际土壤速效磷（mg/kg）

土壤编号	0～20cm	20～40cm	40～60cm	60～80cm
土钻1		41.80	57.65	
土钻2	76.35	38.70	50.55	
土钻3		18.45		
土钻4	45.45	59.00	72.45	78.50
土钻5	51.95	64.25	90.15	84.70
土钻6	75.15	94.70	105.80	
土钻7	73.40	98.50	105.40	92.90
土钻8	83.30	86.10	94.20	
平均值	67.60	62.69	82.31	85.37

9. 土壤EC值

1号紫柏周围（土钻1～3）的土壤EC值随土壤深度的增加变化规律不同，西南方向随着土壤深度的增加而下降，正东方向在0～20cm处达到最高值87.80μS/cm，西北方向20～40cm土层的土壤EC值为59.50μS/cm；2号和3号紫柏周围（土钻4、

5）的土壤EC最高值分别是81.95μS/cm和81.40μS/cm，最低值分别是61.95μS/cm和61.60μS/cm；4号紫柏正南方向（土钻6、7）的土壤EC值符合随土壤深度的增加而下降的趋势。相同层次土壤EC值的平均值分别是：0～20cm为76.01μS/cm，20～40cm为64.48μS/cm，40～60cm为61.96μS/cm，60～80cm为64.35μS/cm（表13-13）。正常的EC值范围在1～4μS/cm，综合分析，紫柏周围不同层次的土壤EC值均处于低水平。

表13-13　张良庙紫柏生长点土壤EC值（μS/cm）

土壤编号	0～20cm	20～40cm	40～60cm	60～80cm
土钻1		73.10	57.05	
土钻2	87.80	64.50	66.10	
土钻3		59.50		
土钻4	81.95	61.95	63.60	71.25
土钻5	81.40	65.35	61.60	64.40
土钻6	67.50	58.85	56.90	
土钻7	71.40	58.95	57.35	57.40
土钻8	66.10	73.60	71.15	
平均值	76.01	64.48	61.96	64.35

13.4.3　土壤剖面分析

在张良庙北花园内2号紫柏树冠垂直投影外围西北方向、4号紫柏东南方向设置60cm深的土壤剖面（图13-18）。其中，西北方向的土壤剖面距离2号树干基部的直线距离为2m，东南方向土壤剖面距离4号树干基部的直线距离为2.5m。1号紫柏西北方向建设有人工水池，因此在1号紫柏西北方向没有设置土壤剖面。

图13-18　张良庙北花园紫柏不同方位土壤剖面图

对土壤中单位体积内的建筑垃圾进行统计，结果发现，紫柏周围土壤0～60cm均存在不同数量的建筑垃圾；2号紫柏西北方向的土壤剖面在0～60cm处均存在少量的建筑垃圾（砖块、石块）；4号紫柏东南方向的土壤剖面在0～20cm处无建筑垃圾，在20～60cm处出现较大体积的石块。

另外，在挖土壤剖面的过程中对紫柏树冠垂直投影外围土壤中的根系分布情况进行了观察和统计。2号紫柏西北方向的土壤剖面在0～60cm处有直径0.1～3cm的根系分布，4号紫柏东南方向的土壤剖面在0～60cm处有直径0.1～1.5cm的根系分布，且两个剖面根系数量相近。

紫柏周围建有水池，整体上土壤的湿度较大，在1号紫柏西北方向挖取剖面时发现水分渗出，30min后，剖面底部已经蓄积了5～10cm深的水。在此过程中看到的部分根系，须根已经死亡。由此可以看出，紫柏旁边的水池水分渗漏造成了花池内紫柏生长土壤积水，严重影响了紫柏根系的生长，以致部分根系正在死亡（图13-19）。

图13-19　张良庙1号紫柏西北方向渗水和部分根系

13.4.4　结论和建议

1）古紫柏生长地土壤养分、土壤肥力属于中等水平，有机质含量19.17～36.84g/kg，土壤全氮含量0.84～1.67g/kg，土壤碱解氮含量42.27～102.7mg/kg，土壤全磷含量1.25～1.64mg/kg，土壤有效磷含量67.60～85.37mg/kg。另外，对各层次分析可以看出，表层土壤养分条件较好，而根系主要生长区域（40～60cm）养分条件较差。

2）对土壤理化性质分析认为，土壤容重较大，属于偏紧、紧实和过紧实；土壤含水量较大，土壤中存在持续积水；而pH和电导率属于正常范围。

3）综合土壤分析结果和地形条件，西侧水池水分向花池渗漏，导致土壤持续积水，是古紫柏树势衰弱的主要原因。建议尽快采取相关排水措施，降低水池水位，避免水分向外渗漏。

13.5 紫柏保护及复壮技术方案

针对紫柏的生长现状、根际土壤环境，通过修复排水系统，排除紫柏附近积水；通过填充复壮基质等措施，改良地下根际土壤，扩大根系营养面积，提高古树生长活力；通过日常养护、监测等措施，创造和改善紫柏的生长环境，逐步恢复其长势，延长其寿命。

13.5.1 地面处理

1. 修复排水系统

根据实际调查可知，现有水池排水不畅是紫柏根系区域积水的重要原因，建议采取相关措施恢复原有排水渠道，降低水池水面。另外，鉴于1号树西侧没有根系生长空间，建议在不影响景观的条件下拆除西侧水池1，恢复原有自然状态。

2. 地面铺装改造

结合引根换土，去除原有花池外2m范围内的地砖，去除铺装下的灰沙垫层，直至露出原土，切记不可伤及根系。

镂空地面，铺设悬空木质铺装，以有效防止踩踏对古树根际土壤的影响、保证根系的营养范围和通气条件。龙骨支架材料采用水泥柱和工字钢，纵向架设。支柱采用钢筋水泥浇筑，规格30cm×30cm，下深0.5～1m；横梁（龙骨架）采用工字钢，长度为1.5m，宽度为0.12m，间距为2m。龙骨架设好后铺设木板，在相邻的两根纵向龙骨支架上横向搭建木板并固定，木板中间悬空长度为2m，铺装材料选用规格为12cm×12cm×200cm的板栗木或生漆木，并做防腐处理（图13-20）。

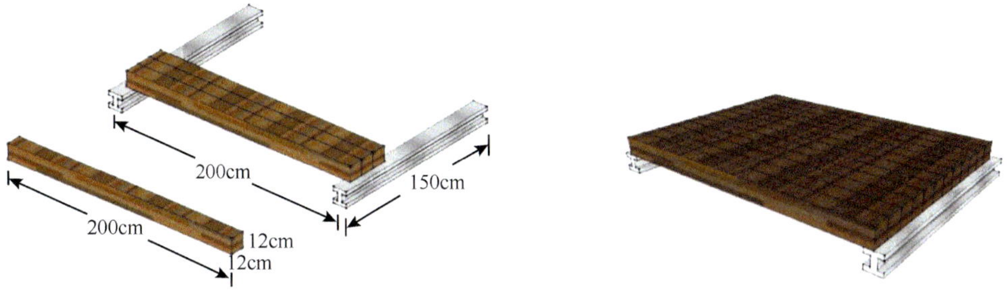

图13-20　工字钢支架铺设木板

3. 清除树池植被

疏除树池内灌木，以缓减其与紫柏竞争营养资源；移除与紫柏有共生锈病的海棠，海棠是桧柏锈病的转主寄主，两者不能栽在一起。

13.5.2　换土复壮与引根

鉴于紫柏生长土壤的环境特点，本方案以土壤改良、诱发新根作为复壮的主要目的。在活根区域，结合穴状复壮沟开挖，填充人工配制的复壮基质或者附近农耕地土壤，以达到诱导新根和复壮树体的目的。

1. 开挖范围

根据SIR-3000 TRU（TreeRadar Unit）树木雷达900MHz天线和400MHz天线的探测结果，在距紫柏树干2.0m范围内四角开挖复壮沟，规格为60cm×60cm×100cm，开挖过程中，根据所遇活根系的多少，决定复壮沟的宽窄和深浅，原则上，遇见活根，停止开挖。所以，方案设计宽度和形状仅作参考，依据实际情况而定。具体开挖位置见图13-21。注意复壮沟的总面积不能大于树冠投影面积的1/4。另外，在施工过程中要小心细致，在换土过程中避免伤害土层中的活根系，如果发现有根系，及时用湿润麻袋片或草帘覆盖和包裹古树根系。

2. 填充基质

复壮沟内部填充复壮基质，以园土+草炭土+有机肥+菌肥（10∶5∶2∶0.5）作为复壮基质，还可采用传统的“素土+有机质+树枝”分层填充，此填充方法可作为选择方案之一。回填土时，从下往上分层加入复壮材料：表层为30cm素土，第2层为20cm复壮基质，第3层为10cm杨树枝条（可用其他阔叶树枝），第4层又是20cm复壮基质，第5层是10cm阔叶树枝，坑底层为10cm粗砂和陶粒（图13-22）。填入基质后，踩实与地面持平。若地面后期塌陷，再填入园土。

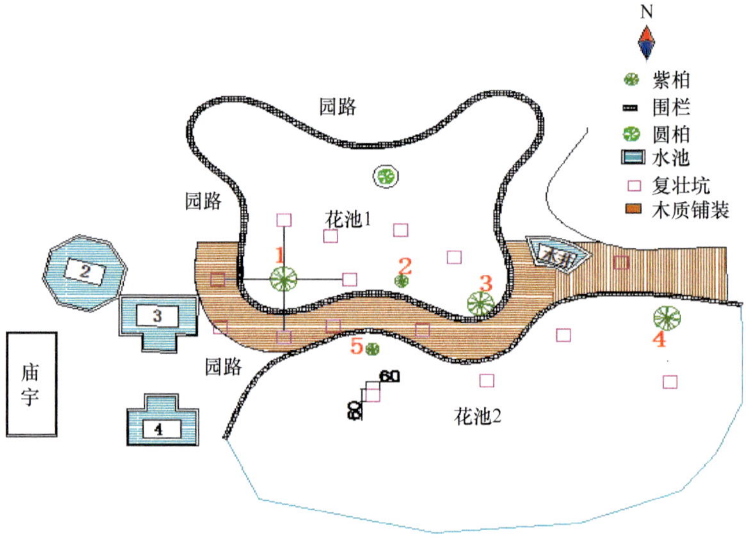

图13-21　紫柏复壮换土与引根设计平面图

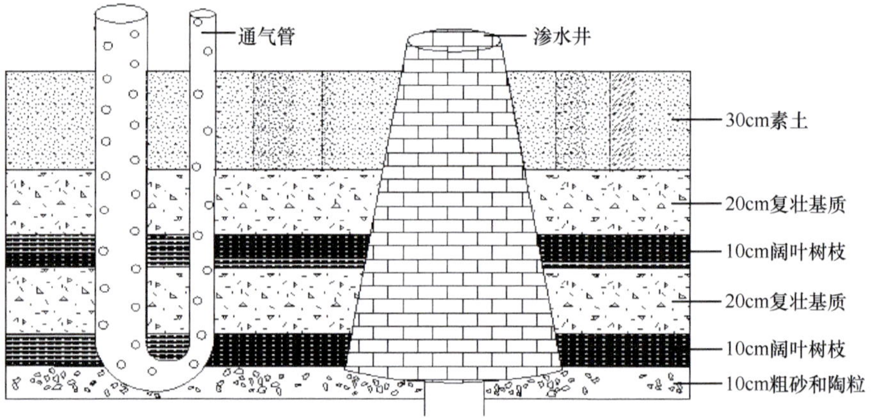

图13-22　复壮沟纵剖图

13.5.3　土壤通气

首先，在现有花池之外2m的范围内进行架空铺装，保证根系的营养范围和土壤的通气性。其次，在回填每个复壮沟时，埋设一定数量的通气管，设计每$2m^2$ 1个。通气管建议采用"U"形通气管，在深入地下的管壁上开若干直径为1cm的通气小孔（图13-22）。通气管采用PVC管，粗的一端直径为12cm，细的一端直径为6cm。从地表层到地下竖埋，管高度100cm，管口加带孔的PVC盖，以防止杂物落入。在通气管四周裹棕榈树皮，以防通气孔堵塞，影响通气效果。

地面植被过于密闭，建议疏除部分影响紫柏生长的高大树木。

参考文献

北京市园林科学研究所. 2012. 公园古树名木. 北京: 中国建筑工业出版社: 69-70.
曾绍发, 刘四新, 吴晅, 等. 2010. 探地雷达原理与应用. 北京: 电子工业出版社.
常二梅. 2012. 侧柏古树抗衰老分子机制研究. 北京: 中国林业科学研究院博士学位论文.
种康, 敬兰花, 杨成德. 1993. 外源Ca^{2+}对离体菠菜叶片衰老的影响. 西北植物学报, 3: 179-185.
丛日晨, 李延明, 弓清秀, 等. 2017. 树木医生手册. 北京: 中国林业出版社: 7-79.
崔喜红, 陈晋, 关琳琳. 2009. 探地雷达技术在植物根系探测研究中的应用. 地球科学进展, 24(6): 606-611.
戴雨生, 王学道, 林其瑞. 1992. 侧柏叶枯病病原菌研究. 南京林业大学学报, 1: 59-66.
邓居智, 刘庆成. 2001. 探地雷达测量参数设置研究 // 2001年中国地球物理学会年刊: 中国地球物理学会第十七届年会论文集. 昆明: 中国地球物理学会第十七届学术年会.
邓世坤. 2005. 探地雷达野外工作参数选择的基本原则. 工程地球物理学报, 2(5): 323-329.
丁岩钦. 1993. 论害虫种群的生态控制. 生态学报, 13: 99-106.
董延龙. 2009. 植物衰老的研究进展. 中国林副特产, 5: 108-110.
方丰太. 2008. 论我国古树名木的复壮. 山西建筑, 34(12): 345-346.
房建军, 韩一凡. 2000. 植物化学抗虫性的遗传学研究进展. 林业科学, 36(5): 92-99.
高苏岚, 许志春, 弓献词. 2007. 双条杉天牛研究进展. 中国森林病虫, (3): 19-22, 38.
高希武. 2010. 我国害虫化学防治现状与发展策略. 植物保护, 36(4): 19-22.
谷加存. 2011. 中国东北主要造林树种细根寿命及影响因子研究. 哈尔滨: 东北林业大学博士学位论文.
郭文成, 杨辉平, 黄文才. 2015. 古树名木保护与病虫害防治技术. 农业灾害研究, 5(12): 8-9, 12.
郭希梅, 丛日晨, 张常青, 等. 2011. 古油松衰弱衰老诊断的生理指标. 林业科学, 4: 43-44.
郭在滨, 赵爱国, 李熙福, 等. 2000. 柏大蚜生物学特性及防治技术. 河南林业科技, (3): 16-17.
何英姿, 刘忠敏. 1997. 古白皮松衰老机制的研究. 广西工学院学报, 4: 80-84.
贺春玲, 吴国新, 孙丹萍. 2004. 锈色粒肩天牛研究进展. 西北林学院学报, (2): 103-106.
贺东鹏, 武发思, 徐瑞红, 等. 2015. 探地雷达在莫高窟窟区树木根系探测方面的应用. 干旱区资源与环境, 29(2): 91-96.
贺伟, 叶建仁. 2017. 森林病理学. 2版. 北京: 中国林业出版社.
贺新生, 刘超洋, 林琦, 等. 2011. 竹类煤烟病大型病原菌: 海绵胶煤炱菌的分子鉴定. 福建林学院学报, 4: 363-365.
胡炎兴. 1996. 中国真菌志　小煤炱目Ⅰ. 北京: 科学出版社.
康乐. 1995. 植物对昆虫的化学防御. 植物学通报, 12(4): 22-27.
李东林, 严景华, 曹恒生, 等. 1998. 黄山松不同龄阶针叶衰老指标的比较研究. 林业科学研究, 11(2): 218-221.
李法圣. 2011. 中国木虱志. 北京: 中国科学技术出版社.
李虎, 王晓贝. 2007. 金绿宽盾蝽生物学特性. 昆虫知识, 44(4): 571-574.
李会平, 黄大庄, 杨敏生, 等. 2001. 林木抗虫机制研究进展. 河北林果研究, 16(1): 91-96.
李乐, 曾辉, 郭大立. 2013. 叶脉网络功能性状及其生态学意义. 植物生态学报, 37(7): 691-698.
李孟楼, 张立钦. 2016. 森林动植物检疫学. 2版. 北京: 中国农业出版社.
李明, 曾任林, 骆世明. 2007. 次生代谢产物在植物抵抗病虫为害中的作用. 中国生物防治, 23(3): 269-273.
李青青, 段焰青, 叶辉, 等. 2007. 针叶树木对小蠹虫的防御机制. 中国森林病虫, 26(6): 21-24, 44.
李薇, 李淑娴. 2018. 林木抗虫性研究进展. 西南林业大学学报(自然科学版), 38(5): 180-190.
李小军, 孙永康, 林华龙. 2012. 黄帝陵古柏金绿宽盾蝽为害及防治技术初报. 陕西林业科技, 1: 67-70.
李杏春. 2014. 小孔异担子菌及其引起腐朽病害的生物防治研究. 北京: 北京林业大学硕士学位论文.
李艳, 高宝嘉, 陈连涛. 2013. 植物诱导抗性的分子机制研究进展. 河北林果研究, 28(4): 427-430.
李震宇, 王燕, 陈华盛, 等. 2000. 油松对赤松毛虫的诱导化学防御及滞后诱导抗性. 林业科学, 36(1): 66-70.
梁洪柱, 胡雅君, 陈倩, 等. 2007. 异色瓢虫对槐蚜的捕食功能反应. 中国生物防治, 增刊: 103-106.
梁景生. 1989. 土壤毛管持水量、总孔隙度、毛管孔隙度、非毛管孔隙度对柠檬桉人工林(实生)林分平均高直径关系浅析. 桉树科技, (1): 25-31.
梁秋霞, 曹刚强, 苏明杰, 等. 2006. 植物叶片衰老研究进展. 中国农学通报, 8: 282-285.
凌华. 2010. 中亚热带两种常绿阔叶林群落细根寿命估计. 福州: 福建师范大学硕士学位论文.

刘桂湘, 刘小军. 2018. 宁陕县银杏大蚕蛾发生危害和综合防治技术. 陕西林业科技, 46(1): 40-42.
刘晶岚, 温俊宝, 马履 , 等. 1999. 9种树种木材解剖结构及对杨树天牛的抗性机制. 北京林业大学学报, 21(4): 18-23.
刘铭汤, 戴建昌. 1995. 黄帝陵古柏死亡原因调查. 西北林学院学报, 10(2): 109-111.
刘树生. 2000. 害虫综合治理面临的机遇、挑战和对策. 植物保护, 26(4): 35-38.
刘欣. 2009. 白桦木材耐腐能力差异和木腐菌腐朽木材基因差异表达. 哈尔滨: 东北林业大学博士学位论文.
卢瑛, 龚子同, 张甘霖. 2002. 城市土壤的特性及其管理. 土壤与环境, (2): 206-209.
罗立平, 王小艺, 杨忠岐, 等. 2018. 美国白蛾防控技术研究进展. 环境昆虫学报, 40(4): 721-735.
彭建东, 于雷, 张妍, 等. 2009. 杨树对溃疡病的抗病性研究综述. 防护林科技, (4): 47-48, 120.
彭以坤, 林荫, 朱碧纯, 等. 1994. 城市银杏大蚕蛾的生物学及综合治理研究. 西南农业大学学报, 16(5): 431-434.
强中兰, 马长林. 2007. 国槐木虱的发生与防治实验. 甘肃林业科技, 32(1): 9, 60-61.
邱仁辉, 杨玉盛, 陈光水, 等. 2004. 森林经营措施对土壤的扰动和压实影响. 山地学报, 18(3): 231-236.
全国绿化委员会办公室. 2013. 古树名木复壮养护技术和保护管理办法. 北京: 中国民族摄影艺术出版社: 3-6.
师伟. 2008. 帽儿山天然次生林20个阔叶树种细根形态与叶形态的比较研究. 哈尔滨: 东北林业大学硕士学位论文.
宋恒川, 陈丽华, 吕春娟, 等. 2012. 华北土石山区四种常见乔木根系的形态研究. 干旱区资源与环境, 26(11): 194-199.
宋立洲, 焦进卫, 高云昆, 等. 2009. 香山公园古树、大树树洞调查及修复. 中国城市林业, 1: 54-56.
苏茂鑫. 2007. 减少吸收衰减影响的高分辨率探地雷达技术研究. 吉林: 吉林大学博士学位论文.
苏晓红, 奚耕思, 王勋陵, 等. 2003. 黄陵古柏的虫害及防治研究. 西北大学学报(自然科学版), (4): 485-488.
王琛柱, 钦俊德. 1997. 植物蛋白酶抑制素抗虫作用的研究进展. 昆虫学报, 40(2): 212-218.
王洪亮, 王丙丽, 李朝伟. 2006. 害虫综合治理研究进展. 河南科技学院学报(自然科学版), 34(3): 40-42.
王焕新. 2006. 改善古树立地土壤环境的复壮法效果分析. 长春: 东北师范大学硕士学位论文.
王丽琴, 魏钦平. 1997. 苹果新根周年发生动态研究. 山东农业大学学报(自然科学版), 2: 102-108.
王文, 蒋文兰, 谢忠奎, 等. 2013. 黄土丘陵地区唐古特白刺根际土壤水分与根系分布研究. 草业学报, 22(1): 20-28.
王小菲, 高文强, 刘建锋, 等. 2015. 植物防御策略及其环境驱动机制. 生态学杂志, 34(12): 3542-3552.
王晓红, 杨忠岐, 王小艺, 等. 2014. 利用3种寄生性天敌防治锈色粒肩天牛. 林业科学, 50(1): 103-108.
王艳平, 温俊宝, 秦中云. 2006. 林业危险性有害生物锈色粒肩天牛. 植物检疫, (3): 168-170.
王云果, 高智辉, 赵姝荣, 等. 2007. 防治槐木虱的药剂试验. 西北林学院学报, 22(5): 117-119.
王允喜, 李明思, 蓝明菊. 2011. 膜下滴灌土壤湿润区对田间棉花根系分布及植株生长的影响. 农业工程学报, 27(8): 31-38.
卫星. 2008. 干旱胁迫对水曲柳苗木细根衰老的影响. 哈尔滨: 东北林业大学博士学位论文.
吴楚, 王政权, 范志强. 2004. 树木根系衰老研究的意义与现状. 应用生态学报, 15(7): 1276-1280.
武三安. 2015. 园林植物病虫害防治. 北京: 中国林业出版社.
萧刚柔. 1992. 近年来我国森林昆虫研究进展. 森林病虫通讯, (3): 39-40.
徐公天, 杨志华. 2007. 中国园林害虫. 北京: 中国林业出版社.
闫慧, 董心亮, 冯刚, 等. 2013. 古田山亚热带常绿阔叶林粗根空间分布特征及影响因子分析: 探地雷达途径. 中国科学: 生命科学, 43(9): 788-798.
杨茂生, 梅秀英, 姜在民, 等. 1994. 黄帝陵侧柏叶受污染状况的形态解剖学研究. 西北林学院学报, (3): 12-16.
杨旺. 1996. 森林病理学. 北京: 中国林业出版社.
杨向东, 何运转, 杨晓玲. 1999. 国槐尺蠖生物学特性的初步观察. 河北林果研究, (3): 257-258.
杨雪彦, 周嘉熹, 黄红梅, 等. 1996. 树皮形态特征和解剖结构与两种天牛危害的关系分析. 陕西林业科技, (4): 12-14, 18.
杨友兰, 王红武, 吕小虎. 2002. 槐豆木虱生物学特性及其防治. 昆虫知识, (6): 433-436.
杨忠岐, 王小艺, 张翌楠, 等. 2018. 以生物防治为主的综合控制我国重大林木病虫害研究进展. 中国生物防治学报, 34(2): 163-183.
叶建仁, 贺伟. 2011. 林木病理学. 北京: 中国林业出版社.
殷蕙芬, 黄复生, 李兆麟. 1984. 中国经济昆虫志 第二十九册 鞘翅目 小蠹科. 北京: 科学出版社.
于艳华, 秦飞, 梁波, 等. 2010. 侧柏毒蛾研究综述. 江苏林业科技, 37(3): 53-55.
余仲东. 2017. 森林保护学概论. 咸阳: 西北农林科技大学出版社.
袁嗣令. 1997. 中国乔、灌木病害. 北京: 科学出版社: 88-92.
岳小泉, 王立海, 王兴龙, 等. 2017. 电阻断层成像、应力波及阻抗仪3种无损检测方法对活立木腐朽程度的定量检测. 林业科学, 53(3): 138-146.
张斌, 高宝嘉, 刘洋. 2017. 剪叶和取食刺激对油松体内几种防御酶的活性及其动态的影响. 生态科学, 36(1): 118-122.

张风娟, 陈凤新, 徐东生, 等. 2006. 植物组织结构与抗虫性的关系. 河北科技师范学院学报, 20(2): 71-76.
张海静, 严盈, 彭露, 等. 2012. 韧皮部取食昆虫诱导的植物防御反应. 昆虫学报, 55(6): 736-748.
张寰, 王志刚, 黄大庄, 等. 2006. 柳树物理性状与光肩星天牛危害相关性分析. 河北农业大学学报, 28(5): 75-79.
张舒瑶, 贺虹, 唐光辉, 等. 2017. 黄帝陵侧柏叶枯病田间防治试验. 中国森林病虫, 36(6): 22-25.
张真. 1997. 森林有害生物的可持续治理与有害生物生态管理. 北京林业大学学报, 21(4): 116-118.
张宗炳, 曹骥. 1990. 害虫防治: 策略和方法. 北京: 科学出版社.
赵华, 李才明, 杜斌, 等. 2008. 探地雷达不同参数对数据采集和处理的影响. 四川地震, 3: 31-35.
赵杰, 王瑞红, 沈艳霞, 等. 2003. 有害生物综合管理理论的发展及其展望. 中国森林病虫, 22(4): 31-35.
中国科学院中国动物志编辑委员会. 1983. 中国经济昆虫志　第25册　同翅目　蚜虫类(一). 北京: 科学出版社.
周仲铭. 1990. 林木病理学. 北京: 中国林业出版社: 132-134.
朱弘复, 王林瑶, 方承莱. 1979. 蛾类幼虫图册(一). 北京: 科学出版社.
邹丽敏, 丁蕴铮, 张广增, 等. 2004. 硬覆盖对城市街路行道树土壤呼吸的影响. 中国城市林业, (1): 34-37.
Ally D, Ritland K, Otto S P. 2010. Aging in a long-lived clonal tree. PLoS Biol, 8(8): e1000454.
Andersen T G, Naseer S, Ursache R, et al. 2018. Diffusible repression of cytokinin signalling produces endodermal symmetry and passage cells. Nature, 555(7697): 529-533.
Aphalo P, Rikala R. 2003. Field performance of silver-birch planting-stock grown at different spacing and in containers of different volume. New Forests, 25(2): 93-108.
Asiegbu F O. 2000. Adhesion and development of the root rot fungus (*Heterobasidion annosum*) on conifer tissues: effects of spore and host surface constituents. FEMS Microbiology Ecology, 33(2): 101-110.
Asiegbu F O, Daniel G, Johansson M. 1994. Defense-related reactions of seedling roots of norway spruce to infection by *Heterobasidion annosum*(Fr.)Bref. Physiological and Molecular Plant Pathology, 45(1): 1-19.
Asiegbu F O, Nahalkova J, Li G S. 2005. Pathogen-inducible cDNAs from the interaction of the root rot fungus *Heterobasidion annosum* with Scots pine (*Pinus sylvestris* L.). Plant Science, 268: 365-372.
Astrid V, Smart D R, Bloom A J, et al. 2010. Rapid decline in nitrate uptake and respiration with age in fine lateral roots of grape: implications for root efficiency and competitive effectiveness. New Phytologist, 165(2): 493-502.
Baddeley J A, Watson C A. 2005. Influences of root diameter, tree age, soil depth and season on fine root survivorship in *Prunus avium*. Plant and Soil, 276(1-2): 15-22.
Balaban R S, Nemoto S, Finkel T. 2005. Mitochondria, oxidants, and aging. Cell, 120(4): 483-495.
Bar-Tal A, Feigin A, Sheinfeld S, et al. 1995. Root restriction and N-NO_3 solution concentration effects on nutrient uptake, transpiration and dry matter production of tomato. Scientia Horticulturae, 63(3-4): 195-208.
Barth C, Tullio M D, Conklin P L. 2006. The role of ascorbic acid in the control of flowering time and the onset of senescence. Journal of Experimental Botany, 57(8): 1657-1665.
Bauerle T L, Richards J H, Smart D R, et al. 2010. Importance of internal hydraulic redistribution for prolonging the lifespan of roots in dry soil. Plant Cell and Environment, 31(2): 177-186.
Bekaert S, Meyer T D, Oostveldt P V. 2005. Telomere attrition as ageing biomarker. Anticancer Research, 25(4): 3011-3021.
Bengough A G, Mackenzie C J, Elangwe H E. 1994. Biophysics of the growth response of pea roots to changes in penetration resistance. Plant and Soil, 167: 135-141.
Bentz B J, Hood S M, Hansen E M, et al. 2017. Defense traits in the long-lived Great Basin bristlecone pine and resistance to the native herbivore mountain pine beetle. New Phytologist, 213(2): 611-624.
Berglund M, Rönnberg J, Holmer L, et al. 2005. Comparison of five strains of *Phlebiopsis gigantea* and two *Trichoderma formulations* for treatment against natural *Heterobasidion* spore infections on Norway spruce stumps. Scandinavian Journal of Forest Research, 20(1): 12-17.
Borrell A, Carrbonell L, Farras R. 1997. Polyamines inhibit lipid peroxidation in senescing oat leaves. Physiologia Plantarum, 99: 385-390.
Bosabalidis A M, Kofidis G. 2002. Comparative effects of drought stress on leaf anatomy of two olive cultivars. Plant Science, 163(2): 375-379.
Bouma T J, Yanai R D, Elkin A D, et al. 2010. Estimating age-dependent costs and benefits of roots with contrasting life span: comparing apples and oranges. New Phytologist, 150(3): 685-695.
Boyko A, Kathiria P, Zemp F J, et al. 2007. Transgenerational changes in the genome stability and methylation in pathogen-infected plants: virus-induced plant genome instability. Nucleic Acids Research, 35(5): 1714-1725.
Buchanan-Wollaston V. 1997. The molecular biology of leaf senescence. Journal of Experimental Botany, 48: 181-199.
Burton A J, Pregitzer K S, Hendrick R L. 2000. Relationships between fine root dynamics and nitrogen availability in

Michigan northern hardwood forests. Oecologia, 125(3): 389-399.
Bush D S. 1995. Calcium regulation in plant cell and its role in signaling. Annual Review of Plant Biology, 46(1): 95-122.
Chang E M, Shi S Q, Liu J F, et al. 2012. Relationship between vigour of seeds and age of old *Platycladus orientalis*. Acta Botanica Boreali-Occidentalia Sinica, 32(1): 166-172.
Chang E, Shi S, Yang W, et al. 2011. ROS production and its elimination in old *Platycladus orientalis*'s leaves. Journal of Northeast Forestry University, 11: 3.
Chang E, Yao X, Zhang Y, et al. 2017. *De novo* characterization of *Platycladus orientalis* transcriptome and analysis of its gene expression during aging. Peer J Preprints, 5: e2866v1.
Chapin F S. 1980. The mineral nutrition of wild plants. Annual Review of Ecology and Systematics, 11(1): 233-260.
Cheng Z L, Wang Y Q, Zhu Y N, et al. 2014. OsNAP connects abscisic acid and leaf senescence by fine-tuning abscisic acid biosynthesis and directly targeting senescence-associated genes in rice. Proceedings of the National Academy of Sciences, 111(27): 10013-10018.
Clemmensen K E, Bahr A, Ovaskainen O, et al. 2013. Roots and associated fungi drive long-term carbon sequestration in boreal forest. Science, 339(6127): 1615-1618.
Coleman M D, Dickson R E, Isebrands J G. 2000. Contrasting fine-root production, survival and soil CO_2 efflux in pine and poplar plantations. Plant and Soil, 225(1): 129-139.
Colin Y, Nicolitch O, Van Nostrand J D, et al. 2017. Taxonomic and functional shifts in the beech rhizosphere microbiome across a natural soil toposequence. Sci Rep, 7: 9604.
Cullis C A. 2005. Mechanisms and control of rapid genomic changes in flax. Annals of Botany, 95(1): 201-206.
Dai Z M, Liu G, Chen H, et al. 2019. Long-term nutrient inputs shift soil microbial functional profiles of phosphorus cycling in diverse agroecosystems. The ISME Journal, 14(10): 1-14.
Dang P, Gao Y, Liu J L, et al. 2018. Effects of thinning intensity on understory vegetation and soil microbial communities of a mature Chinese pine plantation in the Loess Plateau. Science of the Total Environment, 630: 171-180.
Davis J L, Annan A P. 1989. Ground-penetrating radar for high-resolution mapping of soil and rock stratigraphy. Geophysical Prospecting, 37(5): 531-551.
Degerickx J, Roberts D A, McFadden J P, et al. 2018. Urban tree health assessment using airborne hyperspectral and LiDAR imagery. International Journal of Applied Earth Observation and Geoinformation, 73: 26-38.
Delgado-Baquerizo M, Angela M O, Tess E B, et al. 2018. A global atlas of the dominant bacteria found in soil. Science, 359(6373): 320-325.
Delvas N, Bauce É, Labb C, et al. 2011. Phenolic compounds that confer resistance to spruce budworm. Entomologia Experimentalis et Applicata, 141(1): 35-44.
Diego L B, Berdasco M, Fraga M F, et al. 2004. A *Pinus radiata* AAA-ATPase, the expression of which increases with tree ageing. Journal of Experimental Botany, 55(402): 1597-1599.
Dominguez-Lerena S, Sierra N H, Manzano I C, et al. 2006. Container characteristics influence *Pinus pinea* seedling development in the nursery and field. Forest Ecology and Management, 221(1-3): 1-71.
Donmez G, Wang D, Cohen D E, et al. 2014. Retraction notice to: SIRT1 suppresses β-amyloid production by activating the α-secretase gene ADAM 10. Cell, 158(4): 959.
Drake J E, Anne G B, Hofmockel K S, et al. 2015. Increases in the flux of carbon belowground stimulate nitrogen uptake and sustain the long-term enhancement of forest productivity under elevated CO? Ecology Letters, 14(4): 349-357.
Eichlerová I, Homolka L, Žifčáková L. 2015. Enzymatic systems involved in decomposition reflects the ecology and taxonomy of saprotrophic fungi. Fungal Ecology, 13: 10-22.
Ellmore G S, Zanne A E, Orians C M. 2006. Comparative sectoriality in temperate hardwoods: hydraulics and xylem anatomy. Botanical Journal of the Linnean Society, 150(1): 61-71.
Engvild K. 1989. The death hormone hypothesis. Physiologia Plantarum, 77(2): 282-285.
Fan P P, Guo D. 2010. Slow decomposition of lower order roots: a key mechanism of root carbon and nutrient retention in the soil. Oecologia, 163(2): 509-515.
Fanello D D, Bartoli C G, Guiamet J J. 2017. Qualitative and quantitative modifications of root mitochondria during senescence of above-ground parts of *Arabidopsis thaliana*. Plant Science: An International Journal of Experimental Plant Biology, 258: 112.
Fedorov N. 1994. Root rots of pine plantations in Belarus. Proceedings of the Eighth IUFRO Conference on Root and Butt Rots, Sweden/Finlend, 572-576.
Fitter A H. 2010. Morphometric analysis of root systems: application of the technique and influence of soil fertility on root system development in two herbaceous species. Plant Cell and Environment, 5(4): 313-322.

Flanary B E, Kletetschka G. 2005. Analysis of telomere length and telomerase activity in tree species of various life-spans, and with age in the bristlecone pine (*Pinus longaeva*). Biogerontology, 6(2): 101-111.

Floyd R, Godly J. 1997. Breeding resistance in Eucalyptus to insect attack. Trees and Natural Resource, 39(1): 16-19.

Fraga M F, Berdasco M, Diego L B, et al. 2004. Changes in polyamine concentration associated with aging in *Pinus radiata* and *Prunus persica*. Tree Physiology, 24(11): 1221-1226.

Fraga M F, Canal M R. 2002. *In vitro* morphogenic potential of differently aged *Pinus radiata* trees correlates with polyamines and DNA methylation levels. Plant Cell Tissue and Organ Culture, 70(2): 139-145.

Franklin J F, Shugart H H, Harmon M E. 1987. Tree death as an ecological process. Bioscience, 37: 550-556.

Gan S S, Amasino R M. 1997. Making sense of senescence (Molecular genetic regulation and manipulation of leaf senescence). Plant Physiologia, 113: 313-319.

Gaudinski J B, Torn M S, Riley W J, et al. 2010. Measuring and modeling the spectrum of fine-root turnover times in three forests using isotopes, minirhizotrons, and the radix model. Global Biogeochemical Cycles, 24(3): 1-17.

Gepstein S. 2004. Leaf senescence-not just a 'wear and tear' phenomenon. Genome Biology, 5(3): 212.

Getzke F, Thiergart T, Hacquard S. 2019. Contribution of bacterial-fungal balance to plant and animal health. Current Opinion in Microbiology, 49: 66-72.

Gill R A, Jackson R B, Norby R, et al. 2000. Global patterns of root turnover for terrestrial ecosystems. New Phytologist, 147(1): 13-31.

Goebel M, Hobbie S E, Bulaj B, et al. 2011. Decomposition of the finest root branching orders: linking belowground dynamics to fine-root function and structure. Ecological Monographs, 81(1): 89-102.

Green J J, Dawson L A, Proctor J, et al. 2005. Fine root dynamics in a tropical rain forest is influenced by rainfall. Plant and Soil, 276(1-2): 23-32.

Gregersen P L, Holm P B. 2007. Transcriptome analysis of senescence in the flag leaf of wheat (*Triticum aestivum* L.). Plant Biotechnology Journal, 5(1): 192-206.

Gu J, Yu S, Yue S, et al. 2011. Influence of root structure on root survivorship: an analysis of 18 tree species using a minirhizotron method. Ecological Research, 26(4): 755-762.

Guo D, Mitchell R J, Withington J M, et al. 2008. Endogenous and exogenous controls of root life span, mortality and nitrogen flux in a longleaf pine forest: root branch order predominates. Journal of Ecology, 96(4): 737-745.

Guo F Q, Crawford F Q. 2005. *Arabidopsis* nitric oxide synthase1 is targeted to mitochondria and protects against oxidative damage and dark-induced senescence. Plant Cell, 17(12): 3436-3450.

Guo Y, Cai Z S. 2004. Transcriptome of *Arabidopsis* leaf senescence. Plant Cell and Environment, 27(5): 521-549.

Ha S, Vankova R, Yamaguchi-Shinozaki K, et al. 2012. Cytokinins: metabolism and function in plant adaptation to environmental stresses. Trends in Plant Science, 17(3): 172-179.

Hamberg L, Korhonen K, Hantula J. 2012. Interaction between *Chondrostereum purpureum* and *Phlebiopsis gigantea* in mixed suspensions and their biocontrol efficacy in spruce logs and birch stumps. Biocontrol Science and Technology, 22(10): 1239-1243.

Hasbún R G, Valledor L, Berdasco M, et al. 2005. *In vitro* proliferation and genome DNA methylation in adult chestnuts. Acta Horticulturae, 693(693): 333-340.

Hassan S, Inglese P, Gristina L, et al. 2019. Root growth and soil carbon turnover in *Opuntia ficus-indica* as affected by soil volume availability. European Journal of Agronomy, 105: 104-110.

Hendrick R L, Pregitzer K S. 1993. Patterns of fine root mortality in two sugar maple forests. Nature International Weekly Journal of Science, 361(6407): 59-61.

Högberg P. 2010. Is tree root respiration more sensitive than heterotrophic respiration to changes in soil temperature? New Phytologist, 188: 9-10.

Holdenrieder O, Greig B J W. 1998. Biological methods of control // Woodward S, Stenlid J, Karjalainen R, et al. *Heterobasidion annosum*: Biology, Ecology, Impact and Control. Oxon: CAB International: 235-258.

Hörtensteiner S, Feller U. 2002. Nitrogen metabolism and remobilization during senescence. Journal of Experimental Botany, 53(370): 927-937.

Howard T. 2013. Senescence, ageing and death of the whole plant. New Phytologist, 696(197): 696-711.

Howe G A, Jander G. 2008. Plant immunity to insect herbivores. Annual Review of Plant Biology, 59(1): 41-49.

Iqbal K, Jin S G, Pfeifer G P, et al. 2011. Reprogramming of the paternal genome upon fertilization involves genome-wide oxidation of 5-methylcytosine. Proceedings of the National Academy of Sciences, 108(9): 3642-3647.

Ismail M R, Davies W J. 1998. Root restriction affects leaf growth and stomatal response: the role of xylem sap ABA. Scientia Horticulturae, 74(4): 257-268.

Iversen C M. 2010. Digging deeper: fine-root responses to rising atmospheric CO concentration in forested ecosystems. New Phytologist, 186(2): 346-357.

Jackson R B, Mooney H A, Schulze E D. 1997. A global budget for fine root biomass, surface area, and nutrient contents. Proceedings of the National Academy of Sciences of the United States of America, 94(14): 7362-7366.

Jeanbille M, Buee M, Bach C, et al. 2016. Soil parameters drive the structure, diversity and metabolic potentials of the bacterial communities across temperate beech forest soil sequences. Mirocrob Ecol, 71: 482493.

Jerome C, David C, Steven J, et al. 2009. Towards a worldwide wood economics spectrum. Ecology Letters, 12(4): 351-366.

Johansson S M, Pratt J E, Asiegbu F O. 2002. Treatment of Norway spruce and Scots pine stumps with urea against the root and butt rot fungus *Heterobasidion annosum*: possible modes of action. Forest Ecology and Management, 157(1): 87-100.

John B, John E L, Daniel F M. 1999. The appropriate response process(arp)and its role in plant health care. Journal of Arboriculture, 25(1): 24-30.

Jones O R, Scheuerlein A, Salguero-Gómez R, et al. 2014. Diversity of ageing across the tree of life. Nature, 505(7482): 169-173.

Jordi W, Pot C S, Stoopen G M. 1994. Effect of light and gibberellic acid on photosynthesis during leaf senescence of *Alstroemeria* cut flowers. Physiologia Plantarum, 90(2): 293-298.

Kern C C, Friend A L, Johnson J M F, et al. 2004. Fine root dynamics in a developing *Populus deltoides* plantation. Tree Physiology, 24(6): 651.

Knoblauch M, van Bel Aart J E. 1998. Sieve tubes in action. Plant Cell, 10: 35-50.

Königshofer H. 1990. Polyamine content in needles, shoot-axes, buds and xylem exudates of mature spruce trees *Picea abies* (L.) Karst. Journal of Plant Physiology, 136(3): 377-380.

Kosola K R, Eissenstat D M, Graham J H. 1995. Root demography of mature citrus trees: the influence of Phytophthora nicotianae. Plant and Soil, 171(2): 283-288.

Kou L, Jiang L, Fu X L, et al. 2018. Nitrogen deposition increases root production and turnover but slows root decomposition in *Pinus elliottii* plantations. New Phytologist, 218: 1450-1461.

Kramer-Walter K R, Bellingham P J, Millar T R, et al. 2016. Root traits are multidimensional: specific root length is independent from root tissue density and the plant economic spectrum. Journal of Ecology, 104: 1299-1310.

Kurepa J, Wang S H, Li Y, et al. 2009. Proteasome regulation, plant growth and stress tolerance. Plant Signaling and Behavior, 4(10): 924-927.

Lambers H, Raven J A, Shaver G R, et al. 2008. Plant nutrient-acquisition strategies change with soil age. Trends in Ecology & Evolution, 23(2): 95-103.

Larsson S, Csiro C P O. 1988. Leaf age and larval performance of the leaf beetle *Paropsis atomaria*. Ecological Entomology, 13(1): 19-24.

Lehtijärvi A, Doğmus-Lehtijarvi H T, Aday A G, et al. 2010. The efficacy of selected biological and chemical control agents against *Heterobasidion abietinum* on *Abies cilicica*. Forest Pathology, 41(6): 470-476.

Leopold A C, Niedergang-Kamien E, Janick J. 1959. Experimental modification of plant senescence. Plant Physiology, 34(5): 570-573.

Leppälammi-Kujansuu J, Salemaa M, Dan B K, et al. 2014. Fine root turnover and litter production of Norway spruce in a long-term temperature and nutrient manipulation experiment. Plant and Soil, 374(1-2): 73-88.

Lieutier F. 2002. Mechanisms of resistance in conifers and bark beetle attack strategies // Wagner M R, Clancy K M, Paine T D, et al. Mechanisms and Deployment of Resistance in Trees. The Netherlands: Kluwer Academic Publishers.

Liguori G, Gugliuzza G, Inglese P. 2009. Evaluating carbon fluxes in orange orchards in relation to planting density. Journal of Agricultural Science, 147(6): 637-645.

Lim P O, Kim H J, Gil Nam H. 2007. Leaf senescence. Annual Review of Plant Biology, 58(1): 115-136.

Liu A, Latimer J G. 1995. Water relations and abscisic acid levels of watermelon as affected by rooting volume restriction. Journal of Experimental Botany, 46(289): 1011-1015.

Liu C, Xiang W, Zou L, et al. 2019a. Variation in the functional traits of fine roots is linked to phylogenetics in the common tree species of Chinese subtropical forests. Plant and Soil, (3): 1-18.

Liu J L, Ha V N, Zhao Z. 2018a. Response of the rhizosphere microbial community to fine root and soil parameters following *Robinia pseudoacacia* L. afforestation. Applied Soil Ecology, 132: 11-19.

Liu J L, Vu Ngoc H, Zhao Z. 2018b. Characteristics of bulk and rhizosphere soil microbial community in an ancient *Platycladus orientalis* forest. Applied Soil Ecology, 132: 91-98.

Liu Y X, Qin Y, Bai Y. 2019b. Reductionist synthetic community approaches in root microbiome research. Current Opinion in Microbiology, 49: 97-102.

Lu M, Chen M M, Song J, et al. 2019. Anatomy and transcriptome analysis in leaves revealed how nitrogen (N) availability influence drought acclimation of *Populus*. Trees, 33: 1003-1014.

Luchi N, Ma R, Capretti P, et al. 2005. Systemic induction of traumatic resin ducts and resin flow in Austrian pine by wounding and inoculation with *Sphaeropsis sapinea* and *Diplodia scrobiculata*. Planta, 221(1): 75-84.

Luke M, Dickie I A, Eissenstat D M, et al. 2015. Redefining fine roots improves understanding of below-ground contributions to terrestrial biosphere processes. New Phytologist, 207(3): 505-518.

Lynch J B, Hsiao E Y. 2019. Microbiomes as sources of emergent host phenotypes. Science, 6460(365): 1405-1409.

Mainiero R, Kazda M. 2006. Depth-related fine root dynamics of *Fagus sylvatica* during exceptional drought. Forest Ecology and Management, 237(1-3): 1-142.

Maria C T F, Eissenstat D M, Lynch J P. 2002. Lack of evidence for programmed root senescence in common bean (*Phaseolus vulgaris*) grown at different levels of phosphorus supply. New Phytologist, 153(1): 63-71.

Mark R, Francesco M. 1994. Responses of young peach trees to root confinement. Journal of the American Society for Horticultural Science, 119(2): 223-228.

Matile P, Duggelin T, Schellenberg M, et al. 1989. How and why is chlorophyll broken down in senescent leaves. Plant Physiol Biochem, 27: 595-604.

McCormack M L, Adams T S, Erica A H, et al. 2012. Predicting fine root lifespan from plant functional traits in temperate trees. New Phytologist, 195(4): 823-831.

McCormack M L, Dickie I A, Eissenstat D M, et al. 2015. Redefining fine roots improves understanding of below-ground contributions to terrestrial biosphere processes. New Phytologist, 207: 505-518.

McCormack M L, Guo D. 2014. Impacts of environmental factors on fine root lifespan. Frontiers in Plant Science, 5(5): 205.

McDonald R B. 2014. Biology of Aging. New York and London: Garland Science, Taylor and Franics Group, LLC.

Miller B, Madilao L L, Ralph S, et al. 2005. Insect-induced conifer defense. White pine weevil and methyl jasmonate induce traumatic resinosis, *de novo* formed volatile emissions, and accumulation of terpenoid synthase and putative octadecanoid pathway transcripts in Sitka spruce. Plant Physiology, 137: 369-382.

Mirás-Avalos J M, Uriarte D, Lakso A N, et al. 2018. Modeling grapevine performance with 'VitiSim', a weather-based carbon balance model: water status and climate change scenarios. Scientia Horticulturae, 240: 561-571.

Misson L, Gershenson A, Tang J, et al. 2006. Influences of canopy photosynthesis and summer rain pulses on root dynamics and soil respiration in a young ponderosa pine forest. Tree Physiology, 26(7): 833.

Mitteldorf J. 2010. Programmed and non-programmed theories of aging. Russian Journal of General Chemistry, 80(7): 1465-1475.

Mitteldorf J, Sagan D. 2016. Cracking the Aging Code: the New Science of Growing Old and What It Means for Staying Young. New York: Flation Books.

Mu Y, Ren L, Hu X, et al. 2015. Season-specific changes in telomere length and telomerase activity in Chinese pine (*Pinus tabulaeformis* Carr.). Russian Journal of Plant Physiology, 62(4): 521-527.

Nemoto S, Takeda K, Yu Z X, et al. 2000. Role for mitochondrial oxidants as regulators of cellular metabolism. Molecular and Cellular Biology, 20(19): 7311-7318.

Nicolotti G, Gonthier P. 2005. Stump treatment against *Heterobasidion* with *Phlebiopsis gigantea* and some chemicals in *Picea abies* stands in the western Alps. Forest Pathology, 35(5): 365-374.

Noodén L D. 1988. 10-abscisic acid, auxin, and other regulators of senescence. Senescence and Aging in Plants, 3(3): 329-368.

Norbury C J, Hickson I D. 2001. Cellular responses to DNA damage. Annual Review of Pharmacology and Toxicology, 41(1): 367-401.

Okubo A, Matsusaka M, Sugiyama S. 2016. Impacts of root symbiotic associations on interspecific variation in sugar exudation rates and rhizosphere microbial communities: a comparison among four plant families. Plant Soil, 399: 345-356.

Ono T, Takahashi N, Okada S. 1989. Age-associated changes in DNA methylation and mRNA level of the c-myc gene in spleen and liver of mice. Mutation Research/Fundamental and Molecular Mechanisms of Mutagenesis, 219(1): 39-50.

Ono Y, Wada S, Izumi M, et al. 2013. Evidence for contribution of autophagy to Rubisco degradation during leaf senescence in *Arabidopsis thaliana*. Plant, Cell and Environment, 36(6): 1147-1159.

Ostle N J, Smith P, Fisher R, et al. 2009. Integrating plant-soil interactions into global carbon cycle models. Journal of Ecology, 97(5): 851-863.

Paine T D, Raffa K F, Harrington T C. 1997. Interactions among scolytide bark beetles, their associated fungi, and live host conifers. Annals of the Entomological Society of America, 42: 179-206.

Passioura J B. 2002. Soil conditions and plant growth. Plant Cell and Environment, 25: 311-318.

Paul E A. 2014. Soil Microbiology, Ecology and Biochemistry. 4th ed. London: Academic Press.

Peek M S. 2007. Explaining variation in fine root life span. Acta Botanica Neerlandica, 45(2): 183-198.

Peek M S, Leffler A J, Hipps L, et al. 2006. Root turnover and relocation in the soil profile in response to seasonal soil water variation in a natural stand of Utah juniper (*Juniperus osteosperma*). Tree Physiology, 26(11): 1469-1476.

Peterson T A, Reinsel M D, Krizek D T. 1991. Tomato (*Lycopersicon esculentum* Mill., cv. 'Better Bush') plant response to root restriction. Journal of Experimental Botany, 42(243): 1233-1240.

Pettersson E M, Boland W. 2003. Potential parasitoid attractants, volatile composition through out a bark beetle attack. Chemoecology, 13: 27-37.

Philippot L, Raaijmakers J, Lemanceau P, et al. 2013. Going back to the roots: the microbial ecology of the rhizosphere. Nat Rev Microbiol, 1: 789-799.

Plank G H, Gerhold H D. 1965. Evaluating host resistance to the white-pine weevil, *Pissodes strobi* (Coleoptera: Curculionidae) using feeding preference tests. Annals of the Entomological Society of America, 58(4): 527-532.

Plomion C, Aury J M, Amselem J, et al. 2018. Oak genome reveals facets of long lifespan. Nature Plants, 4: 440-452.

Postma J A, Lynch J P. 2011. Theoretical evidence for the functional benefit of root cortical aerenchyma in soils with low phosphorus availability. Annals of Botany, 107(5): 829.

Pratt J E, Niemi M, Sierota Z H. 2000. Comparison of three products based on *Phlebiopsis gigantea* for the control of *Heterobasidion annosum* in Europe. Biocontrol Science and Technology, 10(4): 467-477.

Pregitzer K S, Hendrick R L, Fogel R. 1993. The demography of fine roots in response to patches of water and nitrogen. New Phytol, 125: 575-580.

Pregitzer K S, Deforest J L, Burton A J, et al. 2002. Fine root architecture of nine north American trees. Ecological Monographs, 72(2): 293-309.

Pregitzer K S, Zak D R, Maziasz J, et al. 2000. Interactive effects of atmospheric CO_2 and soil-N availability on fine roots of *Populus tremuloides*. Ecological Applications, 10(1): 18-33.

Quentin A G, Pinkard E A, Beadle C L, et al. 2010. Do artificial and natural defoliation have similar effects on physiology of *Eucalyptus globulus* Labill. seedlings? Annals of Forest Science, 67(2): 203.

Quy N V, Zhou Q, Zhao Z. 2017. Cytokinin ameliorates the abiotic stress severity in chinese scholar tree (*Sophora Japonica* L.) through regulation of chlorophyll fluorescence, antioxidative response and proline metabolism. Research Journal of Biotechnology, 12: 11-18.

Ray J D, Sinclair T R. 1998. The effect of pot size on growth and transpiration of maize and soybean during water deficit stress. Journal of Experimental Botany, 49(325): 1381-1386.

Redfern D B, Stenlid J. 1998. Spore dispersal and infection // Woodward S, Stenlid J, Karjalainen R, et al. *Heterobasidion annosum*, Biology, Ecology, Impact and Control. New York: CAB International: 10-124.

Reich P B. 2014. The world-wide 'fast-slow' plant economics spectrum: a traits manifesto. Journal of Ecology, 102(2): 275-301.

Ren C J, Chen J, Deng J, et al. 2017. Response of microbial diversity to C：N：P stoichiometry in fine root and microbial biomass following afforestation. Biol Fert Soils, 53: 457-468.

Rewald B, Ephrath J E, Rachmilevitch S. 2015. A root is a root is a root? Water uptake rates of *Citrus* root orders. Plant Cell and Environment, 34(1): 33-42.

Rey M, Diaz-Sala C, Rodriguez R. 1994. Effect of repeated severe pruning on endogenous polyamine content in hazelnut trees. Physiologia Plantarum, 92(3): 487-492.

Rhoades D F, Cates R G. 1976. Toward a general theory of plant antiherbivore chemistry // Wallace J, Mansell R. Biochemical Interactions between Plants and Insects, Recent Advances in Phytochemistry. New York: Plenum: 243-286.

Richardson B C. 2002. Role of DNA methylation in the regulation of cell function: autoimmunity, aging and cancer. Journal of Nutrition, 132(8): 2401-2405.

Rishbeth J. 1959. Dispersal of *Fomes annosus* Fr. and *Peniophora gigantea* (Fr.) Massee. Transactions of the British Mycological Society, 42(2): 1-260.

Rishbeth J. 1963. Stump protection against *Fomes annosus*. III. Inoculation with *Peniophora gigantea*. Annals of Applied

Biology, 52(1): 63-77.
Rivero R M, Shulaev V, Blumwald E. 2009. Cytokinin-dependent photorespiration and the protection of photosynthesis during water deficit. Plant Physiology, 150(3): 1530-1540.
Robinson D. 1994. The responses of plants to nonuniform supplies of nutrients. New Phytol, 127: 635-674.
Rodriguez P A, Rothballer M, Chowdhury M P, et al. 2019. Systems biology of plant-microbiome interactions. Molecular Plant, 12(6): 804-821.
Romanova A K, Semenova G A, Ignat'ev A R, et al. 2015. Biochemistry and cell ultrastructure changes during senescence of *Beta vulgaris* L. leaf. Protoplasma, 253(3): 719-727.
Romo-Parada L, Vézina L P, Charest P M, et al. 2010. Effect of modification of storage atmosphere on phospholipids and ultrastructure of cauliflower mitochondria. Physiologia Plantarum, 83(4): 664-674.
Ronchi C P, DaMatta F M, Batista K D, et al. 2006. Growth and photosynthetic down-regulation in *Coffea arabica* in response to restricted root volume. Functional Plant Biology, 33(11): 1013-1023.
Rönnberg J, Cleary M R. 2012. Presence of *Heterobasidion* infections in Norway spruce stumps 6 years after treatment with *Phlebiopsis gigantea*. Forest Pathology, 42(2): 144-149.
Rossatto D R, Kolb R M. 2009. An evergreen neotropical savanna tree (*Gochnatia polymorpha*, Asteraceae) produces different dry-and wet-season leaf types. Australian Journal of Botany, 57(5): 439-443.
Rulcová J, Pospíšilová J. 2001. Effect of benzylaminopurine on rehydration of bean plants after water stress. Biologia Plantarum, 44(1): 75-81.
Saco D, Martin S, San Jose P. 2013. Vanadium distribution in roots and leaves of *Phaseolus vulgaris*: morphological and ultrastructural effects. Biologia Plantarum, 57(1): 128-132.
Schubert M, Fink S, Schwarze F. 2008. Evaluation of *Trichoderma* spp. as a biocontrol agent against wood decay fungi in urban trees. Biological Control, 45(1): 1-123.
Schulman E. 1958. Bristlecone pine, oldest known living thing. National Geographic, 113(3): 355-372.
Shigenaga M K, Hagen T M, Ames B N. 1994. Oxidative damage and mitochondrial decay in aging. Proceedings of the National Academy of Sciences, 91(23): 10771-10778.
Sippers B, Wingfield M J. 2007. Botryosphaeriaceae as endophytes and latent pathogens of woody plants: diversity, ecology and impact. Fungi Biological Reviews, 2: 90-106.
Smith H, Wingfield M J, Petrini O. 1996. *Botryosphaeria dothidea* endophytic in *Eucalyptus grandis* and *Eucalyptus nitens* in South Africa. Forest Ecology and Management, 89: 189-195.
Smith S E, Read D. 2008. 5-mineral nutrition, toxic element accumulation and water relations of arbuscular mycorrhizal plants. Mycorrhizal Symbiosis: 145-187.
Spíchal L. 2012. Cytokinins-recent news and views of evolutionally old molecules. Functional Plant Biology, 39(4): 267-284.
Steele S J, Gower S T, Vogel J G, et al. 1997. Root mass, net primary production and turnover in aspen, jack pine and black spruce forests in Saskatchewan and Manitoba, Canada. Tree Physiology, 17(8-9): 577-587.
Swenson N G, Enquist B J. 2007. Ecological and evolutionary determinants of a key plant functional trait: wood density and its community-wide variation across latitude and elevation. American Journal of Botany, 94(3): 451-459.
Tefs C, Gleixner G. 2012. Importance of root derived carbon for soil organic matter storage in a temperate old-growth beech forest-evidence from C, N and ^{14}C content. Forest Ecology and Management, 263: 131-137.
Thomas H, Ougham H J, Wagstaff C, et al. 2003. Defining senescence and death. Journal of Experimental Botany, 54(385): 1127-1132.
Thor M. 2001. Operational stump treatment against *Heterobasidion annosum* in European forestry-current situation // Laflamme G, Berube J A, Bussieres G. Root and Butt Rot of Forest Tree-Proceedings of the tenth. Quebec: International Conference on Root and Butt Rots: 170-175.
Toshio H, Geppino F, Mark G C, et al. 2004. Age-associated alteration of gene expression patterns in mouse oocytes. Human Molecular Genetics, 13(19): 2263-2278.
Treseder K K. 2010. A meta-analysis of mycorrhizal responses to nitrogen, phosphorus, and atmospheric CO_2 in field studies. New Phytologist, 164(2): 347-355.
Turrens J F. 2003. Mitochondrial formation of reactive oxygen species. The Journal of Physiology, 552(2): 335-344.
Tuula P. 2000. Response of compensatory-fertilized pinus sylvestris to infection by *Heterobasidion annosum*. Scandinavian Journal of Forest Research, 15(2): 218-224.
Urbanová M, Šnajdr J, Baldran P. 2015. Composition of fungal and bacterial communities in forest littler and soil is largely determined by dominant trees. Soil Biol Biochem, 84: 53-64.

Valenzuelaestrada L R, Veracaraballo V, Ruth L E, et al. 2008. Root anatomy, morphology, and longevity among root orders in *Vaccinium corymbosum* (Ericaceae). American Journal of Botany, 95(12): 1506-1514.
Vogt K A, Grier C C, Gower S T, et al. 1986. Overestimation of net root production: a real or imaginary problem? Ecology, 67(2): 577-579.
Vogt K A, Vogt D J, Palmiotto P A, et al. 1996. Review of root dynamics in forest ecosystems grouped by climate, climatic forest type and species. Plant and Soil, 187: 159-219.
Wainhouse D, Rose D R, Pearce A J. 1997. The influence of preformed defenses on the dynamic wound response in spruce bark. Functional Ecology, 11: 564-572.
Wang C G, Han S J, Zhou Y M, et al. 2015. Fine root growth and contribution to soil carbon in a mixed mature *Pinus koraiensis* forest. Plant and Soil, 400(1-2): 275-284.
Wang K, Zhang Y W, Tang C, et al. 2019. Effects of grassland afforestation on structure and function of soil bacterial and fungal communities. Science of the Total Environment, 676: 396-406.
Wang L Y, Pålsson H, Ek E, et al. 2012. The effect of *Phlebiopsis gigantea* and urea stump treatment against spore infection of *Heterobasidion* spp. on hybrid larch (*Larix eurolepis*) in southern Sweden. Forest Pathology, 42(5): 420-428.
Wang L, Cuia J, Jina B, et al. 2020. Multifeature analyses of vascular cambial cells reveal longevity mechanisms in old Ginkgo biloba trees. PNAS, 117(4): 2201-2210.
Wang R, Wang Q, Liu C, et al. 2018. Changes in trait and phylogenetic diversity of leaves and absorptive roots from tropical to boreal forests. Plant and Soil, 432(1-2): 389-401.
Wang R, Wang Q, Zhao N, et al. 2017. Complex trait relationships between leaves and absorptive roots: coordination in tissue N concentration but divergence in morphology. Ecology and Evolution, 7(8): 2697-2705.
Wang S P, Okamoto G, Hirano K, et al. 2001. Effects of restricted rooting volume on vine growth and berry development of 'Kyoho' grapevines. American Journal of Enology and Viticulture, 52(3): 248-253.
Weemstra M, Mommer L, Visser E J W, et al. 2016. Towards a multidimensional root trait framework: a tree root review. New Phytologist, 211(4): 1159-1169.
Weir L C. 1969. Experiments in control of *Fomes annosus* root rot in *Douglas fir* and Western hemlock. Plant Disease Report, 53(11): 910-911.
Wells C E, Eissenstat D M. 2001. Marked differences in survivorship among apple roots of different diameters. Ecology, 82(3): 882-892.
Wen L, Liu J L, Yan X I, et al. 2011. Effects of tree species and age levels on the soil physical properties of ancient trees in Beijing. Environmental Science and Technology, 34(12): 66-70.
Wilson V L, Jones P A. 1983. DNA methylation decreases in aging but not in immortal cells. Science, 220(4601): 1055-1057.
Wingfield M J, Seifert K A, Webber J F. 1993. *Ceratocystis* and *Ophiostoma*: Taxonomy, Ecology, and Pathogenicity. New York: APS Press.
Withington J M, Reich P B, Oleksyn J, et al. 2006. Comparisons of structure and life span in roots and leaves among temperate trees. Ecological Monographs, 76(3): 381-397.
Xu Q, Chu W, Qiu H, et al. 2013. Responses of *Hydrilla verticillata* (L.f.) Royle to zinc: *in situ* localization, subcellular distribution and physiological and ultrastructural modifications. Plant Physiology and Biochemistry, 69(8): 43-48.
Yang T, Zhu L, Wang S, et al. 2007. Nitrate uptake kinetics of grapevine under root restriction. Scientia Horticulturae, 111(4): 358-364.
Yang X H, Chen X Y, Liu K F. 2006. The role of cytokinins in retarding of senescence in plants. Journal of Tropical and Subtropical Botany, 14(3): 256-262.
Yu K, Geel M V, Ceulemans T, et al. 2018. Foliar optical traits indicate that sealed planting conditions negatively affect urban tree health. Ecological Indicators, 95(1): 895-906.
Yu X, Bo W, Zhang C, et al. 2012. Effect of root restriction on nitrogen levels and glutamine synthetase activity in 'Kyoho' grapevines. Scientia Horticulturae, 137: 156-163.
Zhang M S, Yan H Y, Zhao N, et al. 2007. Endosperm-specific hypomethylation, and meiotic inheritance and variation of DNA methylation level and pattern in sorghum (*Sorghum bicolor* L.) inter-strain hybrids. Theoretical and Applied Genetics, 115(2): 195-207.
Zhang S, Zhang L, Chai Y, et al. 2015. Physiology and proteomics research on the leaves of ancient *Platycladus orientalis* (L.) during winter. Journal of Proteomics, 126: 263-278.

Zhang S, Zhang L, Zhao Z, et al. 2016. Root transcriptome sequencing and differentially expressed drought-responsive genes in the *Platycladus orientalis* (L.). Tree Genetics and Genomes, 12(4): 79.

Zhou Q, Jiang Z, Li Y, et al. 2019b. Mesophyll protoplast isolation technique and flow cytometry analysis of ancient *Platycladus orientalis* (Cupressaceae). Turkish Journal of Agriculture and Forestry, 43: 1-13.

Zhou Q, Jiang Z, Zhang X, et al. 2019a. Leaf anatomy and ultrastructure in senescing ancient tree, *Platycladus orientalis* L. (Cupressaceae). Peer J, 7: e6766.

Zhu L, Wang S, Yang T, et al. 2006. Vine growth and nitrogen metabolism of 'Fujiminori' grapevines in response to root restriction. Scientia Horticulturae, 107(2): 143-149.